Betriebliches
Umweltmanagement

Annett Baumast und
Jens Pape (Hrsg.)

Betriebliches Umweltmanagement

Nachhaltiges Wirtschaften
in Unternehmen

4., korrigierte Auflage

61 Schwarzweißabbildungen
30 Tabellen

Dr. Annett Baumast arbeitet als Nachhaltigkeitsanalystin bei einer Schweizer Bank in Zürich. Bis 2003 war sie Assistentin und Projektleiterin am Institut für Wirtschaft und Ökologie an der Universität St. Gallen (IWÖ-HSG) und promovierte dort im Bereich Umweltmanagement. Von 1996 bis 1998 war sie Vorstandsmitglied im Doktoranden-Netzwerk Nachhaltiges Wirtschaften (DNW) e.V.

Dr. Jens Pape ist Professor für Unternehmensführung in der Agrarwirtschaft an der FH Eberswalde. 2002 promovierte er an der Universität Hohenheim (Stuttgart) mit einer Arbeit zur Umweltleistungsbewertung. Seit 1999 ist er Mitglied im Umweltgutachterausschuss beim Bundesumweltministerium sowie Mitarbeiter im Normenausschuss Grundlagen des Umweltschutzes beim DIN. Von 1996 bis 1998 war er Vorstandsmitglied des Doktoranden-Netzwerkes Nachhaltiges Wirtschaften (DNW) e.V.

Alle Autorinnen und Autoren sind Mitglied im
Doktoranden-Netzwerk Nachhaltiges Wirtschaften (DNW) e.V.

E-Mail: Lehrbuch@doktoranden-netzwerk.de
Internet: http://www.doktoranden-netzwerk.de

Umschlagfoto: Gebäude der Fachhochschule Ulm © Günter Pape, Ulm.

FSC Papier: Maxioffset von IGEPA-Group, hergestellt aus FSC zertifizierten Zellstoffen

Bibliografische Information der Deutschen Nationalbibliothek
Die Deutsche Nationalbibliothek verzeichnet diese Publikation in der deutschen National-biografie; detaillierte bibliografische Daten sind im Internet unter http://dnb.ddb.de abrufbar.

© 2009 Eugen Ulmer KG
Wollgrasweg 41, 70599 Stuttgart (Hohenheim)
E-Mail: info@ulmer.de
Internet: www.ulmer.de
Druck und Bindung: Bosch Druck, Ergolding
Printed in Germany

ISBN 978-3-8001-5995-6

Inhaltsverzeichnis

Teil III   Betriebsökologie – Umweltcontrolling und Umweltkostenrechnung

Teil IV   Umweltmarketing, -kommunikation und Produktökologie

Vorwort zur 1. Auflage

Betriebliches Umweltmanagement ist ein weites Themenfeld im Bereich der betrieblichen Umweltökonomie. Genauso vielfältig sind die zahlreichen Veröffentlichungen, die in den vergangenen Jahren rund um das Thema nachhaltige Entwicklung, Umweltmanagement, Umweltmanagementsysteme und Umweltcontrolling auf den Markt gekommen sind. Zeitgleich hat sich Umweltmanagement als fester Bestandteil der Lehre an Universitäten und Fachhochschulen im Rahmen von Haupt- und Nebenfächern aber auch als Aufbaustudium oder Weiterbildungsangebot etabliert.

Aufgrund der Breite des Themenfeldes bedarf es der Abgrenzung und Einschränkung um „betriebliches Umweltmanagement" in einem Lehrbuch in angemessener Form, hinreichender Tiefe und dennoch mit der notwendigen Exaktheit den Studierenden zu vermitteln. Für dieses Lehrbuch wurde daher ein spezieller Kapitalaufbau gewählt, der exakt auf die Bedürfnisse von Studierenden ausgerichtet ist:

Neben einer Einführung in die jeweilige Thematik werden Fallbeispiele geboten, welche die theoretisch erläuterten Konzepte mit Hilfe von Praxismaterial anschaulich illustrieren. Übungsfragen erlauben die Überprüfung des gelernten Stoffes, weiterführende Literaturhinweise erleichtern den schnellen Zugriff auf vertiefende Literatur zum jeweiligen Thema.

Ausgehend von den Rahmenbedingungen sowie der Darstellung der Bedeutung des „*sustainable developments*" für das Management eines Unternehmens stellt das interdisziplinär besetzte Autorenteam des „Doktoranden-Netzwerk Nachhaltiges Wirtschaften (DNW) e.V." zunächst die Module eines betrieblichen Umweltmanagementsystems vor: Strategische Planungsinstrumente werden ebenso behandelt wie die formellen und inhaltlichen Anforderungen an die betriebliche Umweltpolitik, -ziele und -programme. Die Organisation des betrieblichen Umweltmanagements wird thematisiert wie auch das Umwelt-Auditing, Umweltschutz-Reporting sowie die Möglichkeiten einer Zertifizierung und Validierung implementierter Umweltmanagementsysteme. Ein weiterer Schwerpunkt des Lehrbuches wird in der Darstellung entscheidungsunterstützender Einzelinstrumente des Umweltcontrolling gesetzt. Im Zentrum stehen hierbei Fragen des Stoffstrommanagements, der Umweltleistungsbewertung und der Umweltkostenrechnung.

Ein Ausblick in die Zukunft betrieblicher Managementsysteme insbesondere vor dem Hintergrund einer zunehmenden Prozessorientierung sowie Chancen und Risiken der Verknüpfung verschiedenartiger Managementsysteme (Integrierte Managementsysteme) stehen im Zentrum des abschließenden Teils des Buches.

Doch nicht nur Studierende des Faches Umweltmanagement will das vorliegende Buch ansprechen. Auch Vertreterinnen und Vertreter der Praxis bietet es einen schnellen Ein- und Überblick in die wichtigsten Themen und stellt durch die eingearbeiteten Fallbeispiele den direkten Praxisbezug her.

Initiiert wurde das Buch aufgrund einer Vorlesungsreihe im Rahmen des MBA-Studiengangs „Umwelt- und Qualitätsmanagement" an der Fachhochschule Braunschweig-Wolfenbüttel, die seit mehreren Semestern von Mitgliedern des Doktoranden-Netzwerks Nachhaltiges Wirtschaften (DNW) e.V. gehalten wird. Aus einem erstmals erstellten Vorlesungsskript ist die Idee für dieses Buch gewachsen, das eine wahrgenommene Lücke schließen soll. Alle Beiträge des Lehrbuchs sind von Mitgliedern des DNW verfasst, die sowohl ihre Lehrerfahrung als auch ihr Spezialwissen aus den jeweiligen Fachgebieten haben einfliessen lassen, um ein umfassendes, aber gleichzeitig zugängliches Lehrbuch für den Bereich Umweltmanagement vorzulegen.

Wir möchten daher abschließend allen Mitautorinnen und -autoren für ihr Engagement, für ihre Mühe und die pünktliche Manuskriptabgabe danken. Für die verlegerische Betreuung beim Ulmer Verlag bedanken wir uns bei Frau Dr. Kneissler, Frau Springorum sowie Herrn Sprenzel. Ein besonderer Dank geht auch an Herrn Günter Pape für die gewissenhafte Durchsicht des Manuskripts und an das Institut für Landwirtschaftliche Betriebslehre der Universität Hohenheim, das großzügige Unterstützung infrastruktureller Art gewährt hat.
Wir wünschen allen Leserinnen und Lesern eine fruchtbare Lektüre!

Annett Baumast und Jens Pape
St. Gallen und Stuttgart, im Juni 2001

Vorwort zur 3. Auflage

In einer Zeit der gesellschaftlichen Diskussion über Klimawandel und über das immense Wirtschaftswachstum in Schwellen- und Entwicklungsländern wie China und Indien, welches diese Länder - aber auch deren Wirtschaftspartner in den Industrieländern - nicht nur vor ökonomische, sondern auch ökologische und soziale Herausforderungen stellt, ist die Forderung nach einer Nachhaltigen Entwicklung von der Agenda gesellschaftlicher Auseinandersetzungen nicht mehr wegzudenken.
Mit Betrieblichem Umweltmanagement treten Organisationen an, um einen Beitrag zur Nachhaltigen Entwicklung zu leisten. Betriebliches Umweltmanagement ist zum Erfolgsfaktor verantwortungsbewusster Unternehmensführung geworden und hat sich in den letzten Jahren auch als fester Bestandteil nicht nur in den Lehrplänen der akademischen Ausbildung etabliert.
In diesem Zusammenhang freuen wir uns, dass das nunmehr in der 3. Auflage vorliegende Lehrbuch „Betriebliches Umweltmanagement" seit sechs Jahren kontinuierlich nachgefragt wird und offensichtlich in Ausbildung und Lehre einen guten Beitrag zur Wissensvermittlung dieses facettenreichen Themas leistet.
Auch in dieser Auflage greifen die Autorinnen und Autoren, neben der Aktualisierung der bestehenden Kapitel, neue Entwicklungen auf: So setzt das vorliegende Buch insbesondere im Themenfeld Umweltcontrolling neue Akzente indem Instrumente wie das „Supply Chain Management" oder die „Sustainability Balanced Scorecard" behandelt und in bewährter Weise mit Praxisbeispielen illustriert werden. Andere aktuelle Themen wie etwa die Diskussion um „Corporate Social Responsibility" runden die Überarbeitung und Aktualisierung der neuen Auflage ab.
Auch an der 3. Auflage des Buches waren ausschließlich Autorinnen und Autoren des Doktoranden-Netzwerk Nachhaltiges Wirtschaften (DNW) e.V. beteiligt, denen wir an dieser Stelle in unserer Funktion als Herausgebende für das Engagement herzlich danken möchten. Unser Dank gilt auch erneut Frau Dr. Kneissler vom Verlag Eugen Ulmer, bei der wir uns sehr gut aufgehoben fühlen, für die gute und kooperative verlegerische Betreuung.

Annett Baumast und Jens Pape
Zürich und Bonn, im Januar 2008

Vorwort zur 4. Auflage

Acht Jahre nach der Erstauflage dieses Buches ist das Interesse am betrieblichen Umweltmanagement größer denn je. Der Klimawandel wird auch in unseren Breitengraden immer deutlicher zur Realität und mehr und mehr Unternehmen setzen sich mit Maßnahmen für ein betriebliches Umweltmanagement im Sinne einer Nachhaltigen Entwicklung auseinander. Auch die Universitäten und Fachhochschulen haben reagiert und in den letzten Jahren das Thema immer stärker in ihre Curricula integriert. Aufgrund dieser Entwicklungen ist bereits ein Jahr nach dem Erscheinen der 3. Auflage Bedarf an einer weiteren Auflage entstanden, worüber wir uns natürlich sehr freuen. Nach einer umfassenden Überarbeitung, die wir in der letzten Auflage umsetzen konnten, haben wir dieses Mal unser Augenmerk auf die Fehlerkorrektur gelegt und versucht, diese umfassend auszumerzen. Ebenfalls eingeflossen sind einige Aktualisierungen sowie die Überprüfung der zitierten Internet-Adressen. Ein Dank geht an alle, die uns entsprechende Hinweise gesendet haben und an Herrn Günter Pape für die erneute gewissenhafte Durchsicht des Manuskriptes.

Den Mitautorinnen und -autoren, die nach wie vor alle Mitglieder im Doktoranden-Netzwerk Nachhaltiges Wirtschaften (DNW) e.V. sind, möchten wir herzlich für die schnellen Reaktionen auf unsere diversen Anfragen im Zuge dieser Bearbeitung danken.

Neu an dieser Auflage ist die Klimaneutralität des Buches: „Betriebliches Umweltmanagement" wurde „klimaneutral gestellt", d.h. die durch die Herstellung und die Produktion der verwendeten Materialien verursachte Menge von 1633 g CO_{2e}-Emissionen je Buch wurde durch Investitionen in das Klimaschutzprojekt „Windenergie in der Marmara-Region" in der Türkei kompensiert. Diese hochwertigen Gold-Standard-Klimaschutzmaßnahmen tragen zur weltweiten Reduktion von Treibhausgasemissionen bei und unterliegen der Kontrolle einer durch die Vereinten Nationen anerkannten Prüfungsstelle. Mehr Informationen erhalten Sie unter http://www.natureoffice.com/dnw (Tracking-Nr. DE-101-983345).

Ebenfalls neu ist der Druck des Buches auf FSC-zertifiziertem Papier in einer FSC-zertifizierten Druckerei (siehe Kapitel 3.9). Für die Bereitschaft hierzu – die leider noch nicht überall selbstverständlich ist – sowie die wiederum gute verlegerische Betreuung möchten wir uns beim Verlag Eugen Ulmer bedanken.

Annett Baumast und Jens Pape
Zürich und Berlin, im September 2009

Gebrauchsanweisung

Am Seitenrand sind textliche Hinweise auf die jeweiligen Kernaussagen einzelner Absätze platziert. Daneben sollen sieben verschiedene Symbole die Orientierung im Buch erleichtern:

1. Der **Doktorhut** verweist auf Definitionen oder die Darlegung theoretischer Grundlagen.

2.   Der **Schlüssel** markiert diskussionsprägende Begriffe.

3. Der **Pfeil** verweist auf korrespondierende Kapitel.

4. Der **Schraubenschlüssel** verdeutlicht, dass an dieser Stelle praxisorientierte Tipps zum Vorgehen gegeben werden (z.B. Hinweise auf Umsetzungsprobleme, Checklisten oder auch Gestaltungsempfehlungen).

5. Die **Glühbirne** findet man bei Fragen zur Selbstevaluation, mit deren Hilfe die Ausführungen eines Abschnitts problemorientiert nachgearbeitet werden können.

6. Das **Buch** deutet am Ende von Abschnitten auf vertiefende und ausgewählte Literaturhinweise hin.

7. Der **PC** verweist auf Internet-Links.

Abkürzungsverzeichnis

a	anno (Jahr)
Abb.	Abbildung
Abl. EG	Amtsblatt der Europäischen Gemeinschaft
AG	Aktiengesellschaft
AMS	Arbeitsschutzmanagementsystem
Aufl.	Auflage
BCSD	Business Council for Sustainable Development
BDI	Bundesverband der Deutschen Industrie e.V.
BImSchG	Bundes-Immissionsschutzgesetz
BImSchV	Bundes-Immissionsschutzverordnung
BMBF	Bundesministerium für Bildung und Forschung
BMU	Bundesministerium für Umwelt Naturschutz und Reaktorsicherheit
BSC	Balanced Scorecard
BSI	British Standard Institute
BTDrs.	Bundestags-Drucksache
BUIS	Betriebliche Umweltinformationssystem
BUND	Bund für Umwelt und Naturschutz Deutschland
bzw.	beziehungsweise
ca.	circa
CC	Corporate Citizenship
CEP	Council on Economic Priorities
CEO	Corporate Executive Officer
CG	Corporate Governance
CERES	Coalition for Environmentally Responsible Economies
CI	Corporate Identity
COSY	Company oriented Sustainability
CSD	Commission on Sustainable Development
CSR	Corporate Social Responsibility
DAU	Deutsche Akkreditierungs- und Zulassungsgesellschaft für Umweltgutachter mbH
DfE	Design for Environment
DIHKT	Deutscher Industrie- und Handelskammertag
DIN	Deutsches Institut für Normung e.V.
DNW	Doktoranden Netzwerk Nachhaltiges Wirtschaften e.V.
EDV	Elektronische Datenverarbeitung
EFQM	European Foundation of Quality Management
EG	Europäische Gemeinschaft
EMAS	Eco-Management and Audit Scheme
EN	Europäische Norm
EPE	environmental performance evaluation
et al.	et alii (und andere)
etc.	et cetera (und so weiter)
EU	Europäische Union
EUR	Euro
EVA	Environmental Value Added
FAQ	frequently asked questions

FCKW	Fluorchlorkohlenwasserstoff
FLA	Fair Labour Association
FLO	Fair Labelling Organisation
FLP	Flower Label Program
FSC	Forest Stewardship Council
GE	Geldeinheit(en)
GEMIS	Globales Emissions-Modell Integrierter Systeme
ggf.	gegebenenfalls
GJ	Gigajoule
GmbH	Gesellschaft mit beschränkter Haftung
GRI	Global Reporting Initiative
GW	Gigawatt
GWP	Global Warming Potential
H.	Heft
ha	Hektar
HGB	Handelsgesetzbuch
hl	Hektoliter
Hrsg.	Herausgeber
HUZ	Hermeneutischer Umweltleistungszirkel
HWK	Handwerkskammer
ICC	International Chamber of Commerce
ICTI	International Council of Toy Industries
i.d.R.	in der Regel
i.e.S	im engeren Sinne
IFOAM	International Federation of Organic Agriculture Movements
IHK	Industrie- und Handelskammer
IMDS	Internationales Material Daten System
IMS	Integriertes Managementsystem
insbes.	insbesondere
IÖW	Institut für Ökologische Wirtschaftsforschung
ISO	International Organisation for Standardisation
k.A.	keine Angaben
Kap.	Kapitel
KEA	kumulierter Energieaufwand
Kfz	Kraftfahrzeug
kg	Kilogramm
KGaA	Kommanditgesellschaft auf Aktie
KMU	kleine und mittlere Unternehmen
KrW-/AbfG	Kreislaufwirtschafts- und Abfallgesetz
KVP	kontinuierlicher Verbesserungsprozess
kW	Kilowatt
kWh	Kilowattstunde
l	Liter
lfd.	laufende
lit.	litera (Buchstabe)
LCA	Life Cycle Assessment
LCI	Life Cycle Inventory
LCIA	Life Cycle Impact Assessment
LEED	Leadership in Energy and Environmental Design
LGBT	lesbian, gay, bisexual, transgender
m.w.N.	mit weiteren Nachweisen
MIPS	Material-Intensität pro Serviceeinheit
MJ	Megajoule
MUV	Ministerium für Umwelt und Verkehr Baden-Württemberg
MW	Megawatt

NAGUS	Normenausschuss Grundlagen des Umweltschutzes
NGO	Non Governmental Organisation
Nr.	Nummer
OECD	Organisation for Economic Co-operation and Development
OHSAS	Occupational Health and Safety Assessment Series
o.J.	ohne Jahr
PCB	Polychlorierte Biphenyle
PE	Polyethylen
PEFC	Pan European Forest Certification
PET	Polyethylenterephthalat
PIM	Prozessintegriertes Management
PP	Polypropylen
PROSA	Product Sustainabiliy Assessment
PVC	Polyvinylchlorid
RAL	Deutsches Institut für Gütesicherung und Kennzeichnung e. V.
RFID	Radio Frequency IDentification
ROI	Return on Investment
s.	siehe
S.	Seite
SA	Social Accountability
SAI	Social Accountability International
SBS	Sustainable Balanced Scorecard
SBSC	Sustainable Balanced Scorecard
SCM	Supply Chain Management
SEFA	Stoff- und Energieflussanalyse
SETAC	Society of Environmental Toxicology and Chemistry
SFI	Sustainable Forestry Initiative
SGE	Strategische Geschäftseinheit(en)
sog.	sogenannte
Sp.	Spalte
SRU	Rat der Sachverständigen für Umweltfragen
SWOT	Strengths, Weaknesses, Opportunities, Threats
Tab.	Tabelle
TFA	Technikfolgenabschätzung
TGA	Trägergemeinschaft für Akkreditierung GmbH
TNS	The Natural Step
TQM	Total Quality Management
TR	technical report
TÜV	Technischer Überwachungs-Verein
Tz	Textzeichen
u.a.	unter anderem
u.ä.	und ähnliche
UAG	Umweltauditgesetz
UBA	Umweltbundesamt
UGA	Umweltgutachterausschuss beim Bundesumweltministerium
UHZ	Umwelthandlungsziel
UMS	Umweltmanagementsystem
UQZ	Umweltqualitätsziel
UN	United Nations
UNO	United Nations Organisation
UNCED	United Nations Conference on Environment and Development
UNEP	United Nations Environmental Programme
UQZ	Umweltqualitätsziel
UVP	Umweltverträglichkeitsprüfung
VCI	Verband der Chemischen Industrie

VDI	Verein Deutscher Ingenieure
VDE	Verband der Elektrotechnik, Elektronik,Informationstechnik e.V.
vgl.	vergleiche
VO	Verordnung
WBCSD	World Business Council for Sustainable Development
WCED	World Commission on Environment and Development
WHG	Wasserhaushaltsgesetz
WTO	World Trade Organisation
WWF	World Wilde Fund for Nature
z.B.	zum Beispiel
z.T.	zum Teil

1 Bedeutung des Nachhaltigkeitsleitbildes für das betriebliche Management

von Helga Kanning

Kapitelausblick

Kapitel 1 bettet die Rolle der Unternehmen und die des betrieblichen Umweltmanagements in das Konzept der nachhaltigen Entwicklung, **der** gesellschaftlichen Herausforderung des 21. Jahrhunderts ein.

Hierfür werden einleitend Entwicklungsetappen und wesentliche Grundzüge des Leitbildes der nachhaltigen Entwicklung (*sustainable development*) skizziert. Seit Unterzeichnung des globalen Aktionsprogramms 1992 in Rio de Janeiro ist eine fast unüberschaubare Flut an Veröffentlichungen zum Nachhaltigkeitsleitbild erschienen, dennoch haben sich nur langsam einige konsensuale Prinzipien für den Weg zu einer nachhaltigeren Entwicklung herauskristallisiert. Diese bewegen sich auf einem allgemeinen Niveau, wie die Orientierung an den sogenannten Managementregeln der Nachhaltigkeit oder die Beachtung von Effizienz-, Suffizienz- und Konsistenz-Prinzipien. Darüber hinaus muss jede Gesellschaft für sich die wesentlichen Handlungsfelder identifizieren sowie geeignete Strategien entwickeln und Etappenziele festlegen.

Für Deutschland ist 2002 – zehn Jahre nach Rio – eine erste nationale Nachhaltigkeitsstrategie erarbeitet worden. Daneben liegen mehrere konzeptionelle Arbeiten vor, wonach die verschiedenen gesellschaftlichen Akteure unterschiedliche Aufgaben zu bewältigen haben. Neben dem Staat, der auf den verschiedenen politischen und administrativen Ebenen die Rahmenbedingungen schaffen und Richtungen vorgeben muss, haben die Unternehmen eine besondere Verantwortung und Schlüsselfunktion. Denn sie gelten als die eigentlichen Motoren für die notwendigen Innovationen auf dem Weg zur Nachhaltigkeit.

Durch die Implementierung von Umweltmanagementsystemen können Unternehmen einen wesentlichen Beitrag zur Umsetzung einer nachhaltigen Entwicklung leisten. Dieses wird im Folgenden an Schnittstellen zur Praxis standardisierter Umweltmanagementsysteme und den als notwendig erachteten Elementen zur Gestaltung nachhaltiger Entwicklungsprozesse aufgezeigt.

Lernziele

1. Einen Überblick über die Hintergründe und Entwicklungsgeschichte des Nachhaltigkeitsleitbildes erhalten.
2. Inhaltliche Dimensionen und Herausforderungen der verschiedenen gesellschaftlichen Akteure erkennen.
3. Schnittstellen zwischen politisch gestalteten Entwicklungsprozessen und Umweltmanagementsystemen erkennen.

1.1   Nachhaltige Entwicklung – das gesellschaftspolitische Leitbild für das 21. Jahrhundert

Die größte globale Herausforderung für das 21. Jahrhundert besteht in der Umsetzung einer nachhaltigen Entwicklung. Im Folgenden sollen zunächst einige Entwicklungsetappen skizziert werden, die zur Formulierung dieses gesellschaftspolitischen Leitbildes geführt haben (Kap. 1.1.1), und wesentliche Facetten aus der wissenschaftlichen Diskussion zu dessen Operationalisierung und Umsetzung dargestellt werden (Kap. 1.1.2).

www.nachhaltig keit.info, www.oekoradar.de

Eine gute Übersicht über das breite Themenfeld bieten z.B. allgemein das Internet-Lexikon der Nachhaltigkeit (http://www.nachhaltigkeit.info) und mit betriebswirtschaftlichem Fokus die Seite Ökoradar (http://www.oekoradar.de).

1.1.1   Zur Entwicklungsgeschichte des Nachhaltigkeitsleitbildes

Konflikt Ökonomie - Ökologie

Etwa seit Mitte des 20. Jahrhunderts ist das Bewusstsein darüber gewachsen, dass der Mensch mit seiner Lebens- und Wirtschaftsweise die Umwelt und damit letztlich auch sich selbst schwerwiegend belastet. Seit den 1970er Jahren ist zudem die globale Dimension der Umweltprobleme ins Blickfeld geraten, wozu auch die Erfolge der Raumschifffahrt beigetragen haben, denn die von der US-Raumkapsel Apollo bei der Umkreisung des Mondes aufgenommenen Bilder vom 'blauen Planeten' veranschaulichten, dass die Erde ein ganzheitliches Ökosystem ist und ihr Schutz

Stockholm-Konferenz 1972 („1. Erdgipfel")

Sache der gesamten Menschheit sein muss. So lautete auch das Motto der ersten Umweltkonferenz der Vereinten Nationen (UN) 1972 in Stockholm: *„Only one Earth"*. Zwar waren die Ergebnisse dieses ersten 'Erdgipfels' nicht bahnbrechend, weil die Vertreter der Entwicklungsländer in dem Bemühen der Industrieländer für eine bessere Umwelt vor allem eine Einschränkung ihrer eigenen wirtschaftlichen Entwicklung sahen. Dennoch ist mit der Stockholm-Konferenz das weltweite Umweltgewissen erwacht.

„Die Grenzen des Wachstums"

Wie sehr das von den Industrienationen bereits erzielte und das von den Entwicklungsländern angestrebte Wirtschaftswachstum auf Kosten der Umwelt und damit letztlich auch auf des Menschen geht, veranschaulichte der gleichfalls 1972 erschienene Bericht an den CLUB OF ROME „Die Grenzen des Wachstums" (Meadows et al. 1972). Hierin wurde erstmals mit einem Weltmodell und mathematischen Berechnungen aufgezeigt, dass die natürlichen Ressourcen endlich sind und die Erde ein ständiges Bevölkerungs- und materielles Produktionswachstum langfristig nicht trägt, sondern die Menschheit sparsamer mit den Ressourcen umgehen muss.

qualitatives Wachstum

Vor diesem Hintergrund beschäftigten sich Wissenschaftler und Umweltverbände schon seit Ende der 1970er Jahre mit der Frage nach einem neuen wirtschaftlichen Leitbild, das letztlich bereits die heute aktuellen Nachhaltigkeitsthemen in sich trug, ohne dass hierfür jedoch der Begriff des *sustainable development* geprägt wurde. Seinerzeit brachte das populäre Schlagwort vom „qualitativen Wachstum" die Debatte auf den Punkt.

Brundtland-Bericht 1987

Den wichtigsten Beitrag zur Verbreitung des Begriffes *sustainable development* und den wesentlichen Anstoß zur Problematisierung politischer Aspekte leistete schließlich die von der norwegischen Ministerpräsidentin Gro Harlem Brundtland geleitete Weltkommission für Umwelt und Entwicklung (WCED) mit ihrem 1987 veröffentlichten Abschlußbericht *„Our Common Future"* (WCED 1987) („Brundtland-Bericht"). Wenngleich dieser ein weltweites wirtschaftliches Wachstum befürwortete – und deshalb bis heute nicht kritiklos ist (z.B. Luks 2007) –, zeigte er Wege zu nachhaltigen Formen der Entwicklung auf.

Internationale politische Vereinbarungen hierfür wurden schließlich auf dem zweiten „Erdgipfel" getroffen, der Konferenz für „Umwelt und Entwicklung" der Vereinten Nationen (UNCED) vom 3. bis 14. Juni 1992 in Rio de Janeiro. Eines der wichtigsten Dokumente, das aus der UNCED hervorging, ist das von mehr als 170 Staaten verabschiedete Aktionsprogramm für das 21. Jahrhundert, die Agenda 21 (BMU o.J.), mit deren Unterzeichnung sich die internationale Staatengemeinschaft verpflichtet hat, den Übergang zu einer nachhaltigen Entwicklung sowohl in den Industrie- als auch in den Entwicklungsländern zu fördern. In den 40 Kapiteln der Agenda 21 werden die maßgeblichen Politik- und Handlungsbereiche angesprochen sowie jeweils entsprechende Ziele und Maßnahmen aufgeführt.

Rio-Konferenz 1992 (UNCED) („2. Erdgipfel")

Agenda 21

Darüber hinaus sind alle Staaten dazu aufgerufen worden, eigene Strategien zu entwickeln und nationale Aktionspläne zur Umsetzung der UNCED-Ergebnisse zu erstellen. Diesem Aufruf sind die einzelnen Staaten mit unterschiedlichem Engagement gefolgt. So ist die nationale Nachhaltigkeitsstrategie für Deutschland erst 2002 – zehn Jahre später– rechtzeitig zur Rio+10-Konferenz in Johannesburg erarbeitet worden. Zwar enthält diese keine verbindlichen Rahmenvorgaben und konkreten Umsetzungshinweise für die verschiedenen administrativen Ebenen und gesellschaftlichen Akteure, doch werden „21 Umweltindikatoren für das 21. Jahrhundert" (vgl. Bundesregierung 2002b, S. 22) sowie darauf bezogene Ziele als „Wegmarken der Politik" (vgl. Bundesregierung 2002a, S. 218) benannt, an denen die Entwicklungen gemessen werden. Im Zuge dessen hat die Bundesregierung zudem im Jahr 2001 den Rat für Nachhaltige Entwicklung berufen, der sie seither in ihrer Nachhaltigkeitspolitik berät. Er soll mit Vorschlägen zu Zielen und Indikatoren zur Fortentwicklung der Nachhaltigkeitsstrategie beitragen, Projekte zur Umsetzung dieser Strategie vorschlagen und den gesellschaftlichen Dialog zur Nachhaltigkeit fördern.

Nationale Aktionspläne, Nachhaltigkeitsstrategie Deutschland

www.nachhaltig keitsrat.de

International stand der letzte und größte jemals abgehaltene Weltgipfel für Nachhaltige Entwicklung in Johannesburg im Zeichen der Globalisierung. Er endete am 4. September 2002 mit der Annahme der von Südafrika vorbereiteten Politischen Erklärung sowie einem ca. 70 Seiten umfassenden Aktionsplan („*Johannesburg Plan of Implementation*"). Zwar wurde die Verpflichtung zur nachhaltigen Entwicklung erneuert, jedoch fallen die Einschätzungen eher verhalten und zwiespältig aus. So ist der über mehrere Wochen verhandelte Aktionsplan mehr von Appellen und allgemeinen Willensbekundungen als von konkreten Verpflichtungen geprägt. Nach kritischen Stimmen von Vertretern aus Nichtregierungsorganisationen (NGOs) und Entwicklungsländern ist der Geist von Rio, der eine Art Aufbruchstimmung für die Gestaltung einer umwelt- und sozialverträglichen wirtschaftlichen Entwicklung entfacht hatte, in Johannesburg gestorben. Jedoch lässt es sich aus Umweltsicht als Erfolg verbuchen, dass eine Unterordnung der internationalen Umweltvereinbarungen unter die Regeln der Welthandelsorganisation (WTO) verhindert werden konnte. Zudem konnte überraschenderweise eine Vereinbarung getroffen werden, die ökologische und soziale Verantwortung der global handelnden Unternehmen als wichtigen Bestandteil einer nachhaltigen Entwicklung zu stärken.

Rio+10-Konferenz/ Jo'burg-Gipfel 2002

Im Folgenden sollen die inhaltlichen Dimensionen des Nachhaltigkeitsleitbildes beleuchtet werden, um ein Verständnis dafür zu schaffen, vor welchen Herausforderungen die globale Gesellschaft steht, wenn dessen Umsetzung ernsthaft verfolgt wird (vgl. dazu auch Kanning 2001a).

1.1.2 Facetten aus der wissenschaftlichen Diskussion zur Operationalisierung und Umsetzung des Nachhaltigkeitsleitbildes

Seit der Rio-Konferenz ist das Leitbild einer nachhaltigen Entwicklung (*sustainable development*) aus der politischen und wissenschaftlichen Diskussion nicht mehr wegzudenken. Jedoch liegt der weitestgehende Konsens nach wie vor auf einem abstrakten Niveau.

1.1.2.1   Zum Nachhaltigkeitsbegriff

In den Diskussionen ging es zunächst um die adäquate Übersetzung des Adjektivs *„sustainable"*. Aus der bunten Palette der Übersetzungsvorschläge von „dauerhaft aufrechterhaltbar" über „tragfähig" und „zukunftssicher" haben sich die Bezeichnungen „nachhaltig" und „zukunftsfähig" durchgesetzt.

nachhaltig, zukunftsfähig

Der Begriff „nachhaltig" wird hauptsächlich im Zusammenhang mit der Ressourcenbewirtschaftung (z.B. nachhaltige Wasserwirtschaft) und der Begriff „zukunftsfähig" zur Kennzeichnung eines Gesellschaftssystems (z.B. Kommune, Region, Staat oder Weltengemeinschaft) verwendet (vgl. Jüdes 1997, S. 26ff.).

Uneinheitliche Vorstellungen bestehen jedoch über deren inhaltliche Präzisierung. Zwar hatten sich anfangs viele Wissenschaftler bemüht, die Erwartungen an den Begriff zu begrenzen und auf den ursprünglichen, beschränkten Verwendungszusammenhang in der Forstwirtschaft hinzuweisen (vgl. z.B. Nutzinger und Radke 1995). Dort steht der Nachhaltigkeitsbegriff für das Gebot, die Bewirtschaftung des Waldes in Abhängigkeit von dessen Regenerationsbedingungen und -zeiten zu gestalten, d.h. in einem bestimmten Zeitraum nur soviel zu ernten, wie auch wieder nachwächst.

Jedoch führt der Begriff ein Eigenleben und sorgt für „nachhaltige Sprachverwirrung" (Jüdes 1997). Kritiker sprechen sogar von einer problematischen Entwicklung, da der Nachhaltigkeitsbegriff heute zunehmend willkürlich und inflationär verwendet wird, so dass seine Allgegenwart gepaart mit der Bedeutungsunschärfe auch selbst als Ursache für die nach wie vor bestehende Umsetzungsproblematik gesehen wird (vgl. z.B. SRU 2002, Tz 1*).

1.1.2.2   Theoriebausteine

Bisher lässt sich eine nachhaltige Entwicklung weder aus dem Gedankengebäude der Naturwissenschaften noch aus dem Fundus der Wirtschafts- oder der Sozialwissenschaften umfassend ableiten (vgl. Renn und Kastenholz 1996, S. 91), so dass eine verbindende Theorie zu einer nachhaltigen Entwicklung nach wie vor fehlt. Wesentliche Gründe hierfür sind vor allem unterschiedliche gesellschaftliche Wertvorstellungen und auch differierende Bedeutungen des Nachhaltigkeitsbegriffs in den verschiedenen Wissenschaftsdisziplinen.

eine umfassende Theorie fehlt

Theoretische Bausteine liefern am ehesten die ökonomischen Theorien, denn für die Wirtschaftswissenschaften bedeutet die Nachhaltigkeitsdiskussion eine Renaissance der Einbeziehung des Faktors Natur in das theoretische Konzept der Produktionsfunktionen. Ausgehend von der neoklassischen Umwelt- und Ressourcenökonomie haben sich in der neueren Umweltökonomie und insbesondere mit der Ökologischen Ökonomie mehrere Denkrichtungen entwickelt, die sich mit der Beziehung zwischen natürlichen Beständen (Naturkapital) und (künstlichem) Kapital befassen. Dabei bestehen jedoch unterschiedliche Auffassungen darüber, inwieweit Naturkapital durch (künstliches) Kapital substituiert werden darf, so dass die Spannweite der Konzepte vom nachhaltigen Wirtschaftswachstum bis zu Nachhaltigkeitsvorstellungen reicht, die jedweden Eingriff in die globalen Ökosysteme ausschließen (zur Übersicht s. z.B. Gawel 1996, SRU 2002, Tz 6ff; Kanning 2005, S. 77ff).

Theoriebausteine der Umweltökonomie, Ökologischen Ökonomie

Die klassische Ressourcen- und Umweltökonomie argumentiert, ausgehend von der Unkenntnis über Bedürfnisse und Wünsche künftiger Generationen, dass es unerheblich ist, in welcher Form - ob natürlich oder menschengemacht - das „Gesamtkapital" weitergegeben wird, solange sein aggregierter Geldwert nicht abnimmt. Mit dieser Interpretation, die auch als **schwache Nachhaltigkeit** (*weak sustainability*)

schwache Nachhaltigkeit

bezeichnet wird, kann z.B. ein unveränderter Verbrauch an fossilen Energieträgern mit dem Hinweis gerechtfertigt werden, dass der Energiebedarf zukünftiger Generationen mit Solarenergie gedeckt werden könne, obwohl die technischen Voraussetzungen dafür derzeit noch nicht in ausreichendem Maße vorhanden sind (vgl. Nutzinger und Radke 1995, S. 27ff.).

Demgegenüber steht eine Interpretation des Begriffes, die keinerlei Substitution von natürlichem durch menschengemachtes Kapital zulässt. Dieses Konzept der sogenannten **strikten oder starken Nachhaltigkeit** (*strong sustainability*) bedeutet, keine nicht-regenerierbaren Ressourcen zu benutzen und regenerierbare Ressourcen nur unterhalb ihrer Assimilationskapazität einzusetzen (vgl. Nutzinger und Radke 1995, S. 24ff.).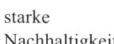

starke Nachhaltigkeit

Da beide Konzepte erhebliche Nachteile haben, wird von den Vertretern der Ökologischen Ökonomie, die sich etwa seit Ende der 1980er Jahren international entwickelt hat und von Beginn an als „the science and management of sustainability" (Costanza et al. 1991) angetreten ist, ein weiterer Weg diskutiert, der auch als **(kritische) ökologische Nachhaltigkeit** bezeichnet wird. Diese Sichtweise erkennt die Notwendigkeit einer Substitution natürlicher Ressourcen kurz- bis mittelfristig an, jedoch darf dabei niemals ein kritischer natürlicher Ressourcenbestand unterschritten werden. Dieses zu beurteilen, erfordert eine differenzierte Betrachtung des Naturkapitals, getrennt nach erneuerbaren und nicht erneuerbaren Ressourcen sowie den Umweltmedien hinsichtlich ihrer Aufnahmefähigkeit für Schadstoffe (vgl. Nutzinger und Radke 1995, S. 33ff.).

(kritische) ökologische Nachhaltigkeit

Wenngleich in der Nachhaltigkeitsdiskussion der letztgenannte Ansatz der (kritischen) ökologischen Nachhaltigkeit dominiert und sich in den sogenannten Managementregeln wiederfindet (s. Kap. 1.1.2.3), liefert auch dieser noch keine unmittelbar verwendbaren Vorschläge für die Umsetzung einer nachhaltigen Entwicklung. Ein wesentliches Problem liegt in dem rein materiellen Verständnis von Gesellschaft als stoffliches und energetisches Input-Output-System, in das sich immaterielle Faktoren wie die Kommunikation als wesentlicher Bestandteil gesellschaftlichen Lebens nur schwerlich integrieren lassen (vgl. Fischer-Kowalski 1997, S. 3).

Zusammenfassend lässt sich festhalten, dass es bisher keine umfassende theoretische Fundierung für die Operationalisierung einer nachhaltigen Entwicklung gibt. Insofern birgt der „Container"-Begriff der Nachhaltigkeit sowohl Stärken als auch Schwächen. Im Grunde ist es fast unmöglich, sich gegen die Nachhaltigkeit zu positionieren (Siemer 2006, S. 153), jedoch werden oft unterschiedliche Ziele verfolgt, so dass die Zukunftsvision auch als Luftblase zerplatzen kann. Ein großer Gewinn liegt aber darin, dass alle wichtigen Einflussgrößen sowohl in den Industrie- als auch den Entwicklungsländern die ökologische Herausforderung anerkennen und die Debatte hierum anhält, d.h. es geht nicht mehr um das ‚ob', sondern um das ‚wie'.

1.1.2.3   Konsensbereiche

Ungeachtet der vorstehend skizzierten unterschiedlichen Auffassungen lassen sich aus der wissenschaftlichen Diskussion einige grundlegende Konsensbereiche identifizieren, mit denen die Wege für eine nachhaltige Entwicklung näher ausgeleuchtet werden. Diese sollen mit ihren Grenzen im Folgenden vorgestellt werden.

Brundtland-Definition

Am größten sind die Gemeinsamkeiten auf der abstrakten Ebene, der im Brundtland-Bericht vorgeschlagenen Definition.

> Nach der Brundtland-Definition ist eine Entwicklung dann nachhaltig, wenn sie „die Bedürfnisse der Gegenwart befriedigt, ohne zu riskieren, dass künftige Generationen ihre eigenen Bedürfnisse nicht befriedigen können" (Hauff 1987, S. 46).

Bedürfnis-
orientierung

intergenerative,

intragenerative
Gerechtigkeit

Integration (von
Ökonomie, Ökolo-
gie und Sozialem)

Hiermit sind vier wesentliche Erkenntnisse verbunden:
1. Der Schlüssel für die Gestaltung nachhaltiger Entwicklungsprozesse liegt in der Auseinandersetzung mit den menschlichen Bedürfnissen, sowohl
2. der gegenwärtiger als auch der zukünftiger Generationen (intergenerative Gerechtigkeit).
3. Gleichzeitig ist hiermit die ethische Forderung nach einem Ausgleich zwischen Industrie- und Entwicklungsländern verbunden (intragenerative Gerechtigkeit) und
4. die Einsicht verknüpft, dass ökonomische, soziale und ökologische Entwicklungen notwendig als eine innere Einheit zu sehen sind (integrativer Aspekt).

Diese Forderungen klingen zunächst trivial, in der Umsetzung liegt jedoch eine erhebliche Brisanz, weil ökonomische, ökologische und soziale Interessen im allgemeinen sowie von Industrie- und Entwicklungsländern im besonderen üblicherweise nicht zielkonform sind und auch die Bedürfnisse künftiger Generationen heute kaum abschätzbar sind.

Managementregeln der Nachhaltigkeit

Über die abstrakte Ebene hinaus herrscht vom Grundsatz her Einigkeit, dass sich eine nachhaltige Entwicklung an den sogenannten „Managementregeln der Nachhaltigkeit" orientieren soll.

Regeneration

Substitution

Anpassungs-
fähigkeit

> Diese aus dem Konzept der ökologischen Nachhaltigkeit (s. Kap. 1.1.2.2) resultierenden Managementregeln lauten:
> 1. „Regeneration: Erneuerbare Naturgüter (z.B. Holz oder Fischbestände) dürfen auf Dauer nur im Rahmen ihrer Regenerationsfähigkeit genutzt werden, andernfalls gingen sie zukünftigen Generationen verloren.
> 2. Substitution: Nicht-erneuerbare Naturgüter (z.B. Mineralien und fossile Energieträger) dürfen nur in dem Maße genutzt werden, wie ihre Funktionen durch andere Materialien oder durch andere Energieträger ersetzt werden können.
> 3. Anpassungsfähigkeit: Die Freisetzung von Stoffen oder Energie darf auf Dauer nicht größer sein als die Anpassungsfähigkeit der Ökosysteme – z.B. des Klimas, der Wälder und der Ozeane" (BMU 1998, S. 9).

Managementregeln
der Nachhaltigkeit

Der Rahmen in weiterführenden Arbeiten ist zum Teil noch erheblich breiter abgesteckt. So wird bezugnehmend auf die Enquête-Kommission des 12. Deutschen Bundestages (1994) häufig die Beachtung der zeitlichen Dimension als vierte ökologische Grundregel angeführt. Ergänzend fügte die Enquête-Kommisson des 13. Deutschen Bundestages noch eine fünfte Regel hinzu, welche die soziale Dimension der nachhaltigen Entwicklung stärken soll (vgl. Enquête-Kommission 1998, S. 51). Weitergehend werden auch in der Nachhaltigkeitsstrategie für Deutschland zehn „Managementregeln der Nachhaltigkeit" u.a. für die verschiedenen Akteure und Handlungsbereiche benannt (vgl. Bundesregierung 2002a, S. 40f.). Die meisten Arbeiten beinhalten jedoch die vorstehend genannten drei Managementregeln, so dass darüber vom Grundsatz her Konsens besteht (vgl. Atmatzidis et al. 1995, S. 23; Bundesregierung 1997, S. 9).

Allerdings erfordert die Anwendung dieser für die globale Ebene formulierten Grundregeln räumlich differenzierte Betrachtungen. Insbesondere zur Beachtung der Regenerationsfähigkeit (Regel 1) sowie der Anpassungsfähigkeit (Regel 3) müssen die jeweiligen standörtlichen Spezifika einbezogen werden, was bisher allenfalls in bezug auf einzelne Substanzen oder Substanzgruppen geleistet werden kann. Die Managementregeln können deshalb zwar als grobe Orientierung dienen, sie reichen aber nicht aus, um hieraus konkrete Handlungsanweisungen für einzelne Akteure abzuleiten. Auch gehen die in der Agenda 21 formulierten Handlungsbereiche weit über diese ressourcen- bzw. stoffbezogenen Grundregeln hinaus, so z.B. die vielfach geforderte Erhaltung der biologischen Vielfalt (vgl. BMU o.J.).

Strategien zur Gestaltung einer nachhaltigen Entwicklung

Neben den Managementregeln werden von verschiedenen Seiten drei Strategien für den Weg zu einer nachhaltigen Entwicklung propagiert:

Die **Effizienz-Strategie** wird vornehmlich von Ökonomen angeführt. Zur Reduzierung des übermäßigen Stoff- und Energieverbrauchs sowie der damit verbundenen Umweltbelastungen geht es – im klassischen ökonomischen Sinne – darum, die Ressourcenproduktivität zu steigern, d.h. Leistungen auf sämtlichen Stufen der Wertschöpfungskette mit dem geringst möglichen Einsatz an Stoffen und Energie zu erfüllen und damit die Wirtschaftsaktivitäten zu „dematerialisieren" (vgl. Schmidt-Bleek 1994).

Relativ gesehen ist dieses sicher ein wichtiger Schritt auf dem Weg zu einer nachhaltigen Entwicklung. Absolut betrachtet wird hierdurch allein jedoch das Problem des ständig steigenden Ressourcenverbrauchs – bedingt durch Produktionssteigerungen (*Rebound*-Effekt), das Konsumverhalten und das Anwachsen der Bevölkerung – nicht behoben.

Ergänzend wird deshalb vor allem von Nichtregierungsorganisationen (NGOs) die **Suffizienz-Strategie** angeführt. Ausgehend von der Tatsache, dass sich das Konsumverhalten der industrialisierten Welt aufgrund der „Grenzen des Wachstums" (s. Kap. 1.1.1) nicht auf die gesamte Menschheit übertragen lässt, ist hiermit die Forderung nach Genügsamkeit verbunden und erfordert letztlich vor allem in den Industrieländern eine Änderung der Lebensstile.

Dieses ist jedoch problematisch, weil die Forderung nach Konsumverzicht konträr zu den vorherrschenden wirtschaftlichen Interessen nach materiellem Wachstum steht und auch die Akzeptanz in der Bevölkerung gering ist. Insofern bedarf es noch eines längerfristigen Bewusstseinswandels, bevor diese Strategie spürbare Wirkungen entfalten kann. Welche Wege dorthin führen können, wurden beispielsweise bereits in der Studie „Zukunftsfähiges Deutschland" (vgl. BUND und Misereor 1996) aufgezeigt.

Die **Konsistenz-Strategie** – von HUBER wegen der Wortverwandtheit zu den beiden erstgenannten als solche bezeichnet (vgl. Huber 1996; Gleich et al. 1999, S. 9) – wird ergänzend vornehmlich von ökologisch orientierten Vertretern angeführt. Während sich die Effizienz- und Suffizienz-Strategie ausschließlich auf die Reduzierung des Mengendurchsatzes an Stoff- und Energieströmen konzentrieren, bezieht diese dritte Strategie die qualitativen Aspekte der Stoffe mit ein. Damit wird bewusst ein Kontrapunkt zu der Auffassung gesetzt, anthropogene Stoff- und Energieströme seien unter Nachhaltigkeitsgesichtspunkten per se zu minimieren. Vielmehr müsse es darum gehen, sie so umzugestalten, dass eine Rückführung in die natürlichen Stoffkreisläufe gewährleistet ist. Als Beispiel wird u.a. die Nutzung der Solarwasserstoff-Technologie angeführt, die nach heutigem Wissen nicht zu gravierenden Umweltproblemen führt, obwohl sie sehr materialintensiv ist. Insofern zielt die Konsistenz-Strategie vor allem auf Basisinnovationen ab, die grundlegend neue Pfade der Technik- und Produktentwicklung eröffnen (vgl. Huber 1996, S. 9).

Zusammengefasst lässt sich festhalten, dass es sich nicht um alternative Strategien handeln kann, sondern sich diese ergänzen müssen (vgl. von Gleich et al. 1999). Jedoch bestehen in dieser komplementären Sicht noch erhebliche Umsetzungsdefizite. Vielmehr sind die zu Beginn des 21. Jahrhunderts mit großen Hoffnungen verbundenen Innovationen, die sowohl die Wettbewerbsfähigkeit als auch die nachhaltige Entwicklung sichern sollen, vornehmlich von der Effizienzstrategie geprägt (vgl. z.B. Petschow 2007).

Umsetzung durch partizipative Lern-, Such- und Verständigungsprozesse

Weiterhin besteht Konsens darüber, dass eine nachhaltige Entwicklung nur als partizipativer Prozess gestaltet werden kann. So zieht sich der Ruf nach einer Stärkung und Beteiligung der verschiedenen gesellschaftlichen Gruppen wie ein roter Faden durch die Agenda 21. Darüber hinaus werden explizit neun verschiedene Gruppen hervorgehoben, die einer besonderen Stärkung bedürfen. Hierzu gehört u.a. auch die Privatwirtschaft, die in der sozialen und wirtschaftlichen Entwicklung eines jeden Landes eine zentrale Rolle spielt (Agenda 21, Kap. 30 in: BMU o.J.).

Beteiligung und Stärkung gesellschaftlicher Gruppen

Diese explizite Ausrichtung der Agenda 21 auf den gesellschaftlichen Diskurs trägt sowohl dem offenen Nachhaltigkeitsleitbild (s. Kap. 1.1.2.2) als auch der begrenzten Fähigkeit zur Analyse komplexer systemischer Zusammenhänge Rechnung und bedeutet, dass jede Gesellschaft für sich selbst beantworten muss, was eine nachhaltige Entwicklung konkret für sie bedeutet und wie sie erreicht werden kann. Die Umsetzung muss daher auf den verschiedenen gesellschaftlichen Ebenen (Nation, Land, Region, Gemeinde etc.) durch kontinuierliche zukunftsbezogene, gesellschaftliche Such-, Lern- und Verständigungsprozesse gekennzeichnet sein (s. weiter dazu Kap. 1.2) (vgl. Enquête-Kommission 1998, S. 72).

Bedeutung der lokalen und regionalen Ebene

Wenngleich eine nachhaltige Entwicklung globale Lösungsansätze erfordert, wird der lokalen und regionalen Ebene eine Schrittmacherfunktion zugesprochen (vgl. SRU 1996, Tz 35), denn ökonomische, soziale und ökologische Entwicklungen müssen in einem wechselseitigen Prozess kontinuierlich aufeinander abgestimmt werden.

Räumliche Nähe

Für die notwendige Konsensbildung werden kleinräumige Einheiten als besonders geeignet angesehen, was sich durch die räumliche Nähe erklären lässt. Zum einen sind hier die Folgen des individuellen Handelns am ehesten erfahrbar, wodurch das Problembewusstsein und die Handlungsmotivation bei den politischen Akteuren erhöht wird. Zum anderen haben auch die Akteure untereinander im allgemeinen eine größere Nähe und sind teilweise sogar über persönliche Netzwerke miteinander verbunden, so dass sich partizipative Lösungsprozesse leichter organisieren lassen (vgl. Jung et al. 1997, S. 3).

Lokale Agenda 21

In der Agenda 21 werden deshalb auch die Kommunen explizit aufgefordert, die notwendigen Konsultationsprozesse zu beginnen und „in einen Dialog mit den Bürgern, den örtlichen Organisationen und der Privatwirtschaft einzutreten" (Agenda 21, Kapitel 28 in: BMU o.J.). Zahlreiche Kommunen sind diesem Aufruf gefolgt und ca. 2400 Städte und Gemeinden in Deutschland haben eine Lokale Agenda 21 beschlossen. Zur Unterstützung hat das Bundesumweltministerium eine bundesweite Servicestelle eingerichtet.

1.1.2.4   Sichtweisen zur Umsetzung

Darüber, wie eine nachhaltige Entwicklung umgesetzt werden soll bzw. in welcher Art und Weise Richtungsvorgaben von Seiten der Politik und Planung gegeben werden sollen, gehen die Ansichten auseinander. Hier lässt sich stark vereinfacht eine Zweiteilung erkennen (vgl. Kanning 1998):

quantitative vs. regulative Sichtweise

Auf der einen Seite gehen mit dem in der ökonomischen Umwelttheorie vorherrschenden naturwissenschaftlich-technischen Begriffsverständnis in der Regel Forderungen nach möglichst konkreten, quantitativen Umweltzielen einher. Dabei sind besonders drei Ansätze populär geworden,

- der „*ecological footprint*" (Rees und Wackernagel 1992),
- das Konzept des „Umweltraums" (Friends of the Earth Netherland 1994) und

- das MIPS-Konzept (*material input per unit of service*) (Schmidt-Bleek 1994, s. Kap. 9).

⇨ Kap. 9

Trotz der recht unterschiedlichen methodischen Ansätze kommen die Autoren zu vergleichbaren Ergebnissen, „d.h. zur Forderung nach einer Reduzierung des durchschnittlichen Umweltverbrauchs um einen Faktor vier bis zehn" (Spangenberg, 1996, S. 205).

So ist es verständlich, dass auf der anderen Seite viele Beiträge ohne genauere Messungen davon ausgehen, dass der Ressourcenverbrauch und Schadstoffausstoß westlicher Gesellschaften generell zu hoch ist, und eine pragmatischere, handlungsorientierte Vorgehensweise wählen. Dabei wird der Nachhaltigkeitsbegriff eher als regulative Idee verstanden und gerade in der relativen Unbestimmtheit die Möglichkeit gesehen, ihn individuell auszufüllen und zum Gegenstand gesellschaftlicher Diskurse zu machen. Zur Umsetzung werden „weiche" Steuerungsinstrumente wie Information der Beteiligten, Partizipation, Diskussionsrunden, Koordination, Kooperation etc. bevorzugt. An die Stelle quantitativer Zielsetzungen treten dabei zumeist Leitbilder, die motivieren und Vorstellungen davon vermitteln sollen, wie eine nachhaltige Lebens- und Wirtschaftsweise aussehen kann.

Auf theoretischer Ebene sind die beiden Herangehensweisen erstmals in der Studie „Zukunftsfähiges Deutschland" (BUND und Misereor 1996) in größerem Stil zusammengeführt worden. Ausgehend vom Konzept des Umweltraums werden aus statistischen Analysen quantitative nationale Zielgrößen abgeleitet sowie handlungsfeldbezogene Leitbilder formuliert. Jedoch haben die Vorschläge bisher v.a. eine diskussionsfördernde Wirkung erzielt.

1.2   Aufgaben der verschiedenen Akteure

Antizipiert man die konzeptionellen Vorschläge verschiedener Expertengruppen zur Gestaltung nachhaltiger Entwicklungsprozesse über die Vereinbarung von Umweltzielen (vgl. z.B. Enquête-Kommission 1994, 1997, 1998; SRU 1994, 1996, 1998; UBA 1997; BUND und Misereor 1996) und berücksichtigt die in Kapitel 1.1.2.3 skizzierten grundlegenden Konsensbereiche, so lassen sich für die verschiedenen gesellschaftlichen Akteure unterschiedliche Aufgaben identifizieren, wie sie im Folgenden skizziert werden.

1.2.1 Politik und Verwaltung

Eine wesentliche Voraussetzung für eine nachhaltige Entwicklung ist die Integration von Umwelt- und Entwicklungszielen in die Entscheidungsfindung auf der politischen und planerischen Ebene (Agenda 21, Kap. 8 in: BMU o.J.). Aufgabe von Staat und Verwaltung ist es daher, entsprechende Ziele festzulegen bzw. Zielvorschläge zu entwickeln.

Mit dieser Thematik haben sich verschiedene bundesdeutsche Institutionen befasst. Grundlegende Arbeiten hierzu sind von den Enquête-Kommissionen „Schutz des Menschen und der Umwelt" des 12. und 13. Bundestages geleistet worden, die sich vornehmlich auf den am weitesten entwickelten Umweltbereich konzentrieren. Aus Sicht der Experten sollten danach

- auf den verschiedenen administrativen Ebenen (Nationen, Länder, Regionen, Kommunen) politische Umweltziele für die relevanten Umweltproblemfelder formuliert werden, nach dem Subsidiaritätsprinzip in der jeweils adäquaten Konkretisierung.

Umweltziele

- Die Umweltziele sollten aus angestrebten und/oder wissenschaftlich begründeten wirkungs- bzw. schutzgutbezogenen Umweltqualitätszielen (UQZ) gebildet werden und

Umweltqualitätsziele

Umwelt-
handlungsziele

- grundsätzlich daraus abgeleiteten zeitlich definierten, quantifizierten und messbaren bzw. prüfbaren akteurs- und belastungsbezogenen Umwelthandlungszielen (UHZ)

(vgl. Enquête-Kommission 1997, S. 38f.; UBA 1997, S. 32ff.; SRU 1998, Tz 9ff.). Für Deutschland sind erste politische Umweltzielvorschläge von Seiten des Bundesministeriums für Umwelt, Naturschutz und Reaktorsicherheit (BMU) im „Umweltpolitischen Schwerpunktprogramm" (1998) vorgelegt und entsprechende Ziele in der nationalen Nachhaltigkeitsstrategie formuliert worden (Bundesregierung 2002a).

Indikatoren

Neben den Zielen sollten Politik und Verwaltung geeignete Indikatoren entwickeln sowie die hierfür erforderlichen Daten bereithalten, um den Weg zur Nachhaltigkeit messbar zu machen. In Kapitel 40 der Agenda 21 wird hierzu ein abgestimmtes Vorgehen von der globalen über die nationalen bis zu den regionalen bzw. lokalen Ebenen empfohlen.

Maßgeblicher Akteur auf der internationalen Ebene ist die Kommission der Vereinten Nationen für Nachhaltige Entwicklung (*Commission on Sustainable Development* - CSD), die aufbauend auf dem von der OECD (*Organisation for Economic Cooperation and Development*) entwickelten „*Pressure-State-Response*-Modell" eine ca. 130 Einzelindikatoren umfassende Arbeitsliste für die verschiedenen Themen bzw. Kapitel der Agenda 21 erarbeitet hat. Wegen des fehlenden Zielbezugs ist die internationale Vorgehensweise in die Kritik geraten, denn aus rein logischen Gründen können Indikatoren kein visionäres Ziel (wie das einer nachhaltigen Entwicklung) abbilden, wenn sich das Konzept nur an den bekannten, in der Agenda 21 dargestellten Umweltproblemen orientiert.

Auf der nationalen sowie der regionalen und lokalen Ebene hat sich daher daneben ein weiterer Diskussionsstrang herausgebildet, in dem der Schwerpunkt auf die Verknüpfung mit Zielvorstellungen gelegt wird. So werden auch in der nationalen Nachhaltigkeitsstrategie für Deutschland die als besonders bedeutsam herausgestellten 21 Indikatoren mit entsprechenden Zielen verknüpft. Daneben findet sich auf regionaler und lokaler Ebene eine Vielzahl spezifischer Indikatorenkataloge, die aber weitgehend unverbunden nebeneinander stehen (vgl. hierzu z.B. bei Koitka et al. 2001).

Allgemein ist jedoch von Bedeutung, dass allein mit einer datengeleiteten Indikatorenauswahl noch keine wesentliche Verbesserung für die Entscheidungsfindung erreicht werden kann. Um also nicht in das gleiche Dilemma wie bei der Sozialindikatorendiskussion zu verfallen, empfiehlt der SRU in seinem Umweltgutachten 1998 daher „dringend [...], die Aufstellung von [...] Umweltindikatoren mit der Aufstellung von umweltpolitischen Zielen (Umweltqualitätszielen und Umwelthandlungszielen) zeitlich, inhaltlich und prozedural zu koordinieren" (vgl. SRU 1998, Tz 228). Spätestens an dieser Stelle wird deutlich, dass es um die Gestaltung kontinuierlicher Prozesse geht, in denen das Nachhaltigkeitsleitbild problem- und situationsbezogen immer wieder reflektiert werden muss und die eingeschlagenen Richtungen notfalls auch neu definiert werden müssen.

Monitoring
Berichterstattung
Evaluierung

Als weitere Prozesselemente werden daher von den Experten kontinuierliche Monitorings empfohlen, über die gleichfalls Bericht erstattet werden sollte.

Darüber hinaus sollten die ergriffenen Maßnahmen auch einer Evaluierung unterzogen werden, d.h. es sollte ein Abgleich mit den gesteckten Zielen erfolgen.

In diesem Sinne liefern die Umweltdatenbanken des Umweltbundesamtes und schlaglichtartig auch das Umweltbarometer, mit dem kontinuierlich über die Entwicklung ausgewählter Schlüsselindikatoren in Relation zu umweltpolitischen Zielvorstellungen berichtet wird, wichtige Informationen für die Prozessgestaltung.

Die vorstehend skizzierten Expertenempfehlungen zur Gestaltung nachhaltiger Entwicklungsprozesse sind zwar für die nationale Ebene konzipiert, lassen sich aber prinzipiell auf die regionale und lokale Ebene übertragen, wie es der SRU ausdrücklich hervorhebt (vgl. SRU 1998, Tz 239).

Eine inhaltliche Konkretisierung sollte – dem Subsidiaritätsprinzip gemäß – vom Leitbild der nachhaltigen Entwicklung ausgehend mit zunehmender Differenzierung bzw. relevantem Problemfeld auf den jeweils dafür geeigneten Ebenen erfolgen. Gleichfalls sollten die verschiedenen Ebenen natürlich aufeinander abgestimmt bzw. im Gegenstromprozess entwickelt werden, wie es Abbildung 1-1 zusammengefasst darstellt.

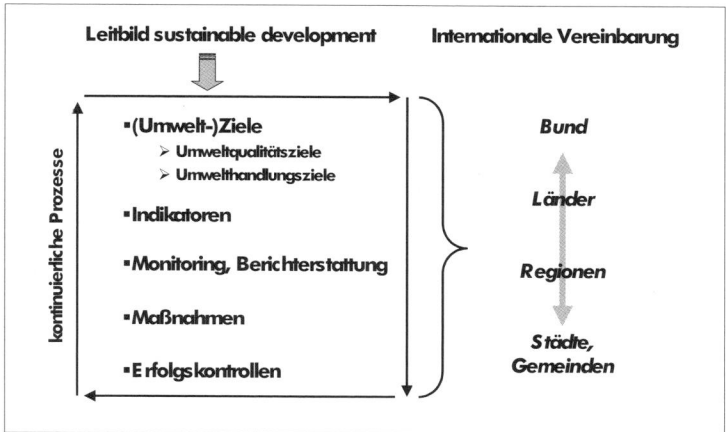

Abb. 1-1: *Elemente zur Gestaltung partizipativer Nachhaltigkeitsdiskurse (Quelle: Kanning 2005, S. 169)*

In der Praxis war eine entsprechende systematische Entwicklung in Deutschland allerdings aufgrund der bis 2002 relativ lange Zeit ausstehenden nationalen Zielvorgaben bzw. Nachhaltigkeitsstrategie (s. Kap. 1.1.1) schwer möglich. Insofern haben sich auch die Bundesländer mit unterschiedlichem Engagement, relativ früh z.B. Baden-Württemberg (MUV o.J.), und allen voran hauptsächlich die Kommunen in Lokalen Agenda 21-Prozessen auf entsprechende Wege begeben, die aber bisher unverbunden nebeneinander stehen.

1.2.2 Wissenschaft/Forschung

Die Wissenschaft sollte sich an der Entwicklung von Umweltzielen und Indikatoren beteiligen (vgl. z.B. SRU 1998, Tz. 246) und insbesondere interdisziplinäre, problemorientierte Forschungen vorantreiben, um die bisher weitgehend isoliert betrachteten ökonomischen, ökologischen und sozialen Dimension in die Problemlösungen integrieren zu helfen.

transdisziplinäre Forschung

Dieses erfordert zum einen das Überschreiten disziplinärer Grenzen und zum anderen eine „*post-normal science*" (Funtowicz und Ravetz 1993), die sich nicht mehr auf ihre Werturteilsfreiheit beruft, sondern die Wissensproduktion an den konkreten Problemen der Gesellschaft ausrichtet. So stellt das Nachhaltigkeitskonzept auch die Wissenschaft vor große Herausforderungen und es bilden sich neue transdisziplinäre Ansätze und Förderpolitiken heraus, wie z.B. die Sozial-ökologische Forschung.

www.sozial-oekologische-forschung.org

1.2.3 Zivilgesellschaft/Bürger

Auch die Zivilgesellschaft bzw. jeder einzelne Bürger ist zu Taten aufgerufen, sei es durch die Beteiligung an den gesellschaftlichen Nachhaltigkeits- bzw. Zieldiskursen im Rahmen der Lokalen Agenda 21-Prozesse oder durch sein eigenes Verhalten. Letzteres gilt in besonderem Maße für Bürger der Industrieländer, denn unbestritten ist, dass sich das Konsumverhalten der industrialisierten Welt nicht unbegrenzt auf die gesamte Menschheit übertragen lässt. Insofern sollte jeder einzelne sorgsam mit

Änderung des Konsumverhaltens

www.umwelt
bewusstsein.de

den natürlichen Ressourcen umgehen und gleichzeitig auch deren Verbrauch mini-mieren helfen (s. dazu die in Kap. 1.1.2.3 angeführte Suffizienz-Stragie).

Hier scheinen noch viele Potenziale brachzuliegen, denn nach den repräsentativen Umfragen zum Umweltbewusstsein in Deutschland stimmen zwischen 82 % und 89 % der Bevölkerung den Prinzipien einer nachhaltigen Entwicklung zu (Kuckartz et al. 2006, S 17), dagegen war das Nachhaltigkeitsleitbild selbst nach früheren Umfragen in der Bevölkerung mit 28 % nur wenig bekannt (vgl. Kuckartz und Grunenberg 2002).

1.2.4 Unternehmen

Unternehmen spielen für den Umsetzungsprozess einer nachhaltigen Entwicklung eine bedeutende Rolle, dieses ist auf dem Johannesburg-Gipfel erneut deutlich zum Ausdruck gekommen.

Unternehmen agieren zunehmend global und stellen durch Fusionen und Aufkäufe von anderen Unternehmen immer größere Machtzentren dar, welche nicht nur über ihre Produktionstätigkeit, sondern auch über ihren Einfluss auf Lebensstile und Konsummuster die Nutzung von Ressourcen und die Freisetzung von Stoffen und Energien und damit den Grad der Naturinanspruchnahme prägen.

Eine besondere Aufmerksamkeit gilt daher den global handelnden Unternehmen, deren Verantwortung zukünftig nach den Vereinbarungen der Johannesburg-Konferenz gestärkt werden soll (s. Kap. 1.1.1). Weiterführend sei auf Kapitel 17 verwiesen, in dem der Entwicklungsstand zur Verankerung der Verantwortung für eine nachhaltige Entwicklung in Unternehmen (*Corporate Social Responsibility*) dargestellt wird.

Auf der anderen Seite sind Unternehmen auch Orte sozialer, ökonomischer und ökologischer Innovationen und damit potenzielle Problemlöser. In Kapitel 2 wird daher genauer betrachtet, welche Beiträge Unternehmen zu einer nachhaltigen Entwicklung leisten und wie sie diese umsetzen können. Im Kontext der Nachhaltig-keitsberichterstattung (s. Kap. 15) liefert zudem u.a. der Leitfaden „Zukunftsfähiges Wirtschaften" eine praxisorientierte und zugleich theoretisch reflektierte Anleitung (MUV BW o.J.).

➡ Kap. 17

➡ Kap. 2

➡ Kap. 15

1.3   Schnittstellen zwischen Nachhaltigkeits-diskursen und standardisierten Umwelt-managementsystemen

Für die diskursive Gestaltung nachhaltiger Entwicklungsprozesse wird der lokalen und regionalen Ebene wie in Kapitel 1.1.2.3 skizziert eine besondere Bedeutung beigemessen. Jedoch ist die Beteiligung der Wirtschaftsakteure in den Lokalen Agenda 21-Prozessen nach wie vor eher zurückhaltend. Als Gründe werden u.a. die unterschiedlichen „Kulturen" angeführt, die in den Agenda-Initiativen aufeinander-treffen, wie unterschiedliche Nachhaltigkeitsverständnisse, Sprachen und sogar Kleidungsstile (vgl. Enquête-Kommission 1999, S. 166). Daneben wird auch die häufig unzureichende Verzahnung mit den etablierten Entscheidungsstrukturen und Handlungsprogrammen der Kommunen als problematisch angesehen (vgl. BMU und UBA 1999, S. 48ff.). Hieraus resultiert eine allgemeine Planungsunsicherheit, die gerade für Wirtschaftsakteure ökonomisch nicht tragfähig ist.

➡   Kap. 3

Demgegenüber wären gerade Unternehmen mit standardisierten Umweltmanage-mentsystemen ideale Partner für Nachhaltigkeitsdiskurse, denn die damit einherge-hende Bausteine, wie sie im einzelnen in Kapitel 3 dargestellt sind, entsprechen nahezu in idealtypischer Weise den Experten-Empfehlungen zur Gestaltung von Nachhaltigkeitsdiskursen (s. Kap. 1.2.1), wie die folgenden Ausführungen zeigen und die folgende Abbildung 1-2 veranschaulicht.

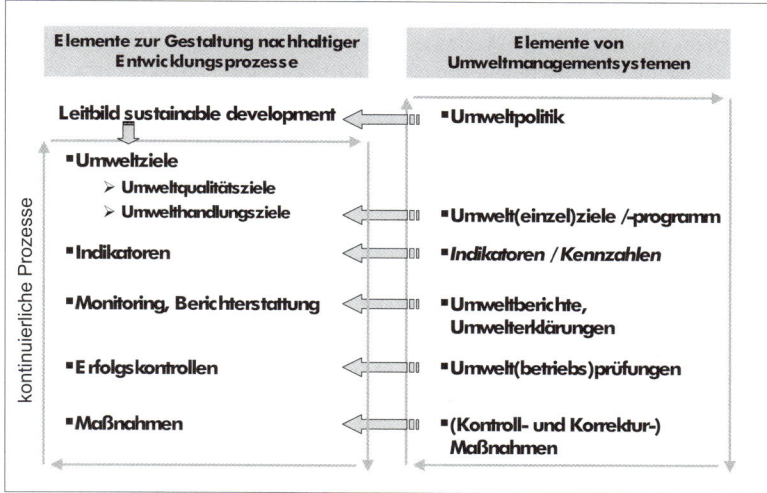

Abb. 1-2: *Schnittstellen zwischen der Gestaltung nachhaltiger Entwicklungs-prozesse und Umweltmanagementsystemen (Quelle: Kanning 2005, S. 171)*

Eher allgemein gehalten sind üblicherweise die im Rahmen des betrieblichen Umweltmanagements zu formulierenden **Umweltpolitiken**. Sie lassen sich deshalb am ehesten der Leitbildebene (s. Kap. 5) zuordnen. Hierzu lässt sich für EMAS (s. Kap. 3) hervorheben, dass sie nach erklärter EU-politischer Zielsetzung auf der Basis des 5. EG-Umweltaktionsprogramms zur Gestaltung einer nachhaltigen Entwicklung beitragen soll (weiterführend vgl. z.B. Nissen 1999, S. 197ff.).

Umweltpolitik

➪ *Kap. 5, Kap. 3*

Von besonderer Bedeutung sind die **Umweltziele** sowie die detaillierteren Leistungsanforderungen – bzw. die Umwelteinzelziele wie sie in der EMAS-VO bezeichnet werden –, die jeweils in den Umweltprogrammen möglichst quantifiziert und mit konkreten Zeithorizonten versehen zu formulieren sind (s. Kap. 5).

Umweltziele

➪ *Kap. 5*

In der in Kapitel 1.2.1 dargestellten Terminologie der Nachhaltigkeitsdiskussion entsprechen diese Umweltziele den akteursbezogenen Umwelthandlungszielen. Folgt man den in Kapitel 1.2 skizzierten Expertenempfehlungen, sollten diese idealerweise aus fachwissenschaftlich begründeten und gesellschaftspolitisch formulierten, naturraumspezifischen Umweltqualitätszielen abgeleitet werden. Noch ist die Praxis aber weit davon entfernt, u.a. weil ein Dialog zwischen den relevanten Akteuren bisher kaum stattfindet. Hinweise zur Einbeziehung naturraumspezifischer Umweltinformationen finden sich z.B. in dem Leitfaden „Betriebliche Umweltauswirkungen" (UBA 1999). Weitere Qualitätsverbesserungen könnten durch eine Kooperation mit den örtlichen Landschaftsplanungen gewonnen werden, die für die Formulierung von Umweltqualitätszielen zuständig sind (weiter hierzu vgl. Kanning 2001b, c).

Umwelt handlungsziele, Umwelt-qualitätsziele

Neben der Zielebene lassen sich auch für die Indikatorendiskussion Schnittstellen identifizieren. Auch wenn die Umweltmanagementstandards dieses nicht explizit vorsehen, verwenden in der Praxis schon heute viele Unternehmen **Umweltindikatoren** bzw. – in der deutschen Terminologie – **Umweltkennzahlen** und die Ansätze entwickeln sich dynamisch weiter (s. Kap. 10). Auch der internationale Leitfaden ISO 14031 zur Umweltleistungsbewertung enthält entsprechende Hinweise (s. Kap. 10). Für das prozessuale Nachhaltigkeitsverständnis ist zudem die hierin enthaltene Empfehlung, auch die Indikatoren ständig auf ihren Sinn zu überprüfen und ggf. zu modifizieren, von besonderer Bedeutung.

Umweltindikatoren/-kennzahlen

➪ *Kap. 10*

ᴉꜱo 14031

Neben den vorstehend skizzierten inhaltlichen Elementen erzeugen Unternehmen mit der Implementierung von Umweltmanagementsystemen auch die für die Gestaltung von nachhaltigen Entwicklungsprozessen als notwendig erachteten prozessualen Elemente selbständig:

Berichterstattung

 Kap. 15

Erfolgskontrollen

 Kap. 3

Sie stellen der interessierten Öffentlichkeit regelmäßig aktuelle Umweltinformationen z.T. in Form von Umwelterklärungen oder Umwelt- bzw. Nachhaltigkeitsberichten zur Verfügung (s. Kap. 15). Darüber hinaus evaluieren sie ihre Umweltleistungen regelmäßig im Rahmen der Umweltbetriebsprüfungen (s. Kap. 3).

Aus planungsmethodischer Sicht sind die beiden Prozesse also kompatibel bzw. mehr noch, Unternehmen, die entsprechende Umweltmanagementsysteme implementiert haben, könnten – theoretisch – geradezu idealtypisch in die notwendigen Gestaltungsprozesse für eine nachhaltige Entwicklung eingebunden werden, wie dies von den Experten aufgezeigt wird.

In der Praxis bestehen in dieser Hinsicht aber, wie eingangs angeführt, noch große Defizite, insbesondere weil eine systematische Verzahnung der neueren betrieblichen Umweltmanagementansätze mit dem übrigen deutschen umweltpolitischen Instrumentarium nach wie vor aussteht. So werden die weitestgehenden Synergieeffekte bisher im „rechtsfreien" Raum auf der kommunalen Ebene im Rahmen der Lokalen Agenda 21-Prozesse erzielt. Hierfür finden sich im Leitfaden des UBA wertvolle Hinweise (UBA 2003).

Als positives Praxisbeispiel lässt sich der in der Stadt Graz entwickelte Ansatz hervorheben: Mit dem Programm „Ökostadt 2000 – Auf dem Weg zu einer nachhaltigen Stadtentwicklung in Graz" hat die Stadt Graz ein integriertes Konzept einer vorsorgenden kommunalen Umweltpolitik entwickelt, in dem konkrete Umweltziele formuliert sind, die regelmäßig evaluiert werden und der betriebliche Umweltschutz dabei mit dem Projekt Ökoprofit® einen wichtigen Baustein darstellt (Stadt Graz 1999). Bei letzterem handelt es sich um ein seit 1991 laufendes Kooperationsprojekt zwischen dem Grazer Umweltamt, externen Beratern und Grazer Betrieben mit dem Ziel, einen Beitrag zur wirtschaftlichen Stärkung sowie zur Verbesserung der Umweltsituation in der Stadt Graz zu leisten. Die teilnehmenden Unternehmen können das kommunale Beratungsprogramm als Einstieg in die Implementierung standardisierter Umweltmanagementsysteme nutzen.

http://www.oeko
profit-graz.at

Das Projekt Ökoprofit® hat inzwischen auch in Deutschland sowie international große Popularität erlangt, so dass zu hoffen bleibt, dass die damit verbundenen Potenziale gezielt in die vorstehend skizzierte Richtung für den Diskurs um die Gestaltung nachhaltiger Entwicklungsprozesse auf der lokalen und regionalen Ebene genutzt werden.

1.4   Übungsfragen

1. Ist das Nachhaltigkeitsleitbild eine Erfindung von Rio? Welcher Konflikt liegt dem Nachhaltigkeitsleitbild maßgeblich zugrunde?
2. Wie definiert die Brundtland Kommission *sustainable development* und welche Kerninhalte sind damit verbunden?
3. Welche Ansätze liefern die ökonomischen Theorien und wodurch unterscheiden sich diese? Welcher Ansatz hat sich in der Nachhaltigkeitsdiskussion durchgesetzt und wo findet sich dieser wieder?
4. Wie lauten die sogenannten Managementregeln der Nachhaltigkeit und welche Bedeutung haben diese für die Umsetzung?
5. Was versteht man unter Effizienz-, Suffizienz- und Konsistenzstrategien? Handelt es sich dabei um alternative Strategien?
6. Lässt sich eine nachhaltige Entwicklung verordnen? Wie können nachhaltige Entwicklungsprozesse gesellschaftspolitisch verankert werden?
7. Inwiefern wird das Nachhaltigkeitsleitbild auch als „regulativen Idee" verstanden?
8. Welche Rollen spielen verschiedene Akteursgruppen auf dem Weg zur Nachhaltigkeit?
9. Skizzieren Sie Schnittstellen zwischen Umweltmanagementsystemen und gesellschaftspolitisch relevanten Elementen zur Gestaltung nachhaltiger Entwicklungsprozesse.

1.5   Weiterführende Literatur

Heinrich-Böll-Stiftung (2002): Das Jo'burg Memo. Ökologie – die neue Farbe der Gerechtigkeit Memorandum zum Weltgipfel für Nachhaltige Entwicklung, Berlin.

Huber, J. (1995): Nachhaltige Entwicklung - Strategien für eine ökologische und soziale Erdpolitik, Berlin.

Kanning, H. (2005): Brücken zwischen Ökologie und Ökonomie, München.

Kopfmüller, J., Brandl, V., Jörissen, J., Paetau, M., Banse, G., Coenen, R. und Grunwald, A. (2001): Nachhaltige Entwicklung integrativ betrachtet, Berlin.

Nutzinger, H. G. und Radke, V. (1995): Wege zur Nachhaltigkeit, in: Nutzinger, H. G. (Hrsg.): Nachhaltige Wirtschaftsweise und Energieversorgung, Marburg, S. 225-256.

UBA - Umweltbundesamt (2002): Nachhaltige Entwicklung in Deutschland. Die Zukunft dauerhaft umweltgerecht gestalten, Berlin.

2 Nachhaltigkeit in Unternehmen – Konzepte zur Umsetzung

von Julia Koplin und Martin Müller

Kapitelausblick

Die Verwirklichung einer nachhaltigen Entwicklung ist ein globales Problem. Die Umsetzung muss jedoch auf lokaler und regionaler Ebene stattfinden. Unternehmen kommt – wie in Kapitel 1 dargestellt – hierbei eine Schlüsselrolle zu, da sie sowohl Problemverursacher als auch -löser sind. Allerdings bereitet den Unternehmen die Umsetzung einer nachhaltigen Wirtschaftsweise essentielle Probleme. Gleichzeitig wird durch das Drei-Säulen-Konzept der Nachhaltigkeit fast jede Veränderung in einer Dimension der Nachhaltigkeit (sozial, ökonomisch oder ökologisch) als Beitrag zu einer nachhaltigen Entwicklung ausgewiesen (vgl. WCED 1987).

Vor diesem Hintergrund verfolgt dieses Kapitel das Ziel, Ansatzpunkte aufzuzeigen, wie Unternehmen einen Beitrag zu einer nachhaltigen Entwicklung leisten können bzw. was das Konzept einer nachhaltigen Entwicklung für einzelne Unternehmen bedeutet. Hierzu soll zunächst dargestellt werden, welche Rahmenbedingungen für Unternehmen existieren, wenn Nachhaltigkeit als unternehmensstrategische Frage verstanden wird. Darüber hinaus wird der Frage nachgegangen, inwieweit eine auf Nachhaltigkeit ausgerichtete Unternehmensverantwortung im Kontext der Globalisierung erreichbar ist.

Ausgehend von den Anforderungen für die Umsetzung des Leitbildes einer nachhaltigen Entwicklung werden bestehende Ansätze aus der betriebswirtschaftlichen Literatur zu einer nachhaltigen Wirtschaftsweise vorgestellt. Abschließend wird anhand eines Beispiels aus der Automobilindustrie dargestellt, wie die Umsetzung eines Nachhaltigkeitskonzeptes zur Integration von Umwelt- und Sozialstandards in die Lieferantenbeziehungen eines Unternehmens aussehen kann.

Lernziele

1. Einen Überblick über Nachhaltigkeit als Unternehmensstrategie erhalten.
2. Einen Überblick über die in der Betriebswirtschaft entwickelten Ansätze zur Umsetzung einer nachhaltigen Entwicklung in Unternehmen bekommen.
3. Umsetzungsmöglichkeiten kennen lernen und ableiten können.

2.1 Rahmenbedingungen für Nachhaltigkeit in Unternehmen

Unternehmen spielen im Nachhaltigkeitsprozess eine zentrale Rolle. Knapp 90 % der Beteiligten von Politik, Wirtschaft und Medien teilen nach Ansicht einer Studie inzwischen die Einstellung, dass auf eine nachhaltige Entwicklung ausgerichtete Unternehmen langfristig wettbewerbsfähiger sind (vgl. Kohtes Klewes 2001). Weiterhin stellen Unternehmen eine gesellschaftlich besonders bedeutsame Akteursgruppe dar, die zum Erfolg des gesellschaftlichen Suchprozesses nach einer nachhaltigen Lebens- und Wirtschaftsweise maßgeblich beitragen kann: Die Bedeutung von Unternehmen in unserer Gesellschaft begründet sich aus den direkten und indirekten

 Kap. 1

Effekten, die von ihnen ausgehen. Zu den direkten Effekten zählen jene Auswirkungen, die durch die von Unternehmen getroffenen Entscheidungen über Produktgestaltung und Produktionstechnik Einfluss auf unser Leben haben, bspw. Emissionen oder Abfälle. Zu den indirekten Effekten zählen dagegen z.B. Aspekte wie die Auswirkung sinkender Beschäftigung auf die gesellschaftliche Akzeptanz einzelner Unternehmen. Gleichzeitig besitzt ein Unternehmen noch eine Sozialisierungsfunktion, da es als Ort gesellschaftlichen Lernens fungiert und deshalb eine Mitverantwortung für Bildung und Entwicklung einer Gesellschaft trägt (vgl. Kurz 1997, S. 79).

2.1.1 Reichweite von Unternehmensverantwortung

Unternehmen wird die Verantwortung für ökologische und soziale Auswirkungen ihrer Geschäftstätigkeit vollständig zugewiesen und müssen daher bereit sein, diese zu übernehmen (vgl. Matten und Wagner 1998, S. 63). Voraussetzung dafür ist, dass ein Unternehmen einen umfassenden Dialog mit seinen Anspruchsgruppen führt, da Gestaltungsmodelle für eine nachhaltige Entwicklung nur in der gemeinsamen Zusammenarbeit gesellschaftlicher Akteure gefunden werden können (vgl. Schneidewind 2000, S. 19ff.). Ausdruck der Wahrnehmung unternehmerischer Verantwortung sind oftmals für die eigenen Aktivitäten gesetzte Selbstverpflichtungen bzw. Standards (***Codes of Conduct*** oder **Verhaltenskodizes**), welche die der Geschäftstätigkeit zugrunde liegenden Verhaltensgrundsätze offen legen (vgl. Matten und Wagner 1998, S. 65; Zabel 1999a, S. 10).

Codes of Conduct

Thesen

In den letzten Jahren kam verstärkt die Forderung auf, dass multinationale Unternehmen nicht nur Verantwortung für ihr eigenes Handeln, sondern auch für ihre Zulieferketten übernehmen müssen (vgl. Simpson 2005, S. 313). Bezüglich der Reichweite von Unternehmensverantwortung unterscheidet man drei verschiedene gesellschaftliche Auffassungen, wie weit diese Verantwortung überhaupt wahrgenommen werden kann bzw. soll (vgl. Koplin 2006a, S. 43):

1. Die **erste These** geht davon aus, dass die Verantwortung für die Durchsetzung von Umweltschutz und Menschenrechten Aufgabe des Staates ist. In diesem Fall wäre das Unternehmen nur ein passiver Akteur, welcher sich an vorgegebene Regeln zu halten hat. Doch bereits die „Allgemeine Erklärung der Menschenrechte" aus dem Jahre 1948 sieht ebenfalls Unternehmen stärker in der Verantwortung für deren Umsetzung.

2. Darauf aufbauend enthält die **zweite These** die Forderung an Unternehmen, die niedrigen Umwelt- und Sozialstandards vieler Entwicklungs- und Schwellenländern nicht zu akzeptieren oder sogar auszunutzen, sondern aktiv daran mitzuarbeiten, dass international anerkannte Standards für Menschenrechte und Umweltschutz Beachtung finden und gesetzlich in jedem Land verankert werden. Diese Forderung bezieht sich auch auf die Zustände in Zulieferketten.

3. Die **dritte These** verlangt von Unternehmen das aktive Eintreten für eine Verbesserung von Umweltstandards und Menschenrechten gegenüber dem Staat. Diese Extremposition beruft sich auf den Einfluss transnationaler Unternehmen auf die Politik ihrer Gastgeberländer, durch die zunehmende Globalisierung und die damit verbundene Entstehung von Machtzentren, welche nicht nur über ihre Produktionstätigkeit, sondern auch über ihren Einfluss auf Lebensstile und Konsummuster die Nutzung von Ressourcen und die Freisetzung von Stoffen und Energien prägen. Weiterhin wird betont, dass es die Aufgabe transnationaler Unternehmen ist, ökologische und soziale Anforderungen an Lieferantenketten weiterzugeben und diese gleichzeitig bei der Erfüllung von Umwelt- und Sozialstandards zu unterstützen und nur in wirklich letzter Konsequenz das Geschäftsverhältnis zu beenden, falls keine Bereitschaft eines Lieferanten für Veränderungen existiert.

Unternehmen stehen im Spannungsfeld dieser Verantwortungsspannbreite und müssen versuchen, sich unter Beibehaltung ihrer Wettbewerbsfähigkeit in der Weltgesellschaft neu zu positionieren (vgl. Scherer 2000; Engelhard und Hein 2001). Die Bedeutung von Unternehmen für eine nachhaltige Entwicklung leitet sich einerseits aus ihrer Bedeutung als zentrale Motoren der Globalisierung und andererseits aus ihrer Verpflichtung zur Verantwortungsübernahme für deren Auswirkungen ab. Neben dem Austausch von Waren und Dienstleistungen, dem Kapitalverkehr und dem Fluss von Informationen kommt es auch zur weltweiten Ausbreitung von Werten und Standards (vgl. Sautter 2003, S. 2). Multinationale Unternehmen haben durch den Einfluss auf ihre Geschäftspartner die Möglichkeit, auch in Schwellen- und Entwicklungsländern eigene Verhaltenskodizes oder international anerkannte Normen zu etablieren, um weltweit die Einhaltung von Umwelt- und Sozialstandards zu fördern. Hinzu kommt, dass zukünftige ökologische und soziale Entwicklungen aufgrund ihrer Komplexität und Unsicherheiten ein staatlich regulierendes Eingreifen oftmals unmöglich machen. Unternehmen sind deshalb gefordert, flexible Lösungsansätze für eine operative Umsetzung von Nachhaltigkeit innerhalb ihres Wirtschaftens zu finden (vgl. Epstein und Roy 1998, S. 287).

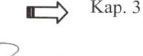

Kap. 3

2.1.2 Globalisierung – Chancen und Risiken

Globalisierung ist in den letzten Jahren zu einem zentralen Thema in Wirtschaft, Politik und Gesellschaft geworden. Globalisierung kann als Prozess der weltweiten Vernetzung ökonomischer, ökologischer und sozialer Aktivitäten definiert werden, bei dem Unternehmen die Hauptakteure darstellen (vgl. Kumar und Graf 2000, S. 20f.). Die sozialen, wirtschaftlichen und politischen Handlungen überschreiten dabei territorial definierte Staatsgrenzen. Es gibt keine Deckungsgleichheit zwischen dem Raum politischer bzw. staatlicher Regelungen und dem Raum wirtschaftlicher und gesellschaftlicher Interaktionen (vgl. Zürn 1998). In diesem Zusammenhang werden demokratische Prozesse der Staaten nach und nach durch marktbezogene Austauschprozesse abgelöst sowie bisherige Rahmen gebende politische Handlungsspielräume dadurch erweitert oder sogar von der Wirtschaft vorgegeben (vgl. Scherer 2000, S. 2). Der Einflussbereich von Nationalstaaten verringert sich und die Macht multinationaler Unternehmen wächst. Damit ist Globalisierung zum Teil mit dafür verantwortlich, dass sich die von der Politik und Öffentlichkeit zugewiesene Verantwortung für Unternehmen bezogen auf umweltorientierte und soziale Probleme auf internationaler Ebene ausweitet und sie als treibende Kräfte für das Konfliktpotenzial der Globalisierung, wie beispielsweise Umweltzerstörungen und Ausbeutungen, angeprangert werden (vgl. BMU und UBA 2001, S. 129). Multinationale Unternehmen sehen sich daher einer sich ausweitenden Legitimationskrise gegenüber.

Insgesamt wird im Moment überall auf der Welt intensiv über die wirtschaftlichen, umweltbezogenen und sozialen Folgen von Globalisierung mit unterschiedlichen Positionen diskutiert. Diese können in zwei Gruppen differenziert werden: die Globalisierungsgegner und die Globalisierungsbefürworter. **Globalisierungsgegner** weisen auf die Auswirkungen der Globalisierung für den Zusammenhalt und das Funktionieren unserer menschlichen Gesellschaft hin (vgl. Altvater und Mahnkopf 1996). Sie sind der Meinung, dass staatliche Politik in der Verantwortung steht, negativen Konsequenzen der Globalisierung entgegenzuwirken und diese zu reduzieren. **Globalisierungsbefürworter** dagegen sind der Meinung, dass politische Entscheidungen gezielt den Marktkräften stärker untergeordnet werden müssen, um die Effizienz der Ressourcenallokation zu erhöhen. Der nationale Staat stehe in Konkurrenz mit dem internationalen Wettbewerb und besitze kein Recht, sich hinter wettbewerbsbeschränkenden Schutzwällen zu verstecken. Er habe vielmehr die

Globalisierung

Befürworter und
Gegner

Pflicht, Wettbewerbsschranken abzubauen und zu verhindern (vgl. Donges 1995, 1998).

Spannungsfeld für Unternehmen

Multinationale Unternehmen stehen im Mittelpunkt des **Spannungsfeldes** dieser konträren Standpunkte und müssen sich innerhalb dieses Rahmens neu positionieren. Dabei werden sie immer wieder kritisiert z.B. bei ihren wirtschaftlichen Tätigkeiten in Entwicklungs- und Schwellenländern. Besonders die Textil- und Sportartikelindustrie standen in der letzten Zeit regelmäßig am Pranger für Verletzungen der Menschenrechte bei Zulieferern in Südostasien und Lateinamerika. Sie hatten in den vergangenen 30 Jahren ihre Produktionsstätten aufgrund wesentlich niedrigerer Lohnkosten aus den klassischen Industriestaaten in solche Billiglohnländer verlagert (vgl. Scherer 2000).

Information und Kommunikation

Hinzu kommt die Zunahme von Transparenz aufgrund der Entwicklung immer besserer **Informations- und Kommunikationstechnologien**. Durch die relativ zeitnahe, unbegrenzte und kostengünstige Verfügbarkeit von Informationen können Anspruchsgruppen sehr schnell und umfassend über Missstände und Probleme eines Unternehmens jeglicher Art unterrichtet werden (vgl. Kearney 1999, S. 208). Das gesellschaftliche Verhalten von Unternehmen im Rahmen ihrer Geschäftstätigkeit steht somit weltweit unter Beobachtung und Bewertung. Deshalb ist es unter Berücksichtigung sich stetig weiterentwickelnder Nachhaltigkeitsanforderungen wichtig, anpassungsfähige und handhabbare Gestaltungsmodelle zu finden.

Im Zuge dieser Entwicklungen kam und kommt es neben dem Austausch von Waren und Dienstleistungen, dem Kapitalverkehr und dem Fluss von Informationen auch zu einer globalen Ausbreitung von Werten und Standards. Dem wird versucht, unternehmensseitig durch das Setzen eigener Standards und deren Einhaltung zu begegnen und gleichzeitig damit einen Weg zur Umsetzung unternehmerischer Nachhaltigkeit zu finden. Unternehmen reagieren mit der Festlegung von Verhaltenskodizes für sich selbst und gleichfalls auch für ihre Lieferanten, um diese auf die Einhaltung bestimmter Verhaltensstandards verpflichten zu können. Es wird jedoch argumentiert, dass Lieferanten mehr und mehr unter dem Druck stehen, zunehmend einer Reihe vieler einzelner Standards ihrer Abnehmer gerecht werden zu müssen. Diese Entwicklung könnte in absehbarer Zeit Ausmaße erreichen, die dann kaum noch zu bewältigen wären. Deshalb findet verstärkt ein Trend zur Herausbildung privater **Umwelt- und Sozialstandards** öffentlicher Institutionen oder eigener – von Unternehmen getriebener – branchenbezogener Standards mit internationaler Gültigkeit statt, die versuchen, umweltbezogene und soziale Forderungen weltweit zu vereinheitlichen.

Umwelt- und Sozialstandards

2.2   Operationalisierung einer nachhaltigen Entwicklung

Leitbild

Das Konzept der nachhaltigen Entwicklung stellt für Unternehmen im eigentlichen Sinne „nur" ein **Leitbild** dar, das die weitere Konkretisierung offen lässt, für eine spezielle Anwendung einer solchen jedoch bedarf. Leitbilder stehen für Visionen und sind die Grundvoraussetzung jeder unternehmerischen Tätigkeit (s. Kap. 5). Mit ihrer Hilfe werden theoretische Konzepte im täglichen Wirtschaften eines Unternehmens operativ umgesetzt. Für Unternehmen ist es wichtig, das Leitbild einer nachhaltigen Entwicklung in die eigene Kultur, Strategie, Strukturen und Prozesse zu integrieren und ein Gestaltungsmodell abzuleiten. Leider wird dessen Realisierung bisher eher selektiv vorangetrieben und umfassende und strukturierte Konzepte sind selten (vgl. Koplin 2006a, S. 38). Die meisten Ansätze zielen auf die Einführung eines Verantwortlichen oder sogar einer Abteilung für Nachhaltigkeit ab oder auf die Veröffentlichung von Nachhaltigkeitsberichten oder eine andere Form der Integration des Themas in die Kommunikationsstrategie des Unternehmens nach außen. Offen bleibt jedoch meist die wirkliche Verbindung und Operationalisierung

➡ Kap.5

nachhaltiger Entwicklung mit bzw. in den einzelnen Geschäftprozessen (vgl. Dyllick und Hockerts 2002, S. 131).

Im Folgenden sollen wissenschaftliche Beiträge dargestellt und kommentiert werden, die sich mit der Umsetzung einer nachhaltigen Entwicklung auf Unternehmensebene auseinandersetzen. Hierbei werden Ansätze unterschieden, die am Unternehmen ansetzen, indem sie mit Leitbildern und konkreten Maßnahmen eine Umsetzung anstreben, und andere, welche sich an den Produkten und Prozessen der Unternehmen orientieren. In den ersten Bereich fallen die Ansätze von MEFFERT und KIRCHGEORG (1993) sowie von FICHTER (1998). Zum zweiten Bereich gehört das COSY-Konzept von SCHNEIDEWIND (1997) und der PROSA-Ansatz des Freiburger ÖKO-INSTITUTS (1999).

2.2.1   Der Ansatz von MEFFERT und KIRCHGEORG

MEFFERT und KIRCHGEORG (1993) argumentieren aus einer streng unternehmerischen Sichtweise heraus und identifizieren drei Prinzipien als Kernelemente eines Leitbildes nachhaltiger Entwicklung: das Verantwortungsprinzip, das Kreislaufprinzip und das Kooperationsprinzip.

Im Rahmen des **Verantwortungsprinzips** sollte sich das Unternehmen einerseits zur Verantwortung für zukünftige Generationen bekennen und im Rahmen einer intergenerativen Gerechtigkeit die verfügbare Ressourcenbasis erhalten. Das heißt, es handelt sich um die Wahrnehmung von Umweltverantwortung im Sinne von Vorsorge und Vermeidung nichtakzeptabler bzw. irreversibler Umweltwirkungen. Anderseits geht es darum, sich zur Verantwortung für die gegenwärtig lebende Generation zu bekennen und darüber hinaus im Rahmen dieser sog. intragenerativen Gerechtigkeit das Wohlstandsgefälle zwischen Industrie- und Entwicklungsländern abzubauen.

*Verantwortungs-
prinzip*

⇨ Kap. 1

Als ein weiteres Kernelement eines Nachhaltigkeitsleitbildes spielt nach MEFFERT und KIRCHGEORG das **Kreislaufprinzip** eine Rolle. Dieses Prinzip fußt auf Ansätzen der Ökosystemforschung und der Biologie. Basis dieser Ansätze ist die Vorstellung, ökonomische Prozesse im Sinne eines Kreislaufs abzubilden. Dies erfordert als zentrale Aufgabe des Managements die Beeinflussung von Stoffströmen, wobei die natürlichen Kreisläufe, produktions- und produktbezogene Kreisläufe sowie Verwertungsnetze bzw. Industriesymbiosen zu berücksichtigen sind. Industriesymbiosen sind eine Form der gegenseitig vorteilhaften Zusammenarbeit von Industrieunternehmen z.B. im Hinblick auf überbetriebliches Recycling. Somit wird die Kreislaufwirtschaft durch verschachtelte Regelkreise repräsentiert, in der die Wirtschaft in ökologischen Kreisläufen vollständig integriert ist (vgl. Zabel 1998, S. 127).

*Kreislauf-
prinzip*

Das **Kooperationsprinzip** als weiteres Kernelement des Leitbildes einer nachhaltigen Entwicklung stellt darauf ab, wie ökonomische Prozesse im Sinne einer Ökologieorientierung verstärkt aufeinander abgestimmt werden können. Das Kooperationsprinzip ist grundlegend für die Gestaltung überbetrieblicher Kreisläufe, da nur so Stoffkreisläufe über den gesamten Lebenszyklus eines Produktes gesteuert werden können. Besondere Bedeutung haben in diesem Zusammenhang auch sogenannte Produktionsnetzwerke oder Industriesymbiosen.

*Kooperations-
prinzip*

Die drei beschriebenen Kernelemente stehen in enger inhaltlicher Verknüpfung zueinander. Das Verantwortungsprinzip bildet den Ausgangspunkt des Konzeptes „nachhaltige Entwicklung". Seine Realisierung bedingt jedoch die Verfolgung des Kreislaufprinzips. Um die Kreisläufe zu schließen, bedarf es des Kooperationsprinzips. Neben dieser Verknüpfung sollte das Leitbild aber auch eine unternehmensspezifische Einzigartigkeit vermitteln, um nicht losgelöst von der Organisation zu erscheinen. In einem nächsten Schritt müssen daher Unternehmen ihr Leitbild in die **Kultur, Strategie und Struktur** des Unternehmens überführen (vgl. Meffert und Kirchgeorg 1998, S. 451ff.; s. auch Zabel 1999b, S. 175).

Kultur

Dabei ist es für die **Unternehmenskultur** wichtig, dass die Prinzipien einer nachhaltigen Entwicklung in den Werten und Normen des Unternehmens verankert werden. Dies kann mit einem **leitbildorientierten Kulturmanagement** geschehen, welches durch ein:

- entsprechendes Führungsverhalten,
- ein ökologieorientiertes Anreizsystem,
- Mitarbeiterinformationen und der
- Kommunikation der Unternehmenskultur verwirklicht wird.

Die Leistung eines Unternehmens wird durch die Gesamtheit der Denk- und Verhaltensweisen aller Mitarbeiter geprägt. Hierin liegt ein Schlüsselfaktor für die Generierung umweltorientierter Leistungen. Eine wesentliche Voraussetzung für die notwendigen Innovationsleistungen der Unternehmen auf dem Weg zu einer nachhaltigen Entwicklung besteht darin, die Notwendigkeit des Umweltschutzes in dem Wertesystem eines jeden Mitarbeiters zu verankern und Anreize zu schaffen, kreativ an dem geplanten Wandel mitzuwirken.

Strategie

Das Leitbild einer nachhaltigen Entwicklung muss auch auf **strategischer Ebene** der Unternehmen berücksichtigt werden. Konstitutiv bei der Formulierung von Strategien ist die Verknüpfung mit dem Unternehmensleitbild, d.h. die Strategien müssen auf eine Realisierung des Verantwortungs-, Kreislauf- und Kooperationsprinzips gerichtet sein. Auch Wettbewerbsstrategien können unter dem Leitbild nachhaltiger Entwicklung einen besonderen Beitrag leisten, weil die Dynamik des Wettbewerbs zu einer Beschleunigung der ökologischen Innovationskraft führen kann.

Struktur

Die dritte Komponente – neben der Kultur und der Strategie – auf die das Leitbild einer nachhaltigen Entwicklung Einfluss nimmt, ist die **Struktur**. Die Realisierung von Strategien, welche auf eine nachhaltige Entwicklung ausgerichtet sind, bedarf struktureller Veränderungen, um eine nachhaltige Wirtschaftsweise auf Unternehmensebene zu bewirken.

> MEFFERT und KIRCHGEORG (1998, S. 454) haben drei zentrale Anforderungen an die Struktur eines Unternehmens für die Umsetzung einer nachhaltigen Entwicklung identifiziert:
> 1. Umweltschutz ist als Führungs- und damit als Querschnittsfunktion im Unternehmen zu integrieren, da nur integrierte Lösungsansätze die Anpassungs- und Innovationsfähigkeit der Unternehmen erhöhen (vgl. Antes 1996).
> 2. Innovative Lösungen im Umweltschutz verlangen Lernprozesse. Hierbei wird auf das gemeinsame Lernen von sozialen Systemen (*Organisational Learning*) abgestellt. Dadurch soll ein höheres Maß an Fortschritt erzielt werden als durch die Summe der Lernprozesse von funktional spezialisierten Organisationsmitgliedern.
> 3. Umweltkoordinatoren müssen als Prozesspromotoren neben den Macht- und Fachpromotoren funktionsübergreifende Innovationsprozesse initiieren und koordinieren, da der klassische Umweltschutzbeauftragte damit überfordert ist.

2.2.2 Der Ansatz von FICHTER

Prinzipien eines nachhaltigen Unternehmens

Im Rahmen des am Institut für ökologische Wirtschaftsforschung (IÖW) entwickelten Ansatzes zum nachhaltigkeitsorientierten Management, stellt FICHTER (1998, S. 15ff.) u.a. das **Entwicklungsprinzip** als Strukturmerkmal nachhaltigkeitsorientierter Unternehmen dar. Da sich sowohl die marktbezogenen als auch die rechtlichen Rahmenbedingungen von Unternehmen zunehmend ändern, sind ihm zufolge nachhaltigkeitsorientierte Unternehmen in besonderer Weise gefordert, entwicklungs- und lernfähig zu sein. FICHTER (1998) schlägt folgende sieben Prinzipien für ein nachhaltiges Unternehmen vor:

Leistungsprinzip: Leistungen und Innovationen eines nachhaltigen Unternehmens sollen sich nicht nur auf die Steigerung der Ökoeffizienz von bestehenden Produkten

€ wie ?

und Prozessen beschränken, sondern auch auf die Frage bezogen werden, welche gesellschaftlichen Bedürfnisse vom Unternehmen am Besten erfüllt werden können.

Vorsichtsprinzip: Gefahren und unvertretbare Risiken für die menschliche Gesundheit und die natürlichen Lebensgrundlagen sind prinzipiell zu vermeiden. Das nachhaltige Unternehmen muss diesem Umstand Rechnung tragen, in dem es die Umweltauswirkungen seiner zahlreichen Stoffe und Technologien analysiert.

Vermeidungsprinzip: Das nachhaltige Unternehmen vermeidet sowohl Ressourcennutzungen, die über die politisch bestimmten Nutzungsobergrenzen hinausgehen, wie auch Nutzungen, die offensichtlich über die Abbaurate erneuerbarer Ressourcen hinausreichen.

Dialogprinzip: Zum Aufbau tragfähiger Verständigungspotenziale in den Beziehungen eines nachhaltigen Unternehmens zu seinen Anspruchsgruppen bedarf es einer dialogorientierten Unternehmenskommunikation.

Entwicklungsprinzip: Ein nachhaltiges Unternehmen ist in diesem Zusammenhang einem dynamischen Prozess der ständigen Neubestimmung zu unterwerfen. Während des Prozesses muss ein Unternehmen seine Entwicklungs- und Lernfähigkeit steigern.

Konformitätsprinzip: Es gehört zur Selbstverständlichkeit eines nachhaltigen Unternehmens, dass die gesetzlichen Vorschriften eingehalten werden.

Verantwortungsprinzip: Das nachhaltigkeitsorientierte Unternehmen setzt sich kritisch mit den Leitbildern von Kunden und den Lebensstilen der Verbraucher auseinander und trägt hier nach besten Möglichkeiten zur Beschränkung und Genügsamkeit (Suffizienz) bei.

⇨ Kap. 1

Im Weiteren identifiziert FICHTER (1998, S. 20ff.) Schritte zum nachhaltigen Unternehmen, welche sich an MEFFERT und KIRCHGEORG anschließen. Neben der Kultur, Strategie und Struktur nennt er noch Information und Kommunikation sowie Beschäftigte und Kooperation als weitere Faktoren, die für ein nachhaltiges Unternehmen bedeutsam sind. Hierbei geht es insbesondere um die Weitergabe ökologiebezogener und sozialer Informationen, die Sicherung der Arbeitsplätze und eine Kooperation im Sinne eines Managements von Stoffströmen.

Nach den eher auf Unternehmensebene ansetzenden Konzepten von MEFFERT und KIRCHGEORG bzw. FICHTER, sollen nun zwei Ansätze die stärker auf die Prozess- und Produktebene abzielen, dargestellt werden.

=)? Aufgabe eines Unternehmens?

2.2.3 Das Company oriented Sustainability (COSY)-Konzept

Das COSY-Konzept stellt einen geschlossenen Praxisansatz zur Umsetzung einer nachhaltigen Entwicklung dar (vgl. Schneidewind et al. 1997). Es unterscheidet vier Bezugsebenen, auf denen Unternehmen zu einer nachhaltigen Entwicklung beitragen können: Prozesse, Produkte, Funktionen und Bedürfnisse (s. Tab. 2-1).

Ebene	Erläuterung
Bedürfnis	Reflexion über die durch das Unternehmen befriedigten Bedürfnisse und Ableitung von Handlungskonsequenzen
Funktion	Ökologische Optimierung von Funktionsverbünden bei gegebenen Bedürfnissen
Produkt	Ökologische Optimierung von Produktdesigns bzw. von Produktmerkmalen entlang des gesamten Produktlebenszyklus' bei gegebenen Funktionen
Prozess	Ökologische Optimierung von Produktionsprozessen bei gegebenem Produktdesign

Tab. 2-1: *Das COSY-Konzept (Quelle: Schneidewind et al. 1997, S. 2)*

> Nachhaltigkeit liegt auf der Unternehmensebene dann vor, wenn die ökologischen Optimierungspotenziale auf allen vier Ebenen ausgeschöpft sind (Schneidewind et al. 1997, S. 2).

Prozess-optimierung

Die jeweils übergeordnete Ebene bildet im COSY-Konzept die Systemgrenze der unmittelbar untergeordneten Ebene. Mit dem Aufsteigen in der COSY-Hierarchie eröffnen sich für das Unternehmen jeweils neue Dimensionen ökologischer Handlungsmöglichkeiten. So findet bspw. die **Prozessoptimierung** bei gegebenem Produktdesign statt. Auf der anderen Seite bedeutet ein neues Produktdesign häufig auch eine Prozessänderung. Im Rahmen des COSY-Konzeptes erfasst die Prozessebene alle Unternehmensprozesse, die zur Herstellung gegebener Produkte notwendig sind, wobei von einer weiten Definition ausgegangen wird, da auch Logistik- und Transportprozesse sowie Managementprozesse integriert sind. Die ökologische Prozessoptimierung geht von bestehenden Produkten aus und optimiert die Wege zur Herstellung dieser Produkte.

Beispiele für eine Prozessoptimierung in der Textilindustrie könnten ein verringerter Pflanzenschutzmitteleinsatz im Baumwollanbau, energiearme Spinn- und Strickprozesse oder abwasserarme Textilveredelungsverfahren sein. In der Lebensmittelindustrie könnten bspw. Energieeinsparungen in der Kühlkette erzielt oder abwasser- und energiearme Herstellungsprozesse eingeführt werden.

Produkt-optimierung

Auf Produktebene gibt es zwei Ansatzpunkte für eine ökologische **Produktoptimierung**. Einerseits kann das Produktdesign gewandelt und auf der anderen Seite das Produkt im Hinblick auf seine Belastungen entlang des gesamten Produktlebenszyklus optimiert werden. Produktoptimierungen in der Textilindustrie könnten beispielsweise ungebleichte Textilien darstellen. Verpackungsreduzierte Lebensmittel, Produkte mit Rohstoffen aus dem ökologischen Landbau oder aus integrierter Produktion könnten z.B. für eine Produktoptimierung in der Lebensmittelindustrie stehen. Die Produktoptimierung hinterfragt jedoch nicht, wie das betrachtete Produkt eine bestimmte Funktion erfüllt.

Funktions-erfüllung

Auf der Funktionsebene werden daher neue Formen der **Funktionserfüllung** gesucht. Dabei ist jede Stufe des Produktlebenszyklus zu betrachten. Bei der Hinterfragung der Funktionserfüllung im Textilbereich sind Konzepte wie Kleidermiete oder Waschzentren zu diskutieren. Im Lebensmittelbereich geht es um ökologische Menüs in der Gastronomie oder Ertragsversicherungen für Landwirte beim Rohstoffanbau.

Bedürfnis-reflexion

Die letzte Stufe des COSY-Konzeptes dient der **Bedürfnisreflexion**. An dieser Stelle wird die Frage gestellt, ob die heute befriedigten Bedürfnisse in gleichem Umfang auch in Zukunft befriedigt werden sollten oder ob alternative Formen der Bedürfnisbefriedigung gefunden werden müssen. In diesem Zusammenhang könnte es z.B. um persönlichkeitsstil- statt saisonorientierte Kleidung in der Textilindustrie gehen. In der Lebensmittelindustrie um vegetarische, saisonale oder regionale Lebensmittelangebote. Das COSY-Konzept verkörpert ein Innovationskonzept, da auf jeder Ebene nach Innovationen gesucht wird

2.2.4   Das Product Sustainability Assessment (PROSA)-Konzept

Das PROSA-Konzept wurde vom Freiburger ÖKO-INSTITUT für die Firma Hoechst AG im Rahmen der Nachhaltigkeitsinitiative „HoechstNachhaltig" erarbeitet. Das PROSA-Konzept soll weniger als Informations- und Rechtfertigungsgrundlage für die kritische Öffentlichkeit dienen, sondern vielmehr eine Entscheidungshilfe für die Unternehmensführung bezüglich der zukünftigen Entwicklung von Produkten und zur Beeinflussung von Konsummustern sein (vgl. Öko-Institut 1999, S. 72). Der bestehende Zustand wird im PROSA-Konzept sowohl mit gegenwärtigen Alternativen als auch mit zukünftigen Optionen sowie gesellschaftlichen Zielen verglichen.

Die Durchführung des Konzeptes verläuft in fünf Schritten (vgl. Öko-Institut 1999, S. 73).

1. Schritt: Systemanalyse

In der Systemanalyse erfolgt zunächst eine Untersuchung des gesamten Produktumfeldes in seinem systematischen Zusammenhang. Ausgehend davon sollen Zusammenhänge geklärt und die Komplexität verständlich abgebildet werden. Zur besseren Systematik greift das PROSA-Konzept auf vier Betrachtungsebenen zurück:

Systemanalyse

- Produktebene: Produkte, Dienstleistungen inklusive Vorketten,
- Produkt in der Produktlinie: Produkt inklusive Weiterverarbeitung/Distribution,
- Produktlinie in der Anwendung: Funktionaler Einsatz des Produktes,
- Produkt und Anwendung auf Ebene der Bedürfnisebene hinterfragen.

Hier sollen Daten erhoben, Zusammenhänge geklärt, zukünftige Entwicklungen antizipiert und Alternativen mit der gegenwärtigen Situation verglichen werden. Dabei wird sowohl die ökologische als auch die gesellschaftliche (soziale) Dimension beachtet. Dieser Schritt eröffnet zugleich den Blick für notwendige Indikatoren, die in der Bewertung Anwendung finden.

2. Schritt: Nachhaltigkeitsbezüge und Indikatorenauswahl

Im Schritt Nachhaltigkeitsbezüge und Indikatorenauswahl sollen Informationen über die regional-, zeit- und anwendungsspezifischen Bezüge des Produktes erfasst werden. Damit wird der Tatsache Rechnung getragen, dass nachhaltige Entwicklung zwar eine globale Herausforderung ist, jedoch aufgrund der differenzierten Nachhaltigkeitsanforderungen regional- und anwendungsspezifisch umgesetzt werden muss. In dieser Phase kommt es darauf an, aus den Nachhaltigkeitsbezügen abgeleitet eine Indikatorenauswahl zu treffen und eine grundsätzliche Aussage über die Nachhaltigkeit des Produktes zu leisten.

Indikatorenauswahl

3. Schritt: Indikatorenanwendung zur Bewertung von Geschäftstätigkeiten

Der dritte Schritt soll Aussagen darüber treffen, ob das Produkt im regionalen Kontext grundsätzlich zur nachhaltigen Entwicklung beiträgt und ob seine Auswirkungen im Gebrauch und in der Anwendung im Sinne nachhaltiger Entwicklung eher positiv oder negativ einzuschätzen sind. Zudem liefert diese Phase Hinweise auf die Positionierung des Produktes bezüglich der Auswirkungen im Vergleich zu anderen Konkurrenzprodukten und -systemen und wie das Produkt im Spannungsfeld „Beitrag zur Befriedigung bisher unbefriedigter Grundbedürfnisse und Umweltvorteile gegenüber Konkurrenzprodukten und -systemen" (vgl. Öko-Institut 1999, S. 75) einzuordnen ist. Als Hilfsmittel dienen sogenannte Nachhaltigkeitsquadranten (siehe Abb. 2-1).

Indikatoren-anwendung

4. Schritt: Identifizierung von Einflussfaktoren

Zur Umsetzung der Nachhaltigkeitsstrategie ist eine Identifikation derjenigen Faktoren notwendig, welche die Strategie positiv oder negativ beeinflussen. Diese Faktoren befinden sich zum Teil auf Unternehmensebene, insbesondere technische und ökonomische Faktoren, zum Teil jedoch auch auf gesellschaftlicher (sozialer) Ebene. Daher ist bei der Identifikation die Einbeziehung externer Experten ratsam (vgl. Öko-Institut 1999, S. 88). Die Identifizierung der Faktoren erfolgt jeweils für die einzelnen Systemebenen (siehe Systemanalyse). Diese werden anschließend bewertet und bezüglich ihrer Wirksamkeit, Bedeutung und ihrem Zusammenhang mit dem Thema Nachhaltigkeit eingeordnet und zusammengefasst.

Einflussfaktoren

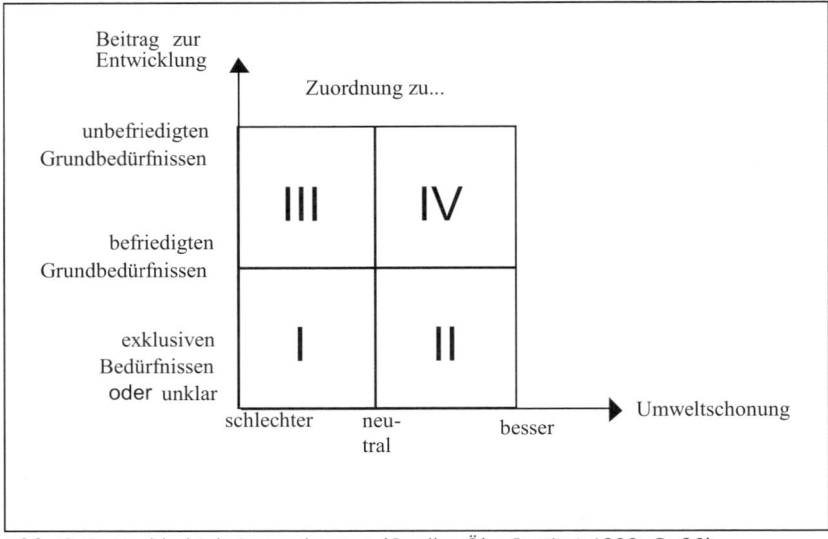

Abb. 2-1: *Nachhaltigkeitsquadranten (Quelle: Öko-Institut 1999, S. 86)*

5. Schritt: Ableitung konkreter Handlungsoptionen

Handlungsoptionen

Aus den bisher erarbeiteten Schritten erfolgt die Ableitung von Handlungsoptionen für das Unternehmen. Diese sind somit abhängig von der Positionierung der Produkte in Bezug auf Nachhaltigkeit, von den Rahmenbedingungen und vor allem von den jeweiligen Entwicklungspotenzialen. Ausgehend von den im vorherigen Arbeitsschritt gebildeten Szenarien bieten sich dem Unternehmen Entwicklungspfade, die umgesetzt werden können. Aus den Optionen werden, wiederum gegliedert nach den Betrachtungsebenen, konkrete Maßnahmen erarbeitet. Die Handlungsoptionen sollten einen definierten Zeitbezug haben und Handlungsebenen sowie Kostenabschätzungen über die Umsetzung enthalten (vgl. Öko-Institut 1999, S. 72ff.).

Im Folgenden soll, anknüpfend an die hier dargestellten Konzepte, eine Fallstudie präsentiert werden. Diese Fallstudie setzt nicht unmittelbar ein Konzept um, allerdings sind die Anleihen an die dargestellten Ansätzen unverkennbar.

2.3   Fallstudie „Nachhaltigkeit in den Lieferantenbeziehungen"

Aufgrund des sich kontinuierlich erhöhenden Kostendrucks sehen sich Großunternehmen einer immer stärkeren Internationalisierung des Wettbewerbs gegenüber. Die Ausweitung der Beschaffung auf Schwellen- und Entwicklungsländer, birgt neben Vorteilen auch neue ökonomische, umweltbezogene und soziale Verantwortlichkeiten und Risiken auf nationaler sowie globaler Ebene (s. oben 2.1.2). Konzepte und Mechanismen zur Integration und Kontrolle umweltbezogener und sozialer Standards in Wertschöpfungsketten sind bisher in der Literatur kaum zu finden. Die Fallstudie beschreibt die Entwicklung eines Nachhaltigkeitskonzeptes für das Beschaffungsmanagement der Volkswagen AG.

2.3.1 Zielsetzung und Aufbau

Das Forschungsprojekt „Nachhaltigkeit in den Lieferantenbeziehungen" der Volkswagen AG wurde 2003-2005 in Kooperation mit der Universität Oldenburg durchgeführt. Ziel war die Entwicklung eines systemübergreifenden Konzeptes zur Integration und Kontrolle umweltbezogener und sozialer Anforderungen im globalen Beschaffungs- bzw. Lieferantenmanagement des gesamten Konzerns. Das Forschungsprojekt kann in vier Projekteinheiten gegliedert werden (Koplin 2006a, S. 10):

1. **Vorbereitende Analysen** zu den Herausforderungen für Unternehmen, die sich durch umweltbezogene und soziale Aspekte innerhalb der Lieferantenbeziehungen im Zusammenhang mit Nachhaltigkeit ergeben,
2. Projektteamtreffen und **Workshops** zum Diskurs der gesammelten Daten sowie zur Reflexion des jeweilig vorherrschenden Forschungsstandes,
3. Bestandsaufnahme der Strukturen und Prozesse (**Ist-Analyse**) der Volkswagen AG zur Entwicklung verschiedener Lösungspfade für das Gestaltungsmodell eines Nachhaltigkeitskonzeptes und
4. Einbeziehung mehrerer **Lieferanten** der Volkswagen AG als externe Anspruchsgruppe des Unternehmens und direkt Betroffene für die Prüfung der Umsetzbarkeit des Gestaltungsmodells in der Praxis.

2.3.2 Forschungsmethodik

Die Basis für das Forschungsprojekt war ein **Aktionsforschungsprozess**, welcher eine stärkere Verbindung zwischen Theorie und Praxis bietet, um wissenschaftliche Erkenntnisse zu generieren und gleichzeitig auch Beiträge für die praktische Veränderung sozialer Systeme zu liefern (vgl. Coughlan und Coghlan 2002, S. 224). Im Zentrum von Aktionsforschung steht der erfolgreiche Lernprozess aller Beteiligten. Aktionsforschung kann definiert werden als „eine vergleichende Erforschung der Bedingungen und Wirkungen verschiedener Formen des sozialen Handelns und eine zu sozialem Handeln führende Forschung" (Lewin 1953, S. 280). Menschliches Handeln ist demnach nur aus den Absichten und Kontexten der Handelnden/ Beforschten selbst heraus interpretierbar. Es geht darum zu verstehen, wie ein System für die Lösung des Problems aus sich selbst heraus verändert werden muss. Der Forscher ist dabei integriertes Subjekt in die Interaktionen des Gesamtprozesses. Die konzeptionellen Lösungen werden bereits während des Forschungsprozesses praktisch umgesetzt. Für eine ausführliche Darstellung und inhaltliche Aufarbeitung der forschungsmethodischen Grundlagen siehe KOPLIN (2006a).

Methodik

2.3.3 Elemente des Nachhaltigkeitskonzeptes

Die folgenden Elemente des entwickelten Nachhaltigkeitskonzeptes beschreiben die erarbeiteten Ergebnisse des Forschungsprojektes:

1. Normative Ebene

Als erstes wurden „Anforderungen des Volkswagen Konzerns zur Nachhaltigkeit in den Beziehungen zu Geschäftspartnern" (**Nachhaltigkeitsanforderungen**) definiert, die Volkswagen an seine Geschäftspartner richtet. Diese basieren inhaltlich einerseits auf internen Aussagen der VW Umweltpolitik, den daraus abgeleiteten Umweltzielen und Umweltvorgaben, der Qualitätspolitik sowie der „Erklärung zu den sozialen Rechten und den industriellen Beziehungen bei Volkswagen". Andererseits orientieren sie sich extern an der Allgemeinen Erklärung der Menschenrechte der Vereinten Nationen, den Prinzipien des Global Compact, den ILO-

Nachhaltigkeits-anforderungen

Kernarbeitsnormen, den OECD-Leitlinien sowie der ICC-Charta. Die Lieferantenanforderungen zur Nachhaltigkeit stellen eine wichtige Basis für die erfolgreiche Zusammenarbeit von Volkswagen und seinen Lieferanten als Grundlage einer gemeinsamen nachhaltigen Entwicklung dar.

2. Früherkennung

Ein zweiter Schritt ist der Aufbau eines umfassenden Früherkennungs-, Informations- und Kommunikationssystems auf unternehmensinterner sowie zwischenbetrieblicher Ebene. Es dient der vorausschauenden Identifikation und der Vermeidung von umweltbezogenen und sozialen Schwachstellen bei Lieferanten. Volkswagen gewinnt entsprechende Informationen sowohl durch ein internationales **Medien-Screening** als auch durch die internen Fachbereiche, die im stetigen Kontakt mit den Lieferanten stehen und von möglichen Problemen erfahren können (z.B. Einkauf, Qualitätssicherung). Für das externe internationale *Issue-Monitoring* wird die vorhandene Früherkennung im Umweltschutz, das Umwelt-Radar, um internationale Informationen, spezielle lieferantenbezogene Umwelt-Issues und das Monitoring von speziellen Institutionen (z. B. *Watchdogs*) erweitert. Zusätzlich ist das Monitoring von Sozial-Issues erforderlich. Die interne Früherkennung erfolgt durch eine **Informationspflicht** aller Fachfunktionen hinsichtlich möglicher Risiken im Bereich der Lieferantenkette. Interne und externe Informationen der Früherkennung werden zentral erfasst und nach ihrer Relevanz für Volkswagen bewertet.

Issue-Screening

Informationspflicht

3. Beschaffungsprozess

Als drittes Element müssen die vorhandenen Beschaffungsstrukturen und -prozesse des Unternehmens für die Berücksichtigung der Nachhaltigkeitsanforderungen bei den eigenen VW-internen Entscheidungsfindungen angepasst werden. Generell ist von allen Lieferanten sicherzustellen, dass ihre eigenen Zulieferer geeignete Maßnahmen gewährleisten. Deshalb müssen alle Lieferanten die Nachhaltigkeitsanforderungen der Volkswagen AG zur Kenntnis nehmen. Mit Hilfe einer zur Verfügung gestellten Erläuterung kann der Lieferant einen **Selbstcheck** durchführen, um so seinen Status hinsichtlich der Anforderungen der Volkswagen AG zu ermitteln. Lieferanten, die erkennen, dass sie die Nachhaltigkeitsanforderungen aktuell nicht erfüllen können, wird direkte Hilfe angeboten. Eine Kontaktstelle für Nachhaltigkeit, welche speziell für Lieferanten eingerichtet wurde, unterstützt diese bei der Umsetzung der Anforderungen bzw. der Lösung von Problemen im Bedarfsfall durch ein **Ad-hoc-Experten-Team** der verschiedenen Fachbereiche Umweltschutz, Personalwesen, Arbeits- und Gesundheitsschutz, Beschaffung sowie Qualitätssicherung.

Selbstcheck

Experten-Team

4. Monitoring und Lieferantenentwicklung

Ein vierter Punkt ist die Entwicklung adäquater, unabhängiger Mess-, Bewertungs- und Kontrollsysteme, einschließlich geeigneter Anreiz- und Belohnungs- sowie Qualifikationssysteme für ein Monitoring und die Qualifizierung von Lieferanten. Das Monitoring bei Volkswagen umfasst **fallbezogene Stichproben** beim Lieferanten vor Ort. Lieferanten, welche die umweltbezogenen und sozialen Anforderungen nicht erfüllen können, sind dazu angehalten, einen eigenen Verbesserungs- und Entwicklungsprozess mit Nachweispflichten über die einzelnen Schritte, den Zeitplan und die jeweiligen Ergebnisstände zu initiieren. Informationen darüber sind vom Lieferanten selbst zeitnah dem Auftraggeber zur Verfügung zu stellen. Im Gegenzug kommuniziert die Volkswagen AG alle Anforderungen zum Thema Nachhaltigkeit für Lieferanten und Geschäftspartnern über ihre Business-to-Business-Lieferantenplattform (www.vwgroupsupply.com). Neben ausführlichen Informationen und fallbezogener Unterstützung sind allgemeine Schulungsangebote für Geschäftspartner ein wichtiges Instrument, die gemeinsame Zusammenarbeit zu vertie-

Einzelfallanalyse

fen. Durch Veranstaltungen in der **Seminarreihe** „Priorität A – Partner für Umwelt und Nachhaltigkeit" wird Lieferanten die Möglichkeit gegeben, sich im Rahmen von Workshops und Seminaren bezogen auf Nachhaltigkeitsthemen weiterzubilden. Dadurch soll die Kooperation mit und das Vertrauen zu Lieferanten gestärkt werden.

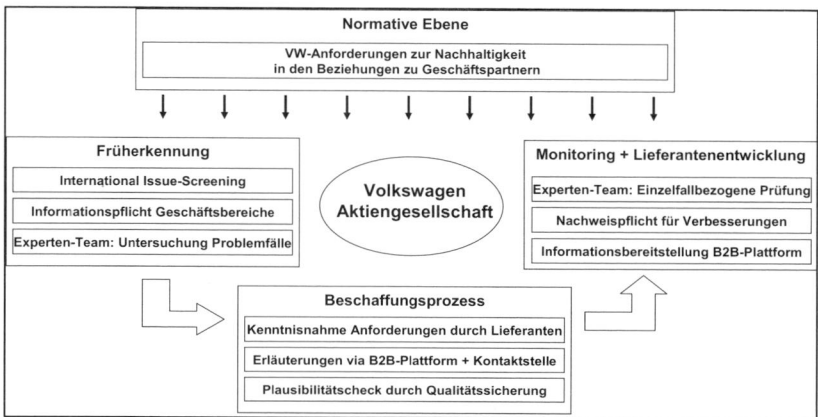

Abb. 2-2: *Elemente des Nachhaltigkeitskonzeptes (Quelle: Koplin 2006b, S. 43)*

Das vorliegende Konzept stellt ein Beispiel zur Integration von Nachhaltigkeit in das Beschaffungsmanagement eines Unternehmens dar. Es handelt sich hierbei um ein Gestaltungsmodell für die Integration einer nachhaltigen Entwicklung in das Beschaffungsmanagement, welches im Anschluss an die Konzeptentwicklungsphase bei der Volkswagen AG in die realen Strukturen und Prozesse umgesetzt wurde.

2.4 Schlussbetrachtung

Die Umsetzung des Konzepts einer nachhaltigen Entwicklung auf Unternehmensebene ist von hoher Unsicherheit und großer Komplexität geprägt. Daher sind Ansätze erforderlich, die ein Lernen und Vorgehen schrittweise ermöglichen. Am Beginn steht immer die Problemidentifikation. Welche Probleme verursachen die Produkte und Dienstleistungen des Unternehmens in Bezug auf eine nachhaltige Entwicklung? Was kann das Unternehmen tun? Eine institutionalisierte Reflexion über die Schritte auf dem Weg zu einer nachhaltigen Entwicklung ermöglicht es Unternehmen und Anspruchsgruppen, die Unsicherheit und Komplexität in den Griff zu bekommen. Die Antwort auf die Frage, wie ein Unternehmen nachhaltig Wirtschaften kann, ist demnach von der individuellen Situation des Unternehmens abhängig.

Schließlich muss betont werden, dass jede Nachhaltigkeitsbetrachtung im hohen Maße pfadabhängig ist. Das Ergebnis wird stark von den gesetzten Determinanten, Vorstellungen und den beteiligten Personen beeinflusst. Insbesondere von Bedeutung sind hierbei die der Arbeit zugrundeliegende Gewichtung der drei Dimensionen der Nachhaltigkeit sowie die gewählten Anspruchsgruppen. Eine stärkere Betonung einer einzelnen Nachhaltigkeitsdimension oder eine andere Zusammensetzung der Beteiligten hätte sicher auch ein anderes Ergebnis zur Folge. Es muss hierbei bedacht werden, dass insbesondere bei der Definition der sozialen und ökologischen Dimension nachhaltiger Entwicklung und somit auch bei der Analyse und der Bewertung der Auswirkungen einer Branche auf Nachhaltigkeit, eine Orientierung nur über gesellschaftliche Wertvorstellungen möglich ist. Diese wiederum differieren abhängig vom sozialen Kontext und unterliegen einem stetigen Wandel.

2.5   Übungsfragen

1. Welche Probleme treten für Unternehmen bei der Umsetzung einer nachhaltigen Wirtschaftsweise auf?
2. Stellen Sie das PROSA-Konzept dar.
3. Wie müssen die Module eines betrieblichen Umweltmanagementsystems ausgestaltet sein, damit eine Ausrichtung auf eine nachhaltige Entwicklung möglich ist?
4. Wenden Sie das COSY-Konzept auf die Automobilindustrie an und entwickeln Sie Beispiele für jede Stufe des Konzeptes.
5. Nehmen Sie zu folgender These Stellung: „Maßnahmen für eine nachhaltige Entwicklung haben lediglich Kosten erhöhende Wirkungen, sind also möglichst zu vermeiden".

2.6   Weiterführende Literatur

Clausen, J. und Mathes, M. (1998): Ziele für das nachhaltige Unternehmen, in: Fichter, K. und Clausen, J. (Hrsg.): Schritte zum nachhaltigen Unternehmen: zukunftsweisende Praxiskonzepte des Umweltmanagements, Berlin u.a., S. 27-44.

Huber, J. (1995): Nachhaltige Entwicklung – Strategien für eine ökologische und soziale Erdpolitik, Berlin.

Koplin, J. (2006): Nachhaltigkeit im Beschaffungsmanagement – Ein Konzept zur Integration von Umwelt- und Sozialstandards, Wiesbaden.

Minsch, J., Eberle, A., Meier, B. und Schneidewind, U. (1996): Mut zum ökologischen Umbau – Innovationsstrategien für Unternehmen, Politik und Akteursnetze, Basel.

Müller, M. (2001): Normierte Umweltmanagementsysteme und deren Weiterentwicklung im Rahmen einer Nachhaltigen Entwicklung unter besonderer Berücksichtigung der Öko-Audit-Verordnung und der ISO 14001, Berlin.

Scherer, A. G. (2000): Zur Verantwortung der multinationalen Unternehmung im Prozeß der Globalisierung, in: Knyphausen-Aufseß, D. zu (Hrsg.): Globalisierung als Herausforderung der Betriebswirtschaftslehre, Wiesbaden, S. 1-17.

Schneidewind, U. (1994): Mit COSY (Company Oriented Sustainability) Unternehmen zur Nachhaltigkeit führen. IWÖ-Diskussionsbeitrag Nr. 15, St. Gallen.

3 Standards und Zertifikate im Umweltmanagement und im Sozialbereich

von Martin Müller, Alexander Moutchnik und Ines Freier

Kapitelausblick

In diesem Kapitel werden Umweltmanagement- und Sozialstandards, die in Organisationen und Unternehmen eine besonders breite Anwendung gefundenen haben, vorgestellt. Im Mittelpunkt stehen dabei zum einen die ISO 14001 und EMAS (*Eco-Management and Audit Scheme*), die sich auf den Umweltbereich fokussieren, und zum anderen die Social Accountability (SA 8000), die OHSAS 18001 (*Occupational Health and Safety*) und die FAIR LABOUR ASSOCIATION (FLA) Standardansätze, welche sich hauptsächlich mit den Rechten und Arbeitsbedingungen von Mitarbeitern beschäftigen. Darüber hinaus wird in diesem Kapitel noch der vom FOREST STEWARDSHIP COUNCIL (FSC) erarbeitete Standard betrachtet, welcher sowohl ökologische als auch soziale Kriterien beinhaltet. Zu Beginn des Kapitels wird die Entstehung dieser Initiativen und Standards nachgezeichnet und eine Klassifizierung sowie ein Überblick über weitere hier nicht ausführlich beschriebene Umweltmanagement- und Sozialstandards gegeben. Anschließend werden die Managementstandards mit ihren jeweiligen Zertifizierungssystemen beschrieben. Abschließend erfolgt eine kurze Darstellung des Stakeholderansatzes und eine Diskussion inwieweit Informationen aus den Umwelt- und Sozialstandards eine Grundlage für einen Stakeholderdialog sein können.

Lernziele

1. Den Hintergrund der Entstehung von Standards und Zertifikaten im Umweltmanagement und Sozialbereich kennen lernen.
2. Einen Überblick über Ziele einzelner Standards und Zertifikate gewinnen.
3. Den Ablauf von ISO14001, EMAS, SA8000, OHSAS18001, FLA und FSC rezipieren können.
4. Die Fähigkeit zu erlangen, Standards im Umweltmanagement und im Sozialbereich kritisch zu beurteilen.
5. Den Stakeholderansatz kennen und diesen im Kontext von Umwelt- und Sozialstandards beurteilen können.

3.1 Klassifizierungen von Umweltmanagement- und Sozialstandards

Es existieren inzwischen viele Standardisierungsansätze, die jeweils verschiedene Verbindlichkeiten, Inhalte und Anwendungsfelder wie z.B. genauere Handlungsanleitungen, Normierungsverfahren u.a. aufweisen (vgl. Koplin 2006a). So unterscheiden MCINTOSH et al. (2003, S. 22) und WAXENBERGER (2000) Produktstandards, Prozessstandards und Verhaltensstandards.

Die **Produktstandards** behandeln Merkmale von Produkten wie Inhaltsstoffe, Größe, Form etc. Zum Thema Ökolabeling, das Produktstandards aufgreift, siehe dazu Kapitel 16.

⇨ Kap. 16

Die **Prozessstandards** – wie z.B. im Umweltbereich die ISO 14001 und im Sozialbereich der AccountAbility 1000 – beziehen sich auf Vorgaben für Produktionsprozesse, die Auswirkungen auf das Endprodukt haben können. Die konkrete Ausgestaltung einzelner Standards wird aber dem Unternehmen überlassen. Diese setzen
sich selbst unternehmensbezogene Ziele und führen notwendige Strukturen für deren
Erreichung ein.

Standard	Kurzbeschreibung	Zielmärkte	teilnehmende Unternehmen
Fairtrade Labelling Organization (FLO)	Förderung des Fairen Handels, Zusammenschluss von zwanzig nationalen Initiativen, ISEAL Mitglied	Alternative zu Märkten in Industrieländern	ca. 1000 überwiegend in sich entwickelnden Ländern
Flower Label Programme (FLP)	Soziale und Umweltkriterien in der Produktion von Schnittblumen	Schwerpunkt Deutschland	49 Farmen in Ecuador, Kenia, Portugal und Südafrika
IFOAM	Förderung des Ökolandbaus, Zusammenschluss von 750 Initiativen aus 100 Ländern, ISEAL Mitglied	Weltweit	Weltweit, Angaben nur zur bewirtschafteten Fläche
Marine Stewardship Council (MSC)	Nachhaltige Fischerei, basiert auf dem *Code of Conduct* der FOOD AND AGRICULTURAL Organisation der UN, ISEAL Mitglied	Märkte in Industrieländern	Etwa 40 Unternehmen
Rainforest Alliance	Schutz von Biodiversität und Förderung von nach-haltigen Wirtschaftsfor-men, NGO aus den USA, ISEAL Mitglied	Märkte in Industrieländern, bisher überwiegend im angelsächsischen Raum	ca. 650 Organisationen überwiegend Lateinamerika
Rugmark	Sozialstandard gegen Kinderarbeit in der Tep-pichindustrie in Nepal, Indien und Pakistan, Initiative aus Deutsch-land mit Vertretungen in den USA und Großbri-tannien	Märkte in Industrieländern, überwiegend Deutschland, Ausdehnung auf USA/Kanada und Großbritannien	k.a.

*Tab. 3-1: Überblick über weitere Umwelt- und Sozialstandards
(Stand:September 2007)*

Die **Verhaltensstandards** bzw. Leistungsstandards – wie z.B. Forest Stewardship
Council, der SA 8000 und der „Workplace Code of Conduct" der Fair Labour Association – beinhalten Handlungsanleitungen für ein bestimmtes Verhalten, welches

sich in den internen Betriebsabläufen widerspiegeln sollte. Sie definieren, was ein Unternehmen tun bzw. nicht tun darf, wie z.B. Verbot der Kinderarbeit.

Eine weitere Einteilung betrifft **branchenabhängige** und **branchenunabhängige** Standards. So sind Standards wie die ISO 14001, OHSAS 18001 oder der SA 8000 in jeder Branche anwendbar, während beispielsweise der Standard des Marine Stewardship Council (MSC) oder der des International Council of Toy Industries (ICTI) branchenspezifisch ausgerichtet sind.

In Tabelle 3-1 sind einige Standards aufgeführt, die wegen ihrer Spezifika bislang zwar nur eine begrenzte Anwendung in der betrieblichen Praxis gefunden haben, aber dennoch wichtige Beiträge zur Standardisierungsdiskussion leisten.

Im Folgenden sollen die branchenunabhängigen Standards die ISO 14001, die OHSAS 18001 und die SA 8000 untersucht werden, welche bereits eine weite Verbreitung in der Praxis gefunden haben. Es handelt sich dabei einmal um einen Prozessstandard (ISO 14001) und um einen Verhaltensstandard (SA 8000). Weiterhin sollen noch der Forest Stewardship Council (FSC) und die Fair Labour Association (FLA) analysiert werden. Ersterer ist ein branchenabhängiger Standard, während die FLA eigentlich auch branchenübergreifend angewendet werden könnte, dies ist gegenwärtig aber kaum der Fall. Beide Standards sind in ihren Branchen sehr erfolgreich und sollen daher hier ausführlich dargestellt werden.

3.2 Die Entstehung und Entwicklung von Umweltmanagement- und Sozialstandards

Die Europäische Gemeinschaft hat sich 1993 in ihrem 5. Umweltaktionsprogramm für eine dauerhafte und umweltgerechte Entwicklung ausgesprochen. Dieses Programm wurde zu einer wichtigen Etappe in der langfristig angelegten Strategie für die Verbesserung des Schutzes der Umwelt und der Lebensqualität innerhalb der lokalen und globalen Gemeinschaft. Ein wichtiges Ergebnis des Programms ist die EMAS-Verordnung, die seit ihrer Einführung im gleichen Jahr einen Rahmen für Umweltmanagementsysteme und deren Audit primär in Europäischen Organisationen und Unternehmen bietet.

Auch im Rahmen der privaten Normungsorganisationen existiert seit mehr als zehn Jahren eine Norm für Umweltmanagementsysteme. Die wichtigste internationale Trägerorganisation für Normung ist die 1946 gegründete International Organization for Standardization (ISO) mit Sitz in Genf, deren Mitglieder die nationalen Normungsorganisationen sind. Hauptaufgabe der ISO ist die Erarbeitung internationaler Normen. Darüber hinaus trägt die ISO zur Koordination und Harmonisierung nationaler Normen bei. Der Beginn der Normungsaktivitäten im Bereich Umweltmanagementsysteme lässt sich für die ISO auf eine entsprechende Anfrage des Business Council for Sustainable Development zurückführen. Demnach sollten Umweltmanagementnormen erstellt werden, welche die Privatwirtschaft unterstützen, effektive Umweltmanagementsysteme sowie flankierende Instrumente einzuführen, um durch die Verbesserung des Umweltmanagements einen Beitrag für eine nachhaltige Entwicklung zu leisten. Daraus entstand die ganze Normenreihe 14000ff. Die im Jahre 1996 zum ersten Mal verabschiedete und 2004 überarbeitete ISO 14001 ist jedoch die einzige Norm, welche als Spezifikation, d.h. als zertifizierungsfähige Norm, ausgestaltet ist.

Neben den umweltbezogenen Normen wurden auch Normen entwickelt, die die soziale Verantwortung von Unternehmen im Fokus haben. Ein Beispiel dafür ist der *Social Accountability Standard* SA 8000 (vgl. im Folgenden Social Accountability International 2002). Dieser Standard wurde 1997 vom Initiative Council on Economic Priorities (CEP), einer in New York ansässigen, gemeinnützigen Forschungsinstitution, die sich u.a. mit Fragen der Konsumentenverantwortung beschäftigt, entwickelt. Heute unterliegt der SA8000 der Verantwortung von Social Ac-

Normenserie
ISO 14000ff.

SA 8000

COUNTABILITY INTERNATIONAL (SAI). In diesem Council sind u.a. Unternehmen sowie eine Vielzahl von Nichtregierungsorganisationen (NGOs) vertreten. Ziel war es, einen Standard für ein sozial-ethisches Management eines Unternehmens zu entwickeln, welcher weltweit konsensfähig sein sollte. Allerdings waren auch ökonomische Gründe ausschlaggebend für die Entstehung des Standards. So wird u.a. darauf hingewiesen, dass durch den SA 8000 Konsumentenboykotte oder Schadenersatzforderungen abgewendet werden sollen (vgl. McIntosh 1998; Zadek 1998).

FLA

Ein weiteres Beispiel für eine Normung im Sozialbereich geht auf die Stiftung FAIR LABOR ASSOCIATION (FLA) zurück, welche 1998 auf der Basis einer Arbeitsgruppe des Weißen Hauses gegründet wurde, die sich mit den Praktiken der sog. „sweatshops" (als „Schwitzbuden" werden Arbeitsplätze bezeichnet, welche nicht den westlichen Sozialstandards entsprechen) befasste (vgl. Köpke 2003, S. 76). Diese Arbeitsgruppe veröffentlichte 1997 ein Dokument in dem die grundlegenden Normen der FLA enthalten sind.

OHSAS 18001

Der Standard für Management der Arbeitssicherheit (Operational Health and Safety) OHSAS 18001 wurde im Jahre 1999 veröffentlicht und ist von der BRITISH STANDARDS INSTITUTION gemeinsam mit internationalen Zertifizierungsgesellschaften entwickelt worden.

FSC

1993 fand in Toronto die Gründungsversammlung des FOREST STEWARDSHIP COUNCILS (FSC) statt. 130 Vertreter der Holzwirtschaft und NGOs, sowie Regierungsvertreter und Zertifizierungsinstitutionen aus 25 Ländern kamen dort zu einer gemeinsamen Erklärung, in der die Wege und Möglichkeiten, die Interessen der Beteiligten gebündelt zu vertreten sowie die ökonomischen, sozialen und ökologischen Ziele im Bereich Waldwirtschaft als eine einheitliche und in sich konsistente Strategie zu verfolgen, besprochen wurden. Die offizielle Einführung des FSC-Standards folgte im Jahre 1996.

3.3   Die ISO 14001

Die weltweit gültige ISO-Norm bezieht sich auf Organisationen, die als „Gesellschaft, Körperschaft, Betrieb, Unternehmen, Behörde oder Institution oder Teil oder Kombination davon, eingetragen oder nicht, öffentlich oder privat, mit eigenen Funktionen und eigener Verwaltung" (DIN EN ISO 14001:2005, 3:16) definiert werden. Weltweit haben inzwischen mehr als 130 000 Organisationen ihr Umweltmanagementsystem nach den Anforderungen der ISO 14001 ausgerichtet und ein Zertifikat – als Bestätigung dieser Übereinstimmung – erhalten (http://www.ecology.or.jp/isoworld/english/analy14k.htm, Stand: Januar 2007).

Die ISO 14001 enthält allgemeine Vorgaben für den Aufbau eines Umweltmanagementsystems und zielt darauf ab, dass durch die Anwendung eines entsprechenden Systems Umweltbelastungen verhindert werden. Ein Umweltmanagementsystem umfasst – als Teil des Managementsystems – eine Organisationsstruktur, Planungsaktivitäten, Verantwortlichkeiten, Praktiken, Verfahren, Prozesse und Ressourcen (DIN EN ISO 14001:2005, 3.8, Anm. 2).

3.3.1   Der Ablauf der ISO 14001

Zur Implementierung des in der ISO-Norm beschriebenen Umweltmanagementsystems sind fünf Schritte notwendig.

Ausgangspunkt der ISO 14001 ist die **Festlegung einer Umweltpolitik**, in der die Organisation den Rahmen für ihre umweltbezogenen Ziele absteckt. Neben einer Verpflichtung zur Einhaltung der relevanten umweltrechtlichen Vorschriften ist die oberste Führungsebene insbesondere zur ständigen Verbesserung des Managementsystems verpflichtet. In dieser – und auch in den weiteren Anforderungen der Norm – kommt die besondere Rolle der Unternehmensleitung zum Ausdruck. Damit wird

 Kap. 5

in der ISO 14001 nicht nur die **operative**, sondern auch – und zwar vor allem – die *// Strategisches Umwelt- management* **strategische** Bedeutung des Umweltmanagements betont. Die ständig steigenden Umweltrisiken aller Art haben insbesondere in den letzten Jahren eine neue Dimension der Managementverantwortung geschaffen, denn fast alle Bereiche unternehmerischer Tätigkeit sind inzwischen eng mit der Umweltproblematik verbunden und bedürfen einer umfassenden und kompetenten Herangehensweise seitens der Unternehmensführung.

Der zweite Schritt der ISO-Norm ist die **Planung**. Diese fordert vom obersten Führungsgremium, Verfahren einzuführen, um ihre bedeutenden Umweltaspekte sowie gesetzliche und andere Anforderungen zu ermitteln. Auf dieser Grundlage ist es erforderlich, dass die Organisation für jede relevante Funktion und Ebene innerhalb ihrer Organisationsstruktur konkrete, möglichst messbare Zielsetzungen festlegt. Weiterhin sind im Rahmen der Planung zur Verwirklichung der umweltbezogenen Zielsetzungen Umweltprogramme zu erstellen, die sowohl die Verantwortlichkeiten als auch die Mittel und den Zeitrahmen für die Zielerreichung festlegen.

Planung

Der dritte Schritt der ISO-Norm – **Verwirklichung und Betrieb** – bezieht sich auf die Organisationsstruktur und Verantwortlichkeiten, die Schulung und Kompetenz der Mitarbeiter, die interne und externe Kommunikation, die Dokumentation des Umweltmanagementsystems sowie die Lenkung der Dokumente. Das oberste Führungsgremium wird verpflichtet, zur Erfüllung ihrer Umweltpolitik und ihrer umweltbezogenen Zielsetzungen die dazu notwendigen Abläufe zu planen. Dieses Element der ISO-Norm soll sicherstellen, dass die Organisationen ihre Umweltpolitik und Umweltziele tatsächlich umsetzen.

Verwirklichung und- Betrieb

Inwieweit diese Ziele erreicht werden, wird im Rahmen der **Überprüfung** (Schritt vier) ermittelt. Hierfür sind insbesondere Überwachungsaufgaben und Messungen sowie ein interner Audit des Umweltmanagementsystems vorgesehen. Ein solcher Audit ist ein systematischer, unabhängiger und dokumentierter Prozess zur Erlangung von Auditnachweisen und zu deren objektiver Auswertung, um zu ermitteln, inwieweit die von der Organisation festgelegten Auditkriterien des Umweltmanagementsystems erfüllt sind (DIN EN ISO 14001:2005, 3.14). Für die Organisationsleitung ist es erforderlich, ein Programm zur regelmäßigen Auditierung des Umweltmanagementsystems aufzustellen.

Kontroll- maßnahmen

Neben dem regulären internen Audit, fordert die ISO 14001 von der obersten Organisationsleitung das Umweltmanagementsystem in festgelegten Abständen zu **bewerten** (Schritt fünf), um seine fortdauernde Eignung, Angemessenheit und Wirksamkeit sicherzustellen. Dieser zyklische Managementprozess soll zu einer **ständigen Verbesserung** des Umweltmanagementsystems und damit der Umweltleistung des Unternehmens führen (Abb. 3-2).

Bewertung durch die oberste Leitung

Anforderungen für die Durchführung der Zertifizierung oder die Erteilung eines Zertifikats sind in der ISO 14001 nicht zu finden. Hierzu sind andere Normen der ISO heranzuziehen wie z.B. DIN EN ISO 19011:2002 – Leitfaden für Audits von Qualitätsmanagement- und/oder Umweltmanagementsysteme.

Die ISO14001 enthält nur solche Anforderungen, die objektiv auditiert werden können. Sie legt keine absoluten Anforderungen für die Umweltleistung fest, die über die Verpflichtungen in der Umweltpolitik hinausgehen. In der Einleitung zu dieser Managementnorm ist festgelegt, dass „zwei Organisationen, die ähnliche Tätigkeiten ausüben, aber unterschiedliche Umweltleistung zeigen, dennoch beide die Anforderungen (der Norm) erfüllen können" (DIN EN ISO 14001:2005, Einleitung, vgl. auch Moutchnik 2007, S. 24).

3.3.2 Die Zertifizierung des Umweltmanagement-systems nach DIN EN ISO 14001:2005

Das Zertifizierungssystem besteht aus den für die Überprüfung der Normkonformität und die Vergabe der Zertifikate verantwortlichen Zertifizierungsstellen und den für die Akkreditierung und Überwachung der Zertifizierungsstellen zuständigen Akkreditierungsstellen. In Deutschland existiert zusätzlich die 1990 gegründete TRÄGERGEMEINSCHAFT FÜR AKKREDITIERUNG (TGA).

Zertifizie-rungsstelle

Die Zertifizierungsstelle führt bei der Organisation ein Zertifizierungsaudit durch. Dieses findet prinzipiell am Standort der Organisation statt. Dabei wird überprüft, ob das Umweltmanagementsystem der Organisation alle anwendbaren Forderungen der ISO 14001 – d.h. Regeln, Ziele und Verfahren der Norm – befolgt. Anschließend erstellen die externen Auditoren einen Bericht, der eine genaue Definition des Auditgegenstandes, eine Darstellung der wichtigsten Beobachtungen in Bezug auf Umsetzung und Wirksamkeit des Umweltmanagementsystems sowie ein zusammenfassendes Ergebnis beinhaltet.

Auditbericht

Auf der Grundlage des Auditberichts entscheidet die Zertifizierungsstelle, ob sie der Organisation ein Zertifikat erteilt. Damit räumt die Zertifizierungsstelle der Organisation das Recht ein, ihr Zeichen oder Logo für die Zertifizierung eines Umweltmanagementsystems zu benutzen. Die Organisation darf keinesfalls das Zeichen der ISO oder der Akkreditierungsstelle verwenden.

Werden während des externen Audits größere Abweichungen von der Norm festgestellt, wird dem Unternehmen zunächst eine Frist von drei Monaten gestellt, innerhalb derer Maßnahmen ergriffen werden müssen, die die festgestellten Mängel beseitigen. Geschieht dies nicht, wird kein Zertifikat erstellt bzw. es erfolgt eine Aussetzung des vorher erstellten Zertifikats. Ein Entzug oder eine Annullierung eines Zertifikats ist ebenfalls möglich, u.a. wenn Korrekturmaßnahmen nicht ergriffen werden, wenn ein Unternehmen Straftatbestände bei seiner Tätigkeit erfüllt oder wenn es die Objektivität und Neutralität der Auditergebnisse beeinflusst hat.

Damit das Zertifikat, welches die Zertifizierungsstelle ausgibt, durch die **interessierten Kreise**, d.h. durch Person(en) oder Gruppe(n), „die sich mit der umweltorientierten Leistung einer Organisation befasst oder davon betroffen sind" (DIN EN ISO 14001:2005, 3.13)*, als Nachweis der Normkonformität anerkannt wird, bedarf es einer Kontrolle der Zertifizierungsstellen durch eine übergeordnete Instanz. Eine solche Kontrolle wird im ISO-System durch die Akkreditierung gewährleistet. Diese ist, genau wie die Zertifizierung, freiwillig und signalisiert den Verwendern des Zertifikates, dass die Zertifizierungsstelle bestimmte Anforderungen erfüllt und dies auch kontrollieren lässt (vgl. Müller 2001, S. 295). Um festzustellen, ob die Bedingungen für die Akkreditierung dauerhaft erfüllt werden, müssen sich die akkreditierten Zertifizierungsstellen mindestens einmal jährlich einer Überwachung durch die TGA unterziehen. In diesem Zusammenhang werden zum einen Überprüfungen in der Geschäftsstelle durchgeführt und zum anderen Mitarbeiter der Zertifizierungsstelle bei der Zertifizierung einer Organisation begleitet (*Witnessaudit*).

3.4 Die EMAS-Verordnung

Die folgenden Ausführungen beziehen sich auf die 2001 verabschiedete EMAS-Verordnung. Die erneute Revision der Verordnung steht bevor, ihre Verabschiedung („EMAS III") wird für 2009 erwartet. Auf die zuvor gültige Verordnung („EMAS I") – in der Literatur auch unter dem Namen Öko-Audit-Verordnung bekannt – wird nicht eingegangen.

Am System der EMAS-Verordnung kann jede Organisation teilnehmen, die ihre betriebliche Umweltleistung verbessern möchte. Allerdings gilt hier der Standort – im Gegensatz zur ISO 14001 – als die kleinste validierungsfähige Einheit. Der Geltungsbereich der Verordnung beschränkt sich auf die EU-Mitgliedsstaaten und assoziierte Länder. Gemäß Art. 1 Abs. 2 ist das Ziel der EMAS-Verordnung, die ständige Verbesserung des betrieblichen Umweltschutzes von Organisationen zu fördern.

3.4.1 Der Ablauf der EMAS-Verordnung

Bei der erstmaligen Teilnahme ist es erforderlich, dass die Organisation eine Umweltprüfung durchführt. Es handelt sich dabei um eine erste Untersuchung umweltbezogener Fragestellungen und Auswirkungen des betrieblichen Produktions- und Managementprozesses an einem Standort (sog. **Bestandsaufnahme**). Hierbei sollen die Umweltaspekte und Auswirkungen der Tätigkeiten, Produkte und Dienstleistungen, die einschlägigen Rechtsvorschriften sowie die bereits angewandten Techniken und Verfahren des Umweltmanagements ermittelt werden.

Umweltprüfung

Auf der Grundlage der Ergebnisse der Bestandsaufnahme entscheidet die Organisation über die Beibehaltung oder Änderung des bestehenden Umweltmanagementsystems am Standort (sofern bereits ein solches System existiert, sonst muss es erst aufgebaut werden). Darüber hinaus enthält die Verordnung Zusatzanforderungen, welche von den teilnehmenden Organisationen eingehalten werden müssen. Hierbei handelt es sich um:

Umweltmanagement-
system nach
ISO 14001

- die Einhaltung aller einschlägigen Umweltvorschriften (*legal compliance*),
- eine quantifizierbare und messbare Verbesserung der Umweltleistung in stofflicher und energetischer Hinsicht,
- die aktive Einbeziehung der Arbeitnehmer
- sowie das Bekenntnis zu einer aktiven externen Kommunikation.

Zusatzanforde-
rungen an die
ISO 14001

Nach der Einrichtung des Umweltmanagementsystems erfolgt eine durch interne und/oder externe Betriebsprüfer durchgeführte Umweltbetriebsprüfung (*Audit*). Die Umweltbetriebsprüfung wird nach den Kriterien des Anhangs II durchgeführt. Ziel einer solchen Prüfung ist die Bewertung der Funktionsfähigkeit des bestehenden Managementsystems. Dabei ist insbesondere zu berücksichtigen, ob dieses mit der Umweltpolitik und dem Umweltprogramm der Organisation vereinbar ist und ob die einschlägigen Umweltvorschriften eingehalten werden. Anhand der Ergebnisse dieser Betriebsprüfung ist ein Umweltprogramm aufzustellen, in dem die Umsetzung von Korrekturmaßnahmen festgelegt wird.

Umweltbetriebs-
prüfung

Der nächste Schritt ist die Erstellung einer Umwelterklärung. Diese wird für die Öffentlichkeit und andere interessierte Kreise verfasst. Dies stellt einen wesentlichen Unterschied zur ISO 14001 dar, in der kein entsprechendes Instrument zur Information der Öffentlichkeit vorgesehen ist. Die Umwelterklärung hat unter anderem eine Beschreibung der Organisation und des Umweltmanagementsystems, der selbst gesetzten Umweltziele und der tatsächlichen Umweltleistung zu enthalten. Die in der Umwelterklärung veröffentlichten Informationen und Daten sollen so dargestellt werden, dass sie einen Vergleich über mehrere Jahre und verschiedene Organisationen ermöglichen. Weiterhin wird gefordert, dass die Informationen in der Umwelterklärung einmal jährlich aktualisiert werden.

Umwelter-
klärung

Nach erfolgreicher Prüfung durch einen Umweltgutachter wird die Organisation bei der zuständigen Stelle (in Deutschland sind dies die Industrie- und Handelskammern sowie die Handwerkskammern) – für maximal drei Jahre – in ein Verzeichnis eingetragen. Das Verzeichnis aller eingetragenen Standorte der Europäischen Gemeinschaft wird jährlich im Amtsblatt der Europäischen Gemeinschaften veröffentlicht. Mit der Eintragung in das Verzeichnis ist die Organisation berechtigt, das EMAS-Zeichen für Werbezwecke zu verwenden.

Verzeichnis

EMAS Zeichen

Abb. 3-1: *EMAS-Zeichen (Quelle: EMAS-Verordnung 2001)*

Damit ist für die Organisation die erste Teilnahme abgeschlossen. Entschließt sich die Organisation zur fortgesetzten Teilnahme, so ist dieser Zyklus alle drei Jahre zu durchlaufen und die Neufassung der Umwelterklärung ist jährlich zu validieren. Einen Überblick über den beschriebenen Ablauf der EMAS-Verordnung stellt Abbildung 3-2 dar.

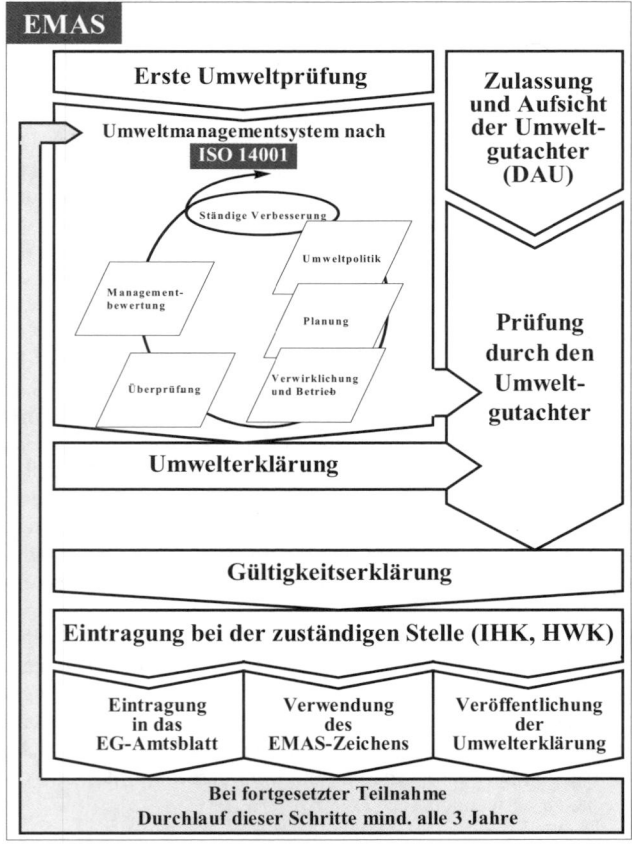

Abb. 3.2: *Ablauf der EMAS-Verordnung (eigene Darstellung) mit dem Modell des Umweltmanagementsystems nach ISO 14001 (DIN EN ISO 14001: 2005, S. 7)*

3.4.2   Das Validierungssystem von EMAS

Die Zulassung und Kontrolle der Umweltgutachter wurde an die DEUTSCHE AKKREDITIERUNGS- UND ZULASSUNGSGESELLSCHAFT FÜR UMWELTGUTACHTER MBH (DAU) delegiert, die eigens zu diesem Zweck gegründet wurde. Die Registrierung der Organisationen wurde den INDUSTRIE- UND HANDELSKAMMERN (IHK) und den HANDWERKSKAMMERN (HwK) übertragen („zuständige Stellen", s. oben).

Ergänzend wurde ein pluralistisch zusammengesetzter Ausschuss, der UMWELT-GUTACHTERAUSSCHUSS (UGA), eingerichtet. Seine wesentlichen Aufgaben bestehen darin, der DAU Richtlinien für die Zulassung und Aufsicht der Umweltgutachter an die Hand zu geben und das BUNDESUMWELTMINISTERIUM (BMU) in allen Zulassungs- und Aufsichtsangelegenheiten zu beraten. Das deutsche Zulassungs-, Aufsichts- und Registrierungssystem wurde im Umweltauditgesetz (UAG) und den ergänzenden Rechtsverordnungen gesetzlich verankert.

Das in Deutschland etablierte Zulassungs- und Aufsichtsverfahren ist darauf zugeschnitten, dass natürliche Personen, sogenannte Einzelgutachter, als Umweltgutachter zugelassen werden. Ziel der Zulassungs- und Aufsichtsverfahren ist es sicherzustellen, dass die Gutachter über die in der EMAS-Verordnung und dem UAG geforderte Fachkunde, Zuverlässigkeit und Unabhängigkeit verfügen. Der Ablauf der Verfahren ist durch das UAG, die ergänzenden Rechtsverordnungen und die Richtlinien des UGA vorgegeben.

Aufgabe des Umweltgutachters ist es zu prüfen, ob die Organisation, die die Aufnahme in das EMAS-Register anstrebt, ein funktionsfähiges Umweltmanagementsystem eingerichtet, eine Umweltbetriebsprüfung durchgeführt und eine Umwelterklärung erstellt hat, die den Vorschriften der EMAS-Verordnung entsprechen. In Bezug auf die Umwelterklärung ist dabei sowohl die Vollständigkeit als auch die Richtigkeit der enthaltenen Auskünfte und Daten zu kontrollieren. Darüber hinaus gehört es zu den Pflichten des Umweltgutachters, sich zu vergewissern, dass die Organisationen Verfahren etabliert haben, die die Einhaltung der umweltrechtlichen Vorschriften sicherstellen können.

Umweltgutachterausschuss

Umweltauditgesetz

Wie wird man Umweltgutachter (handschriftliche Notiz)

3.5   Umweltmanagementansätze und Ausblick

Neben den formellen Standards (EMAS und ISO 14001) gewinnen so genannte „niederschwellige" Umweltmanagementansätze zur Verbesserung des betrieblichen Umweltschutzes zunehmend an Bedeutung. Diese Ansätze sind vielfach branchenbezogen (z.B. „*Ecocamping*" für Fremdenverkehrseinrichtungen oder der „Grüne Gockel" für Kirchengemeinden) oder zielen auf bestimmte Wirtschaftszweige, wie etwa das Handwerk ab. Der Schwerpunkt der geografischen Verbreitung liegt in Skandinavien („*Ecolighthouse*" aus Norwegen und „*Green Network*" in Dänemark) und in Japan. Umweltmanagementansätze sind i.d.R. weniger auf eine ständige Verbesserung des gesamten Umweltmanagementsystems ausgerichtet als vielmehr auf einzelne oder mehrere Maßnahmen zur Verbesserung der Umweltleistung. Diese Umweltmanagementansätze bieten für kleine und regional tätige Unternehmen einen geeigneten Einstieg für die ISO 14001 oder EMAS.

Umweltmanagementansätze erhielten ihren Namen, weil sie verschiedene Elemente eines Umweltmanagementsystems enthalten, jedoch kein vollständiges Umweltmanagementsysteme bilden. Ihre Anforderungen an die Unternehmen, vor allem im Bereich der Dokumentation, sind geringer als bei einem Umweltmanagementsystem. Sie sind nicht zertifizierbar und können z.B. mit der ISO 14001 daher nicht gleichgestellt werden. Je nach Ansatz werden die Unternehmen registriert, regelmäßig überprüft und erhalten eine Auszeichnung. Die Kosten für die Einführung von Umweltmanagement im Unternehmen können durch die fehlende Zertifizierung deutlich gesenkt werden.

In einer Studie im Auftrag des Bundesumweltministeriums und des Umweltbundesamtes wurden Umweltmanagementansätze in Deutschland untersucht. Die Studie gibt einen Überblick über 16 Umweltmanagementansätze, die in Deutschland angewendet werden, und zeigt auf, wo ihre spezifischen Vor- und Nachteile liegen. Schätzungsweise haben in Deutschland etwa 2000 Unternehmen einen Umweltmanagementansatz eingeführt. (Kahlenborn und Freier 2005; http://www.ums-fuer-kmu.de/).

3.6   Social Accountability 8000 (SA 8000)

Gegenstand der SA 8000 sind Arbeitsbedingungen und Rechte von Mitarbeitern. Hierbei orientiert sich der Standard an der INTERNATIONAL LABOUR ORGANIZATION (ILO), welche wiederum hauptsächlich auf die UN-Konventionen zu den Menschenrechten beruht. Die SA 8000 bezieht sich auf Unternehmen, die definiert werden als „Organisation oder geschäftliche Entität, die für die Umsetzung der Erfordernisse dieser Normen verantwortlich ist, unter Einschluss von allen Angestellten" (III Nr.1 der SA 8000). Der Geltungsbereich der SA 8000 ist weltweit.

Zielsetzung

Die Zielsetzung der Norm ist es, von den Unternehmen zu verantwortende bzw. zu beeinflussende soziale Probleme zu bewältigen. Zu diesem Zweck legt die SA 8000 unter Abschnitt IV Erfordernisse für soziale Bewertungsregeln fest. Diese beziehen sich auf Kinderarbeit, Zwangsarbeit, Gesundheit und Sicherheit, Vereinigungsfreiheit und das Recht zu Kollektivverhandlungen, Diskriminierung, Disziplinarmaßnahmen, Arbeitszeit und Löhne. Diese Bewertungsregeln sind imperativistisch formuliert und legen den inhaltlichen Mindeststandard fest. So heißt es beispielsweise unter Arbeitszeit unter Abschnitt 7.1 der SA 8000, dass „das Unternehmen die anwendbaren Gesetze und Industrienormen über Arbeitszeit beachten wird; auf keinen Fall wird von der Belegschaft verlangt, dass regelmäßig über 48 Stunden pro Woche gearbeitet wird und das Personal erhält mindestens einen freien Tag in jeder siebentägigen Periode".

3.6.1   Der Ablauf der SA 8000

Unter dem Punkt Managementsysteme wird die Umsetzung der sozialen Bewertungsregeln beschrieben. Zuerst ist es erforderlich, dass die oberste Unternehmensleitung eine Politik definieren, in der sich das Unternehmen verpflichtet, alle Erfordernisse der SA 8000 sowie die nationalen und anderen anwendbaren Gesetze einzuhalten, kontinuierliche Verbesserungen anzustreben und diese effektiv zu dokumentieren, mitzuteilen und umzusetzen.

In einem nächsten Schritt muss das Unternehmen gewährleisten, dass die Erfordernisse der Norm auf allen Ebenen der Organisation verstanden und berücksichtigt werden. Weiterhin findet eine Überprüfung der Zulänglichkeit, Angemessenheit und fortwährenden Wirksamkeit der Verfahren und Leistungen des Unternehmens bezüglich der Erfordernisse der Norm statt. Abschließend erfolgt eine „Berichterstattung, um allen beteiligten Parteien regelmäßig Daten und andere Informationen über die im Zusammenhang mit der SA 8000 relevanten Handlungen des Unternehmens zugänglich zu machen". Besonders hervorgehoben wird noch, dass die Unternehmen ihre Lieferanten ebenso zur Erfüllung der Norm verpflichten sollen. Insgesamt orientiert sich der Ablauf der SA 8000 stark am grundlegenden Ablauf der ISO 14001 (s. Kap. 3.3.1).

3.6.2   Das Zertifizierungssystem der SA 8000

Das SA 8000-Programm besteht aus genau abgegrenzten Verfahren, denen sich ein Unternehmen unterziehen kann, um zu gewährleisten und seinen Kunden zu versichern, dass es Produkte unter menschenwürdigen Arbeitsbedingungen herstellt. Wenn sich die Geschäftstätigkeit des Unternehmens auf den Einzelhandel bezieht, kann das Unternehmen direkt SA 8000-Mitglied werden. Ist das Unternehmen hingegen Hersteller oder Lieferant, muss es sich um die SA 8000-Zertifizierung bewerben. Für Unternehmen, die sowohl verkaufen als auch produzieren, eignet sich eine Mitgliedschaft in Verbindung mit der Zertifizierung.

Beide Wege setzen sich aus einem dreistufigen Verfahren zusammen: Der Annahme, der Implementierung und der Leistungsmessung. Im Rahmen einer SA 8000-Mitgliedschaft ist die Anerkennung der Richtigkeit der SA 8000-Bestimmungen, die Aufstellung eines Zeitplans zur Implementierung der Norm sowie der Nachweis über die Einhaltung der nationalen Bestimmungen sicherzustellen. Anschließend entwirft das Unternehmen ein Programm zur Realisierung seiner individuellen Ziele und informiert seine Lieferanten über die angestrebte Implementierung der SA 8000 und fordert diese auf, dem Standard ebenfalls zu entsprechen. Zur Implementierung gehört auch ein Zeitplan zur allmählichen Beendigung der Geschäftstransaktionen mit den Lieferanten, die dem Standard nicht entsprechen. Im letzten Schritt veröffentlichen SA 8000-Mitglieder jährlich einen Bericht über ihre Zielsetzungen und die Fortschritte beim Erreichen dieser Zielsetzungen.

Im Rahmen einer SA 8000-Zertifizierung verpflichtet sich das Unternehmen die SA 8000-Bestimmungen einzuhalten und innerhalb eines Jahres die Zertifizierung bei einem akkreditierten Zertifizierer zu beantragen. Nach erfolgter Implementierung der Norm kann eine erste Beurteilungsprüfung vorgenommen werden. Bei bestandener Prüfung kann sofort Schritt drei, die Zertifizierung, erfolgen. Der Zertifizierer wird sich mit den örtlichen Behörden und NGOs in Verbindung setzen, um Informationen über das Unternehmen zu sammeln. Weiterhin werden Befragungen der Mitarbeiter und eine Prüfung der Unterlagen des Betriebs vorgenommen. Bei erfolgreicher Prüfung wird dem Unternehmen ein SA 8000-Zertifikat ausgestellt. Dieses Zertifikat ist grundsätzlich drei Jahre gültig. Alle sechs Monate findet jedoch eine Inspektion durch den Zertifizierer statt. Spätestens nach drei Jahren sollte das Unternehmen eine Verlängerung der Gültigkeit des Zertifikats beantragen.

3.7 „Workplace Code of Conduct" der FAIR LABOUR ASSOCIATION

Die FAIR LABOUR ASSOCIATION (FLA) hat es sich zur Aufgabe gemacht, Arbeitsbedingungen im Bekleidungssektor, speziell im Sportbereich und anderen Sektoren zu verbessern und das sowohl in den USA als auch weltweit (vgl. Wick 2003, S. 69). Der FLA-Kodex bezieht sich dabei auf alle Betriebsanlagen des Unternehmens selbst und auf die der Lieferanten, Vertragspartner und Lizenznehmer, also alle Unternehmen, die einen Teil der Wertschöpfungskette darstellen. Die einzige Ausnahme bilden dabei Kleinstanlagen. Dazu zählen Anlagen, die maximal 6 Monate innerhalb von 24 Monaten Geschäftsbeziehungen zu dem Unternehmen unterhalten. Weiterhin gelten auch die Anlagen als Kleinstanlagen, von deren Jahresproduktion das FLA-Mitgliedsunternehmen 10 % oder weniger abnimmt. Um eine Unterwanderung des Kontrollsystems zu vermeiden, sollen diese Kleinstanlagen nicht mehr als 15 % der Produktionsstätten betragen (vgl. Wick 2003, S. 46).

Das Budget der FLA setzt sich aus Finanzmitteln der am System teilnehmenden Unternehmen, Universitäten und NGOs zusammen. Über die ausgewiesenen Jahresumsätze der jeweiligen Organisationen erfolgt die Berechnung des zu zahlenden Beitrags. Der FLA *Code of Conduct*, der für alle Unternehmen, ihre Zulieferer und Subunternehmer verbindlich ist, beinhaltet folgende Vereinbarungen: Verbot von Zwangsarbeit, Verbot von Kinderarbeit, Verbot von Belästigung oder Missbrauch, Nichtdiskriminierung, Gesundheit und Sicherheit, Vereinigungsfreiheit und Tarifverhandlungen, Entlohnung und andere Leistungen, Vergütung von Überstunden.

Um die Durchsetzung dieses Standards zu gewährleisten, setzt die FLA nicht einzig darauf, diese Normen aufzustellen, sondern stellt auch Prozesse bereit, die den Ablauf und die Verwirklichung sichern sollen. Mit dem Beitritt in die FLA verpflichten sich die Mitglieder, den *Code of Conduct* in ihren Unternehmen zu implementieren. Hierzu ist vorgesehen, dass eine Person oder eine Abordnung vom Unternehmen bereitgestellt wird, die die Verantwortung für die Einhaltung des jeweiligen Kodex im Unternehmen und der gesamten Wertschöpfungskette trägt. Diese Personen müssen dahingehend ausgebildet werden, dass die Einhaltung der Standards gesichert werden kann, um dann im Gegenzug dafür zu sorgen, dass der Verhaltenskodex als Basis der Zusammenarbeit mit allen Mitgliedern der Wertschöpfungskette gesehen wird. Die Überprüfung des Standards sieht ein zweistufiges Verfahren aus internem und externem *Monitoring* vor.

Das System des externen *Monitoring* lässt sich in zwei Zeitabschnitte einteilen, zum einen von der Gründung der FLA 1996 bis März 2002 und zum anderen ab April 2002 bis heute. Zuvor wählten die Unternehmen sowohl die zu überprüfenden Unternehmen als auch die Prüfer aus, die sie selbst bezahlten. Dieses System wies deutliche Mängel auf, da die Unternehmen dazu tendierten, Prüfer zu wählen, mit denen sie in irgendeiner Form verbunden waren und so die Unabhängigkeit nicht mehr gewährleistet werden konnte. Hinzu kam, dass die Unternehmen durch die „Selbstbestimmung" der zu prüfenden Zulieferbetriebe in Versuchung geraten konnten, diese zu warnen und die Effektivität und der Sinn der Überprüfung ins Hintertreffen gerieten. Da so das Prüfungssystem der FLA leicht unterlaufen werden konnte, wurde das Kontraktierungsverfahren im April 2002 einer Änderung unterzogen. Die Unternehmen wählen nun nicht mehr selbst die Prüfer, stattdessen erfolgt die Akkreditierung und Bezahlung direkt und zentral über die FLA (vgl. Ebenshade 2004, S. 48).

Nach diesem neuen Modell vergibt die FLA direkt Verträge an akkreditierte Auditoren und beauftragt sie, ausgewählte Zulieferer zu überprüfen. Neu bei diesem Verfahren ist außerdem, dass die Kontrollen ausschließlich unangekündigt durchgeführt werden, um so unverfälschte Ergebnisse zu gewährleisten. Um einen hohen Qualitätsstandard zu erreichen und diesen beizubehalten, werden die Prüfer regelmäßig in zentralen Fortbildungen geschult (vgl. Köpke 2003, S. 78). Die Auswahl der zu überprüfenden Unternehmen erfolgt dabei anhand einer Risiko-Analyse, d.h. es werden beispielsweise bevorzugt Anlagen in den Ländern kontrolliert, von denen bekannt ist, dass dort die Arbeitsbedingungen schlecht sind und das Risiko der Nichteinhaltung des Kodex groß ist (wie z.B. Indonesien). Um von der FLA zertifiziert zu werden und das „*service mark*" zu Werbezwecken nutzen zu dürfen, müssen in den ersten drei Jahren mindestens 30 % der Vertragspartner des FLA-Mitgliedsunternehmens von unabhängigen Monitoren überprüft worden sein (vgl. Leipziger 2003, S. 169). Danach müssen jährlich bis zu 15 % der weiteren Zulieferer zertifiziert werden. Ein solcher Ansatz der Markenzertifizierung erscheint aus Sicht der Konsumenten effektiver, als die Zuliefererzertifizierung nach SA 8000.

In Übereinstimmung mit dem FLA-Verhaltenskodex soll den *Stakeholdern* ein Überblick über die Aktivitäten der teilnehmenden Unternehmen auf globaler und firmeninterner Ebene gegeben werden. Auf der Makroebene erstellt die FLA einen jährlichen Bericht, der die Erfüllungsprogramme zur Erreichung der einzelnen Punkte in den einzelnen Unternehmen beschreibt. Er gibt einen allgemeinen Überblick über das Ergebnis der Erfüllung der Herstellungsländer und zeigt die Bemühungen der teilnehmenden Unternehmen, die einzelnen Schritte umzusetzen.

Auf der Mikroebene gibt die FLA so genannte *Tracking Charts* heraus, die sich auf die Arbeit einzelner Betriebe beziehen. Sie zeigen detailliert die nicht erfüllten Punkte auf, die von den von der FLA eingesetzten, unabhängigen Prüfern gefunden wurden und nennen die Fortschritte, die durch das Training der teilnehmenden Unternehmen in den einzelnen Betrieben erreicht wurden. Die gewonnenen Informationen werden regelmäßig aktualisiert. Die FLA nutzt die erstellten *Tracking Charts*, um die Öffentlichkeit mit Informationen über die Erfüllung der einzelnen Kriterien in den Betrieben zu versorgen. In Bezug auf die Publikation wird zwischen interner und externer Veröffentlichung unterschieden. Die Prüfberichte sowohl des internen als auch externen Monitoring werden nur den FLA Mitarbeitern zur Verfügung gestellt. Daraus erarbeitet die FLA dann für jede Firma in Übereinstimmung mit den in der FLA-Charta vereinbarten Kriterien einen öffentlichen Jahresbericht, der genauso wie die *Tracking Charts* über die Homepage abgerufen werden kann. Die Namen der zertifizierten oder überprüften Standorte werden nicht veröffentlicht (vgl. Jenkins et al. 2002, S. 26).

3.8 Standard für Arbeitsschutzmanagement (OHSAS 18001)

OHSAS 18001 (*Occupational Health and Safety Assessment Series*) ist ein internationaler Standard zur Bewertung und Zertifizierung eines Arbeitsschutzmanagementsystems (AMS). Diese Norm gilt für alle Unternehmen, unabhängig von Branche und Größe der Sektoren: Industrie, Dienstleistungen soziale Einrichtungen und öffentliche Verwaltungen. Sie spezifiziert die Mindestanforderungen an das AMS und lehnt sich in ihrer Struktur, Zielsetzung und Ausführung sehr stark an die ISO 14001 an.

Nach OHSAS 18001 ist die oberste Leitung verpflichtet, eine Arbeitsschutzpolitik des Unternehmens zu definieren und sie auch strukturiert und konsequent umzusetzen. Ausgehend von einer umfassenden Gefährdungsbeurteilung und Risikobewertung von Prozessen, die Arbeiterschutz betreffen, werden im Rahmen des AMS entsprechende technische, organisatorische und persönliche Schutzziele festgelegt. Aus diesen Schutzzielen leitet die Unternehmensführung die technischen Anforderungen an die Arbeitsmittel, an die fachlichen und arbeitsschutzrechtlichen Anforderungen, an die eigenen Mitarbeiter sowie Vertragspartner ab. Die Unternehmensleitung entwickelt Prozesse und Werkzeuge für die Durchführung, Dokumentation, Überwachung und die Bewertung der Einhaltung dieser Schutzziele. Darüber hinaus werden auch entsprechende Szenarien und Verhaltensmuster für Notsituationen erstellt und eingeführt. Die ständige Weiterbildung der Mitarbeiter ist eines der wichtigsten Anforderungen an ein erfolgreiches Arbeitsschutzmanagementsystem. Dabei spielt die Kommunikation eine besonders große Rolle für die ständige Verbesserung des AMS. Dieses System wird durch regelmäßige interne und externe Audits überprüft und die Organisation kann auch ein Zertifikat bekommen, der die Übereinstimmung des eingeführten und funktionierenden Systems mit den Anforderungen von OHSAS 18001 bestätigt.

Mit der Zertifizierung nach OHSAS 18001 kann ein Unternehmen auch gleichzeitig die Anforderungen anderer Regelwerke erfüllen wie es beispielsweise in der Schweiz mit der von der Eidgenössischen Koordinationskommission für Arbeitssicherheit verabschiedete EKAS-Richtlinie 6508 der Fall ist.

Elemente von OHSAS 18001 können kombiniert mit ISO 9001 (Norm für Qualitätsmanagementsysteme) und ISO 14001 zu einem umfassendem bzw. integrierten Managementsystem ausgebaut werden.

3.9 FOREST STEWARDSHIP COUNCIL

Ziel des FOREST STEWARDSHIP COUNCIL (FSC) ist das verantwortliche Management von Wäldern, das soziale, wirtschaftliche und ökologischen Kriterien umfasst. Die sozialen Kriterien beziehen sich auf die Unterstützung der lokalen Bevölkerung sowie der Gesellschaft bei der Erhaltung der Wälder und einem verantwortlichem langfristigem Management. Die wirtschaftlichen Kriterien sollen die ausreichende Profitabilität der Unternehmen sicherstellen ohne Gewinne auf Kosten des Waldes,

des Ökosystems oder der Bevölkerung zu machen. Die ökologische Dimension umfasst den Erhalt der Biodiversität, der Produktivität und der ökologischen Prozesse im Wald. Es können nur holzbasierte Produkte wie Papier oder Möbel zertifiziert werden.

Der Standard beruht auf zehn Prinzipien:

1. Einhaltung der nationalen Gesetzgebung und der FSC-Prinzipien,
2. Eigentums- und Besitzrechte und Verantwortlichkeiten,
3. Respekt von Rechten indigener Völker,
4. Bezug zu den lokalen Gemeinschaften und den Rechten der Arbeiter,
5. Verwendung des Gewinns aus der Waldnutzung,
6. Umweltwirkungen,
7. Managementplan,
8. Monitoring und Bewertung,
9. Erhalt von hochwertigem Wald sowie
10. Plantagen.

Der FSC ist ein internationales Netzwerk mit 827 Mitgliedern aus 82 Ländern (Stand: Juli 2009). Weiterhin ist er bis heute die einzige Initiative im Bereich Wald, die einen globalen Anspruch hat. Hieraus ergibt sich die Schwierigkeit, realistische Bewertungsmaßstäbe für das verantwortungsvollen Management von Wäldern zu entwickeln, die global gültig sind. Aus diesem Grund hat der FSC ein mehrstufiges Verfahren entwickelt.

Der FSC INTERNATIONAL mit Sitz in Bonn akkreditiert Zertifizierer, nationale FSC-Initiativen und Standards. Die derzeit 45 nationalen Initiativen entwickeln nationale und sub-nationale Standards und operationalisieren die allgemeinen Prinzipien, um den lokalen Gegebenheiten gerecht zu werden. In Deutschland ist die Arbeitsgruppe Deutschland e.V. des FSC für die Überarbeitung des nationalen Standards zuständig. Der FSC beauftragt unabhängige Organisationen, welche er zuvor akkreditiert hat, mit der Zertifizierung der Unternehmen. Die Akkreditierung der Zertifizierer dauert 9-12 Monate und besteht aus Vor-Ort-Prüfungen bei der Zertifizierungsorganisation. Im Rahmen dieses Akkreditierungsvorganges wird sichergestellt, dass die Prüfungsorganisationen über ausreichendes Know-how verfügen, so dass die FSC-Standards tatsächlich überprüft werden können und Auditoren verfügbar sind, die die Prüfung tatsächlich vor Ort durchführen können. Zur Zeit sind 17 überregional tätige Prüfstellen akkreditiert, welche jährlich auf die Qualität ihrer Zertifizierungen hin überprüft werden. Auf diese Weise wird sichergestellt, dass die Zertifizierer weltweit nach einheitlichen Maßstäben arbeiten (FSC 2006).

FSC-Siegel

Nur von diesen unabhängigen Zertifizierern geprüfte Unternehmen dürfen das FSC-Siegel verwenden. Dabei unterscheidet der FSC zwischen zwei Typen von Zertifikaten: dem *Forest Management*-Zertifikat für Forstbetriebe und dem *Chain of Custody*-Zertifikat für Verarbeitungsbetriebe und den Handel. Kleine Unternehmen können ein Gruppenzertifikat erhalten, um die Kosten zu senken. Es besteht auch die Möglichkeit, ein kombiniertes Zertifikat zu erwerben. Das FSC-Siegel wird auf dem Produkt platziert. Im Juli 2009 waren knapp 116 Millionen ha Wald in mehr als 82 Ländern zertifiziert.

3.10 Standards und Zertifikate als Grundlage eines Stakeholderdialoges?

In diesem Kapitel soll zuerst der Stakeholderansatz dargestellt werden, bevor der Zusammenhang zu Standards und Zertifikaten diskutiert wird.

Im Gegensatz zur neoklassischen Theorie, die auf dem Kapitalbesitz als einziger Legitimationsbasis der Unternehmung basiert, baut das Stakeholder-Konzept auf der Koalitionstheorie auf, wobei an Stelle des Kapitalbesitzes die Betroffenheit durch das unternehmerische Handeln tritt. Damit werden aber nicht mehr nur die Interessen der Eigentümer gesehen, sondern auch die Interessen aller, die durch die Unternehmerhandlungen betroffen sind. Als Stakeholder werden alle Personen und/oder Gruppen bezeichnet, die ein Interesse an dem Verhalten eines Unternehmens haben, weil sie durch die Zielerreichung von Unternehmen berührt werden oder umgekehrt diese beeinflussen können (vgl. Dyllick 1989, S. 43). Der Begriff Stakeholder kommt von *Stockholder* (Aktienhalter), entsprechend ist der Stakeholder derjenige, der ein „*stake*", ein Interesse an der Unternehmung „hält". Nach FREEMANN (1984, S. 38) sind *Stakeholder* „those groups who can affect and are affected by a firm's objective" Diese Definition macht deutlich, dass es hierbei nicht nur um vertraglich fixierte Ansprüche geht, sondern auch um implizite Ansprüche, denen keine vertragliche Beziehung zugrunde liegt. Das Stakeholdermanagement basiert auf der Annahme, dass Unternehmen für die Leistungserstellung darauf angewiesen sind, Ressourcen aber auch Legitimität gegenüber der Öffentlichkeit zu erhalten. Über diese materiellen und immateriellen Ressourcen verfügen bestimmte Individuen und Gruppen, mit denen das Unternehmen in Beziehung treten muss, wenn es deren Beiträge benötigt. FIGGE und SCHALTEGGER (2000, S. 11) unterteilen Ressourcen in materielle Ressourcen wie Kapitalressourcen (Eigen- und Fremdkapital), Realkapital (Grundstücke und Gebäude), Humanressourcen, Naturkapital und immaterielle Ressourcen wie Vertrauen, gesellschaftliche Akzeptanz (soziales Kapital, institutionelles Kapital) sowie Information und Know-how. Unternehmen sind in dem Maße, wie sie auf die Ressourcen dieser Gruppe angewiesen sind, abhängig. Der Erfolg einer Unternehmung resultiert in dieser Sichtweise nicht mehr allein aus dem Markterfolg, sondern ist auch von nichtmarktlichen Faktoren abhängig.

In der Literatur wird das Stakeholdermanagement oftmals in ein strategisches und ein normatives unterschieden. DONALDSON und PRESTON (1995, S. 67) argumentieren, dass die Auswahl der Stakeholder eine normative Fragestellung ist. Es kommt hierbei auf die Legitimität der vorgebrachten Ansprüche an. Diejenigen Stakeholder werden ausgewählt, die einen legitimen Anspruch gegen das Unternehmen vorbringen können, unabhängig von ihrer Verhandlungsmacht. Der strategische oder auch instrumentelle Ansatz des Stakeholdermanagements geht hingegen davon aus, dass sich die Auswahl der Stakeholder nur nach der Durchsetzbarkeit der Ansprüche der Stakeholder richtet (vgl. Freeman 1984).

Eine Durchsetzung gegen die Interessen von Stakeholdern ist somit nur mit erheblichen Kosten möglich. Daher ist es für die Unternehmen erforderlich, die Ansprüche der Stakeholder zu identifizieren. Aus dem strategischen Stakeholdermanagement kann daher nicht gefolgert werden, dass jeder Anspruch an das Unternehmen gerechtfertigt ist. Es kann auch dazu kommen, dass an das Unternehmen unterschiedliche Stakeholdergruppen gegensätzliche Ansprüche stellen. Zusätzlich existieren auch zwischen den Stakeholdern verschiedenartige soziale Beziehungen und einzelne Stakeholder können durchaus mehreren verschiedenen Gruppierungen angehören, die in unterschiedlichsten Beziehungsstrukturen zum Unternehmen stehen. Daher ist es zuerst wichtig für das Unternehmen, die relevanten Stakeholdergruppen zu identifizieren. In der Literatur finden sich dazu unterschiedliche Vorschläge und Klassifizierungen (vgl. z.B. Achleitner 1985, S. 76).

Die Information eines Zertifikates bzw. eines Zertifizierungsprozesses kann die Grundlage für einen Stakeholderdialog sein. Allerdings muss dabei auch klar sein, was hinter den Prüfungen und Zertifikaten steht. Im Rahmen eines Zertifizierungssystems werden zahlreiche soziale und/oder umweltbezogene Daten und Informationen erhoben. Eine neutrale Instanz zertifiziert diese Daten und Informationen und schafft damit für die Stakeholder eine vertrauenswürdige Basis, um mit den Unternehmen zu interagieren.

Ob sich dies aber wirklich bewahrheitet, muss die weitere Entwicklung erst noch zeigen. Aus theoretischer Sicht sind bereits Zweifel an der Prüfungsqualität der Systeme vorgetragen worden (vgl. Müller 2006). Inzwischen existieren zudem auch einige Studien, welche Zweifel an der Glaubwürdigkeit von Standards aufkommen lassen (vgl. Hertin et al. 2003; O'Rouke 2000; Ebenshade 2004; Müller und Seuring 2007). Zudem haben 76 NGOs zu Beginn des Jahres 2007 eine Kampagne gegen das Unternehmen DOLE FOODS gestartet, worin es um Verstöße gegen die Vereinigungs-freiheit geht und dass, obwohl sämtliche Zulieferer nach dem Sozialstandard SA 8000 zertifiziert sind. Bezeichnenderweise trägt die Kampagne den Namen „*behind the smoke screen*" (vgl. o.V. 2007, S. 17). Geht man von diesen Studien aus, dann eignen sich die Informationen der Standards nur sehr bedingt für einen Stakeholderdialog. Allerdings muss hier konstatiert werden, dass die einzelnen Standards sehr unterschiedliche Informationen für die Öffentlichkeit bereitstellen. Während die ISO 14001 keine Veröffentlichungspflichten vorschreibt, muss im Rahmen des EMAS-Systems eine Umwelterklärung (siehe oben) erstellt werden, welche sich für einen Stakeholderdialog sehr gut eignen kann. Auch die SA8000 stellt kaum Anforderungen an eine Veröffentlichung von Informationen, wo hinge-gen die FLA mit einem jährlichen Bericht, der die Erfüllung zur Erreichung der einzelnen Punkte des Standards beschreibt und den sogenannten *Tracking Charts* (siehe oben) sehr ausführliche Informationen und Daten bereitstellt. Ebenso der FSC ist hier vorbildlich, da mit der auf jedem FSC-zertifiziertem Produkt angegebenen Nummer über die Homepage des FSC der Herkunftsort des Holzes identifiziert werden kann.

3.11 Ausblick

Das Standards gerade im Sozialbereich oftmals als „Feigenblatt" dienen und nicht die realen Strukturen in den Unternehmen abbilden zeigt sich auch in einer Studie von KAREN MCVEIGH (2007, S. 1), welche Verstöße in der Zuliefererkette von Namhaften Unternehmen wie H&M oder MOTHERCARE beschreibt. Vor diesem Hintergrund stellt sich die Frage nach der Wirksamkeit von Standards, welche bis-lang noch nicht ausreichend erforscht ist. Allerdings gibt es erste Anzeichen, dass Unternehmen sich nur an Standards beteiligen, weil sie ein Zertifikat ansterben, eine wirkliche Veränderung der internen Prozesse scheint oftmals nicht beabsichtigt. So wird innerhalb der EU die ISO 14.001 dem in der Literatur als höherwertig einge-stuften Standard EMAS von den Unternehmen vorgezogen (vgl. Müller 2001). Auch bei der Zertifizierung von Waldbeständen sind die zum FSC in Konkurrenz stehen-den STANDARDS PAN EUROPEAN FOREST CERTIFICATION (PEFC) und die SUSTAI-NABLE FORESTRY INITIATIVE (SFI), welche wesentlich geringere inhaltliche Anfor-derungen stellen, weiter verbreitet (vgl. Pattberg 2003). So ist beispielsweise der Einsatz von genetisch veränderten Organismen und Chemikalien beim FSC verbo-ten, während der SFI dies gestattet. Daher ist die weitere Entwicklung und Verbrei-tung von Umwelt- und Sozialstandards sowie eine Beurteilung deren Wirksamkeit noch offen.

3.12 Übungsfragen

1.	Was waren die wesentlichen Gründe für die Entwicklung von Umweltmanagement- und Sozialstandards?
2.	Was sind die Ziele der einzelnen hier dargestellten Standards?
3.	Stellen Sie die Abläufe der ISO 14001 und der EMAS-Verordnung dar!
4.	Worin unterscheiden sich der SA 8000, der OHSAS 18001 und der FLA?
5.	Was ist unter Umweltmanagementansätzen zu verstehen und wie unter-scheiden sich diese von standardisierten Umweltmanagementsystemen (EMAS, ISO 14001)?

3.13 Weiterführende Literatur

BMU, UBA (2005): Umweltpolitik. Umweltmanagementansätze in Deutschland, Berlin.

Gilbert, D. U. (2001): Social Accountability 8000 – Ein praktikabeles Instrument zur Implementierung von Unternehmensethik in international tätigen Unternehmen?, in zfwu, 2/2, S.123-148.

Kramer, M., Brauweiler, J. und Helling, K. (2003): Internationales Umweltmanagement. Bd. 2.: Umweltmanagementinstrumente und -systeme, Wiesbaden.

Löbel, J., Schröger, H.-A. und Closhen, H. (2005): Nachhaltige Managementsysteme, Berlin.

Müller, M. und Beschorner, T. (2005): Sozialstandards – Chancen gesellschaftlicher Hybridein einer reflexiven Moderne, in: Gad, G., Hiß, S. und Wienhardt, T. (Hrsg.): Wirtschaft, Ethik und Entwicklung – Wie passt das zusammen?, Berlin S. 43-70.

Nissen, U. (1999): Die EG-Öko-Audit-Verordnung. Determinanten ihrer Wirksamkeit, Berlin.

Power, M. (1996): Making things auditable, in: Accounting, Organizations and Society, Vol. 21, No.2/3, S. 289-315.

Power, M. (1997): The Audit Society. Rituals of Verification. Oxford.

Rennings, K., Ankele, K., Hoffmann, E., Nill, J, und Ziegler, A. (2005): Innovationen durch Umweltmanagement. Empirische Ergebnisse zum EG-Öko-Audit, Heidelberg.

Schwendt, S. und Funck, D. (2002): Integrierte Managementsysteme, Konzepte, Werkzeuge und Erfahrungen, Heidelberg.

4 Die Organisation des betrieblichen Umweltmanagements

von Britta Rathje

Kapitelausblick

„Umweltschutz ist Chefsache!" Dieser Slogan wird oft verwendet, um die Wichtigkeit und die Verankerung des Umweltschutzes in der Unternehmensorganisation darzulegen. Umweltschutz und die damit verbundenen Aufgaben sind jedoch so vielfältig, dass sie nicht allein in der „Chefetage" eines Unternehmens erledigt werden können. Hinzu kommt, dass sich der Umweltschutz durch seinen funktionsübergreifenden Charakter auf alle betrieblichen Tätigkeiten auswirkt. Daher müssen organisatorische Grundlagen geschaffen werden, um den Umweltschutz sinnvoll im Unternehmen zu verankern. Das vorliegende Kapitel soll die möglichen Organisationsformen, die einzelnen Zuständigkeiten sowie die Dokumentation des Umweltmanagements beleuchten. Dabei werden insbesondere die verschiedenen Formen der Aufbau- und Ablauforganisation sowie die Organisationsentwicklung vorgestellt. Auf Vor- und Nachteile der jeweiligen Organisationsform wird eingegangen.

Umweltbeauftragte

Bezüglich der personellen Zuständigkeiten muss das Umweltrecht beachtet werden, welches die Bestellung von bestimmten Umweltbeauftragten vorsieht. Das Kapitel geht hier auf die Bestellungspflicht, die notwendige Qualifikation und die Funktionen der Umweltbeauftragten ein. Auch die Dokumentation ist zum Teil gesetzlich vorgeschrieben (z.B. § 52a BImSchG) bzw. wird von Unternehmen, die an EMAS teilnehmen, im Umweltmanagement-Handbuch festgehalten. Diese Möglichkeiten der Dokumentation werden erläutert, und es wird auf die Gefahr der Überformalisierung des Umweltmanagements eingegangen. Die theoretischen Erläuterungen werden durch das Praxisbeispiel „Die Organisation des betrieblichen Umweltmanagements bei der Conti Temic microelectronic GmbH" abgerundet.

Lernziele

1. Einen Überblick über die Möglichkeiten der organisatorischen Verankerung und der entsprechenden Dokumentation des Umweltmanagements in einem Unternehmen gewinnen.
2. Gesetzliche Regelungen bezüglich der Zuständigkeiten im betrieblichen Umweltschutz kennenlernen.
3. Die Fähigkeit erlangen, verschiedene Organisationsformen kritisch analysieren zu können.

4.1 Besonderheiten einer umweltorientierten Managementstruktur

Umweltschutz war für Unternehmen lange Zeit eine rein technische Herausforderung. Mit Hilfe von nachsorgenden Umweltschutzeinrichtungen (sog. *„end-of-pipe-*Technologien") wurde versucht, bereits entstandene unerwünschte Nebenprodukte zurückzuhalten, zu reinigen oder zu beseitigen. Die Anforderungen des Marktes und des Gesetzgebers sind aufgrund der gesellschaftspolitischen Diskussion einer nachhaltigen Entwicklung an den betrieblichen Umweltschutz jedoch gestiegen und mit rein technischen Lösungen kaum noch zu bewältigen. Die Schonung der zur Verfügung stehenden Ressourcen und die Reduktion von Emissionen und Abfällen erfordern die Verankerung des Umweltschutzgedankens in allen Unternehmensbereichen und -ebenen.

 Kap. 5

Eine entsprechend anspruchsvolle Umweltpolitik und die gesteckten Umweltziele (s. Kap. 5) sind nur dann umsetzbar, wenn die organisatorischen Voraussetzungen im Unternehmen geschaffen sind.

> „Unter Organisation verstehen wir eine Institution, in der eine abgrenzbare Gruppe von Personen (die Organisationsmitglieder) ein auf Dauer angelegtes Regelsystem planvoll geschaffen hat, um gemeinsam Ziele zu verfolgen und in der Ordnung auch von selbst entstehen kann." (Bea und Göbel 2006, S. 6)

Spezialisierung, Koordination, Delegation, Konfiguration

Aus dieser Definition geht hervor, dass Organisationen mit der Intention geschaffen werden, die unternehmerischen Ziele zu erreichen. In einem solchen Regelsystem werden folgende Aspekte verbindlich festgelegt:

- die Aufgabenteilung (Spezialisierung),
- die Abstimmung zwischen den Teilaufgaben (Koordination),
- die Übertragung von Entscheidungsbefugnissen (Delegation) und
- die Über- und Unterordnung (Konfiguration).

Dieses System soll zwar von Dauer sein, es muss jedoch gleichzeitig die nötige Flexibilität aufweisen, um auf Situationsänderungen reagieren zu können.

Die Besonderheiten der Organisation des Umweltmanagements ergeben sich vor allem aus dem funktionsübergreifenden Charakter des betrieblichen Umweltschutzes. Der Umweltschutz übernimmt in einem Unternehmen keine Teilfunktion, wie etwa das Rechnungswesen, die Beschaffung oder die Produktion.

Umweltschutz als Querschnittsfunktion

Vielmehr muss Umweltschutz in allen Funktionsbereichen und Hierarchieebenen berücksichtigt werden, um seine Wirksamkeit entfalten zu können. Daher wird Umweltschutz auch oft als „Querschnittsfunktion" bezeichnet (vgl. z.B. Jürgens 2001, S. 99).

Zudem wird das Umweltmanagement meist in bereits bestehende Organisationsstrukturen eines Unternehmens nachträglich eingefügt. Zum Zwecke dieser Integration können grundsätzlich zwei verschiedene Ansätze verfolgt werden:

Eingliederung des Umweltschutzes top-down oder bottom-up

- **Top-down-Ansatz**: Die Verankerung des Umweltschutzgedankens in der Führungsebene eines Unternehmens wird als besonders wichtig angesehen. Umweltschutz ist Chefsache, denn wenn die „Chefs" durch ihr Verhalten zeigen, dass ihnen Umweltschutz wichtig und ein Anliegen ist, werden die Mitarbeiter eher bereit sein, sich ihrerseits auch umweltbewusst zu verhalten. Diesbezüglich kann das Top-Management eine wichtige Vorbildfunktion erfüllen. Auf der anderen Seite kann der Chef auch als „Machtpromotor" angesehen werden: Bei den typischen hierarchischen Strukturen eines Unternehmens ist es für die Unternehmensführung – im Gegensatz zu allen anderen Mitgliedern der Unternehmensorganisation – leichter, die formulierte Umweltpolitik in der Organisation durchzusetzen.

- **Bottom-up-Ansatz**: Dieser Ansatz geht davon aus, dass das Engagement der Mitarbeiter im Umweltschutz vor allem von deren Eigeninitiative und Motivation abhängt, welche nicht mit der hierarchischen Durchsetzungs- und Sanktionsmacht der Unternehmensführung durchgesetzt werden können. Insofern ist es nicht zweckmäßig, Umweltschutz zu verordnen, sondern es sollten Anreize geschaffen werden, damit auch die unteren Hierarchieebenen Ideen zum Umweltschutz entwickeln. Für diesen Ansatz spricht auch die Tatsache, dass die meisten Umweltbelastungen von den verrichtungsorientierten Tätigkeiten der unteren Hierarchieebenen ausgehen. Daher können sie dort auch am ehesten verändert und reduziert werden (vgl. z.B. Gutwinski 1995, S. 52; Schwaderlapp 1999, S. 106ff).

Die Realität ist zumeist eine Mischung beider Vorgangsweisen (vgl. Gutwinski 1995, S. 52ff.). Umweltschutz sollte beispielsweise dort von der Unternehmensführung ausgehen, wo es um die Regelung grundsätzlicher Fragen, die Festlegung der Umweltpolitik oder die Koordination großer betrieblicher Teilbereiche geht. Andererseits ist das Engagement der unteren Hierarchieebenen gefragt, wenn die Verminderung der betrieblichen Umweltbelastung von der Fachkenntnis der einzelnen Mitarbeiter abhängt, die sich in ihrem speziellen Aufgabengebiet am besten auskennen. So ist jede Hierarchiestufe für bestimmte Aufgaben im Umweltschutz verantwortlich. Einen Überblick über die speziellen Umweltschutzaufgaben der verschiedenen Ebenen gibt Tabelle 4-1:

Managementebene	Umweltschutzaufgaben
Top Management	• Festlegung der Umweltpolitik • Grundsatzentscheidungen • Klärung der Zuständigkeiten • Integration des Umweltschutzes in die Gesamtplanung des Unternehmens • Analyse der Umweltgefährdung durch das Unternehmen
Mittleres Management	• Formulierung von Teilzielen • Festlegung und Koordinierung von Einzelprojekten • Erfolgskontrolle und Berichterstattung • Vertretung des Unternehmens in Umweltschutzfragen gegenüber Behörden und der Öffentlichkeit • Erarbeitung von Schwachstellenanalysen
Unteres Management	• Durchführung von Einzelprojekten • Mess- und Überwachungsfunktionen • Betrieb, Instandhaltung und Reparatur von Umweltschutzanlagen • Forschung, Entwicklung und Erprobung • Verbesserungsvorschläge

Tab. 4-1: *Umweltschutzaufgaben der Managementebenen (Quelle: in Anlehnung an Matschke et al. 1996, S. 121 sowie Dyckhoff 2000, S. 70 f.)*

Die Realisierung dieser in Tabelle 4-1 aufgeführten Umweltschutzaufgaben erfordert eine geeignete Organisationsstruktur. Dabei ist zwischen der **Aufbau- und Ablauforganisation** zu unterscheiden, die in den folgenden Abschnitten näher erläutert werden.

4.1.1 Möglichkeiten der Aufbauorganisation

Der Begriff der Aufbauorganisation kann folgendermaßen definiert werden:

„Die Aufbauorganisation gliedert ein Unternehmen in Teileinheiten (Stellenbildung), ordnet ihnen Aufgaben und Kompetenzen zu und ermöglicht die Koordination der verschiedenen Organisationseinheiten" (Vahs 2003, S. 30).

Die Integration der umweltschutzbezogenen Aufbauorganisation in die bestehenden Unternehmensstrukturen hängt von der bereits vorhandenen Organisationsform des jeweiligen Unternehmens ab. Dabei kann unterschieden werden zwischen der Linienorganisation, der Stab-Linien-Organisation, der Funktionalen Organisation und der Matrixorganisation (vgl. dazu z.B. Gutwinski 1995, S. 28ff.; Meffert und Kirchgeorg 1998, S. 400ff.; Schwaderlapp 1999, S. 113ff.).

Einlinienorganisation im Umweltschutz

Die Einlinienorganisation beruht auf dem Grundsatz der Einheit von Leitung und Auftragsempfang. Der Entscheidungs- und Informationsfluss hat über die Linie zu erfolgen, die somit als Dienstweg fungiert (s. Abb. 4-1). Eine Instanz erhält nur von einer einzigen ihr klar zugeordneten ranghöheren Instanz Anweisungen und Aufträge. Die entsprechenden Rückmeldungen sind im Gegenzug ebenfalls an die übergeordnete Instanz zu erteilen. Die Integration des Umweltschutzes in eine bereits bestehende Linienorganisation kann durch Aufgabenerweiterung der vorhandenen Stellen vorgenommen werden. Wenn die durch den Umweltschutz verursachten zusätzlichen Aufgaben so komplex sind, dass sie nicht durch Aufgabenerweiterung der bestehenden Stellen bewältigt werden können, sind in der jeweiligen Linie zusätzliche Stellen zu schaffen.

Einheit von Leitung und Auftragsempfang

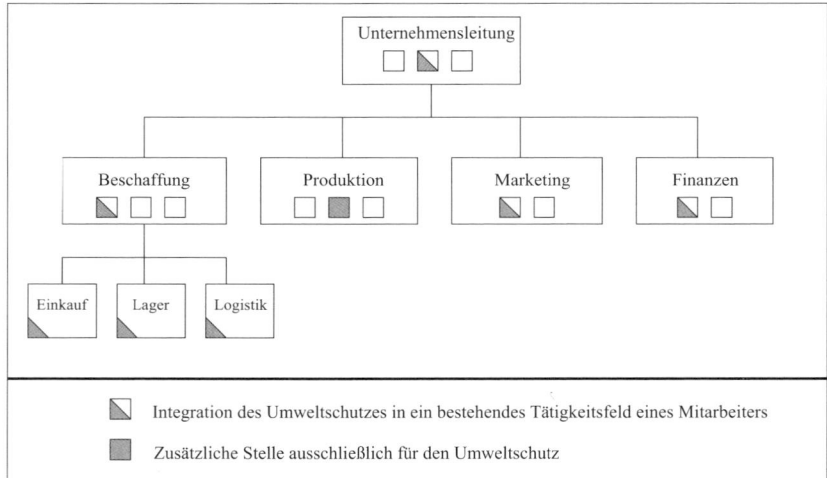

Abb. 4-1: *Einlinienorganisation im Umweltschutz (Quelle: in Anlehnung an Meffert und Kirchgeorg 1998, S. 402)*

Die Einlinienorganisation, die in der Betriebspraxis bei kleinen Unternehmen vorherrscht, hat den Vorteil, dass die Kompetenzen klar abgegrenzt sind. Die Entscheidungs- und Aufgabenzuweisung verläuft nach einem nachvollziehbaren und vorhersehbaren Schema. Allerdings müssen alle Anweisungen und Informationen ihren vorgegebenen Dienstweg über die verschiedenen Hierarchiestufen zurücklegen. Dies bedingt einerseits einen hohen Koordinations- und Informationsaufwand. Zum anderen kann es zu zeitlichen Verzögerungen führen. Da zeitliche Verzögerungen gerade im Umweltschutzbereich zu besonderen Risiken führen können (z.B. Störfälle), ist die Einlinienorganisation als problematisch zu bezeichnen. Außerdem ist der Weg von der Geschäftsleitung zu den ausführenden Stellen eventuell sehr lang. Die Zwischeninstanzen üben dabei eine Filterfunktion aus, wobei es auch zu Informationsverlusten kommen kann. Dadurch wird zusätzlich der im Umweltschutzbereich wichtige Dialog zwischen den Unternehmensbereichen und -ebenen sowie das geforderte „vernetzte Denken" erschwert (vgl. Meffert und Kirchgeorg 1998, S. 400).

Stab-Linien-Organisation im Umweltschutz

Eine andere Form der organisatorischen Eingliederung des Umweltschutzes in ein Einliniensystem besteht in der Einrichtung von Stabsstellen. Die Umweltschutz-Stabsstellen übernehmen die Aufgaben der fachlichen Beratung, der Entscheidungsvorbereitung und der Kontrolle. Sie haben keine Weisungsbefugnisse bzw. Leitungskompetenz. In den Stabsstellen sind Spezialisten tätig, welche die jeweiligen Instanzen beratend unterstützen sollen, denen sie zugeordnet sind. Die hieraus resultierende Stab-Linien-Organisation weist im Umweltschutzbereich einen hohen Spezialisierungsgrad auf und bewahrt trotzdem die Einheitlichkeit der Leitung (s. Abb. 4-2).

Umweltschutz als Stabsstelle

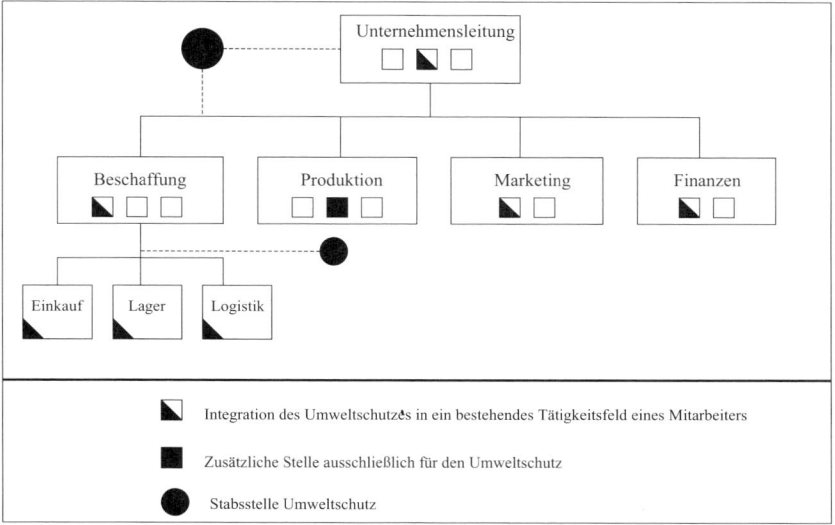

Abb. 4-2: Stab-Linien-Organisation im Umweltschutz (Quelle: in Anlehnung an Meffert und Kirchgeorg 1998, S. 403)

Die Mitarbeiter der Stabsstellen übernehmen die Funktion von Fachpromotoren für den Umweltschutz. Allerdings stellt die Stab-Linien-Organisation aufgrund der fehlenden Weisungsbefugnis der Stabsstellen nur dann ein geeignetes Organisationskonzept dar, wenn die Fachpromotoren mit den Machtpromotoren in geeigneter Weise verknüpft werden. Daher ist die direkte Anbindung der Stabsfunktion an die Geschäftsführung sinnvoll. Auch für die gesetzlich geforderten Betriebsbeauftragten für den Umweltschutz (s. Kap. 4.2) wird empfohlen, diese der obersten Führungsebene zuzuordnen. Nur durch den direkten Zugang zur Unternehmensleitung wird gewährleistet, dass bei allen wesentlichen Entscheidungen der Umweltschutzgedanke berücksichtigt wird.

Die Vorteile der Stab-Linien-Organisation liegen in der großen Spezialisierung im Umweltschutz und der Entlastung der übrigen Arbeitsbereiche. Der Nachteil der fehlenden Weisungsbefugnis kann durch eine entsprechende Angliederung der Stabsstelle an die Geschäftsführung kompensiert werden. Allerdings ist dabei zu beachten, dass sämtliche Umweltschutzaktivitäten von reinen Spezialisten angestoßen werden. Bei den anderen Fachbereichen stoßen diese von außen an sie herangetragenen Handlungen womöglich auf Skepsis oder sogar Ablehnung (vgl. Freimann 1996, S. 484).

Verknüpfung von Fach- und Macht-promotoren

Die Funktionale Organisation im Umweltschutz

Spezialisierung

Die mit der Stab-Linien-Organisation angestrebte Professionalisierung und Speziali-sierung des Umweltschutzbereiches wird durch die Funktionale Organisation noch weiter ausgebaut. Neben den bestehenden Fachbereichen des Unternehmens wird der Bereich Umweltschutz eingeordnet. Dieser kann nach einzelnen Teilfunktionen, wie z.B. Abfallwirtschaft, Gewässerschutz, Luftreinhaltung etc. noch weiter aufge-teilt werden (s. Abb. 4-3).

Funktions-meisterprinzip

Die Funktionale Organisation wird auch oft als **Funktionsmeisterprinzip** bezeich-net. Dabei üben die Bereichsleiter als „Funktionsmeister" die für ihre jeweilige Auf-gabe begrenzte Leitungsfunktion aus. Zwar kann durch dieses Organisationsprinzip Spezialwissen in den Fachbereichen gebündelt werden. Allerdings sind durch die Mehrfachunterstellung und die daraus resultierenden Kompetenzüberschneidungen Konflikte vorprogrammiert. Außerdem verleitet die Funktionale Organisation zum Ressort-Denken: Eventuell räumt die Geschäftsleitung dem Umweltschutz eine nur nachrangige Bedeutung ein, wodurch Konflikte mit den übrigen Fachbereichen, wie Produktion, Beschaffung oder Finanzierung hervorgerufen werden (vgl. Meffert und Kirchgeorg 1998, S. 404).

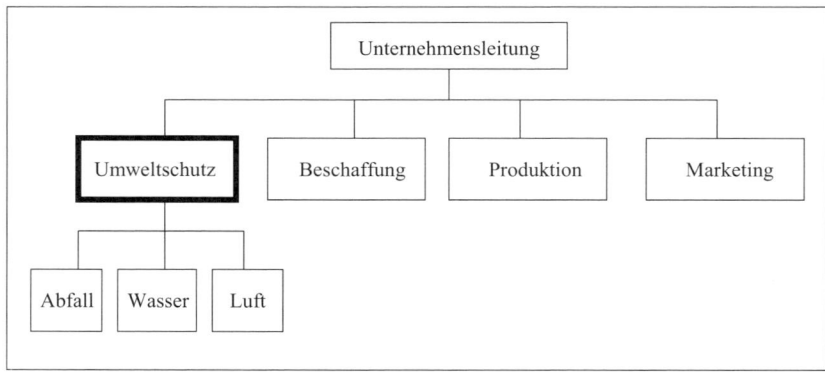

Abb. 4-3: *Funktionale Organisation im Umweltschutz (Quelle: in Anlehnung an Meffert und Kirchgeorg 1998, S. 405)*

Matrixorganisation im Umweltschutz

Betonung von Teamarbeit

Durch die Matrixorganisation wird versucht, die Vorteile der Funktionalen Organi-sation mit einer verbesserten Zusammenarbeit der einzelnen Fachbereiche zu kom-binieren. Dabei wird der Charakteristik des Umweltschutzes als Querschnittsfunkti-on Rechnung getragen. Zu diesem Zweck wird der klassische Einlinienaufbau bei-behalten und „quer" zur Linienorganisation ein Team von Umweltspezialisten ein-geordnet, die gegenüber der Linienorganisation die Ziele für ihren jeweiligen Um-weltschutzbereich durchzusetzen haben (s. Abb. 4-4).

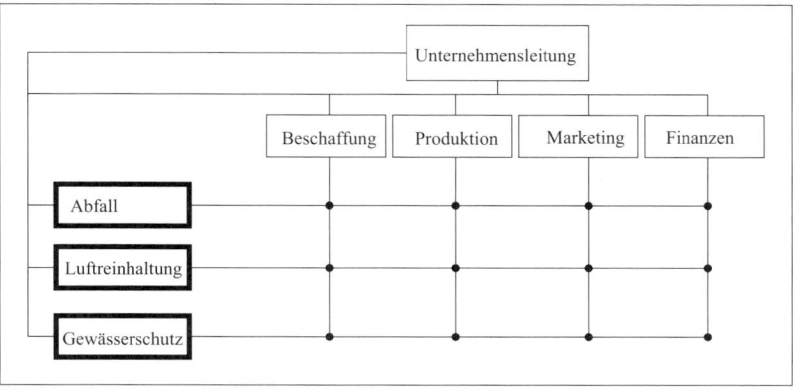

Abb. 4-4: *Matrixorganisation im Umweltschutz (Quelle: in Anlehnung an Meffert und Kirchgeorg 1998, S. 406)*

An den somit entstehenden Knotenpunkten in der Matrixstruktur sind die betreffenden Entscheidungen von beiden zuständigen Instanzen gemeinsam zu treffen. Die im Umweltschutz wichtige Kommunikation mit den anderen Funktionsbereichen des Unternehmens und ein gewisses Maß an Teamarbeit wird auf diese Weise sichergestellt. Das zwangsläufige Auseinandersetzen mit den anderen Fachbereichen birgt auch ein entsprechendes Konfliktpotenzial. Andererseits kann der intensive Dialog auch zu einer optimalen Problemlösung führen. Hier besteht allerdings aufgrund des höheren Abstimmungsbedarfes die Gefahr des Zeitverlusts. Schwierigkeiten könnten auch dann auftreten, wenn der Umweltschutz als neues Element in die Organisationsstruktur eingebunden wird. In diesem Fall muss sich der Umweltschutz erst eine gleichberechtigte Stellung gegenüber den langjährig gewachsenen Funktionsbereichen erkämpfen. Außerdem könnte die Matrixstruktur insbesondere bei Großunternehmen durch das Einfügen eines neuen Elementes gegebenenfalls sehr komplex und damit unflexibel werden (vgl. Gutwinski 1995, S. 31).

Gefahr der Komplexität

4.1.2 Ablauforganisation

Die Ablauforganisation lässt sich wie folgt definieren:

> Die Ablauforganisation ist „die raum-zeitliche Strukturierung der für die betriebliche Aufgabenerfüllung notwendigen Arbeitsprozesse" (Michaelis 1999, S. 73 und Bea und Göbel 2006, S. 343).

Ziel der Ablauforganisation ist es, eine Vielzahl von Aktivitäten bzw. Arbeiten, die zeitlich neben- oder hintereinander verrichtet werden müssen, möglichst zielorientiert zu standardisieren. Dadurch soll einerseits die Effizienz und Stabilität der Organisation erhöht werden. Andererseits führt dies zu einer verbesserten Koordination der Stellen sowie zu einer Entlastung der Führungsebene.

Effizienz, Koordination

Um die Aktivitäten der Stellen zu koordinieren und zu standardisieren, müssen bestimmte Regelungen getroffen und für jeden Mitarbeiter nachvollziehbar hinterlegt werden. Dies geschieht in Form von Arbeitsanweisungen, welche die zu erledigenden Aufgaben in Inhalt und Reihenfolge beschreiben sowie stellenbezogene Zuständigkeiten festhalten. Somit wird das Ineinandergreifen der Aufgabenerledigung sichergestellt. Die Arbeitsanweisungen gewährleisten, dass die Mitarbeiter über ihre jeweiligen Pflichten informiert sind und diese reibungslos vollziehen können. Insbesondere bei Personalwechseln können die Arbeitsanweisungen eine schnelle Einpassung des neuen Stelleninhabers in die Organisationsstruktur unterstützen (vgl. Schreyögg 2003, S. 125).

Bezüglich des Umweltschutzes sind drei verschiedene Grundtypen von Arbeitsanweisungen zu unterscheiden (vgl. dazu Freimann 1996, S. 487):

Typen von
Arbeits-
anweisungen

1. Arbeitsanweisungen für Aufgabenfelder im engeren Bereich des Umweltschutzes. Diese sind regelmäßig von den hauptamtlich im Umweltschutz tätigen Mitarbeitern zu befolgen (z.B. Betrieb einer Kläranlage, Behandlung und Entsorgung von Gefahrstoffen).

2. Arbeitsanweisungen für die „klassischen" betrieblichen Funktionsbereiche Beschaffung, Produktion, Logistik etc. Die in diesen Bereichen tätigen Mitarbeiter sollen neben ihren eigentlichen Arbeiten zusätzlich bestimmte Umweltschutzaspekte beachten (z.B. Abfalltrennung, Energiesparen).

3. Anweisungen für das sachgerechte Verhalten bei Störungen des normalen Betriebsablaufes. Diese Anweisungen betreffen in der Regel eine große Anzahl von Mitarbeitern, müssen jedoch nur in den entsprechenden Sondersituationen berücksichtigt werden.

Wird der Umweltschutz in die bestehenden Arbeitsabläufe integriert, müssen die Arbeitsanweisungen sowie die Stellenbeschreibungen angepasst werden. Die Stellenbeschreibungen legen die umweltrelevanten Qualitätsanforderungen an die Mitarbeiter fest. Ergibt sich eine Differenz zwischen gefordertem und tatsächlichem Umweltwissen, müssen entsprechende Qualifikations- und Schulungsprogramme für den Umweltschutz entwickelt und durchgeführt werden.

Doch auch trotz ausreichender Schulung kann es vorkommen, dass formale Arbeitsanweisungen nicht oder nur unzureichend befolgt werden. Dies betrifft vor allem die umweltrelevanten Arbeitsanweisungen für die klassischen Funktionsbereiche. Hier wird der Umweltschutz bei der Erledigung der eigentlichen Aufgaben unter Umständen als störend empfunden, vor allem dann, wenn das Arbeitsvolumen z.B. aufgrund von Rationalisierungsmaßnahmen ansteigt. In diesen

Motivation der
Mitarbeitenden

Fällen ist darauf zu achten, dass die Mitarbeiter ausreichend motiviert werden, sich umweltorientiert zu verhalten. Es stehen dem Unternehmen verschiedene Möglichkeiten zur Verfügung, die Motivation der Mitarbeiter für den Umweltschutz anzuregen:

⇨ Kap. 4.1.3

- Einrichtung eines betrieblichen Umweltvorschlagswesens (s. dazu Kap. 4.1.3),
- Prämien für praktikable Umweltschutzideen,
- Veranstaltung von Ausflügen (z.B. Besuch eines ökologisch bewirtschafteten Landwirtschaftsbetriebes, Besichtigung einer Kläranlage),
- Einführung einer Umweltrubrik in der Betriebszeitung,
- Veröffentlichung regelmäßiger Umwelttipps am Schwarzen Brett bzw. über Intranet etc. (vgl. Müller-Christ 2001, S. 245ff.).

4.1.3 Organisationsentwicklung

Mit der Festlegung der Strukturen von Aufbau- und Ablauforganisation gewinnt das Unternehmen an Handlungssicherheit. Alle Stellen und Arbeitsabläufe sind nach einem genau planbaren und nachvollziehbaren Schema miteinander verknüpft.

Das orga-
nisatorische
Dilemma

Jedoch unterliegt insbesondere der Umweltschutzbereich einem stetigen Wandel, hervorgerufen durch z.B. neue wissenschaftliche Erkenntnisse, Änderungen in der Umweltgesetzgebung etc. Ein Unternehmen muss auf diesen Wandel entsprechend reagieren können. Somit hat jedes Unternehmen mit einem organisatorischen Dilemma zu kämpfen, welches zwischen der Formalisierung von Aufbau- und Ablauforganisation und der nötigen Flexibilität und Innovationskraft besteht. Eine Möglichkeit, auf ökologische Entwicklungen zu reagieren, ohne dabei die Unternehmensstrukturen völlig aufzugeben, besteht in der Organisationsentwicklung.

> Die Organisationsentwicklung ist ein langfristiger Prozess zur Verbesserung der Problemlösungs- und Erneuerungsfähigkeit einer Organisation (vgl. Trebesch 2004, Sp. 988).

Dieser geplante organisatorische Wandel lässt sich, wie Abbildung 4-5 verdeutlicht, in einem Drei-Phasen-Modell darstellen (vgl. dazu auch Schreyögg 2003, S. 497ff.): In der ersten Phase müssen die bestehenden Unternehmensstrukturen und Arbeitsabläufe geöffnet, sozusagen aufgetaut werden (*Unfreezing*). Ist ein für Veränderungen offener Zustand erreicht, kann die Organisation den jeweiligen Anfordernissen entsprechend umgestaltet und erneuert werden (*Moving*). In der abschließenden Phase müssen die veränderten Strukturen wieder einen stabilen Zustand erreichen (*Refreezing*), damit durch die neu festgelegten Regelungen wieder Orientierungspunkte für das unternehmerische Handeln geschaffen werden und um die erzielten Verbesserungen nicht wieder zu verlieren.

Drei-Phasen-Modell

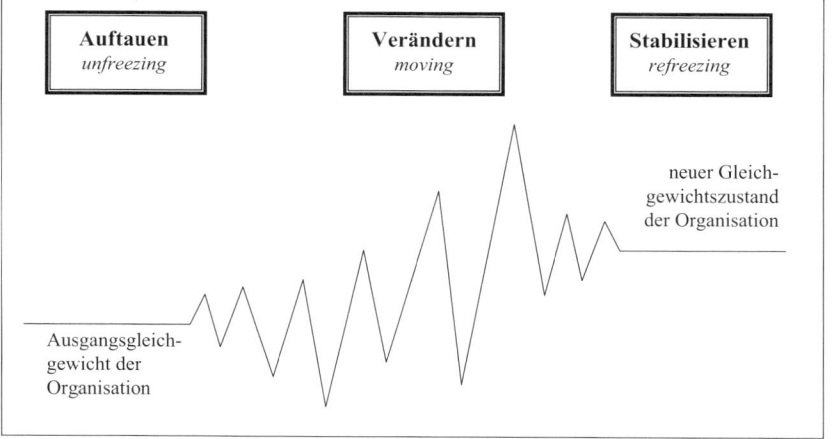

Abb. 4-5: *Der organisatorische Wandel (Quelle: Lewin 1958, S. 210f., zitiert nach Schreyögg 2003, S. 507)*

An dem Konzept der Organisationsentwicklung muss kritisch hinterfragt werden, ob die Veränderungsprozesse in den vorgegebenen drei Phasen überhaupt planbar sind. Organisatorische Umbrüche werden in der betrieblichen Praxis meist nicht vorsätzlich geplant, sondern entstehen aus krisenhaften Situationen, die einen gewissen Problemdruck und einen Zwang zur Veränderung hervorrufen. Außerdem muss bezweifelt werden, ob eine Organisation von einem stabilen Zustand über eine Phase des Wandels in einen neuen Gleichgewichtszustand überführt werden kann. Dabei wird angenommen, dass die Veränderungsphase einen Sonderfall darstellt. Es ist jedoch auch denkbar, dass sich die Organisation in einem ständigen Veränderungsprozess befindet, um sich fortwährend an die neuesten Entwicklungen anpassen zu können (vgl. Schwaderlapp 1999, S. 120).

„lernende" Organisation

In Zusammenhang mit einer sich ständig wandelnden Organisation wird auch von der „lernenden Organisation" gesprochen (vgl. dazu Schreyögg 2003, S. 544ff.). Organisatorisches Lernen wird dabei als die Fähigkeit zur selbstorganisierten Veränderung des „Wissensstandes" der Organisation verstanden und setzt sich aus individuellem und organisatorischem Lernen zusammen. Individuelles Lernen bedeutet berufliche und fachliche Bildung sowie Persönlichkeitsentwicklung der Stelleninhaber. Organisatorisches Lernen bedeutet die Anpassung an Entwicklungen durch entsprechende organisatorische Wandlungsprozesse.

individuelles und organisatorisches Lernen

Zur Unterstützung und Förderung der lernenden Organisation können in Bezug auf das Umweltmanagement verschiedene Instrumente eingesetzt werden, z.B.:

- Einrichten von Umweltzirkeln: Umweltzirkel sind kleine Gruppen von Mitarbeitern, die sich regelmäßig und freiwillig treffen, um eigenständig Maßnahmen zur Verbesserung des betrieblichen Umweltschutzes zu erarbeiten, diese weitgehend selbst umsetzen und deren Erfolg kontrollieren.
- Bildung von Projektgruppen: Projektgruppen sind ebenfalls kleine Gruppen von Mitarbeitern, die unter der Leitung eines Projektmanagers ein im voraus festgelegtes Umweltziel in einer bestimmten zeitlichen Frist planen und realisieren. Ein Projekt besitzt immer eine gewisse Einmaligkeit.
- Schaffung eines betrieblichen Umweltvorschlagswesens: Das Umweltvorschlagswesen ist eine dauerhafte Einrichtung, in dessen Rahmen die Mitarbeiter Vorschläge zum Thema Umweltschutz einreichen können. Die Vorschläge werden geprüft und gegebenenfalls entsprechend gefördert und anerkannt.

4.2   Gesetzlich geregelte Zuständigkeiten im Umweltschutz

Durch umweltgesetzliche Vorgaben wird einer Unternehmensorganisation die Bildung bestimmter Stellen vorgegeben. Eine dieser Vorgaben ist die Pflicht zur Bestellung von „Umweltbeauftragten". Die Bezeichnung „Umweltbeauftragter" gibt es eigentlich nicht im deutschen Umweltrecht, sondern es handelt sich hier um eine Sammelbezeichnung von verschiedenen im Umweltbereich tätigen Beauftragten, wie den Immissionsschutz-, den Abfall-, den Gewässerschutz- sowie den Störfallbeauftragten. Zusätzlich sieht der Gesetzgeber noch eine Reihe von weiteren Beauftragten vor, deren Tätigkeitsfelder den Umweltschutz streifen oder teilweise beinhalten (z.B. Sicherheitsbeauftragter, Strahlenschutzbeauftragter).

Der „Umwelt-
beauftragte"

Umweltbeauftragter	Bestellungspflicht	Gesetzliche Grundlage
Immissionsschutz-beauftragter	Bei Anlagen gemäß Anhang I der 5. BimSchV	§ 53 BImSchG
Abfallbeauftragter	Gemäß § 54 I KrW-/AbfG: - bei genehmigungsbedürftigen Anlagen nach § 4 BImSchG - bei Anlagen, in denen regelmäßig besonders überwachungsbedürftige Abfälle anfallen - bei ortsfesten Sortier-, Verwertungs- und Abfallbeseitigungsanlagen - Hersteller und Vertreiber, die Abfälle zurücknehmen - zur Abfall-Rücknahme Verpflichtete	§§ 54, 55 KrW-/AbfG
Gewässerschutz-beauftragter	Bei Abwassereinleitung über 750 m³ pro Tag oder Lagerung wassergefährdender Stoffe	§ 4 II WHG § 21a WHG
Störfallbeauftragter	Bei Betriebsbereichen nach § 1 I der 12. BimSchV	§ 58a BImSchG

Tab. 4-2: Die Bestellungspflicht der Umweltbeauftragten (Quelle: in Abänderung von Bauer 1999, S. 10)

Die Pflicht zur Bestellung von Umweltbeauftragten hängt von bestimmten Voraussetzungen ab, die in Tabelle 4-2 zusammengefasst sind. Auch wenn die angegebenen Kriterien nicht zutreffen, kann die Bestellung aufgrund einer behördlichen Anordnung erfolgen. Darüber hinaus richten viele Unternehmen, die dem Umweltschutz eine höhere Priorität einräumen wollen, auf freiwilliger Basis die Stelle eines Umweltbeauftragten ein (vgl. Günther 1998, S. 72).

Bei den Umweltbeauftragten handelt es sich meist um Stabsstellen, die in der Regel unmittelbar der Unternehmensführung zugeordnet werden. Die Funktion des Umweltbeauftragten muss nicht zwangsläufig von betriebsinternen Personen übernommen werden. Es können auch externe Personen bestellt werden. Betriebsinterne Personen haben sicherlich den Vorteil, die betrieblichen Verhältnisse genau zu kennen. Andererseits kann durch die Rekrutierung von externen Personen einer gewissen Betriebsblindheit vorgebeugt werden. Sind in einem Unternehmen mehrere Umweltbeauftragte zu bestellen, so können die verschiedenen Beauftragtenfunktionen auch von einer einzigen Person wahrgenommen werden. Wegen der ihnen übertragenen Aufgaben dürfen die Umweltbeauftragten nicht benachteiligt werden und unterliegen außerdem einem besonderen Kündigungsschutz. Die speziellen Aufgaben der Umweltbeauftragten können wie folgt zusammengefasst werden (vgl. dazu Gutwinski 1995, S. 40; Michaelis 1999, S. 81; Schwaderlapp 1999, S. 34ff.):

- **Initiativ- bzw. Innovationsfunktion**: Die Umweltbeauftragten wirken auf die Entwicklung umweltfreundlicher Verfahren hin. Dazu müssen sie über die Neuentwicklungen am Markt informiert sein und deren Sinn und Umsetzbarkeit für das eigene Unternehmen beurteilen können. Gegebenenfalls sind eigene Problemlösungen zu entwickeln.

Funktionen des Umwelt-beauftragten

- **Überwachungs- und Kontrollfunktion**: Die Umweltbeauftragten kontrollieren die Einhaltung der relevanten umweltbezogenen Rechtsvorschriften.

- **Informationsfunktion**: Die Umweltbeauftragten sammeln und verdichten alle umweltrelevanten Informationen und bereiten sie in geeigneter Weise auf, damit sie allen Betriebsangehörigen zur Verfügung stehen. Sie wirken bei der Entwicklung betrieblicher Umwelt-Reportingsysteme (s. dazu Kap. 8) und ihrer Integration in das bestehende Informationssystem mit.

⇨ Kap. 8

- **Berichtsfunktion**: Die Umweltbeauftragten erstatten der Unternehmensleitung regelmäßig Bericht in allen umweltbezogenen Fragen und nehmen zu einschlägigen Investitionsvorhaben Stellung.

- **Vertretungsfunktion**: Die Umweltbeauftragten vertreten das Unternehmen gegenüber den Umweltbehörden und koordinieren Behördenverfahren. Darüber hinaus vertreten sie das Unternehmen in allen Umweltgremien und sonstigen umweltrelevanten Einrichtungen, sofern dies vom Unternehmen gewünscht ist. Mit den Nachbarn des Unternehmens sollten sie in Kontakt stehen.

Zur Übernahme dieser Funktionen müssen die Umweltbeauftragten bestimmte Qualifikationen aufweisen. Die umweltgesetzlichen Regelungen fordern zum einen die fachliche Qualifikation, die sich aus drei Pflichtkompetenzen zusammensetzt:

1. Abschluss eines relevanten Hochschulstudiums. Da in der betrieblichen Praxis der anlagenbezogene technische Umweltschutz (noch) dominiert, sind hier in der Regel Studiengänge des Ingenieurwesens, der Chemie oder der Physik gefragt. In Dienstleistungsunternehmen, bei denen technische Fragen des Umweltschutzes nicht derart im Vordergrund stehen, werden auch Wirtschaftswissenschaftler oder Juristen eingesetzt.

Qualifikations-kriterien

2. Eine mindestens zweijährige einschlägige Berufserfahrung

3. Festigung und Erweiterung des Wissensstandes durch regelmäßige Fortbildung und Teilnahme an Lehrgängen

Zusätzlich zur fachlichen Qualifikation muss der Umweltbeauftragte „zuverlässig" sein, d.h. seine persönlichen Eigenschaften, sein Verhalten und seine Fähigkeiten müssen zur Erfüllung der ihm obliegenden Funktionen geeignet sein (vgl. Artischewski 1999, S. 6).

Rolle des Umwelt-beauftragten

Während in früheren Jahren der Umweltbeauftragte im Unternehmen eher ein Schattendasein fristete, wurde seine Position aufgrund des in der Gesellschaft gestiegenen Stellenwertes des Umweltschutzes und einer erhöhten Regelungsdichte in der Umweltgesetzgebung immer wichtiger. Trotzdem hat der Umweltbeauftragte mit verschiedenen Problemen zu kämpfen. Die beratende Stabsfunktion der Umweltbeauftragten (**Fachpromotoren**) benötigt die Unterstützung der Geschäftsführung (**Machtpromotoren**). Nur dann kann die Arbeit des Umweltbeauftragten in einem Unternehmen Wirkung zeigen. Oft wird der Umweltbeauftragte als Vermittler zwischen Geschäftsführung, Belegschaft und Umweltbehörde gesehen. Hier läuft der Umweltbeauftragte Gefahr, sich auf einer Position „zwischen den Stühlen" in Vermittlungsaktivitäten zu verstricken.

4.3   Die Dokumentation der Umweltmanagement-Organisation

Sämtliche, den Umweltschutz betreffende organisatorische Regelungen, wie Organigramme, Arbeitsanweisungen, Stellenbeschreibungen oder Notfallpläne sollten für jeden Mitarbeiter nachvollziehbar und systematisch zusammengefasst werden. Damit wird sichergestellt, dass den im Unternehmen Tätigen übersichtliche Handlungsanweisungen zur Verfügung stehen, die ihnen eine gewisse Sicherheit bei ihren Arbeiten geben. Die Dokumentation dient nicht nur internen Zwecken, sondern kann auch als Basis zur Kommunikation mit externen Anspruchsgruppen herangezogen werden (z.B. Beschreibung des Umweltmanagements in der Umwelterklärung).

Mitteilungspflichten zur Betriebsorganisation

Bezüglich der externen Dokumentation ist § 52a BImSchG (Mitteilungspflichten zur Betriebsorganisation) zu beachten. Unternehmen mit mehreren vertretungsberechtigten Organen bzw. Personen haben der zuständigen Behörde anzuzeigen, wer die Pflichten des Betreibers der genehmigungsbedürftigen Anlage[1] wahrnimmt. § 53 KrW-/AbfG beinhaltet bezüglich der Abfallvermeidung, -verwertung und -beseitigung analoge Vorschriften. Beide gesetzliche Bestimmungen zusammengenommen decken alle wichtigen Anlagen der Industrie und des Gewerbes ab (vgl. Schwaderlapp 1999, S. 42). Für diese Anlagen muss bei einer mehrköpfigen Unternehmensführung eine Person hervorgehoben werden, welche die aus dem Betrieb der Anlagen entstehenden rechtlichen Pflichten wahrnimmt. Die benannte Person hat beispielsweise den Immissionsschutzbeauftragten zu bestellen und ihn bei der Erfüllung seiner Aufgaben zu unterstützen. Diese Festlegung betrifft jedoch nur das Innenverhältnis des Unternehmens. Bezüglich des Außenverhältnisses bleibt die Gesamtverantwortung aller Organmitglieder bzw. Gesellschafter unberührt. Darüber hinaus muss nach § 52a (2) BImSchG der Behörde mitgeteilt werden, auf welche Weise sichergestellt wird, dass die betrieblichen Umweltschutzvorschriften beachtet werden. An dieser Stelle ließ der Gesetzgeber allerdings offen, wie eine umweltsichernde Betriebsorganisation auszusehen hat (vgl. Antes 1996, S. 175). Daher haben einzelne Bundesländer zur Konkretisierung dieser gesetzlichen Regelung Durchführungsbestimmungen erlassen (vgl. Schwaderlapp 1999, S. 47).

Zum Zwecke der internen Dokumentation wird in den meisten Betrieben ein Umweltmanagement-Handbuch erstellt.

---

[1]   Genehmigungsbedürftige Anlagen sind gemäß § 4 BImSchG alle Anlagen, die aufgrund ihrer Beschaffenheit oder ihres Betriebes in besonderem Maße geeignet sind, schädliche Umwelteinwirkungen hervorzurufen oder in anderer Weise die Allgemeinheit oder die Nachbarschaft zu gefährden, erheblich zu benachteiligen oder zu belästigen.

> „Ein Umweltmanagement-Handbuch dient dazu, die Umweltpolitik des Unternehmens zu dokumentieren, Umweltschutzrichtlinien einzuführen und Zuständigkeiten festzulegen. Es erläutert das Zusammenwirken der einzelnen Elemente eines Umweltmanagementsystems und beschreibt sämtliche Umweltcontrolling-Instrumente und Umweltinformationssysteme, die im Unternehmen vorgesehen sind. Schließlich gibt es Auskunft über vorhandene Dokumente und Arbeitsanweisungen" (Wieland 1995, S. 505).

Bezüglich der Gliederung eines Umweltmanagement-Handbuchs existieren keine gesetzlichen Regelungen oder sonstigen Vorgaben. Die Handbücher verschiedener Unternehmen variieren daher, insbesondere auch deshalb, weil dort u.a. betriebsspezifische Sachverhalte festgehalten werden, die auf andere Unternehmen nicht übertragbar sind. In der Regel entspricht der Aufbau des Umweltmanagement-Handbuchs der betrieblichen Organisationsstruktur, welche in drei Managementebenen aufgeteilt ist (s. Tab. 4-1):

- Ebene 1: Dokumentation der Unternehmenspolitik und der Umweltziele: Es werden aktuelle Umweltziele und -programme dargestellt, die in der jeweiligen Bearbeitungsperiode ergänzt werden.

- Ebene 2: Management- und Verfahrensanweisungen: Die Aufbau- und Ablauforganisation des Umweltmanagements werden festgehalten sowie Kompetenzen und Zuständigkeiten im Umweltschutz dargelegt.

- Ebene 3: Umsetzung: Konkrete umweltrelevante Arbeits-, Verfahrens- oder Prüfanweisungen für bestimmte Funktionsbereiche und Arbeitsplätze werden systematisch zusammengefasst (vgl. Funck und Schinnenburg 2000, S. 275; Wieland 1995, S. 505).

Gliederung des Umweltmanagement-Handbuchs

Eine solche Dokumentation dient der Information der Mitarbeiter und soll für Motivation und Transparenz sorgen. Zusätzlich ist das Umweltmanagement-Handbuch ein dokumentiertes Anweisungssystem. Die Einhaltung delegierter Aufgaben kann schließlich nur dann überwacht werden, wenn diese Aufgaben auch vorher konkret und nachvollziehbar angewiesen worden sind (vgl. Adams 1995, S. 53). Somit stellt das Umweltmanagement-Handbuch eine Gedächtnisstütze und Handlungsanleitung dar. Die Dokumentation birgt jedoch andererseits die Gefahr, dass das Umweltmanagementsystem für (zu) lange Zeit festgelegt ist. Die Festschreibung von Unternehmensstrukturen wirkt der nötigen Flexibilität im Umweltschutzbereich entgegen. Die Konservierung des Umweltmanagementsystems in einem Handbuch kann ebenfalls dazu führen, dass die bis ins Detail dargestellten Regelungen in den Aktenschränken der Unternehmen verschwinden, das System aber nicht von den Mitarbeitern getragen und gelebt wird. Um dem vorzubeugen, ist es sinnvoll, die Mitarbeiter an der Erstellung und laufenden Aktualisierung des Umweltmanagement-Handbuchs mitarbeiten zu lassen. Das Einbringen eigener Ideen führt in der Regel zu einer höheren Motivation, den Umweltschutzgedanken bei der täglichen Arbeit einfließen zu lassen.

Gefahr der Formalisierung

4.4   Praxisbeispiel: Die Organisation des Umweltmanagements der Conti Temic microelectronic GmbH (Standort Ingolstadt)

Die Conti Temic microelectronic GmbH (TEMIC) ist ein Anbieter von Automobilelektronik. Als Teil von Continental Automotive Systems (CAS), einem Konzernbereich der Continental AG, agiert die Gesellschaft unter der Marke Temic. Der Standort Ingolstadt hat sich auf einer Fläche von 40 000 m² auf die Entwicklung und Produktion von Sicherheitssystemen spezialisiert. Etwa 980 Mitarbeitende sind hier beschäftigt. Jährlich werden rund 33 000 Entwicklungsmuster und 6,8 Mio. elektronische Sicherheitsbaugruppen (z.B. Airbag) produziert. Die TEMIC GmbH hat neben dem Standort Ingolstadt weitere 11 Entwicklungs-, Fertigungs- und Vertriebs-niederlassungen in Europa, Nordamerika und Asien.

Bezüglich des Umweltschutzes wird bei TEMIC in Ingolstadt zum einen auf eine entsprechend ressourcenschonende Produktqualität geachtet. Zum anderen sind die innerbetrieblichen Strukturen so gestaltet, dass der Umweltschutz von den Mitarbeitern mitgetragen und gelebt wird.

Zu diesem Zweck wurde ein Umweltmanagementsystem eingeführt, welches seit 1999 gemäß der internationalen Umweltmanagement-Norm DIN EN ISO 14001 zertifiziert ist. Die Organisation dieses Systems zeigt Abbildung 4-6.

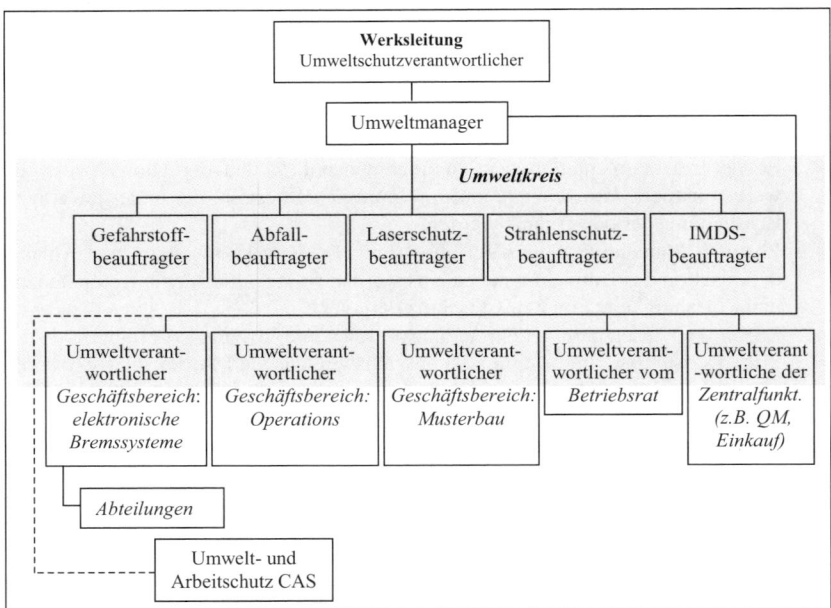

Abb. 4-6: Die Aufbauorganisation bei der Conti Temic microelectronic GmbH (Quelle: in Anlehnung an die Umweltwelterklärung 2006 der Conti Temic microelectronic GmbH, Standort Ingolstadt, September 2005)

Verankerung des Umweltschutzes im der Geschäfts-leitung

Während die Werksleitung (der Umweltschutzverantwortliche) für die Einhaltung der geltenden Rechtsvorgaben bürgt, trägt die Verantwortung für den Umweltschutz, d.h. für die Anwendung, Aufrechterhaltung sowie Weiterentwicklung des Umweltmanagementsystems, der Umweltbeauftragte (hier: Umweltmanager). Dieser ist der Werksleitung direkt unterstellt. Seine Aufgaben liegen u.a. in der Koordination der Umweltaktivitäten für die lokalen Abteilungen sowie in der Einberufung und Organisation des Umweltkreises.

Umweltbeauftragte

Grundlegende strategische Entscheidungen für den Umweltschutz werden von der Abteilung „Umwelt- und Arbeitschutz CAS", mit Sitz in der Zentrale in Frankfurt, für die Geschäftsbereiche und Zentralfunktionen aller Standorte aufeinander abgestimmt.

Zudem werden sämtliche Bereiche durch Umweltverantwortliche vertreten, die zum einen die Mitarbeitenden bei der Umsetzung der Aktivitäten beratend unterstützen. Zum anderen nehmen sie eventuelle Vorschläge für die Verbesserung des Umwelt-schutzes von der Belegschaft entgegen, die gezielt honoriert werden. Jedes Quartal treffen sich die Umweltverantwortlichen im Umweltkreis, um dem Umweltmanager über umweltrelevante Ergebnisse und Zielabweichungen zu berichten. Weitere Mit-glieder dieses Gremiums sind die Beauftragten für Brand-, Laser- und Strahlen-schutz sowie für Gefahrstoff und Arbeitssicherheit. Vertreten sind ebenfalls der

Umweltkreis

Abfallbeauftragte, der Betriebsrat und der IMDS-Koordinator, welcher das Internationale Material Daten System (IMDS) verwaltet und alle im Fahrzeugbau verwendeten Werkstoffe archiviert.

Das gesamte Umweltmanagementsystem ist in einem Handbuch dokumentiert. Das Handbuch besteht aus folgenden Kapiteln (s. hierzu auch Kap. 4.3):

Umweltmanagement-Handbuch

1.   Umweltpolitik
2.   Planung
3.   Umsetzung und Durchführung (hier wird die Organisationsstruktur und die Aufgaben der einzelnen Organisationseinheiten beschrieben)
4.   Überwachung und Korrekturmaßnahmen
5.   Bewertung durch die Unternehmensleitung

Das Handbuch steht im Intranet des Unternehmens zur Verfügung. Somit kann jeder Mitarbeiter zu jeder Zeit die Aufgaben und Zuständigkeiten, die im Rahmen des Umweltmanagementsystems festgelegt wurden, einsehen.

4.5   Übungsfragen

1.   Erläutern Sie Möglichkeiten der Aufbauorganisation im Umweltschutz!
2.   Welche Vorteile bietet die Festlegung einer umweltorientierten Ablauforganisation?
3.   Was sind die typischen Funktionen eines „Umweltbeauftragten"?
4.   Durch welche organisatorischen Maßnahmen könnte gewährleistet werden, dass Umweltschutz im Unternehmen tatsächlich „gelebt" wird und nicht nur auf dem Papier existiert?
5.   Schätzen Sie die innovatorische Funktion des Umweltbeauftragten als hoch ein? Begründen Sie Ihre Einschätzung.
6.   Der betriebliche Umweltschutz wird oft als Querschnittsfunktion charakterisiert. Welche Chancen, aber auch Risiken sind damit bei der Implementation des Umweltschutzes in die Unternehmensorganisation verbunden?

4.6   Weiterführende Literatur

Antes, R. (1999): Die Aufbauorganisation des Umweltschutzes im Entwurf des Umweltgesetzbuches – Ein Beitrag zur nachhaltigen Unternehmung?, in: Seidel, E. (Hrsg.): Betriebliches Umweltmanagement im 21. Jahrhundert; Aspekte, Aufgaben, Perspektiven, Berlin, Heidelberg, S. 269 – 285.

Birke, M. und Burschel, C. (Hrsg.) (1997): Handbuch Umweltschutz und Organisation: Ökologisierung – Organisationswandel – Mikropolitik, München, Wien.

Burschel, C., Losen, D. und Wiendl, A. (2004): Betriebswirtschaftslehre der Nachhaltigen Unternehmung, Wien.

Bea, F. X. und Göbel, E. (2006): Organisation: Theorie und Gestaltung, 3. Aufl., Stuttgart.

Engelfried, J. (2004): Nachhaltiges Umweltmanagement, München

Meffert, H. und Kirchgeorg, M. (1998): Marktorientiertes Umweltmanagement: Grundlagen und Fallstudien, 3. Aufl., Stuttgart.

Schreyögg, G. (2003): Organisation: Grundlagen moderner Organisationsgestaltung, mit Fallstudien, 4. Aufl., Wiesbaden.

Schreyögg, G. und Werder A. (2004): Handwörterbuch Unternehmensführung und Organisation, 4. Aufl., Stuttgart.

Vahs, D. (2003): Organisation: Einführung in die Organisationstheorie und -praxis, 4. Aufl., Stuttgart.

5 Vision Nachhaltigkeit: Implikationen für Unternehmenspolitik, -ziele und -programm

von Dirk Funck und Jens Pape

Kapitelausblick

Gegenstand dieses Kapitels sind entscheidungsorientierte Empfehlungen zur Umsetzung eines Umweltmanagementsystems auf normativer, strategischer und operativer Ebene. Ausgehend von der Managementphilosophie sowie den Unternehmensgrundsätzen und -leitlinien sollen insbesondere Wege zur Integration ökologischer Aspekte in das unternehmerische Zielsystem sowie zur Formulierung eines Umweltprogramms aufgezeigt werden.

Lernziele

1. Die Verankerung ökologischer Kriterien auf der normativen Ebene des Unternehmens verstehen.
2. Anforderungen an eine Managementphilosophie kennen.
3. Ökologische Ziele operationalisieren können.
4. Wege zur operativen Umsetzung von ökologischen Zielen und Strategien kennen.

5.1 Umweltpolitik

In diesem Abschnitt geht es um die normativen Grundlagen eines Umweltmanagements. In der Literatur werden in diesem Zusammenhang verschiedene Begriffe diskutiert, die nicht immer schlüssig und konsistent verwendet werden. Dazu gehören insbesondere die Unternehmensvision, die Unternehmens- bzw. Managementphilosophie, die Unternehmensgrundsätze und die Unternehmenskultur. Kapitel 5.1.1 bietet einen kurzen Überblick über diese Begriffe. Im Anschluss daran werden die zentralen Anforderungen an eine Managementphilosophie aufgezeigt (s. Kap. 5.1.2) sowie Hinweise zur Formulierung von Unternehmensgrundsätzen/-leitlinien gegeben (s. Kap. 5.1.3).

5.1.1 Begriffliche Grundlagen

Eine **Unternehmensvision** ist eine umrisshafte Vorstellung der Verantwortlichen von der zukünftigen Betätigung des Unternehmens unter Beachtung der erwarteten Veränderung der jeweiligen Umfelder. Sie spiegelt zumeist persönliche Überzeugungen des oder der Unternehmensgründer wider und bildet nicht selten den Schlüssel zum späteren Markterfolg (vgl. Merkle 1992, S. 115).

Inhalte von
Visionen

> „Das Wesen einer Vision liegt deshalb auch nur in den Richtungen, die sie weist, nicht in den Grenzen, die sie setzt; sie liegt in dem, was sie ins Leben ruft, nicht in dem, was sie abschließt, in den Fragen, die sie aufwirft, nicht in den Antworten, die sie für diese findet" (Hinterhuber 1989, S. 41).

Inhaltlich können sich Visionen auf besonders innovative Produkte oder Problemlösungen beziehen (z. B. 3l-Auto) oder auch gängigen Wertvorstellungen widersprechen. So wird von GOTTLIEB DUTTWEILER, dem Begründer der Schweizer MIGROS, berichtet, dass seine ursprüngliche Vision darin bestand, die Handelsstrukturen im Sinne ärmerer Bevölkerungsschichten aufzubrechen (vgl. Hinterhuber und Winter 1990, S. 27).

Aus ökologischer Sicht könnten somit Visionen für Unternehmen von der Absicht getragen sein, den Weg von der Wegwerf- zur Kreislaufwirtschaft mit zu gestalten oder auch darin, ökologischen Konsum zu wettbewerbsfähigen Preisen zu ermöglichen. Auch die Überzeugung, einen Beitrag zu einer nachhaltigen Entwicklung leisten zu wollen, kann die die Vision eines Unternehmens prägen indem klare Bezüge und Zusammenhänge hinsichtlich der drei Dimensionen der Nachhaltigkeit, nämlich Ökonomie, Ökologie und Soziales hergestellt werden (s. Kap. 1).

 Kap. 1

Diese Ausführungen verdeutlichen bereits, dass es sich bei der Vision um eine Wertgrundlage handelt, die zum Zeitpunkt der Unternehmensgründung oder in Phasen der unternehmerischen Umorientierung entsteht und den gesamten Prozess der Leistungserstellung und -verwertung beeinflusst.

Des Weiteren wird im Zusammenhang mit dem normativen Management über die **Unternehmens- bzw. Managementphilosophie** gesprochen und geschrieben.

Eine solche Philosophie spiegelt die grundlegenden Werte eines Unternehmens und die Vorstellungen über ein ihnen entsprechendes Verhalten wider. Hier soll dabei der Begriff der **Management**philosophie dem der **Unternehmens**philosophie vorgezogen werden, da es letztlich die maßgeblichen Führungskräfte eines Unternehmens sind, deren grundlegende Einstellungen, Überzeugungen und Werthaltungen die Philosophie des Unternehmens ausmachen (vgl. Bleicher 1999, S. 88ff. m.w.N.).

Eine Philosophie kann allerdings nur dann ihre Kraft entfalten und das Verhalten aller Organisationsmitglieder prägen, wenn sie greifbar gemacht wird, indem sie schriftlich fixiert wird, und es gelingt, sie mit Hilfe vertiefender und präzisierender **Unternehmensgrundsätze** allen Mitarbeitern zu veranschaulichen.

Funktionen der
Unternehmens-
kultur

Die **Unternehmenskultur** basiert schließlich auf der Managementphilosophie und den Unternehmensgrundsätzen. Sie entsteht bei der Unternehmensgründung und ist das Ergebnis aus allen historischen und aktuellen Entscheidungen der Mitarbeiter sowie allen Verhaltensweisen untereinander und gegenüber externen Gruppen. Daraus folgt auch, dass die Unternehmenskultur einem ständigen Wandel unterliegt (vgl. Kreutzer et al. 1986, S. 14).

Gelingt es, die Unternehmenskultur im Sinne der Managementphilosophie zu prägen, so erfüllt sie drei Funktionen:

1. Koordination durch die Standardisierung von Werten und Normen,

2. Integration aller Teilziele mit den Unternehmenszielen und

3. Motivation des Mitarbeiters durch seine Zugehörigkeit zum Gesamtsystem.

Für die weiteren Überlegungen ergibt sich aus dieser Begriffsabgrenzung, dass bei dem Aufbau eines Umwelt- oder Nachhaltigkeitsmanagements nur selten Fragen der Unternehmensvision angesprochen sein dürften. Vielmehr wird es darum gehen, ökologische, ökonomische und soziale Fragen in die Managementphilosophie zu integrieren sowie diese mit Hilfe entsprechender Grundsätze und Leitlinien zu konkretisieren. Das Ziel besteht letztlich darin, die Unternehmenskultur so zu beeinflussen, dass sich am Verhalten und an den Entscheidungen der Mitarbeitenden die Nachhaltigkeitsorientierung des Unternehmens ablesen lässt.

Aus diesem Grund werden nachfolgend Überlegungen zur Managementphilosophie sowie zu den Umweltgrundsätzen und -leitlinien angestellt, die sich entsprechend auf das Themenfeld Nachhaltigkeit erweitern lassen.

5.1.2 Die Managementphilosophie

Soll die Philosophie des Managements eine tragfähige Basis für das gemeinsame Handeln sein, so ist zu empfehlen, sie unter Beteiligung aller Entscheidungsträger in einem mehrfachen Feedback-Prozess zu entwickeln. Die Dominanz einer Persönlichkeit in diesem Prozess würde die Stabilität der Wertebasis gefährden oder diese sogar gänzlich verhindern (vgl. Probst 1983, S. 326ff.). Eine Managementphilosophie sollte darüber hinaus aus inhaltlicher Sicht folgenden Anforderungen genügen:
   alle Entscheidungsträger beteiligen

Entscheidungen und deren Leitbilder sollten **ethisch angemessen** sein. Dieses ist um so mehr der Fall, je größer der Kreis von Menschen und Gruppen ist, denen gegenüber die Entscheidungen vertreten werden und je mehr Bedürfnisse und Interessen einfließen (vgl. Dyllick 1989, S. 225f.). Zu fordern ist also ein gesellschaftsbezogener Diskurs, zumal ohnehin nicht damit zu rechnen ist, dass Managementphilosophien, die dauerhaft von Werthaltungen großer Bevölkerungsteile abweichen, eine Basis für eine erfolgreiche Unternehmenspolitik sein können (vgl. Ulrich und Fluri 1993, S. 314). Bei der Entwicklung der Managementphilosophie sind somit die Anforderungen aller **relevanten Anspruchsgruppen** einzubeziehen. Zudem sollen alle Entscheidungen eines Unternehmens vor dem Hintergrund ökonomischer, sozialer und ökologischer Zusammenhänge verwirklicht werden. Die Idee des *sustainable development* bzw. der nachhaltigen Entwicklung berücksichtigt alle drei Dimensionen und kann daher als Vorlage für die Erarbeitung einer unternehmensindividuellen Philosophie dienen.
   Kap. 3
   Kap. 1

Eine Managementphilosophie sollte dabei das Spiegelbild aller Werte des Unternehmens sein und **integrierend** wirken. Demnach ist das in der Praxis häufig anzutreffende Vorgehen nicht sinnvoll, isolierte Umwelt- oder Nachhaltigkeitsphilosophien und -leitbilder für das Unternehmen zu entwickeln und zu kommunizieren, ohne deren Zusammenhang mit den übrigen Werten des Unternehmens zu würdigen. Managementphilosophien sollten weiterhin **wandelbar** sein. Vor dem Hintergrund des Wertewandels und sich verändernder gesellschaftlicher Probleme ist es die Aufgabe des Managements, sich regelmäßig mit dem normativen Fundament des Unternehmens auseinanderzusetzen, dieses in Frage zu stellen und – sofern die eigenen Überzeugungen dies zulassen – an die sich verändernden Anforderungen anzupassen.
   keine isolierten Umweltphilosophien
   Wertewandel beachten

Es ist schließlich von großer Bedeutung, dass die Managementphilosophie **kommunizierbar** ist. Zu diesem Zweck sollte sie schriftlich fixiert, möglichst einfach und klar formuliert und so konkret wie möglich auf das Unternehmen bezogen werden. Managementphilosophien sollten somit ethisch angemessen, integrierend, wandelbar und kommunizierbar sein. Gemessen an diesen Kriterien können sehr viele der veröffentlichten umwelt- und nachhaltigkeitsbezogenen Leitbilder und Philosophien von Unternehmen nicht überzeugen. Insbesondere ist zu kritisieren, dass die Umwelt- und/oder Nachhaltigkeitsphilosophie in aller Regel isoliert dargestellt wird und ohne konkreten Bezug zu den Tätigkeitsfeldern und den übrigen Zielen und Wertvorstellungen des jeweiligen Unternehmens bleibt. Zudem ist in aller Regel nicht erkennbar, dass unternehmensexterne Gruppen bei der Ausformulierung der Philosophien eingebunden wurden (vgl. Funck und Schinnenburg 2000, S. 177).
   Philosophie kommunizieren
   Mängel von Managementphilosophien in der Praxis

5.1.3 Unternehmensgrundsätze und -leitlinien

Grundsätze
präzisieren die
Philosophien

Eine Managementphilosophie wird im Rahmen von **Unternehmensgrundsätzen** präzisiert, die sich auf Teilbereiche der Philosophie beziehen können und somit als unmittelbare Hilfestellungen für die Erarbeitung eines Umwelt- oder Nachhaltigkeitsprogramms dienlich sind. Die Grundsätze sollten einen möglichst engen Bezug zum Tätigkeitsfeld des Unternehmens aufweisen und verständlich formuliert sein.

Nachfolgend als Beispiel die Konzern-Umweltgrundsätze der Volkswagen AG aus dem Jahr 2007: Die Grundsätze werden in die Bereiche „Allgemeine Grundsätze und Grundsätze zur Infrastruktur" sowie „Umweltgrundsätze zu Fertigungsprozessen". In der Broschüre „Konzern-Umweltgrundsätze" (Volkswagen AG 2007) wird zu jedem der 22 Umweltgrundsätze eine kurze Problembeschreibung geliefert, ein Ziel formuliert sowie eine Aussage zur Umsetzung getroffen. In der folgenden Tabelle werden als Beispiel 14 „Allgemeine Grundsätze und Grundsätze zur Infrastruktur" und die damit verbundenen Ziele zitiert. Die sieben (an dieser Stelle nicht vorgestellten, vgl. hierzu Volkswagen AG 2007) „Umweltgrundsätze zu Fertigungsprozessen" thematisieren umweltrelevante Aspekte der Prozesse im Presswerk, der Fügeprozesse im Karosseriebau, der Schadstoffentfrachtung und Ressourcenschonung in der Vorbehandlung der Lackiererei, Reduzierung von PVC im Unterbodenschutz sowie bei Fein- und Grobabdichtung, Begrenzung der Lösemittelemissionen von Karosserielackieranlagen, Montageprozesse, den Einsatz lösemittelfreier Transportschutzkonservierung, Prozesse in der Gießerei und mechanischen Fertigung sowie der Kunststoffteilefertigung.

Allgemeine Grundsätze und Grundsätze zur Infrastruktur	
1	**Umweltmanagement:** Mit der Einrichtung von Umweltmanagementsystemen an allen Ferigungsstandorten wird zum einen sichergestellt, das alle Umweltgesetze vor Ort eingehalten werden. Zum anderen ist es dadurch möglich, wertvolle Ressourcen einzusparen und darüber hinaus mögliche Risiken für den Volkswagen-Konzern zu minimieren.
2	**Umgang mit Geschäftspartnern:** Zum einen muss die Einbindung der Lieferanten und Dienstleister in das Umweltmanagementsystem des Volkswagen-Konzerns angestrebt werden, zum anderen muss die Erfüllung der unternehmensinternen Sozialcharta auch bei diesen Partnern initiiert werden.
3	**Minimierung von Flächenverbräuchen:** Um den ökologischen Aspekten bestmöglich Rechnung zu tragen, gilt es primär, die bautechnische Versiegelung des Bodens so gering wie möglich zu halten. Bei Neuerrichtungen auf bislang noch unbebauten Arealen ist auf die Bodenbeschaffenheit zu achten, um möglichst Flächen mit geringer Bodenqualität für die Bebauung auszuwählen.
4	**Bevorzugung emissionsarmer Verkehrsträger:** Um die Belastung von Umwelt und Anwohnern in Zukunft zu verringern, sollen die Transporte auf der Straße mittels Lkws deutlich reduziert sowie der Schwerpunkt vermehrt auf andere Infrastrukturen gelegt werden. So erreicht man langfristig eine Entlastung des Straßenverkehrs und der davon berührten Bevölkerung.
5	**Einsatzverbot für besonders gesundheitsschädliche Stoffe:** Die primäre Zielsetzung muss hier selbstverständlich der umfassende Verzicht auf die Anwendung gesundheitsschädlichen, umweltgefährdenden Stoffen und Materialien im gesamten Volkswagen-Konzern sein. Dabei gilt es, umweltfreundliche und langfristig greifende Alternativlösungen zu finden.

Umweltgrund-
sätze bei VW

6	**Einsatz umweltfreundlicher Kältemittel in Klimaanlagen:** Vorrangige Intention ist die Vermeidung der Emission von umweltbedenklichen Kältemitteln, um Schädigungen der Ozonschicht oder des Klimas auszuschließen. Auch gilt es, für bestehende Anlagen Konzepte zu erarbeiten, die in Folge den Umstieg auf umweltfreundliche Kältemittel ermöglichen. Bei Neuanlagen ist der Einsatz von alternativen Kältemitteln zu prüfen.
7	**Energieeinsparung:** Durch Lokalisation von möglichen Einsparpotentialen in allen Unternehmensbereichen soll der Energieverbrauch deutlich gesenkt und somit sämtliche energiebedingte Emissionen auf ein Minimum beschränkt werden.
8	**Lärmemmissionen:** Im Vordergrund steht zunächst die Reduzierung von Lärmemissionen an den verschiedenen Produktionsstätten, wobei hier Belastungen durch den Zulieferverkehr eingeschlossen sind.
9	**Präventiver Grundwasser- und Bodenschutz:** Um sämtliche durch wassergefährdende Stoffe und Abfälle bedingte Risiken für die Umwelt und das Unternehmen auszuschließen, sind alle erforderlichen Maßnahmen zu treffen, die eine mögliche Gefährdung des Bodens und des Grundwassers verhindern.
10	**Erkennung und Umgang mit Untergrundbelastungen:** Grundsätzlich müssen umfangreiche Informationen zu allen vorhandenen und neuen Standorten ermittelt werden, um so umfassende Kenntnis der Grundwasser- und Bodensituation zu erlangen. So wird nicht nur eine frühzeitige Gefahrenbeurteilung und -abwehr ermöglicht, sondern auch Kosten minimiert und Standorte gesichert.
11	**Nachhaltige Wassernutzung:** Mit dem Einsatz wasssersparender Prozesse sowie einer gleichzeitigen Reduzierung bzw. Wiederverwertung der Prozessmaterialien – z.B. Kreislaufführung des Wassers, verbunden mit Filtrationsprozessen – soll eine deutliche Reduzierung der Trinkwassereinsatzmengen und damit eine nachhaltige Ressourcenschonung erreicht werden.
12	**Errichtung und Unterhaltung der Trennkanalisation für Abwässer:** Eine optimale Prävention von Boden- und Grundwasserkontaminationen beginnt mit dem Erkennen und Beseitigen von Undichtigkeiten im Kanalsystem. Kosteneinsparungen sind darüber hinaus durch getrennte Ableitung von unverdünnten Abwässern und Spezialbehandlung möglich (z.B. durch Teilstrombehandlung für Produktionsabwässer).
13	**Nachhaltige Abfallwirtschaft:** Eine nachhaltige Abfallwirtschaft umfasst die Reduktion des Gefährdungspotenzials von Abfällen, die Implementierung abfall- bzw. schadstoffarmer Fertigungsprozesse und die optimale Separation. Weiterhin ist die Optimierung der Logistik und Nutzung sicherer und nachhaltiger Entsorgungswege notwendig.
14	**Einsatz von Mehrwegverpackungen und Mehrwegtransportsystemen:** Um mögliche Umweltbeeinträchtigungen und finanzielle Mehrbelastungen durch Einwegverpackungen minimieren zu können, sollen vermehrt Mehrweg-verpackungen und -behälter eingesetzt werden. Einwegverpackungen und -behälter dürfen noch verwendet werden, wenn dies ökologisch wie ökonomisch sinnvoller ist. Zudem gilt es, die Abfallmenge zu verringern und – wenn möglich – nur recyclebare Verpackungen zu verwenden.

Tab. 5-1: *Konzern Umweltgrundsätze der Volkswagen AG (Quelle: Volkswagen AG 2007)*

5.2   Umwelt- und Nachhaltigkeitsziele

> „**Unternehmensziele** („Wunschorte") stellen ganz allgemein Orientierungs-
> bzw. Richtgrößen für unternehmerisches Handeln dar („Wo wollen wir hin?").
> Sie sind konkrete Aussagen über angestrebte Zustände bzw. Ergebnisse, die
> aufgrund von unternehmerischen Maßnahmen erreicht werden sollen." (Becker
> 1998, S. 14).

Zieldimensionen

Derartig verstandene Ziele werden aus der Managementphilosophie und den Unternehmensgrundsätzen abgeleitet und dienen im Umwelt- bzw. Nachhaltigkeitsmanagement als unmittelbare Vorgaben für das unternehmensspezifische Programm an Maßnahmen zur Verbesserung der Umweltleistung bzw. zur Erhöhung des Beitrages des Unternehmens zu einer nachhaltigen Entwicklung. Ziele können aber nur sinnvolle Hilfestellungen für die Unternehmenspraxis geben, wenn sie hinsichtlich ihres Inhalts, ihres Ausmaßes und ihres Zeitbezugs definiert werden. Sind diese so genannten Zieldimensionen fixiert, können Ziele als Steuerungs- und Kontrollgröße

Funktionen von Zielen

fungieren und die Basis bilden für die Wahrnehmung von Problemen sowie für die Bestimmung von Auswahlkriterien und Entscheidungsregeln. Darüber hinaus können sie dann zur Verhaltenskoordination im Unternehmen beitragen und der Ausgangspunkt für personalpolitische Anreizkonzepte sein (vgl. Becker 1998, S. 108; Heinen 1966, S. 45ff.).

Stakeholder-Ansatz

Die Definition der Zielinhalte erfolgt in einem mehrstufigen Abstimmungsprozess, wobei hier dem Koalitionsmodell des Stakeholder-Ansatzes gefolgt werden soll, nach dem alle Anspruchsgruppen zu berücksichtigen sind, die auf das Unternehmen maßgeblichen Einfluss ausüben können (vgl. Hummel und Schmidt 1997, S. 12ff.).

Neben den Zielen des Unternehmers bzw. des Managements müssen demnach auch die Ansprüche von Mitarbeitern, Gewerkschaften, Kapitalgebern, Kunden und Lieferanten, aber ggf. auch von Anwohnern, Umweltverbänden und natürlich von den Kommunen berücksichtigt werden. Die nachfolgende Abbildung verdeutlicht die Vielfalt der Anspruchsgruppen.

Anspruchsgruppen

```
                    ┌──────────────────────┐
                    │ Eigentümer / Aktionäre │
                    └──────────────────────┘

  ┌──────────────────┐                    ┌──────────────────┐
  │ Umweltverbände   │                    │ Kunden / Lieferanten │
  └──────────────────┘                    └──────────────────┘
                         ╭──────────╮
  ┌──────────────────┐   │ Ziele des │   ┌──────────────────┐
  │ Management       │   │Unternehmens│   │ Mitarbeitende    │
  └──────────────────┘   ╰──────────╯   └──────────────────┘

  ┌──────────────────┐                    ┌──────────────────┐
  │ Staat / Kommunen │                    │ Bürger / Anwohner │
  └──────────────────┘                    └──────────────────┘

                    ┌──────────────────────┐
                    │ soziale Organisationen │
                    └──────────────────────┘
```

Abb. 5-1: *Anspruchsgruppen im Zielbildungsprozess (Quelle: Funck und Schinnenburg 2000, S. 182)*

5.2.1 Zielsystem

Die Schwierigkeit besteht nun darin, dass diese Anspruchsgruppen unterschiedliche Interessen mit der Unternehmenstätigkeit verbinden. Auf Grund dieser heterogenen Motive können auch höchst unterschiedliche **Zielinhalte** in Unternehmen verfolgt werden (vgl. Ulrich und Fluri 1993, S. 7ff.):

Zielinhalte

- Marktleistungsziele (z. B. Produktqualität, Innovationskraft),
- Marktstellungsziele (z. B. Umsatz, Marktanteil),
- Rentabilitäten (z. B. Umsatz-, Kapitalrentabilität),
- finanzielle Ziele (z. B. Liquidität, Kapitalstruktur),
- Macht- und Prestigeziele (z.B. Unabhängigkeit, politischer Einfluss),
- soziale Ziele (z. B. Arbeitszufriedenheit, Einkommen) sowie
- gesellschaftsbezogene Ziele (z. B. Umweltschutz, Arbeitsplätze).

Ökologische Ziele können grundsätzlich alle Umweltauswirkungen der betrieblichen Leistungserstellung und -verwertung zum Inhalt haben. Dabei ist zwischen drei Ansatzpunkten zu unterscheiden:

ökologische Zielinhalte

1. Senkung des **Ressourcen**verbrauchs durch Vermeidung oder Verminderung des Ressourceneinsatzes,
2. Senkung der **Emissionen** durch Vermeidung, Verminderung, Recycling und sachgerechter Entsorgung sowie
3. Vermeidung bzw. Verminderung zukünftiger **Umweltrisiken** und somit die Bemühungen um eine entsprechende Vorsorge.

Innerhalb dieser inhaltlichen Schwerpunkte können sich ökologische Ziele auf die Betriebsökologie, die Produkt- bzw. Sortimentsökologie oder auf die Funktionsfähigkeit des Umweltmanagementsystems beziehen. Im Nachhaltigkeitsmanagement werden die Zielkataloge entsprechend um soziale Ziele (z. B. Arbeitszufriedenheit, Vielfalt der Mitarbeitenden) erweitert.

Das **Zielausmaß** enthält Aussagen über den beabsichtigten Zielerreichungsgrad. Möglich sind punktuell definierte Ziele (z. B. Senkung des Energieverbrauchs um x kWh) oder sogenannte Zielzonen bzw. -korridore (z. B. Senkung des Energieverbrauchs zwischen x und y kWh.). Dabei ist es neben der Formulierung absoluter Größen auch möglich, relative Größen als Ziel zu formulieren (z. B. Senkung des Energieverbrauchs um 10 %).

Zielausmaß

Das Ausmaß von ökologischen Zielen wird in aller Regel in absoluten physikalischen oder chemischen Maßgrößen ausgedrückt bzw. als relative Zahl – häufig im Verhältnis zu ökonomischen Zielgrößen – quantifiziert. Demgegenüber sind Ziele, die sich auf die Verbesserung des Umwelt- oder Nachhaltigkeitsmanagementsystems beziehen, eher qualitativer Art.

Die nachfolgende Abbildung veranschaulicht dieses jeweils an zwei Beispielen:

Zielkategorie	Beispiel für Zielausmaß
Betriebsökologie	1. Recyclinganteil am Papierverbrauch mindestens 85%
	2. Energieverbrauch gegenüber dem Vorjahr um 15% senken
Produkt- bzw. Sortimentsökologie	1. Alle Produkte in der höchsten Energieeffizienzklasse (EU)
	2. Technologiefolgabschätzung bei allen Neuprodukten
Umweltmanagement	1. Validierung gemäß EMAS
	2. Mindestens drei Umweltschulungstage je Mitarbeiter

Tab. 5-2: *Beispiele für das Ausmaß ökologischer Ziele (Quelle: eigene Darstellung)*

Schließlich sind Überlegungen zum **Zeitbezug** der Unternehmensziele erforderlich, um diese umsetzen zu können. Operative Ziele haben dabei einen eher kurzfristigen

Zeitbezug

Charakter (z. B. Gespräche mit den zwei Hauptlieferanten über die ökologische Belastung der Vorprodukte im nächsten Monat), andere Ziele besitzen einen mittelfristigen Planungsrahmen (z. B. ökologiebezogene Schulung aller Vertriebsmitarbeiter im nächsten Jahr) und strategische Ziele können sich auf Zeiträume von zwei und mehr Jahren beziehen (z. B. Aufbau und Zertifizierung eines Umweltmanagements in zwei Jahren).

Bei der Formulierung der Zieldimensionen ist es zwingend erforderlich, diese präzise und eindeutig zu formulieren, damit eine eventuelle Zielverschiebung, Zielverwässerung oder sogar Zielmanipulation der ursprünglichen Soll-Vorschrift im Laufe der Umsetzung im Betrieb verhindert werden kann (vgl. Becker 1998, S. 3).

Tabelle 5-3 gibt einen Überblick über ökologische Ziele und deren Operationalisierung. Zum besseren Verständnis werden sie den damit verbundenen ökologischen Problemen gegenübergestellt.

Ziel-kategorie	Ökologisches Problem	Operationalisierung
Ressourcenbezogene Ziele		
Ressourcen-schutz	Abholzung des Tropenwaldes	Ab Juli keine Verwendung mehr von Tropenholz in der Produktion.
Ressourcen-schonung	Verringerung der Waldbestände	Reduktion des Papierverbrauchs in der Verwaltung um 25% in einem Jahr.
Emissionsbezogene Ziele		
Emissions-vermeidung	Zerstörung der Ozonschicht	Austausch aller Kühltruhen in einer Einzelhandelskette mit FCKW-basierten Kühltechniken in drei Monaten.
Emissions-verminderung	Luftver-schmutzung	Erhöhung des umsatzbezogenen Transportanteils der Bahn von 25% auf 40% in 2 Jahren.
Emissions-verwertung	Müllnotstand	Vollständige Umstellung von Einweg- auf Mehrwegverpackungen in einem Jahr.
Emissions-entsorgung	Bodenver-schmutzung	Schaffung von Kapazitäten zur Batteriesammlung und -entsorgung in einem Handelsunternehmen in vier Wochen
Risikobezogene Ziele		
Risiko-begrenzung	Grundwasser-verschmutzung	Alle Kfz-Verkäufer erhalten 2002 eine Schulung zur Verbraucheraufklärung bezüglich der Entsorgung von Motoröl.
Risiko-vermeidung	unbekannte Umweltwirkung	Alle Produkte werden im Rahmen des Entwicklungsprozesses einer Technologiefolgeabschätzung unterzogen

Tab. 5-3: *Operationalisierung ökologischer Ziele (Quelle: in Anlehnung an Funck und Schinnenburg 2000, S. 185)*

5.2.2 Zielbeziehungen zwischen den drei Dimensionen der Nachhaltigkeit

Eine weitere Schwierigkeit besteht darin, dass die im Zielfindungsprozess festgelegten Sollgrößen nicht immer harmonieren (so genannte Zielkomplementarität oder *Win-Win*-Beziehungen), sondern zum Teil konfliktär sind, so dass sogenannte *Trade-offs* bestehen. Derartige Zielkonflikte können nur im Rahmen von Zielsystemen gelöst werden, in denen die jeweiligen Ziele ein unterschiedliches Gewicht bekommen und den verschiedenen Hierarchieebenen zugeordnet werden (vgl. Becker 1998, S. 21ff.).

In vielen Fällen liegt z.B. eine Zielharmonie zwischen Ökonomie und Ökologie dann vor, wenn durch Einsparungen bei Ressourcen (Energie, Material) Kostensen-

Zielsysteme

kungen erzielt werden. In vielen Unternehmen bestehen diesbezüglich jedoch noch erhebliche Verbesserungspotenziale. Erst wenn diese Verbesserungsmöglichkeiten wirklich ausgeschöpft sind und damit die (meist technische) Grenze der Leistungsfähigkeit einer Produktionsanlage erreicht ist, kann es zu Zielkonflikten kommen. In diesen Fällen wäre mit einer Verbesserung der ökonomischen Situation z.B. eine höhere Umweltbelastung verbunden.

Zielkonflikte

Bei solchen *Trade-offs* entstehen z.B. durch höhere ökologische Standards in der Produktion auch steigende Kosten. Bei gleichbleibenden Preisen würde dies zu sinkenden Umsatzzahlen führen. Derartige Zielkonflikte können durch unterschiedliche Zielgewichtungen im Sinne von Haupt- und Nebenzielen bzw. im Rahmen einer sich verändernden Bedeutung der Ziele im Zeitverlauf gelöst werden. Das Nebenziel kann dabei auch im Sinne einer Nebenbedingung Eingang in das Zielsystem finden.

So wäre es beispielsweise denkbar, dass Investitionen in Umweltschutzprojekte durch eine jährliche Budgetierung in ihrem Umfang begrenzt werden. Ebenso können in Zeiten stagnierender Umsätze/Gewinne oder in Zeiten eines stagnierenden oder sinkenden Marktvolumens diese Budgets niedriger ausfallen als in ökonomisch erfolgreicheren Zeiträumen.

WAGNER et al. (2001) kommen zu dem Schluss, dass zwischen der ökonomischen und der ökologischen Dimension der Nachhaltigkeit weder eine eindeutige *Win-Win*-Situation besteht, noch dass in jedem Fall *Trade-offs* gegeben sind. Vielmehr können, wie bereits angesprochen, in der Regel zunächst Umweltmaßnahmen identifiziert werden, welche die wirtschaftliche Situation eines Unternehmens verbessern. Erst bei umfassenden Maßnahmen, z.B. der Einführung ökologischer Produkte, kann es dann dazu kommen, dass echte Zielkonflikte auftreten.

Schwieriger gestalten sich Zielkonflikte häufig zwischen der ökonomischen und der sozialen Dimension. In einer breiten Studie finden ORLITZKY ET AL. (2003) eine positive Korrelation zwischen den sozialen Leistungen und der finanziellen Leistungsfähigkeit bzw. ökonomischen Dimension eines Unternehmens. Dies bezieht sich jedoch auf Unternehmen in westlichen, industrialisierten Ländern, bei denen davon auszugehen ist, dass soziale Standards eingehalten werden. Probleme treten vor allem in Entwicklungsländern auf, in denen eine billige Produktion z.B. dadurch ermöglicht wird, dass sehr lange gearbeitet und oft sehr wenig bezahlt wird. Dies ist auf Vorstufen der Produktion entlang der Wertschöpfungskette regelmäßig der Fall. So waren viele große Bekleidungs- und Sportartikelunternehmen bereits Vorwürfen ausgesetzt, dass Lieferanten genutzt werden, die Mitarbeiter unter Verletzung von Mindeststandards beschäftigen. Hier liegen damit eindeutig Trade-offs vor, die aktiv angegangen werden müssen, um solche Probleme zu vermeiden.

 Kap. 11

Bezüglich der Beziehung zwischen der ökologischen und der sozialen Dimension können zwar ebenfalls Zielbeziehungen auftreten, jedoch werden diese in der Regel mit Bezug auf die ökonomische Dimension bewertet.

5.3   Umwelt- und Nachhaltigkeitsprogramm

Im Umwelt- bzw. Nachhaltigkeitsprogramm werden alle Maßnahmen gebündelt, mit deren Hilfe die zuvor dargelegten Ziele erreicht werden können. Somit bilden das Zielsystem und speziell die Frage der Einordnung ökologischer und sozialer Zielgrößen den Ausgangspunkt für die Formulierung des Programms.

Nachfolgend die Begriffserklärung aus der EMAS Art. 2 lit. H, die sich auf das Umweltprogramm bezieht:

> **Umweltprogramm für den Standort** (gemäß EMAS)
> Von Unternehmen wird ein Programm zur Verwirklichung der Ziele am Standort
> aufgestellt und fortgeschrieben. Das Programm umfasst folgendes:
> a) Festlegung der Verantwortung für die Erreichung der Ziele in jedem
>   Aufgabenbereich und auf jeder Ebene des Unternehmens;
> b) Die Mittel, mit denen diese Ziele erreicht werden sollen.

Umsetzung als Problem

Dabei zeigt sich immer wieder, dass weniger die Formulierung von Zielen und die
Erarbeitung von Konzepten, sondern vielmehr deren Umsetzung für die Betriebe ein
Problem darstellt. Dieses gilt in besonderer Weise für das Umwelt- und Nachhaltigkeitsmanagement, da hier häufig die notwendige Akzeptanz seitens der Belegschaft
aber auch des Managements fehlt. Im Einzelnen können folgende Konfliktfelder
isoliert werden (in Anlehnung an Kaplan und Norton 1997, S. 184ff.; nach Funck
und Schinnenburg 2000, S. 212f.):

1. Es werden **Visionen und Strategien** formuliert, die **nicht umsetzbar** sind.
   Häufig mangelt es an ausreichend konkreten Formulierungen, und die
   Vorstellungen der Unternehmensleitung werden zudem unzureichend im
   Unternehmen kommuniziert.
2. Es fehlt an einer ausreichenden **Integration** der Ziele in das Zielsystem des
   Unternehmens. Zielkonflikte, die in aller Regel existieren, werden nicht benannt
   und gelöst, sondern zeigen sich letztlich erst bei der Umsetzung und führen zur
   Frustration der Mitarbeiter.

Konfliktfelder bei der Umsetzung des Systems

3. Die **Konsequenzen** formulierter Ziele und strategischer Stoßrichtungen **für die
   operativen Einheiten** bleiben unklar.
4. Es fehlt an **Verbindungen zwischen** der formulierten **Strategie und** der kurz-
   und langfristigen **Ressourcenallokation.** Die Konsequenzen aus der Sicht des
   Umwelt- bzw. Nachhaltigkeitsmanagements sind häufig verheerend: Es können
   vielfach nicht die notwendigen Budgets und Ressourcen zur Verfügung gestellt
   werden, um die den einzelnen Abteilungen, Standorten etc. zugedachten
   Aufgaben erledigen zu können. Da diese Aspekte auch nur selten mit
   (monetären) Anreizsystemen verbunden werden, mangelt es zudem an den
   notwendigen Potenzialen sowie an der Motivation, die schwierigen
   ökologischen Veränderungsprozesse anzustoßen.
5. Es erfolgt **zu wenig strategisches Feedback**. Dominant sind taktisch-operative
   und ökonomisch geprägte Controlling-Instrumente, die kein klares Bild darüber
   abgeben, ob die angestrebten Ziele erreicht werden und ob das Unternehmen
   sich noch auf dem gewählten strategischen Pfad bewegt.

Hinweise zur Lösung der in 1. und 2. beschriebenen Problemfelder finden sich in
den vorangegangenen Abschnitten dieses Kapitels. Des Weiteren ist eine enge
Verbindung zwischen den Zielen und den Maßnahmen herzustellen (Problemfeld 3).
Dazu müssen – unter Beachtung der Ziele sowie der zur Verfügung stehenden
Ressourcen und Potenziale – strategische Handlungsschwerpunkte definiert werden.
Hier können strategische Planungsinstrumente (z.B. Portfoliotechniken) wertvolle
Hilfestellungen leisten.

Zur Auflösung des 5. Konfliktfeldes ist ein Controlling aufzubauen, welches auch
die Beziehung zwischen ökonomischen, ökologischen und sozialen Zielgrößen analysiert (siehe dazu Teil III).

Teil III

Somit verbleibt aus dem oben aufgeführten Katalog nur noch Konfliktfeld 4: Zur
Verbindung von Strategien und operativen Aufgaben müssen Maßnahmen formuliert werden, die sich aus den fixierten Zielen und Handlungsschwerpunkten ergeben. Diese Maßnahmen können auch als **Arbeitspakete** bezeichnet werden, deren
Beschreibung – soweit im Einzelfall relevant – Auskunft über folgende Aspekte
geben sollten: Die Inhalte und Ziele des Arbeitspaketes, die Zuständigkeiten, die
übergeordneten Projekte/Bereiche, einzuhaltende Termine und Prioritäten sowie die

Arbeitspakete definieren

finanziellen und materiellen Voraussetzungen, die über die Grundausstattung und den laufenden Etat hinausgehen (in Anlehnung an Günther 1998, S. 53).

Arbeitspaket	Termin	Priorität	Ressourcen	Verantwortlich
Betriebsökologie				
B 1: Wasserverbrauch (Ziel: Senkung um 15%)				
1. Perlatoren in der Zentrale einbauen.	30.09.	lfd.	3.500,-	Umweltabteilung: Frau Fobbe
Minderung des Spülvolumens aller WC um 20%.	15.12.	lfd.	---	Umweltabteilung: Frau Fobbe
2. ...	...	...	...	...
B 2: Energieverbrauch (Ziel: Senkung um 9%)				
...				
Produkt-/Sortimentsökologie				
1. 40% der Textil-Artikel mit Label gemäß Öko-Tex-Standard 100	31.12.	normal	Prüfgebühren	Category-Managem.: Herr Frühschütz
Drei Angebote von Lieferanten für Öko-Eigenmarke einholen	15.08.	hoch	Praktikant	Zentrale Beschaffung: Herr Ricci
2. ...	...	...	...	...
Umweltmanagement				
Umweltmanagement-schulungen für das Category-Management	30.11.	normal	2 externe Trainer	Personalabteilung: Frau Quabius
Umweltbericht	31.12.	normal	Design / Druck 10.000,-	Umweltabteilung: Frau Sattelmaier
...				

Tab. 5-4: Beispiel für ein Umweltprogramm eines Handelsunternehmens (Quelle: in Anlehnung an Funck und Schinnenburg 2000, S. 232)

Zur besseren Übersicht sollte die Maßnahmenplanung dann in entsprechenden Tabellen zusammengefasst werden. Tabelle 5-4 zeigt Auszüge aus dem Umweltprogramm eines filialisierten Textilhändlers für das Jahr 2000. Die Tabelle wurde gemäß der drei Felder Betriebsökologie, Produkt- bzw. Sortimentsökologie und Umweltmanagement aufgeteilt. Für den Bereich der Betriebsökologie wurden weitere Untergruppen gebildet.

5.4   Übungsfragen

1. Welche Anforderungen müssen an eine Managementphilosophie gestellt werden? Verdeutlichen Sie diese an jeweils einem Beispiel.
2. Nach welchen Gesichtspunkten sollten Unternehmensleitlinien bzw. -grundsätze gestaltet werden? Formulieren Sie drei Umweltleitlinien für ein filialisiertes Baumarktunternehmen.
3. Wo sehen Sie den Zusammenhang zwischen dem Stakeholder-Ansatz und der Definition der Unternehmensziele?
4. Welche Hilfestellungen kann die Managementphilosophie bei der Definition operationalisierter Unternehmensziele leisten?
5. Definieren Sie je ein Ziel für die Betriebs- und Produktökologie sowie für die Ausgestaltung des Umwelt- bzw. Nachhaltigkeitsmanagements aus der Sicht eines Herstellers für Büromöbel.
6. Was versteht man unter einem „Arbeitspaket"? Welche Anforderungen sollten im Rahmen eines Umweltmanagements an ein Arbeitspaket gestellt werden?
7. Formulieren Sie je ein Beispiel für ein Arbeitspaket für den Energieverbrauch und für das Teilprojekt „Verpackungsreduzierung".

5.5   Weiterführende Literatur

Dyllick, T. (1989): Management der Umweltbeziehungen: Öffentliche Auseinandersetzung als Herausforderung, Wiesbaden.

Funck, D. und Schinnenburg, H. (2000): Umweltmanagement im Handel – Konzeption, Umsetzung und Vermarktung, Frankfurt.

Kaplan, R.S. und Norton, D.P. (1997): Balanced Scorecard – Strategien erfolgreich umsetzen, Stuttgart.Orlitzky, M., Schmidt, F.L. und Rynes, S.L. (2003): Corporate Social and Financial Performance: A Meta-analysis, in Organisation Studies, Vol. 24, No. 3, S. 403-441.

Schlatter, A., Hamschmidt, J. und Hildesheimer, G. (1999): Der betriebswirtschaftliche Nutzen von Umweltaktivitäten im Dienstleistungssektor – Leitfaden zur Nutzenbeurteilung von Umweltmanagementmaßnahmen, Schriftenreihe öbu, Nr. 18, Zürich.

Wagner, M., Schaltegger, S. und Wehrmeyer, W. (2001): The Relationship between the Environmental and Economic Performance of Firms: What does theory propose and what does empirical evidence tell us?, in Greener Management International, Issue 34, S. 95-108.

6 Integrierte Managementsysteme

von Dirk Funck und Jens Pape

Kapitelausblick

Unternehmen bauen zunehmend Integrierte Managementsysteme (IMS) auf, in denen neben dem Umweltmanagement auch Fragen des Qualitätsmanagements und Aspekte der Arbeitssicherheit Berücksichtigung finden. Zunehmend greifen diese Managementsysteme auch weitere Fragestellungen des Themenfelds Nachhaltigkeit auf und werden so zu Nachhaltigkeitsmanagementsystemen erweitert. In diesem Kapitel sollen die begrifflichen Grundlagen zum Thema geklärt sowie die Bedeutung von IMS in der Wirtschaftspraxis aufgezeigt werden.

Darüber hinaus werden die Ziele und Probleme bei der Umsetzung von IMS diskutiert und die möglichen Integrationsfelder verdeutlicht. Abschließend werden die Möglichkeiten zur Standardisierung und Evaluation von IMS thematisiert.

Die Ausführungen werden empirisch fundiert und beruhen auf einer Untersuchung, die im Herbst 2000 am Institut für Marketing und Handel der Universität Göttingen durchgeführt wurde.

Lernziele

1. Den Begriff der „Integration" im Kontext betrieblicher Managementsysteme erklären können.
2. Die wachsende Bedeutung von Integrierten Managementsystemen erkennen.
3. Gründe für und gegen die Integration von Managementsystemen kennen lernen.
4. Gegenwärtige Möglichkeiten zur Standardisierung eines IMS erkennen.

6.1 Grundlagen und Bedeutung von IMS

Vereinfacht ausgedrückt sollen **Managementsysteme** einen Beitrag zur Professionalisierung der Unternehmensführung leisten, indem sie formalisieren, systematisieren und artikulieren (vgl. Schütz 1998, S. 97ff. und S. 140ff.). Sie werden häufig auch als Führungssysteme, *Business Systems* oder Geschäftssysteme bezeichnet und sind bewusst in der Aufbau- und Ablauforganisation eines Unternehmens zu verankern (vgl. Kirsch und Maaßen 1990, S. 2). In ihnen werden insbesondere die Unternehmensfunktionen „Planung" und „Kontrolle" gebündelt (vgl. Bleicher 1999, S. 348).

 Kap. 4

Ausgehend von einem solchermaßen verstandenen „Allgemeinen Managementsystem", wurden in den vergangenen Jahrzehnten zunehmend themenzentrierte Managementsysteme in den Unternehmen aufgebaut, mit der Möglichkeit, diese einer Selbst- und/oder Fremdprüfung zu unterziehen. Das geschah vor dem Hintergrund wettbewerbspolitischer Herausforderungen, verbunden mit zunehmend ausdifferenzierten Ansprüchen externer Gruppen (Kunden, Umweltorganisationen, Gewerkschaften etc.). Etabliert haben sich bereits Qualitäts-, Umwelt- und Arbeitssicherheitsmanagementsysteme. In den letzten Jahren wurde zudem vermehrt die Frage eines *Social-Managements* in der Öffentlichkeit diskutiert. Es handelt sich dabei um den Versuch, soziale Standards (z.B. fair gehandelte Produkte, Vermeidung von

themen-
zentrierte
Systeme

 Kap. 3

Kinderarbeit) im Unternehmen zu verankern und so alle drei Nachhaltigkeitsbereiche – Ökonomie, Ökologie und Soziales- im Management zu verankern (vgl. Funck et al. 2000, S. 5).

Innerhalb der genannten Systeme kommt es zu weiteren Ausdifferenzierungen. So werden im Rahmen des Qualitätsmanagements Beschwerde- oder auch Hygienemanagementsysteme eingerichtet und innerhalb des Umweltmanagements gibt es Abfall- und Energiemanagementsysteme.

Adsorption

Durch den Aufbau unterschiedlicher themenzentrierter Managementsysteme, die gar nicht oder nur lose miteinander verbunden sind, werden in der Unternehmenspraxis nicht selten Organisationen in der Organisation geschaffen. Diese sind mit eigenen Zielen, einem eigenen Handlungszentrum sowie einer eigenen Kultur ausgestattet (vgl. Schütz 1998, S. 99ff.). Zu beobachten ist dabei häufig die sogenannte Adsorption (Anlagerung), d.h. der Wegfall dieser Managementsysteme sowie ihres Outputs hat keinen bzw. lediglich einen unbedeutenden Einfluss auf die übrigen Handlungsergebnisse des Unternehmens (vgl. Kirsch und Maaßen 1990, S. 5). Durch die (künstliche) Abtrennung einzelner Themen aus dem „Allgemeinen Managementsystem" können somit die Ziele des spezifischen Systems nicht erreicht werden. Zudem bleiben die Überlappungen und Wechselwirkungen zwischen unterschiedlichen Managementsystemen unbeachtet (vgl. Schwaninger 1994, S. 45).

Aus diesen Gründen wurde in den letzten Jahren der Ruf nach **Integrierten Managementsystemen** immer lauter (vgl. z.B. Becker 1997; Enzler 2000; Pischon 1999; Schwerdtle 1999).

Integration = Abstimmung

Mit dem Begriff der Integration wird dabei zunächst der Anspruch verbunden, eine Abstimmung zwischen den unterschiedlichen Managementsystemen herbeizuführen. Dieses ist erforderlich, weil sich die in den Managementsystemen zu behandelnden Aspekte häufig überschneiden und deshalb eine inhaltliche und organisatorische Abstimmung erforderlich wird. Beispiele dafür sind die qualitäts- und umweltbezogene Produkt- bzw. Lieferantenbeurteilung oder die Gestaltung von Logistikprozessen aus Sicht der Arbeitssicherheit und des Umweltschutzes.

Integration = Synergie

Darüber hinaus beinhaltet die Integrationsidee aber auch die Vorstellung, dass ein neues, übergeordnetes System entsteht, welches „mehr als die Summe seiner Teile" ist. Damit ist die Vorstellung angesprochen, dass durch die Integration verschiedener Managementsysteme Synergieeffekte entstehen. So ist eine Kostensenkung durch die Vermeidung von Doppelarbeiten möglich (z.B. ein Beauftragter für mehrere Systeme, ein Managementsystemhandbuch) und auch eine glaubwürdigere Profilierung nach außen erscheint möglich.

Integration = Prozess-orientierung

Schließlich soll auch eine Verschmelzung des Systems mit den Abläufen im realen Unternehmen erfolgen (vgl. Pischon 1999, S. 277; Schwaninger 1994, S. 46ff.), um die oben angesprochene Adsorption zu verhindern. Als Schlüssel zu einer so verstandenen Integration gilt der Aufbau prozessorientierter Managementsysteme.

6.2 Ziele und Probleme von IMS

Analysiert man die möglichen Ziele, die mit der Entscheidung für die Integration unterschiedlicher Managementsysteme verfolgt werden, so sind Effizienz-, Sicherheits-, Flexibilitäts-, Innovations-, Konsistenz- und Profilierungsziele zu unterscheiden (vgl. Felix et al. 1997, S. 3; Funck et al. 2000, S. 6):

weniger Koordination und Doppelarbeiten

- **Effizienz**: Mit der Integration wird der Anspruch verbunden, Doppelarbeiten zu vermeiden und den Koordinationsbedarf zu senken. Kosteneinsparungen können sich dadurch ergeben, dass die Beratung, Schulungen, die Systemprüfung, die Dokumentation und die Information externer Anspruchsgruppen sowie die prozessbezogenen Ist-Analysen zu einem großen Teil gemeinsam erfolgen können.

Risiko-vermeidung

- **Sicherheit**: Im Vordergrund steht die Absicherung gegen Haftungs- und strafrechtliche Risiken sowie gegen Imageschäden. Durch die Integration der Sys-

teme können ggf. widersprüchliche Vorschriften besser erkannt und eine umfassende Analyse von Ansprüchen externer und interner Anspruchsgruppen sichergestellt werden.

- **Flexibilität**: Durch die klare Strukturierung der Kommunikationsprozesse und damit letztlich die Senkung des Koordinationsbedarfs soll mit Hilfe der Integration die Reaktions- und Anpassungsgeschwindigkeit des Unternehmens erhöht werden. *schneller reagieren*

- **Innovation**: Die systematische Analyse der Anforderungen, die an das Unternehmen von den Anspruchsgruppen herangetragen werden sowie die Veranke-rung einer den entsprechenden Anforderungen gegenüber offenen Unterneh-menskultur soll die Innovationskraft des Unternehmens stärken. Dieses Ziel wird darüber hinaus noch durch ein integriertes Wissensmanagement sowie die nachhaltige Etablierung kontinuierlicher Verbesserungsprozesse gestützt. *KVP*

- **Strategische Konsistenz**: Die Beachtung qualitäts-, gesundheits-, umwelt- und sozialbezogener Standards ist nicht immer konfliktfrei. Mögliche Zielkonflikte können im Rahmen eines integrierten Managementsystems systematisch aufgespürt und frühzeitig ausgeräumt werden. *Zielkonflikte lösen*

- **Einheitliche Profilierung**: Durch ein integriertes System kann ein Beitrag zu einer klareren *Corporate Identity* (CI) geleistet werden, da sich die aus der Sicht der Kunden bestehenden Zusammenhänge zwischen Qualitäts-, Umwelt- und Sozialaspekten besser fundieren und kommunizieren lassen. *Corporate Identity*

Die nachfolgende Abbildung zeigt die möglichen Ziele eines IMS im Überblick:

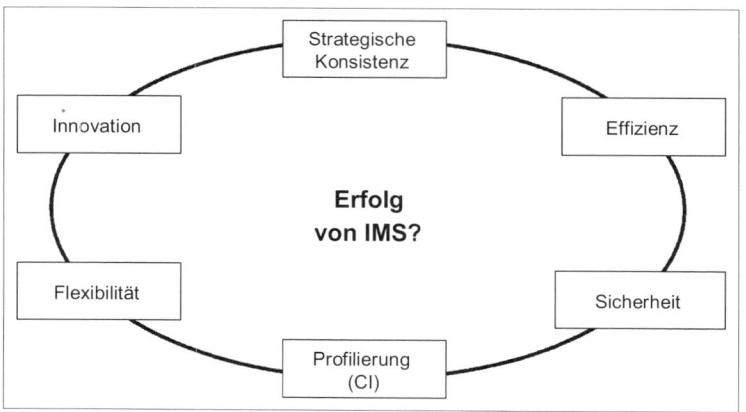

IMS-Ziel-bündel

Abb. 6-1: *Mögliche Ziele von IMS (Quelle: Funck et al. 2000, S. 7)*

Welche Bedeutung haben diese Ziele nun in der Wirtschaftspraxis? Nachfolgend die Ergebnisse der Untersuchung von FUNCK et al. (2001), in der die vorgegebenen Ziele von den Unternehmen gemäß ihrer Wichtigkeit auf einer Skala von 1 (keine Bedeutung) bis 5 (sehr hohe Bedeutung) einzustufen waren.

IMS–Ziele
in der Praxis

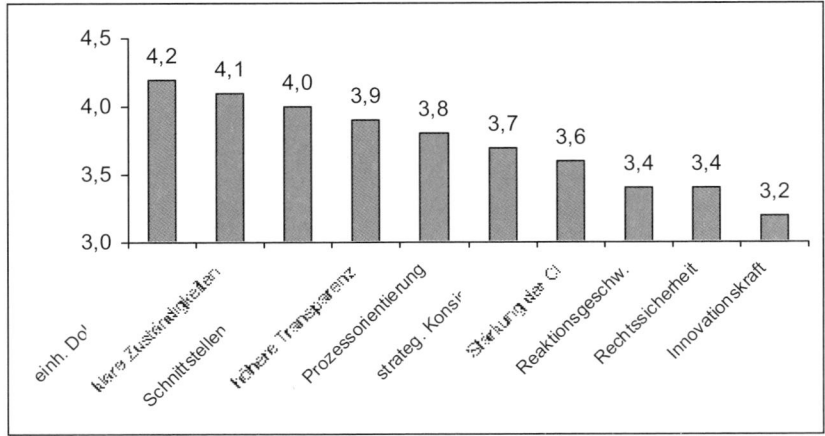

Abb. 6-2: *Ziele von IMS in der Praxis (Quelle: Funck et al. 2001)*

Die Ergebnisse zeigen, dass die innengerichteten Effizienz- und Transparenzziele deutlich dominieren. Außengerichtete und marktorientierte Ziele wie „Innovationskraft", „Rechtssicherheit" oder „Stärkung der *Corporate Identity*" spielen aus Sicht der Unternehmen dagegen nur eine untergeordnete Bedeutung.

Transparenz,
Kosten- und Zeit-
ersparnis

Diese Aussagen werden durch die anderen oben genannten Studien bestätigt (vgl. Kroppmann und Schreiber 1996, S. 18; KPMG 1998, S. 10; Enzler 2000, S. 364). Zusammenfassend lässt sich daher sagen, dass die Ziele von IMS in der Praxis in einer höheren Transparenz sowie der Kosten- und Zeitersparnis durch eine gemeinsame Dokumentation, eindeutige Zuständigkeiten und die Durchführung eines Audits liegen.

Angesichts der Komplexität von Integrationsprojekten ist es nicht verwunderlich, dass von Seiten der Unternehmen bei der Einführung von IMS auch Probleme gesehen werden. Die nachfolgende Grafik unterstreicht dabei das prinzipiell große Interesse an IMS, da die Bedeutung der Probleme – die erneut auf einer Skala von 1 bis 5 zu gewichten waren – vergleichsweise gering eingeschätzt wird.

Probleme von
IMS

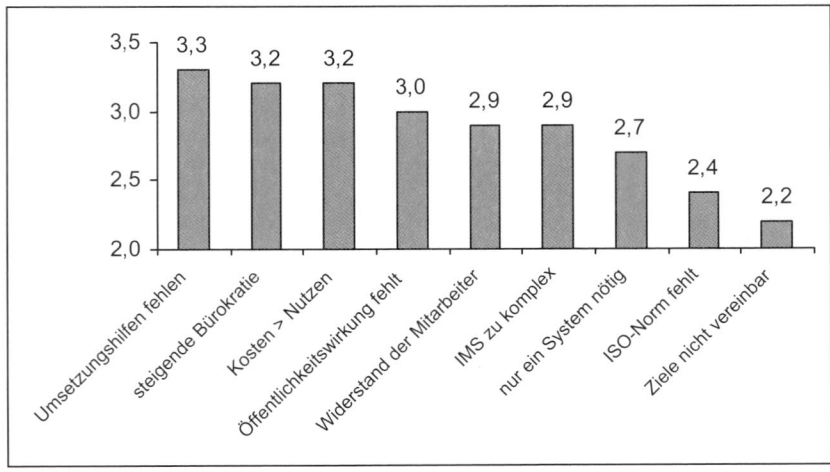

Abb. 6-3: *Gründe gegen IMS in der Praxis (Quelle: Funck et al. 2001)*

Selbst das als größtes Problem empfundene „Fehlen von Umsetzungshilfen" lag mit einem Wert von 3,3 knapp über dem Mittelwert von 3,0. Zudem zeigt der Wunsch nach besseren Umsetzungshilfen sowie einer stärkeren Öffentlichkeitswirkung die grundsätzlich positive Einstellung gegenüber IMS. Weitere nennenswerte Probleme liegen in der steigenden Bürokratie und dem befürchteten ungünstigen Kosten-Nutzen-Verhältnis begründet.

6.3 Integrationsfelder

In einem idealtypischen IMS sollten alle Aktionsbereiche eines Managementsystems einbezogen werden. Folgt man dem neuen St. Galler Management-Modell (vgl. Rüegg-Stürm 2003) gehört dazu zunächst eine **Managementphilosophie**, die Aussagen zur Wertestruktur des Unternehmens trifft und die Rolle des Unternehmens in Wirtschaft und Gesellschaft definiert.

Sechs sogenannte Grundkategorien beziehen sich auf zentrale Dimensionen des Managements (vgl. Rüegg-Stürm 2003, S. 21ff.):

- **Umweltsphären**, als zentrale Kontexte der unternehmerischen Tätigkeit (Gesellschaft, Natur, Technologie und Wirtschaft),
- **Anspruchsgruppen**, die von den unternehmerischen Wert- und/oder Schadschöpfungsaktivitäten betroffen sind (Lieferanten, Konkurrenz, Staat, Öffentlichkeit, NGOs, Mitarbeitende, Kunden, Kapitalgeber), ⇒ Kap. 3
- **Interaktionsthemen**, d.h. die Objekte bzw. personen- oder kulturgebundene Elemente der Austauschbeziehungen zwischen Stakeholdern und Unternehmen (Ressourcen, Normen und Werte, Anliegen und Interessen),
- **Ordnungsmomente** wie Strategie, Strukturen und Kultur,
- **Prozesse** der Wertschöpfungsaktivitäten und die damit verbundene Führungsarbeit (Management-, Geschäfts- und Unterstützungsprozesse) und
- **Entwicklungsmodi**, die grundlegende Muster der unternehmerischen Weiterentwicklung beschreiben (Optimierung und Erneuerung).

Abb. 6-4: *Das neue St. Galler Management-Modell (Rüegg-Stürm 2003, S. 22)*

Im neuen St. Galler Management-Modell ist somit die systematische Auseinandersetzung mit normativen Grundlagen der Unternehmensführung, ein wachsendes

Bewusstsein für die Bedeutung von Anspruchsgruppen zu erkennen und ein breiter gefasster Ressourcenbegriff zugrunde gelegt.

Alle Wertschöpfungsprozesse eines Unternehmens lassen sich einem der drei übergeordneten Prozesse zuordnen, den Mangement-, Geschäfts- oder Unterstützungsprozessen (Abb. 6-4), die sich wiederum in Teilprozesse untergliedern lassen. Während die Geschäftsprozesse die praktische Durchführung der marktbezogenen Kernaktivitäten des Unternehmens abbilden und mit Blick auf einen effektiven und effizienten Vollzug von Unterstützungsprozessen (Bereitstellung der Infrastruktur und Erbringung interner Dienstleistungen) begleitet werden, werden alle grundlegenden Managementaufgaben (Gestaltung, Lenkung, Steuerung und Entwicklung einer Organisation) durch Managementprozesse abgebildet.

Managementprozesse können dabei in normative Orientierungsprozesse, strategische Entwicklungsprozesse und operative Führungsprozesse untergliedert werden.

Zwischen den **Aktivitäten** auf der normativen, strategischen und operativen Ebene kommt es zu laufenden Wechselwirkungen wobei alle Funktionen (Absatz, Beschaffung etc.), Objekte (Zielgruppen, Produkte, Betriebsformen etc.) und räumlichen Betätigungsfelder (regional, national, international) angesprochen werden (vgl. ausführlich Rüegg-Stürm 2003, S. 70f.):

Hierarchie-
ebenen im IMS

- **Normative Ebene**: Formulierung einer Unternehmenspolitik (Zielsystem des Unternehmens) vor dem Hintergrund der Anforderungen der unterschiedlichen Bezugsgruppen (ethische Legitimation der unternehmerischen Tätigkeit).
- **Strategische Ebene**: Ausarbeitung eines Programms zur Umsetzung der Unternehmenspolitik, welches Bezug zu den Erfolgspotenzialen des Unternehmens nimmt (wettbewerbsbezogene, langfristige Zukunftssicherung eines Unternehmens).
- **Operative Ebene**: Vollzug des Programms im Rahmen von Maßnahmen (unmittelbare Bewältigung des Alltagsgeschäfts).

Um ein Managementsystem dauerhaft und erfolgreich implementieren zu können, sind neben einer tragfähigen Strategie der unternehmerischen Tätigkeit (immer wieder entscheiden „die *richtigen* Dinge zu tun") zwei weitere Handlungsfelder von zentraler Bedeutung, hinsichtlich derer ebenfalls eine normative, strategische und operative Ebene zu unterscheiden ist: die Strukturen und Kultur.

Organisation und
Mitarbeitende

Die **Strukturen** beinhalten – ausgehend von einer Unternehmensverfassung – die Aufbau- und Ablauforganisation des Unternehmens (d.h. die Bemühung, „die Dinge *richtig* zu tun"). Das Verhalten wird von der **Kultur** des Unternehmens bestimmt, die eine lenkende Wirkung auf das Problem- und Problemlösungsverhalten der Mitarbeiter entfaltet (vgl. Bleicher 1999, S. 72f.).

Nachfolgend die exemplarische Umsetzung eines Integrierten Managementsystems für Qualität und Umwelt mit Hilfe der Struktur des St. Galler Management-Konzepts. Eine analoge Vorgehensweise ist bei der Implementierung eines Nachhaltigkeitsmanagementsystems denkbar.

	Struktur	Aktivitäten	Verhalten
Philosophie	Einbindung qualitätsbezogener und ökologischer Aspekte in die Managementphilosophie		
Normativ	qualitäts- und umwelt-bezogene Aspekte in die Unternehmens-grundsätze einbinden	qualitäts- und umweltbezogenes Zielsystem entwerfen	qualitäts- und umweltbezogener Fortschritt wird auf allen Ebenen gefördert
Strategisch	Kooperation mit Umweltgruppen; Kundenbeiräte installieren	Festlegung des Ein-flusses ökologischer Aspekte auf die Positionierung der Produkte im Markt	Qualitäts- und Umweltbewusstsein als Einstellungskriterium und Zielgröße der Personalentwicklung
Operativ	gemeinsame Sitzungen der Umwelt- und Qualitätszirkel	Überarbeitung einer Verpackungscheckliste nach Umwelt- u. Qualitätsaspekten	Durchführung einer gemeinsamen Umwelt- und Qualitätsschulung

Tab. 6-1: *IMS am Beispiel des St. Galler Management-Konzepts (Quelle: eigene Darstellung)*

Die Ausführungen unterstreichen den umfassenden Anspruch bezüglich der Umsetzung von Integrierten Managementsystemen. Betroffen sind alle Unternehmensbereiche und alle Planungsebenen. Die nachfolgende Abbildung zeigt jedoch, dass der Umsetzungsstand bezüglich der einzelnen Aktionsbereiche in den Unternehmen bislang noch höchst unterschiedlich ausfällt (Bewertungsskala: 1 [unwichtig] bis 5 [sehr wichtig]).

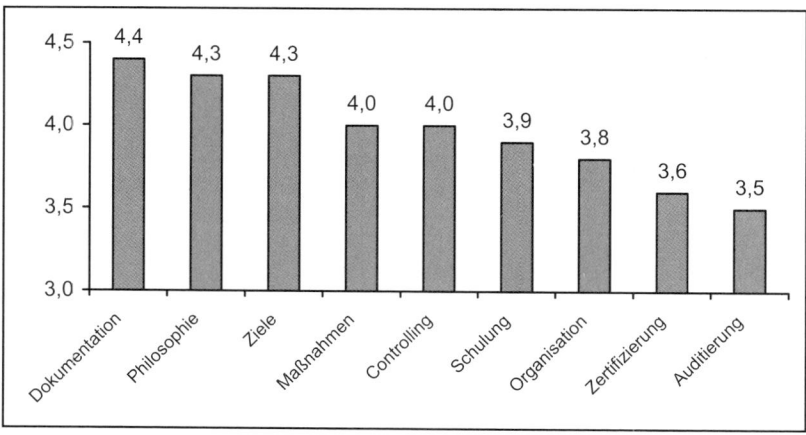

Abb. 6-5: *Integrationsbereiche (Quelle: Funck et al. 2001)*

Im Vordergrund steht die Dokumentation, was mit den vorhergehenden Aussagen zu den Zielen von IMS in der Praxis harmoniert. Darüber hinaus ist vor allem die Philosophie und die normative Ebene (Ziele!) des Unternehmens von Bedeutung und es dominieren – gemäß der St. Galler Terminologie – Aktivitäten gegenüber struktur- oder verhaltensbezogenen Maßnahmen.

Bislang noch unbedeutend sind schließlich Fragen der Zertifizierung und Auditierung, was sich mit den Veränderungen bei den Normierungsgrundlagen allerdings wandeln dürfte. So soll zukünftig zumindest eine gemeinsame Auditierung für das Qualitätsmanagement (ISO 9001:2000) und Umweltmanagement (ISO 14001) möglich sein. Die entsprechende Norm (ISO 19011) wird derzeit erstellt.

Entscheidende Grundlage für die Umsetzung eines IMS ist dabei die Erarbeitung eines Prozessmodells, in das die aus den verschiedenen Managementsystemen herrührenden Anforderungen systematisch und integrativ eingebunden werden können.

6.4 Normierung von IMS

Managementmodelle sind standardisierte Umsetzungshilfen für die Implementierung von Managementsystemen, die zugleich als Evaluationsgrundlage dienen können. Im Umweltmanagement werden dazu überwiegend die ISO 14001 und die EMAS-Verordnung herangezogen.

Kap. 3

Weitere Managementmodelle resultieren aus den ISO-Normen 9000ff. (Qualitätsmanagement), dem EFQM-Modell (EUROPEAN FOUNDATION OF QUALITY MANAGEMENT) sowie dem Standard für Arbeitsschutzmanagement OHSAS (*Occupational Health and Safety Assessment Series*).

IMS-ISO-Norm?

Keines dieser Modelle stellt dabei explizit auf die Umsetzung eines IMS ab. Vielmehr stehen jeweils entweder Qualitäts-, Umwelt- oder Arbeitssicherheitsaspekte im Mittelpunkt. Eine ISO-Norm für IMS ist bislang nicht geplant.

EFQM-Modell

Lediglich das EFQM-Modell, welches aus dem TQM-Konzept abgeleitet wurde und bei der Vergabe des *European Quality Award* zu Grunde gelegt wird, beinhaltet neben den Qualitätsanforderungen bereits auch umweltschutzbezogene Kriterien. Insbesondere in dem Teilkriterium „*Society Results*" werden Maßnahmen zur Vermeidung/Verminderung von Lärm, Geruch und Umweltverschmutzung sowie regelmäßige Angaben über Maßnahmen zur Schonung und nachhaltigen Bewahrung von Ressourcen gefordert.

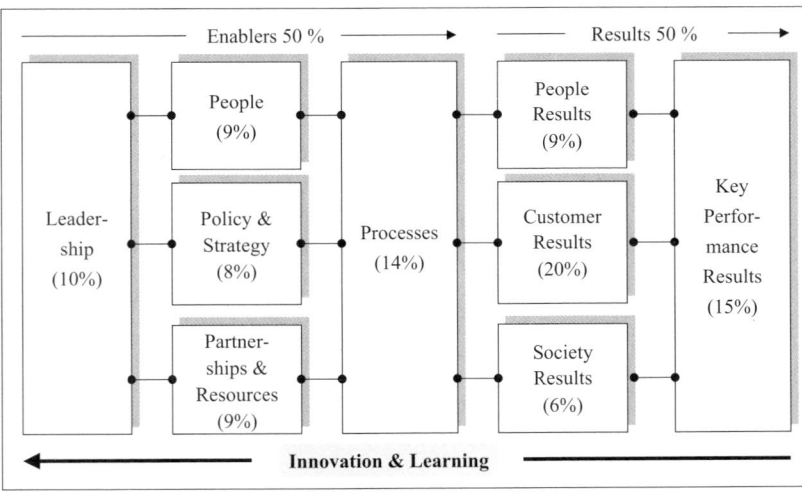

Abb. 6-6: *EFQM-Modell (Quelle: EFQM 1999, S. 34)*

Ökologie im
EFQM-Modell

Aber auch in den übrigen Teilkriterien finden sich ökologiebezogene Anforderungen So wird beispielsweise im Kriterium 1 (Führung) darauf hingewiesen, dass „Aktivitäten zur Umweltverbesserung" zu unterstützen sind und im Kriterium 4 (Partnerschaften und Ressourcen) werden „Aktivitäten zur Reduktion von Abfällen" und des „Ressourcenverbrauchs" eingefordert sowie die Verringerung „schädlicher globaler Beeinträchtigungen durch Produkte und Dienstleistungen" als Ziel formuliert.

Einschränkend ist aber anzumerken, dass mit dem Aufbau eines Managementsystems nach dem EFQM-Modell keine systematische und lebenszyklusbezogene Erfassung und Bewertung des betrieblichen Umweltverbrauchs erforderlich ist. Darüber hinaus handelt es sich in erster Linie um ein Qualitätsmodell, in dem ökologische Aspekte als Zwischenziel mit einem vergleichsweise geringen Gewicht einbezogen werden (vgl. Ahsen und Funck 2001).

IMS-Modelle

Ein weiterer Ansatz für die Normierung eines IMS ist die Verknüpfung der ISO Normen 9000 (Revision 2000) und 14001 (Revision 2005). Da beide einem entscheidungsorientierten Aufbau folgen, können ausgehend von einem Managementsystem gemäß einer der beiden Normen die Anforderungen der jeweils anderen integriert werden. Als Ergebnis erhält man ein integriertes Qualitäts- und Umweltmanagementsystem, welches nach der ISO-Norm 19011 auditiert werden kann, für welches aber weiterhin zwei Zertifikate ausgestellt werden. Im Rahmen der Revision der ISO 14001 in 2005 wurde insbesondere auf die Verbesserung der Kompatibilität im Hinblick auf die ISO 9000 geachtet Die Integration weiterer Systeme (z.B. Arbeitssicherheit) dürfte sich bei dieser Lösung etwas problematischer darstellen, als bei der Lösung gemäß des EFQM-Modells.

6.5   Umweltschutz im IMS

Die oben bereits zitierte Studie von ENZLER (2000) hat ergeben, dass Zielkonflikte zwischen den zu integrierenden Managementsystemen bzw. unterschiedliche Forderungen der jeweiligen Anspruchsgruppen (z.B. Gesetzgeber, Kunden, Öffentlichkeit, Zertifizierer) von den Befragten als eine wesentliche Barriere beim Aufbau eines IMS angesehen werden. Bestätigt werden diese Ergebnisse durch eine Studie von RAU (1999): Hier gaben 42% der Unternehmen mit einem Managementsystem gemäß des Modells der EUROPEAN FOUNDATION FOR QUALITY MANAGEMENT (EFQM) an, dass sie sich nicht vertiefend mit Fragen des Umweltmanagements auseinandersetzen, weil dieses mit den übrigen Unternehmenszielen nicht ausreichend kompatibel sei (vgl. Rau 1999, S. 364).

Qualität ≠ Umweltschutz?

Wie aber werden Zielkonflikte, z.B. zwischen Qualität und Umweltschutz, in IMS gelöst?

Aus Sicht des Umweltmanagements stellt sich die Frage, ob und gegebenenfalls wie sich die Implementierung eines integrierten Managementsystems auf die Durchsetzbarkeit von Umweltschutzinteressen gegenüber konfliktären Qualitätszielen auswirkt. Teilweise wird die Befürchtung geäußert, dass umweltbezogene Ziele bei auftretenden Zieldivergenzen im Rahmen von integrierten Managementsystemen eher vernachlässigt werden als bei Vorliegen eines separaten Umweltmanagementsystems.

Sinken Umwelt-standards im IMS?

Eine diesbezügliche vertiefende Analyse von AHSEN und FUNCK (2001) hat dazu ergeben, dass der Erfolg des betrieblichen Umweltschutzes aus konzeptioneller Sicht unabhängig davon ist, ob dieser in einem separaten Umweltmanagement oder einem IMS organisiert wird. Entscheidend ist der Stellenwert des Umweltschutzes im unternehmerischen Zielsystem. IMS können im Vergleich zu isolierten Umweltmanagementsystemen bei entsprechender Gewichtung ökologischer Sollvorschriften sogar zu einem verbesserten Umweltschutz führen, weil ökologische Kriterien von Beginn an bei der kundenorientierten Gestaltung von Produkten bzw. Prozessen einbezogen werden. Für den Fall des Auftretens von Zielkonflikten sind Entscheidungsregeln entsprechend des unternehmerischen Zielsystems festzulegen. Notwendig ist in diesem Zusammenhang aber noch die Weiterentwicklung der bestehenden Ansätze für integrierte Planungs- und Kontrollinstrumente.

Die Ziele sind entscheidend!

6.6   Übungsfragen

1. Was unterscheidet themenzentrierte Managementsysteme von einem IMS?
2. Was bedeutet die „Integration" von Managementsystemen?
3. Welche Ziele können mit dem Aufbau eines IMS verbunden sein? Erklären Sie diese, und geben Sie jeweils ein anschauliches Beispiel.
4. Welche Handlungsfelder eines Unternehmens können Gegenstand der Integration von Managementsystemen sein?
5. Sie wollen ein IMS aufbauen und evaluieren lassen. Welches Modell würden Sie dazu nutzen? Begründen Sie Ihre Entscheidung.
6. Welche Konsequenzen hat die zunehmende Bedeutung von IMS für den betrieblichen Umweltschutz?

6.7   Weiterführende Literatur

Bleicher, K. (1999): Das Konzept integriertes Management, Visionen – Missionen – Programme, 5. Aufl., Frankfurt, New York.

Enzler, S. (2000): Integriertes prozessorientiertes Management. Die Verbindung von Umwelt, Qualität und Arbeitssicherheit in einem Managementsystem anhand der betrieblichen Prozesse, Berlin.

Funck, D. (2001): Integrierte Managementsysteme in der Praxis – Ziele, Probleme und Stand der Umsetzung, in: Qualität und Zuverlässigkeit, Nr. 5.

Kirsch, W. und Maaßen, H. (1990): Managementsysteme, in: Kirsch, W. und Maaßen, H.: Managementsysteme – Planung und Kontrolle, 2. Aufl., München, S. 1-20.

Rüegg-Stürm, J. (2003): Das neue St. Galler Management-Modell, Bern.

Schwaninger, M. (1994): Managementsysteme, New York.

Schwerdtle, H. (1999): Prozessintegriertes Management – PIM, Berlin.

7 Grundlagen des Umweltcontrollings – Aufgaben, Instrumente, Organisation

von Ellen Faßbender-Wynands, Stefan Seuring und Ulrich Nissen

Kapitelausblick

Dieses Kapitel bietet einen Einstieg in das Themengebiet des Umweltcontrollings. Ausgangspunkt dafür bilden die Definition sowie eine Beschreibung der Aufgaben des traditionellen Controllings. Darauf aufbauend werden neben begrifflichen Klärungen und Abgrenzungen Ziele und Aufgaben des Umweltcontrollings herausgestellt. In den weiteren Abschnitten wird ein Überblick über die wichtigsten strategischen und operativen Instrumente und ihre Integration in das Umweltcontrolling gegeben. Weiterhin werden der Ablauf des Umweltcontrolling-Zyklus erläutert sowie die Möglichkeiten der organisatorischen Verankerung des Umweltcontrollings im Unternehmen dargestellt.

Dieses Kapitel ist gleichzeitig als Basis für die nachfolgenden Kapitel zu verstehen, die einzelne Instrumente, wie Ökobilanzen und Stoffstrommanagement (s. Kap. 8), Ökoeffizienz-Analyse (s. Kap. 9), Umweltkennzahlen (s. Kap. 10) sowie die Umweltkostenrechnung (s. Kap. 13) behandeln. Es dient daher dazu, einen Überblick zum Thema zu geben.

Lernziele

1. Einen Überblick über Bedeutung und Aufgaben des Umweltcontrollings gewinnen.
2. Die im Bereich Umweltcontrolling einsetzbaren Instrumente kennen lernen.
3. Den Umweltcontrolling-Ablauf begreifen.

7.1 Begriff des Umweltcontrollings

Ansätze zur Erfassung der Wirkungen wirtschaftlichen Handelns gibt es seit Mitte der 80er Jahre in unterschiedlichster Form. Sie werden z.B. als Ökologieorientiertes Controlling, Öko-Controlling, umweltorientiertes Controlling oder Umweltcontrolling bezeichnet, wobei die Begriffe hier synonym verwendet werden.

Teilweise wird davon ausgegangen, dass sich unter dem Begriff Umweltcontrolling ein Sammelsurium verschiedener Ansätze, wie z.B. ökologische Buchhaltung, Öko-Bilanzierung, Umweltkostenrechnung u.ä. verbirgt. Oftmals wird der Begriff auch gleichgesetzt mit betrieblichen Umweltinformationssystemen (vgl. die Übersicht bei Schaltegger und Sturm 1995, S. 9).

Beides greift deutlich zu kurz. Umweltcontrolling ist eher als Führungsunterstützungs- und Koordinationssystem des betrieblichen Umweltschutzes zu sehen. Daher wird in Anlehnung an die Definition des traditionellen Controllings (vgl. Horváth 2006, S. 144) folgende Definition hier zu Grunde gelegt:

„Umweltcontrolling ist ein Subsystem des Controlling, das durch systembildende und systemkoppelnde Koordination die Planungs-, Steuerungs-, Kontroll- und Informationsversorgungsfunktion des Controlling um ökologische Komponenten er-

Umweltcontrolling

weitert und auf diese Weise die Adaptions- und Koordinationsfähigkeit des Gesamtsystems unterstützt." (Beuermann et al. 1995, S. 339.)

Besonders hervorzuheben sind hierbei die **Planung, Steuerung, Kontrolle und Informationsversorgung** sowie die Sicherung und Erhaltung der **Adaptions- und Koordinationsfähigkeit** des Systems (siehe Kap. 7.2.2). Darüber hinaus sind die systembildende und die systemkoppelnde Funktion des Umweltcontrollings zu betonen, die nachfolgend näher erläutert werden:

System-
bildung

> **Systembildende** Funktion des Umweltcontrollings: Schaffung einer Organisations-, ggf. auch Prozessstruktur, die zur Abstimmung der Aufgaben beiträgt. Das bedeutet, dass die Entwicklung neuer, effizienterer Informationserhebungs- und -verarbeitungsmethoden zum Aufgabenbereich des Umweltcontrollings zählt. Die systembildende Funktion beinhaltet die Schaffung eines aufbau- und ablauforganisatorischen Basissystems für das Umweltmanagement.

System-
kopplung

> **Systemkoppelnde** Funktion des Umweltcontrollings: Durch Bereitstellung adäquater Informationen sollen sich die Aktivitäten der Planung, Steuerung, Kontrolle und Informationsversorgung nicht isoliert vollziehen. Das bedeutet eine ständige Überprüfung der Planungsaktivitäten durch entsprechende Plankontrollen (rollierende Planung).

Diese Formulierungen lehnen sich eng an die koordinationsorientierte Konzeption des Controllings an. Insbesondere in neueren Arbeiten (vgl. zur Übersicht Westhaus 2007) wird die Aufgabe, das Management bei Führungsentscheidungen zu unterstützen, herausgearbeitet, so dass der Funktion der Rationalitätssicherung sowie der Selektion (zwischen verschiedenen Entscheidungsalternativen) eine zentrale Rolle zukommt (Weber und Schäffer 2007).

7.2 Ziele und Aufgaben des Umweltcontrollings

In Anlehnung an die Definition des Umweltcontrollings werden Ziele und Aufgaben nachfolgend näher erläutert.

7.2.1 Ziele des Umweltcontrollings

Die Zielsetzung des Umweltcontrollings leitet sich aus der der Zielsetzung des gesamten Unternehmenscontrollings ab: Sie besteht in der **Unterstützung der Unternehmensführung**, damit diese die Formal- und die Sachziele des Unternehmens realisieren kann (vgl. Horváth 2006).

Aus dieser Zielformulierung ergibt sich als Voraussetzung für ein Umweltcontrolling die Existenz umweltschutzbezogener Zielkomponenten im Zielsystem des Unternehmens. Andernfalls wäre ein Umweltcontrolling nicht sinnvoll. Allerdings sagt dies noch nichts darüber aus, ob Umweltschutz als Formal- oder als Sachziel im unternehmerischen Zielsystem verankert ist.

Formalziel

Umweltschutz als **Formalziel** kann zum Beispiel bedeuten, dass Umweltschutz- und Nachhaltigkeitsziele in das unternehmerische Zielsystem eingebunden werden (z.B. gleichberechtigt neben Gewinn oder ähnlichen ökonomischen Kennzahlen) und demnach sämtliche Entscheidungen auf ihre Kompatibilität zum Umweltschutz überprüft werden müssten.

Sachziel

Umweltschutz als **Sachziel** hingegen bezieht sich im engeren Sinne auf die umweltgerechte Gestaltung und Herstellung von Gütern und/oder Dienstleistungen sowie im weiteren Sinne auf Berücksichtigung des Umweltschutzes bei sämtlichen Unternehmensaktivitäten. Hier unterscheiden sich exogenes und endogenes Sachziel, wobei sich ersteres lediglich auf die Anpassung an gesetzliche Vorschriften bezieht.

Letzteres betrachtet Umweltschutz jedoch als Möglichkeit zur Erreichung einer angemessenen Gewinnerwirtschaftung, d.h. es wird anerkannt, dass Umweltschutz und Nachhaltigkeit zum betrieblichen Erfolg beitragen können.

Es kann nicht grundsätzlich davon ausgegangen werden, dass Umweltschutz als Formalziel in das Zielsystem integriert wird. Die Verankerung als (endogenes) Sachziel ist hingegen notwendige Voraussetzung für ein Umweltcontrolling.

Somit besteht das grundlegende Ziel des Umweltcontrollings in der Unterstützung der Unternehmensführung durch die Übernahme umweltschutzorientierter Planungs-, Steuerungs- und Kontrollaufgaben. Im Sinne eines Nachhaltigkeitscontrollings sind hier selbstverständlich auch soziale Ziele (siehe *Corporate Social Responsibility*, Kap. 17) zu berücksichtigen. Daraus ergibt sich dann die Formulierung und Umsetzung einer offensiv-antizipativen (aktiven) umweltschutz- bzw. nachhaltigkeitsorientierten Unternehmensstrategie.

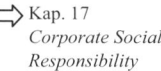

Kap. 17
Corporate Social Responsibility

7.2.2 Aufgaben und Aufgabenbereiche des Umweltcontrollings

Die grundlegenden Aufgaben leiten sich aus den Zielen des Umweltcontrollings ab und beziehen sich auf die Koordination und Adaption im Unternehmen, so dass eine laufende Anpassung an Nachhaltigkeitsanforderungen erfolgt. Sie dienen der Lösung von Problemen, die sich aus der zunehmenden Komplexität, Dynamik und Diskontinuität der Umwelt ergeben.

Koordination

Die **Koordinationsaufgaben** beziehen sich auf die Koordination der verschiedenen Führungssubsysteme (insbes. des Planungs-, Steuerungs-, Kontroll- und Informationsversorgungssystems) und die Koordination im Führungssystem. Damit sollen Abstimmungsdefizite an und zwischen den Schnittstellen der Organisation vermieden werden. Dies ist besonders wichtig in dezentral und arbeitsteilig organisierten Unternehmen. Zusätzliche Bedeutung erlangt die Koordination im Zusammenhang mit einem integrierten Umweltmanagement(system), das auch globale Wirkungszusammenhänge berücksichtigen muss.

Durch die Bereitstellung umweltorientierter entscheidungsrelevanter Informationen unterstützt das Umweltcontrolling das Führungssystem bei dessen Lenkungs- und Steuerungsfunktion. Der Schwerpunkt der Koordinationsaufgabe des Umweltcontrollings liegt in der Abstimmung umweltschutzorientierter Planungen und Zielsetzungen der unterschiedlichen Funktionsbereiche eines Unternehmens sowie in der Kontrolle der Ziel- und Planerreichung.

Die Sicherung der zur Koordination notwendigen Reaktionsfähigkeit erfolgt durch Rückkopplung bei Planung und Kontrolle. Dies bedeutet, dass stets zielorientierte Korrekturen durch den Vergleich geplanter und realisierter Werte erfolgen (permanenter Soll-Ist-Vergleich). Hierbei steht nicht die Korrektur im Nachhinein im Vordergrund, sondern eine Art Vorauskoordination, bei der Störungen oder unerwünschte Entwicklungen von Anfang an zu vermeiden versucht werden. Wichtig sind in diesem Zusammenhang Lernprozesse, die Innovationspotenziale erschließen können.

Die **Adaptionsfähigkeit** des Unternehmens bezieht sich auf die Möglichkeit, sich an Umweltveränderungen anpassen zu können. Diese Aufgabe kann umso besser erfüllt werden, je ausgeprägter die Antizipationsfähigkeit des Unternehmens ist, da somit zusätzliche Informationen über Veränderungen der Umwelt absehbar werden, auch wenn sie noch nicht eingetreten sind. Gerade bei umweltrelevanten Problembereichen ist eine nachträgliche Korrektur eingetretener Umweltschäden nicht immer möglich. Aus diesem Grund sollten bestimmte Wechselwirkungen und umweltrelevante Problembereiche – wenn möglich – antizipiert werden, um die Existenz des Unternehmens sicher zu stellen. Die Aufgabe des Umweltcontrollings ist es in diesem Zusammenhang, Planung und Kontrolle so zu verbinden, dass Planung von

Adaption

Anfang an von der Kontrolle begleitet wird. Somit ist Kontrolle nicht mehr nur Ergebnis- und Ausführungskontrolle, sondern auch Entscheidungs- und Planungskontrolle. Kontrolle soll nicht im Nachhinein erfolgen, sondern parallel zur Planung bzw. in der gleichen Periode.

Um die Antizipationsfunktion zu erfüllen, bedarf es eines entsprechenden Instrumentariums, eines **Frühwarnsystems**, das geeignet ist, kritische ökologische bzw. umweltrelevante Entwicklungen frühzeitig zu erkennen und rechtzeitig geeignete Gegensteuerungsmaßnahmen zu generieren. Wichtig ist es, den Umgang mit weichen Daten, also solchen, die nicht monetär oder nur schwierig numerisch erfasst werden können, zu lernen.

Die Aufgabenbereiche des Umweltcontrollings beziehen sich auf die Informationsversorgung, Analyse, Planung, Steuerung und Kontrolle (vgl. Schaltegger und Sturm 1995, S. 9).

Die **Informationsversorgung** bezieht sich auf solche Informationen, die geeignet sind, die ökologische und soziale Relevanz des betrieblichen Handelns zu erfassen und zu beurteilen. Hier kommt z.B. Ökobilanzen eine wichtige Rolle zu. Zusätzlich müssen die Informationen für die jeweiligen Entscheidungsträger adäquat reduziert und aufbereitet werden. Dabei lassen sich drei wesentliche Phasen unterscheiden: Informationssammlung, Informationstransformation und Kommunikation der Information.

Die Unternehmens**analyse** dient dazu, die eigene Situation unter Berücksichtigung ökologischer Aspekte zu beurteilen, insbesondere den Ist-Zustand zu ermitteln. Dafür sind Analyseinstrumente notwendig, die in der Lage sind, Veränderungen schnell zu erkennen und diese kritisch auf ihre Unternehmensrelevanz zu überprüfen. Die Fehlersuche und die Suche nach geeigneten umweltorientierten Handlungsalternativen stehen dabei im Vordergrund.

Die Unternehmensanalyse umfasst nicht nur alle unternehmerischen Aktivitäten und Wirkungen, sondern auch die Identifikation der Anforderungen aller relevanten Anspruchsgruppen des Unternehmens. Bei den Anspruchsgruppen kann man zum einen marktliche Anspruchsgruppen unterscheiden, die in einem unmittelbaren Leistungsaustausch mit dem Unternehmen stehen (z.B. Kunden, Lieferanten, Arbeitnehmer, Aktionäre u.a.), zum anderen gesellschaftliche Anspruchsgruppen, die Einfluss auf das Unternehmensgeschehen nehmen können (z.B. der Staat, der Forderungen in Form von Auflagen, Subventionen, Abgaben etc. stellen kann, oder auch Bürgerinitiativen, Anwohner, Umweltschutzverbände u.a.).

Die Analyse des Istzustands ermöglicht eine Einschätzung der Betroffenheit eines Unternehmens hinsichtlich ökologischer Anforderungen und daraus möglicherweise resultierender Sanktionspotenziale seitens verschiedener Anspruchsgruppen.

Aufbauend auf der Ist-Analyse wird im Zuge der **Planung** eine Soll-Analyse durchgeführt, in der die zukünftig angestrebte Handlungsorientierung festgelegt wird und die eine Verbindung zur strategischen Umweltplanung herstellt. Dazu werden z.B. Vergangenheitsdaten in die Zukunft weitergerechnet oder Prognosen zu Grunde gelegt.

Die **Kontrolle** dient dem Soll-Ist-Vergleich, wobei es nicht nur um eine retrospektive Kontrolle geht, sondern auch um eine umsetzungsbegleitende Kontrolle, um möglichst frühzeitig auf Planabweichungen reagieren bzw. entsprechend gegensteuern zu können.

Für die Durchführung der Kontrolle bedarf es geeigneter Instrumente zur Feststellung von Soll-Ist-Abweichungen, die sich jedoch im Bereich des Umweltcontrollings zum Teil noch in der Entwicklungsphase befinden.

Die Bedeutung der **Steuerung** beruht auf der Tatsache, dass man sich nicht darauf verlassen kann, dass die geplanten Maßnahmen und Entwicklungen immer wunschgemäß verlaufen. Daher bedarf es in allen unternehmerischen Bereichen einer permanenten Feinabstimmung und Lenkung der Aktivitäten. Hierbei kommt

Kap. 10

Information

Kap. 8

Analyse

Kap. 3

Planung

Kontrolle

Steuerung

wiederum die Koordinationsaufgabe zum Tragen, die eine alle Funktionsbereiche umfassende Steuerung sicherstellen kann.

7.3   Instrumente des Umweltcontrollings

Zentrales Element des Umweltcontrollings ist die Entwicklung eines Instrumentariums zum einen zur **Erfassung** und **Verarbeitung** ökologisch relevanter Informationen und zum anderen zur **Einwirkung** auf konkrete umweltschutzorientierte Fehlentwicklungen. Voraussetzung dafür ist die Verankerung ökologisch orientierter Ziele im Zielsystem des Unternehmens. Dies kann z.B. im Zuge einer Erweiterung der Zieldimension von einer quantitativen, gewinnorientierten hin zu einer qualitativen, sozial und ökologisch orientierten Unternehmensführung erreicht werden.

⇨ Kap. 8

Die **Erfassung** ökologisch relevanter Stoff- und Energieströme kann bspw. mittels Ökobilanzierung erfolgen (s. Kap. 8). Die **Verarbeitung** der erfassten Daten erfolgt dann etwa mittels ABC-Bewertung oder durch Kennzahlen (s. Kap. 10).

Die klassischen Controlling-Instrumente (z.B. Deckungsbeitragsrechnung, Prozess-kostenrechnung, spez. Kennzahlensysteme, spez. Cash-Flow-Analysen) sind in ihrer herkömmlichen Ausgestaltung für ein Umweltcontrolling überwiegend nicht geeig-net, da sie die ökologisch relevanten Informationen nicht erfassen. Geeignete In-strumente des Umweltcontrollings befinden sich teilweise noch im Entwicklungs-stadium.

⇨ Kap. 10

In Anlehnung an das traditionelle Controlling kann auch das Umweltcontrolling in die beiden Ausrichtungen des operativen und des strategischen Umweltcontrollings unterschieden werden. Eine Einteilung der entsprechenden Instrumente nimmt die folgende Tabelle vor.

Instrumente des Umweltcontrollings	
operative Instrumente	**strategische Instrumente**
• Ökologische Buchhaltung • Ökobilanzierung • Belastungsbilanz • Umweltverträglichkeitsprüfung • Technologiefolgenabschätzung • Ökologieorientierte Kennzahlensysteme • Umweltkostenrechnung • Umweltorientierte Investitionsrechnung	• Ökologische Frühaufklärung / Risi-komanagement • Ökologieorientierte Portfolioanalyse • Strategische Treiberanalyse

Tab. 7-1: *Instrumente des Umweltcontrollings (Quelle: eigene Darstellung)*

Einige dieser Instrumente werden in den nachfolgenden Kapiteln aufgegriffen und detailliert vorgestellt. An dieser Stelle soll ein Überblick erfolgen.

7.3.1   Instrumente des operativen Umwelt-controllings

Die nachfolgend aufgeführten Instrumente (vgl. auch Tab. 7-1, linke Spalte) beziehen sich auf den operativ und eher kurzfristig ausgerichteten Bereich des Umweltcontrollings.

Ökobilanzierung

Unter Ökobilanzierung versteht man ein betriebliches Informationssystem zur **Abbildung** und **Bewertung** der ökologischen Wirkungen der Unternehmensaktivitäten. Grundlage einer Ökobilanz ist eine Stoff- und Energiebilanz (auch Material- und Energiebilanz oder Input-/Output-Bilanz genannt), die in Tabellen oder Kontenform alle in das Unternehmen einfließenden und aus ihm ausströmenden Stoffe und Energien erfasst und bewertet. Die benutzten Größen können sowohl qualitativer als auch quantitativer Art sein (z.B. Währungseinheiten, Äquivalenzziffern, Mengeneinheiten, Punkte, Skalenwerte usw.). Die Bilanz kann durch eine Analyse ergänzt werden, die dazu beiträgt, die erfassten und bewerteten Größen im Hinblick auf ihre Umweltwirkung auszuwerten, um Schwachstellen festzustellen.

In erster Linie hat die Ökobilanz eine interne Funktion, welche die ökologische Planung, Entwicklung umweltverträglicherer Produkte und Produktionsverfahren sowie Steuerung und Kontrolle beinhaltet. Zusätzlich kann eine externe Funktion darin gesehen werden, dass die Ökobilanz z.B. im Rahmen der Umweltberichterstattung auch als Kommunikationsmittel für einen Dialog zwischen Unternehmen und Umfeld eingesetzt wird.

Die folgenden grundsätzlichen Probleme bei der Ökobilanzierung sind bislang nur unvollständig gelöst:

- Das **Komplexität**sproblem besteht darin, dass bei zu betrachtenden Produkten im Regelfall eine Vielzahl eingesetzter interdependent wirkender Stoffe und Belastungsarten vorliegt.
- Hinzu kommt das **Bewertung**sproblem, also die Klärung der Frage der ökologischen Relevanz der Umweltwirkungen.

Umweltverträglichkeitsprüfung (UVP)

Umweltverträglich-
keitsprüfung (UVP)

Eine Umweltverträglichkeitsprüfung ist für Großprojekte gesetzlich vorgeschrieben (Gesetz über die Umweltverträglichkeitsprüfung), kann aber über den gesetzlichen Vorschlag hinaus auch freiwillig durchgeführt werden. Sie dient der Beurteilung von Großprojekten (Anlagen) in der Planungsphase im Hinblick auf ihre ökologischen Auswirkungen und den verursachten Wechselwirkungen. Ziel der Untersuchung sind die Ermittlung, Beschreibung und Bewertung der Auswirkungen eines Vorhabens zum einen auf Menschen, Tiere, Pflanzen, Boden etc. einschließlich der Wechselwirkungen und zum anderen auf Kultur- und Sachgüter.

Die Untersuchung erfolgt in folgenden Schritten (vgl. Günther 1994, S. 278):

1. Beschreibungspflicht (physikalische Merkmale, Ressourcennutzung, Produktionsprozess etc.),
2. Begründungspflicht (Aufzeigen der geprüften Alternativen und Begründung für die Wahl des Verfahrens),
3. Lösungsvorschläge (Darstellung von Maßnahmen zur Vermeidung, Verminderung oder Verwertung von Umweltbeeinträchtigungen),
4. Nichttechnische Zusammenfassung (allgemein verständliche Zusammenfassung),
5. Schwierigkeiten (Hinweis auf z.B. technologische Lücken).

Die erfassten Informationen werden in Form von Schadstoffeinheiten und qualitativen Informationen erhoben.

Entscheidungscharakter hat die UVP in indirekter Form: Ist den Unternehmen bekannt, dass sie eine UVP durchführen müssen, so werden sie versuchen, die in diesem Rahmen an sie gestellten Informationsanforderungen ex ante zu erfüllen.

Technologiefolgenabschätzung (TFA)

Technologiefolgen-
abschätzung (TFA)

Die Technikfolgenabschätzung zeichnet sich dadurch aus, dass das Produktionsprogramm und die Produktionsverfahren von technischen Neuentwicklungen und Großinvestitionen im Hinblick auf gesellschaftliche Haupt-

und Nebenwirkungen überprüft werden (vgl. Günther 1994, S. 280ff.; Müller 1995, S. 218ff.).

Ziel der TFA ist die Identifizierung, Quantifizierung und Bewertung von ökologischen, ökonomischen und gesellschaftlichen Folgen, die bei Einführung, Verbreitung oder Modifikation einer Technologie auftreten können.

Um eine TFA erfolgreich durchführen zu können, müssen folgende Phasen des Abschätzungsprozesses durchlaufen werden:

1. Situationsanalyse (Definition der Aufgabe, Beschreibung relevanter Technologien und möglicher gesellschaftlicher Einflussfaktoren auf die Technologie),
2. Systemanalyse (Identifikation der Wirkungsbereiche der Technologie),
3. Wirkungsanalyse (Abschätzung der Auswirkungen),
4. Wertanalyse (Beurteilung der Auswirkungen entweder mit quantitativen, qualitativen oder multidimensionalen Methoden [z.B. Verfahren des Operations Research])
5. Entscheidungsanalyse (Ermittlung von Handlungsempfehlungen und Auswertung der Auswirkungen).

Ökologieorientierte Kennzahlensysteme

Kennzahlensysteme können als sinnvolles Instrument zur Informationsgewinnung und -auswertung gesehen werden. Sie können einzelne, spezielle Aspekte aufgreifen und bewerten. Ihr Einsatz ist vielfach möglich, z.B.

Kennzahlen-
systeme

- im Rahmen von Umweltberichten oder Umweltbilanzierungen,
- bei der Umweltverträglichkeitsprüfung von Produktionsverfahren,
- bei der Beurteilung von Umweltverträglichkeit von Produkten und
- als Ergänzung zu anderen Instrumenten und Ansätzen eines umweltorientierten betrieblichen Rechnungswesens.

Aussagekräftige ökologische Kennzahlen für das Unternehmen ergeben sich vor allem dann, wenn auf der Basis von Stoff- und Energiebilanzen stofflich-energetische Maßgrößen und Kennzahlen ermittelt werden können. Daraus ergibt sich ein relativ einfach zu erstellendes Kennzahlensystem aus den Bereichen Material, Energie, Abfall und Emissionen in Luft und Wasser. Die Maßeinheiten werden hierbei aus physikalischen Größen, wie z.B. Kilogramm, abgeleitet.

Als problematisch bei der Anwendung von Kennzahlen(systemen) gelten folgende Aspekte:

- Die Erstellung geeigneter Richt- und Standardvorgaben ist schwierig.
- Es besteht eine Abhängigkeit von Erfahrungen über Wirkungszusammenhänge einzelner ökologischer Faktoren im Unternehmen.

Zu weiteren Ausführungen zu Umweltkennzahlen siehe Kapitel 10.

 Kap. 10

Umweltkostenrechnung

Umweltkosten-
rechnung

Im Rahmen der Umweltkostenrechnung steht der umweltbezogene Kostenbegriff im Vordergrund. Nach Erfassung und Bewertung dieser Kosten (Kostenartenrechnung) werden sie einzelnen Bereichen (im Rahmen der Kostenstellenrechnung) und einzelnen Leistungen eines Unternehmens (im Rahmen der Kostenträgerrechnung) zugerechnet.

Zu weiteren Ausführungen zur Umweltkostenrechnung siehe Kapitel 13.

Kap. 13

7.3.2 Instrumente des strategischen Umweltcontrollings

Im Gegensatz zu den Instrumenten des operativen Umweltcontrollings steht im strategischen Bereich die langfristige Sichtweise des Unternehmens als Ganzes im

Vordergrund. Neben einzelnen Instrumenten wird der Ansatz von HUMMEL (vgl. Hummel 2000) vorgestellt.

Ökologische Frühaufklärung/ökologisches Risikomanagement

Frühaufklärung

Die Aufgabe von ökologischen Frühwarnsystemen besteht darin, strategisch relevante umweltschutzorientierte Informationen zu liefern und Entwicklungen in einem Frühstadium aufzuzeigen. So kann auf zu erwartende Veränderungen reagiert werden, bevor eine zahlenmäßig erfassbare Auswirkung vorliegt. Damit handelt es sich um ein Instrument des ökologischen Risikomanagements.

Allgemein wird hier versucht, die Komplexität und Vieldimensionalität ökologischer Erscheinungen und Ereignisse durch **Indikatoren** zu erfassen und zu beherrschen. Folgende Informationsquellen eignen sich besonders für die Gewinnung von Frühindikatoren:

- Gesetzesvorhaben in Bezug auf Luft- und Wasseremissionen, Abfallmengen, Sondermüll, Gefahrstoffe,
- Stoffdatenbanken und Technologie-/Verfahrensdatenbanken für „kritische" Stoffe, Technologien und Verfahren,
- Hintergrundgespräche mit Wissenschaftlern und Umweltgruppen.

Für Produkte empfiehlt es sich, Früherkennungsindikatoren auf die folgenden Belastungsbereiche zu konzentrieren:

- Stoffliche Zusammensetzung des Produkts, bei der vor allem Substitutionsmöglichkeiten toxischer Stoffe angezeigt werden müssen,
- Nutzung des Produkts, bei der insbes. Leistungs-/Verbrauchsverhältnisse und Grenzleistungsanalysen Indikatoren liefern können,
- Entsorgung des Produkts, bei der Produktrückstände zu identifizieren und Entsorgungsmöglichkeiten zu klassifizieren sind.

Risikomanagement

Durch ein so ausgestaltetes ökologisches Risikomanagement sollen **Gefahrenpotenziale** festgestellt werden. Durch langfristig vorbeugendes Denken und Handeln sollen Veränderungen in den ökologischen Rahmenbedingungen aufgespürt und sich darauf eingestellt werden. Dazu sind mögliche Risiken (definiert als negative Abweichung von einer erwarteten Zielgröße) zu analysieren und Ursache-Wirkungszusammenhänge und -verkettungen zu untersuchen. Im Rahmen des Risikomanagements lassen sich adäquate Strategien und Maßnahmen einteilen in solche zur/zum

- Risikovermeidung,
- Risikoverminderung,
- Risikoüberwälzung,
- Selbsttragen von Risiken und zur
- Risikokommunikation (vgl. Janzen 1996, S. 17ff.).

Zur Identifizierung und analytischen Weiterverarbeitung von Früherkennungsindikatoren stehen verschiedene **Instrumente** zur Verfügung:

- Szenario-Technik, bei der alternative Zukunftsentwicklungen aufgezeigt werden. Hier werden sowohl quantitative als auch qualitative Informationen sowie externe Faktoren (z.B. Konkurrenzverhalten) und eigene Strategien berücksichtigt.
- Cross-Impact-Analyse als ein einfaches Instrument zur Identifizierung und zum Herausfiltern „schwacher" Signale. Im Rahmen eines brainstorming werden potenzielle Umweltentwicklungen in Beziehung zu den Unternehmenszielen und -strategien gesetzt.
- Diffusionskurve als Versuch, die öffentliche Meinungsdynamik bis hin zu gesetzgeberischen Maßnahmen zu prognostizieren.

Strategische Treiberanalyse

Das strategische Umweltcontrolling hat sich in die strategische Unternehmensführung einzuordnen. Die Handlungsmöglichkeiten der Unternehmensstrategie können durch die Dimensionen **wettbewerbsstrategische Differenzierung** und **Kostenposition** erfasst werden. Die wettbewerbsstrategische Differenzierung ermittelt, ob das Unternehmen in der Lage ist, sich von Konkurrenten abzugrenzen. Dies kann z.B. durch einzigartige Produkte oder einen besonderen Kundenservice geschehen. Die Kostenposition hält die Höhe und Struktur der Kosten fest, die bei der Durchführung der internen Leistungserstellungsprozesse anfallen. Diese beiden Dimensionen werden durch die dritte, unabhängige Dimension **Ökologie** ergänzt (vgl. Hummel 2000, S. 77). Die folgende Abbildung 7-1 veranschaulicht die drei Dimensionen und die darin bestehenden Handlungsspielräume. Dabei besteht die Annahme, dass bezüglich aller drei Dimensionen minimale Ausprägungen mindestens erreicht werden müssen, um das langfristige Überleben des Unternehmens sicherzustellen. Gleichzeitig können aber auch nur begrenzt Vorteile erarbeitet werden. Zwischen den Minimal- und den Maximalausprägungen ergeben sich Handlungsspielräume für die Umweltstrategie des Unternehmens.

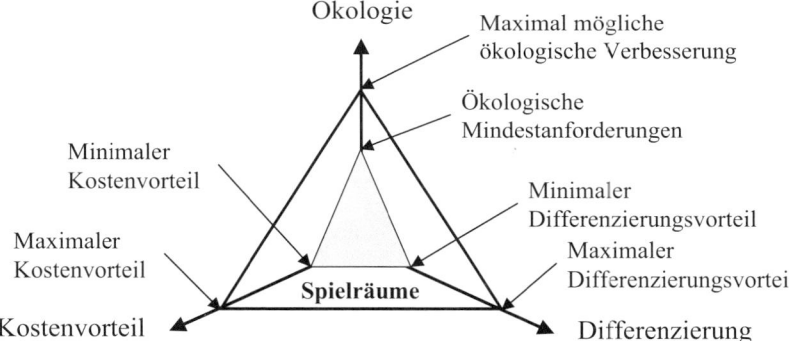

Abb. 7-1: *Die Spielräume der Umweltstrategie (Quelle: Hummel 2000, S. 77)*

Für jede der drei Dimensionen können **Treiber** identifiziert werden, welche die wesentlichen Einflussgrößen auf die Kosten, Differenzierungsmöglichkeiten und ökologischen Belastungen darstellen, die mit den Wertschöpfungsaktivitäten des Unternehmens verbunden sind (vgl. Hummel 2000, S. 88). Die folgende Tabelle listet einzelne Treiber auf. Die ausgewählte Auflistung zeigt, dass verschiedene Faktoren, z.B. die Art der im Unternehmen eingesetzten Technologie, auf alle drei Dimensionen wirken kann.

Treiberdimensionen		
Kosten	Differenzierung	Ökologie
Marktvolumen	Absatzwege	Gesetzgebung
Unternehmensgröße	Produktpolitik	Technologien
Kapazitätsauslastung	Verbindungen zu Kunden	Umweltmanagement-
Technologien	und Lieferanten	system
Gesetzgebung	Technologien	Produktdesign

Tab. 7-2: *Beispiele für Kosten-, Differenzierungs- und Ökologietreiber (Quelle: Hummel 2000, S. 90, 95 und 101)*

Durch die Analyse der drei Dimensionen ist es möglich, die wesentlichen Chancen und Risiken herauszuarbeiten, die dann eine Basis für die Planung, Steuerung und Kontrolle von Umweltstrategien bilden.

7.4 Ablauf des Umweltcontrolling-Zyklus

Aus den in Abschnitt 7.3 dargestellten Instrumenten sind unternehmensspezifisch diejenigen auszuwählen, die zur Zielerreichung des Unternehmens beitragen. Anschließend sind sie in den Controlling-Zyklus zu integrieren.

Der Ablauf des Umweltcontrollings wird durch das in der folgenden Abbildung wiedergegebene Phasenmodell beschrieben. Die einzelnen Module werden anschließend beschrieben.

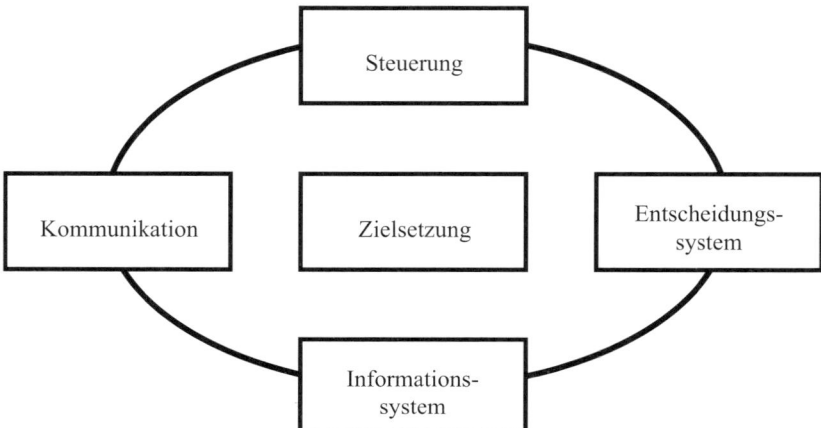

Abb. 7-2: *Module des Umweltcontrollings (Quelle: Schaltegger und Sturm 1995, S. 21)*

Zielsetzung

Wie bereits erwähnt, bilden Ziele die Grundlage des Umweltcontrollings, da sie den Aufgaben der Koordination, der Steuerung und der Kontrolle einzelner Maßnahmen dienen. Das Top-Management des Unternehmens hat die übergreifenden Ziele verbindlich vorzugeben, wobei die Rahmenbedingungen und die Forderungen von Anspruchsgruppen des Unternehmens zu berücksichtigen sind. Das mittlere Management ist dagegen i.d.R. zuständig für die ökologischen Ziele der Funktionsbereiche. Die ökologische Zielbildung orientiert sich dabei an der Frage, wie das Thema Ökologie den ökonomischen Erfolg der Produkte/Dienstleistungen und der (Produktions-)Prozesse beeinflusst. Als Oberziel kann die Erhöhung der Ökoeffizienz formuliert werden (s. Kap. 9).

Kap. 9

Informationssystem

Im Informationssystem werden die Umweltdaten des Unternehmens abgebildet. Dabei sind sowohl die Stoff- und Energieflüsse in physikalischen Einheiten als auch die Umweltkosten in Geldeinheiten zu erfassen. Die Analyse von Stoff- und Energieflüssen wird im Kapitel 8 erläutert. Die differenzierte Erfassung der Umweltkosten zeigt Kapitel 13 zur Umweltkostenrechnung auf.

Kap. 8

Kap. 13

Entscheidungssystem

Die aus dem Informationssystem stammenden Rohdaten werden entscheidungsorientiert aufbereitet. Zuerst werden sie und damit die ihnen zugrunde liegenden wirtschaftlichen Aktivitäten bezüglich ihrer ökologischen Relevanz beurteilt. Anschließend sind sie handhabbar zu machen. Dafür werden oft Umweltkennzahlen eingesetzt (siehe Kap. 10). In einem integrierten Umweltcontrolling sind gleichermaßen

Kap. 10

Umweltkennzahlen und ökonomische Kennzahlen zu berücksichtigen. Eine höhere Ökoeffizienz wird dann erreicht, wenn entweder die Umweltbelastung pro Produkteinheit oder Geldeinheit reduziert wird oder bei gleicher Umweltbelastung mehr Produkteinheiten hergestellt oder Geldeinheiten erwirtschaftet werden.

Steuerung und Umsetzung

Nach dieser Datenaufbereitung verfügt das Management über eine Basis zur Planung und Steuerung ökoeffizienter Maßnahmen, wie die folgende Abbildung veranschaulicht.

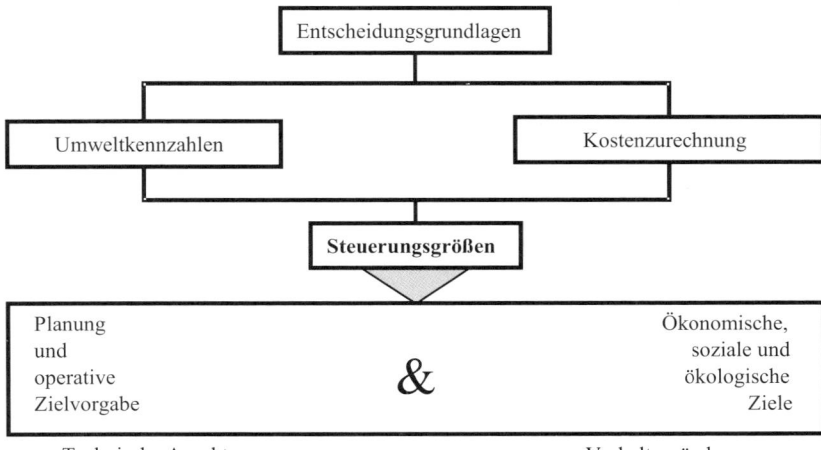

Abb. 7-3: *Steuerung auf der Grundlage des Informations- und Entscheidungssystems* (Quelle: Schaltegger und Sturm 1995, S. 44)

Die für die Steuerung eingesetzten Kennzahlen sind an die spezifische Situation des Unternehmens anzupassen. Sie können sich z.B. an den betrieblichen Prozessen oder Funktionen (Beschaffung, Produktion, Absatz) orientieren. Dadurch soll erreicht werden, dass durch systematische Vergleiche des aktuellen Zustands mit den gesetzten Zielen deutlich wird, welche Vorgaben erreicht werden und wo Korrekturmaßnahmen notwendig sind.

Kommunikation

Die Umweltschutzanstrengungen des Unternehmens sollen an alle relevanten Gruppen kommuniziert werden, wobei die vermittelten Informationen Antworten auf relevante Fragen geben sollen. Kapitel 15 geht darauf ausführlicher ein.

 Kap. 15

7.5 Organisation des Umweltcontrolling

Die organisatorische Verankerung des Umweltcontrollings ist sehr wichtig, um eindeutige Zuständigkeiten und Aufgabenbereiche hinsichtlich der Bearbeitung ökologischer Aspekte zu institutionalisieren. Die konkrete organisatorische Ausgestaltung im Unternehmen ist grundsätzlich von verschiedenen **Kontextfaktoren** abhängig:

Kontextfaktoren

- Mit zunehmender Unternehmensgröße wächst die Anzahl und Komplexität zu lösender Aufgaben. Deshalb ist auch eine ausgeprägtere Arbeitsteilung notwendig. Dies erhöht allerdings den Umfang der Umweltcontrolling-Aufgaben.

- Die ökologische Betroffenheit eines Unternehmens kann teilweise von der Branchenzugehörigkeit beeinflusst werden (z.B. Chemische Industrie).
- Je komplexer die Problemstellung, desto wichtiger die Tätigkeit eines Umweltcontrolling-Systems.
- Die vorhandene Organisationsstruktur determiniert die Möglichkeit der Integration neuer Umweltcontrolling-Aufgaben.
- Der Innovationsgrad kann ebenfalls eine Rolle spielen.

 Kap. 4   Soll ein Umweltcontrolling als neue Fachfunktion in die Organisationsstruktur (s. Kap. 4) integriert werden, so existieren mehrere Möglichkeiten:

- Das Umweltcontrolling kann als **Stabsstelle** direkt unterhalb der Geschäftsleitung angesiedelt werden. Diese Möglichkeit wird von vielen mittelständischen Unternehmen bevorzugt. Eine vom Arbeitsalltag ungestörte Bearbeitung und Koordination der verschiedenen Aufgaben ist möglich und kann als Vorteil gesehen werden. Den steht als Nachteil gegenüber, dass oft nur eine unzureichende Durchsetzungsfähigkeit aufgrund mangelnder Weisungs- befugnisse gegeben ist, da Stabsstellen i.d.R. nur beratende Funktion haben.
- Existiert im Unternehmen schon eine eigene **Umweltschutzabteilung**, so bietet es sich an, dort auch das Umweltcontrolling anzusiedeln, falls es sich nicht nur um die Institutionalisierung des bzw. der Umweltbeauftragten handelt. Als Nachteil steht eine häufig rein produktionstechnische Ausrichtung, was eine erschwerte Kommunikation und Koordination mit anderen (nicht produktionsbezogenen) Bereichen nach sich zieht.
- **Integration** in die bestehende Controllingabteilung: Dies hat den Vorteil, dass Erfahrungen und Ressourcen des traditionellen Controllings genutzt werden können (Koordinationserfahrungen, ausgebautes Informationsversorgungs- system, entsprechende Analyse- und Steuerungsinstrumente). Darüber hinaus dürfte in vielen Fällen die besondere Nähe zur Unternehmensleitung ihren Teil dazu beitragen, dass geplante Umweltschutzaktivitäten durchgesetzt werden. Ferner ist vor allem eine Controllingabteilung in der Lage, (ökologische) Nutzen/Kostenabwägungen vorzunehmen. Am besten wäre es bei dieser Variante, das traditionelle Controlling derart zu verändern bzw. zu erweitern, dass es geeignet ist, ökologisch relevante Informationen zu erfassen und zu verarbeiten. Das setzt allerdings voraus, dass das für den Umweltschutz zuständige Personal umfassend einschlägig ausgebildet ist. Der Nachteil dieser Variante besteht darin, dass jene Personen, die innerhalb einer Controllingabteilung für das Umweltcontrolling verantwortlich sind, gleichwohl aber auch „klassische" Controllingaufgaben ausführen, im Zuge der Abwicklung des Tagesgeschäfts sich nicht systematisch genug um Umweltschutzbelange kümmern können. Sie werden durch – vielleicht z.T. vermeintlich – wichtigere Aufgaben des klassischen Controllings davon abgehalten.

7.6   Übungsfragen

1. Welche Bedeutung nimmt das Umweltcontrolling im Rahmen des Controllings ein?
2. Beschreiben Sie die Aufgaben des Umweltcontrollings.
3. Welche Aufgabenbereiche deckt das Umweltcontrolling ab?
4. Nennen und beschreiben Sie verschiedene Instrumente des Umweltcontrollings.
5. Welche Dimensionen werden bei der strategischen Treiberanalyse unterschieden?
6. In welchen Phasen läuft das betriebliche Umweltcontrolling ab und was beinhalten diese Phasen?
7. Wie kann das Umweltcontrolling in die Unternehmensorganisation eingebunden werden?

7.7   Weiterführende Literatur

BMU – Bundesministerium für Umwelt, Naturschutz und Reaktorsicherheit (2001): Handbuch Umweltcontrolling, 2. Aufl., München.

Horváth, P. (2006): Controlling, 10., vollständig überarbeitete Aufl., München.

Hummel, J. (2000): Strategisches Öko-Controlling - Konzeption und Umsetzung in der textilen Kette, 2. Auflage, Wiesbaden.

Janzen, H. (1996): Ökologisches Controlling im Dienste von Umwelt- und Risiko-management, Stuttgart.

Schaltegger, S. und Burrit, R. (2000): Contemporary Environmental Accounting, Sheffield.

Schaltegger, S. und Sturm, A. (1995): Öko-Effizienz duch Öko-Controlling: zur praktischen Umsetzung von EMAS und ISO 14001, Stuttgart.

Weber, J. und Schäffer, U. (2006): Einführung in das Controlling, 11., vollständig überarbeitete Aufl., Stuttgart.

Westhaus, M. (2007): Supply Chain Controlling – Definition, Forschungsststand, Konzeption, Wiesbaden.

8 Ökobilanzierung und Stoffstrommanagement

von Stefan Seuring, Erich Pick und Ellen Faßbender-Wynands

Kapitelausblick

Ausgehend von den ersten Arbeiten in den 70er Jahren haben sich das Stoffstrommanagement und die Ökobilanzierung zu wichtigen Instrumenten in der Umweltpolitik und im betrieblichen Umweltmanagement entwickelt. Neben Betriebs- und Prozessbilanzen haben insbesondere Produkt-Ökobilanzen eine immer größere Bedeutung gewonnen. Mittlerweile liegen mit der ISO-Norm 14040 „Umweltmanagement – Ökobilanz – Grundsätze und Rahmenbedingungen", die 2006 als Überarbeitung der vorhergehenden Normenreihe 14040 bis 14043 erschienen ist, Regelungen zur Erstellung von produktbezogenen Ökobilanzen (*Life Cycle Assessment*/LCA) vor.

Nach einigen kurzen Bemerkungen zur Historie des LCA stellt dieses Kapitel den aktuellen Stand der Normung dar. Insbesondere werden die Schritte des LCA beschrieben (Festlegung des Ziels und Untersuchungsrahmens, Sachbilanz, Wirkungsabschätzung und Auswertung) und mögliche Einsatzfelder vorgestellt.

Anschließend wird kurz auf den Begriff des Stoffstrommanagements eingegangen, der sich in der Weiterentwicklung der Debatte um die Anwendung von Ökobilanzen entwickelt hat. Die nachfolgende Fallstudie rundet das Kapitel ab, indem sie die Kerngedanken reflektiert und den praktischen Nutzen von Ökobilanzen hervorhebt.

Lernziele

1. Einen Überblick über die Grundlagen einer ökologischen Bilanzierung gewinnen.
2. Einen Überblick über mögliche Ansätze zur Erstellung einer Ökobilanz erhalten.
3. Den Begriff des Stoffstrommanagements verstehen.
4. Mögliche Schwachstellen und Probleme bei der Durchführung von Ökobilanzen erkennen.

8.1 Produktbezogene Ökobilanzierung

Die produktbezogene Ökobilanzierung dient der systematischen Erfassung aller durch die Herstellung, Nutzung und Entsorgung eines Produktes (Produktlebenszyklus: *from cradle to grave*, also von der Wiege bis zur Bahre) ausgelösten Stoff- und Energieströme. Die Betrachtung umfasst dabei alle Phasen des Produktlebenszyklus inklusive der Transport- und Recyclingvorgänge (ISO 14040:2006, S. 7 und S. 14).

Produktlebenszyklus: *from cradle to grave*

8.1.1 Entwicklung der produktbezogenen Ökobilanzierung

Da nach Beginn der Diskussion über die produktbezogene Ökobilanzierung die Ausgestaltungen immer vielfältiger wurden, stieg der Bedarf an einer Vereinheitli-

chung stärker an. Zu diesem Zweck veröffentlichte die SOCIETY OF ENVIRONMEN-
TAL TOXICOLOGY AND CHEMISTRY (SETAC) 1992/93 den *„Code of Practice"*, gefolgt vom DEUTSCHEN INSTITUT FÜR NORMUNG (DIN), welches Ende 1993 die
„Grundsätze produktbezogener Ökobilanzen" verabschiedete (vgl. SETAC 1993;
o.V. 1994, S. 208 ff.). Diese grundlegenden Arbeiten dienten der Internationalen
Normungsorganisation ISO im Jahre 1997 dazu, den ISO Standard 14040 mit dem
Titel „Umweltmanagement – Ökobilanz – Prinzipien und allgemeine Anforderungen" aufzustellen, der die Grundlagen und den Aufbau einer Produkt-Ökobilanz
festlegt. 2006 ist die derzeit gültige Ausgabe der ISO 14040 „Umweltmanagement –
Ökobilanz – Grundsätze und Rahmenbedingungen" erschienen, deren Inhalte in den
folgenden Abschnitten näher betrachtet werden.

8.1.2   Bestandteile einer Produkt-Ökobilanz

Zur Durchführung einer umfassenden Produkt-Ökobilanz gemäß des definierten
Rahmens müssen verschiedene Phasen durchlaufen werden, die im Folgenden erläutert werden.

Ökobilanz

Dabei wird auf die Terminologie der Norm ISO 14040 zurückgegriffen, in der es
heißt: „Ökobilanz-Studien bestehen aus vier Phasen. [...] die Festlegung des Ziels
und des Untersuchungsrahmens, Sachbilanz, Wirkungsabschätzung und Auswertung" (ISO 14040:2006, S. 15). Diese Phasen sind in Abb. 8-1 wiedergegeben, die
gleichzeitig die wechselseitigen Beziehungen der einzelnen Phasen untereinander
betont.

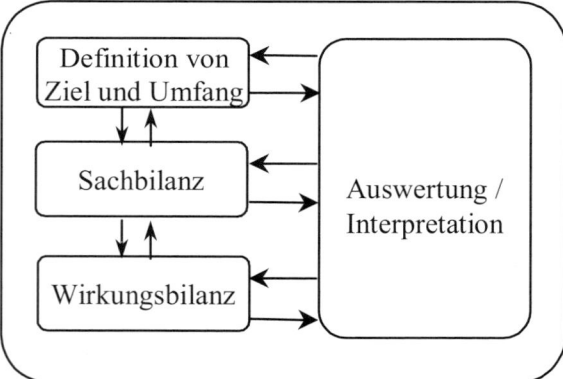

Abb. 8-1: *Rahmen einer Produkt-Ökobilanz (Quelle: ISO 14040:2006, S. 16)*

Steht das Ziel einer Ökobilanz (z.B. relevante Umweltaspekte oder die ökologische
Optimierung eines Produktes) des zu bilanzierenden Systems fest, wird eine Ökobilanz nach ISO 14040 in eine Sachbilanz und in eine Wirkungsbilanz aufgeteilt. Die
Sachbilanz stellt alle die vom System ausgelösten oder verwendeten Stoff- und E-
nergieströme zusammen, ohne diese zu bewerten. Die Wirkungsbilanz versucht im
Anschluss daran, die Auswirkungen der Stoff- und Energieströme hinsichtlich der
relevanten Umweltthemen zu quantifizieren. Die Wirkungsbilanz muss dabei von
der Sachbilanz klar getrennt sein. In einer letzten Phase wird schließlich die Wirkungsbilanz hinsichtlich des Erkenntnisinteresses ausgewertet. Dadurch ist es möglich, dass Ziele zur Verbesserung formuliert und Potenziale aufgedeckt werden können. Im Folgenden wird auf diese vier Hauptschritte näher eingegangen.

8.1.3 Definition von Bilanzierungsziel und Umfang

Die Festlegung des Ziels und des Untersuchungsrahmens (*goal and scope definition*) als erster Schritt einer Ökobilanz ist von größter Wichtigkeit. Während dieser Phase muss die Intention der Bilanz ebenso festgelegt werden wie der Untersuchungsumfang (ISO 14040:2006, S. 22).

Zieldefinition

Der Untersuchungsumfang schließt das System mit seiner Funktion, die funktionelle Einheit, die Systemgrenzen, verwendete Allokationsverfahren, getroffene Annahmen und Einschränkungen und die angesetzte Datenqualität ein. Die Systemgrenzen müssen in räumlicher, sachlicher und zeitlicher Hinsicht festgelegt werden (vgl. Berninger 1992, S. 5). Dabei spielt der zeitliche Bezug eine besondere Rolle: Aufgrund der lebenszyklusübergreifenden Betrachtung können Maßnahmen und deren Effekte aufgedeckt werden, die bei falschem zeitlichen Bezug eine Schwachstelle nur verlagern, aber nicht beseitigen (vgl. Schmidt und Schorb 1996, S. 95).

Systemgrenzen, Allokation, Datenqualität

8.1.4 Sachbilanz

Die Norm ISO 14040 definiert eine Sachbilanz (*Life-Cycle-Inventory*/LCI) wie folgt: „Sachbilanzen umfassen Datensammlung und Berechnungsverfahren zur Quantifizierung relevanter Input- und Outputflüsse eines Produktsystems" (ISO 14040:2006, S. 25).

Sachbilanz

Daraus folgt, dass die Sachbilanz der Bestandteil einer Ökobilanz ist, in dem Datensammlung und Zusammenstellung durchgeführt wird, d.h. es werden sämtliche Stoff- und Energieströme des Bilanzraums als Input- und Outputströme sowie sämtliche Umweltbeeinträchtigungen erfasst (vgl. Wynands 2000, S. 180). Bei komplexen Produkten kann es sinnvoll sein, sich auf bestimmte Umweltaspekte, Produktionsabschnitte oder Stoffe zu beschränken, um die Datenmenge und damit den Erfassungsaufwand in Grenzen zu halten.

 Kap. 8.1.1

Da der Erstellung der Sachbilanz für die Ökobilanzierung eine zentrale Bedeutung zukommt, wird hier in einem Exkurs die Durchführung der Stoff- und Energiebilanzierung ausführlicher beschrieben.

8.2 Erstellung einer Stoff- und Energieflussanalyse

Die Stoff- und Energieflussanalyse (SEFA, auf Englisch oft *material flow analysis* bzw. *energy flow analysis*) ist eine Methode zur Erfassung, Beschreibung und Interpretation von Stoffaustauschprozessen. Die Vorgehensweise ist vor allem naturwissenschaftlich-technisch geprägt, da sie eine Systemanalyse physikalisch-technischer Strukturen ist.

Stoff- und Energieflussanalyse (SEFA)

Die Untersuchungsgegenstände dieser Methode sind vielfältig und reichen von betrieblichen Analysen über Produktanalysen (Produktökobilanzierungen in verschiedenen Ausprägungen) bis hin zu Untersuchungen des regionalen oder nationalen Stoffhaushalts (z.B. für Umweltindikatorensysteme). Die in diesem Kapitel vorgestellte Methode der Stoff- und Energieflussanalyse besitzt allgemeinen Charakter, konzentriert sich aber vor allem auf Produkt- oder Prozessbilanzen in Unternehmen. Im Folgenden wird auf die einzelnen Schritte bei der Durchführung der Stoff- und Energieflussanalyse näher eingegangen.

Untersuchungsgegenstände

8.2.1 Die einzelnen Stufen einer Analyse

Die Energie- und Stoffstromanalyse sollte nach dem in Abbildung 8-2 gezeigten Stufenmodell erfolgen. Dabei wird kein methodischer Unterschied zwischen der Bilanzierung von Stoff- oder Energieströmen gemacht.

Stufen der
SEFA

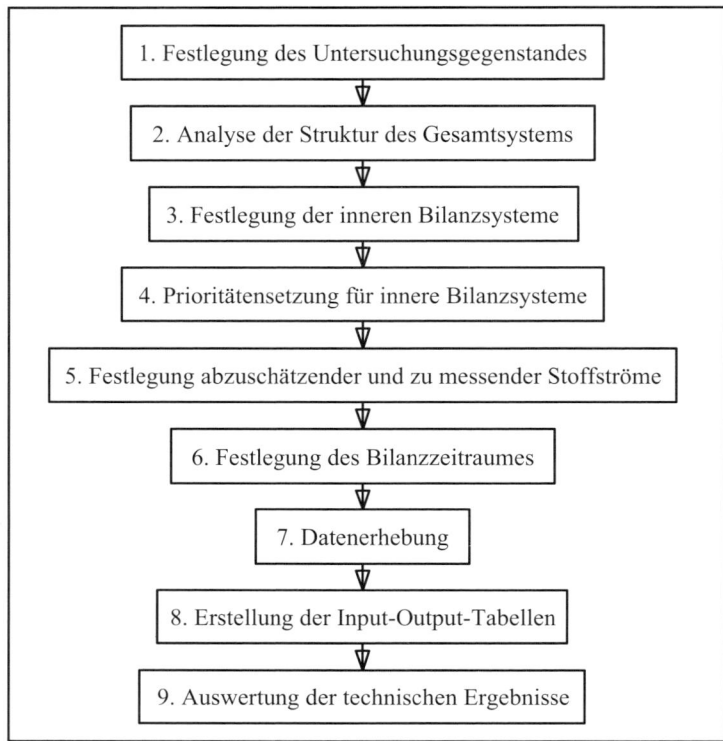

1. Festlegung des Untersuchungsgegenstandes

2. Analyse der Struktur des Gesamtsystems

3. Festlegung der inneren Bilanzsysteme

4. Prioritätensetzung für innere Bilanzsysteme

5. Festlegung abzuschätzender und zu messender Stoffströme

6. Festlegung des Bilanzzeitraumes

7. Datenerhebung

8. Erstellung der Input-Output-Tabellen

9. Auswertung der technischen Ergebnisse

Abb. 8-2: *Stufen der Stoff- und Energieflussanalyse (Berninger 1992, S. 5)*

Zieldefinition

Zunächst wird auf einer ersten Stufe – analog der Zieldefinition einer Ökobilanz – der Untersuchungsgegenstand festgelegt. Nachdem sich ein Überblick über das zu untersuchende System und die Ströme im Gesamtsystem verschafft wurde, müssen die Systemgrenzen festgelegt werden.

Komplexität und
Systemgrenzen

Durch die Fülle an Daten, die bei komplexen Produktionsketten heutiger Produkte auftreten, und durch den Aufwand, diese Daten zu ermitteln, ist es häufig nicht möglich, alle Prozesse und die dazugehörigen Energie- und Stoffströme zu jeder Zeit an jedem Ort vollständig und lückenlos zu erfassen. Nicht alle Vor- und Nebenstufen eines Produktionsprozesses besitzen die gleiche ökologische Relevanz, so dass einzelne Abschnitte der Prozesskette oder einzelne Prozesse – nach sorgsamer Abwägung – vernachlässigt werden können. Hinzu kommt eine teilweise eingeschränkte Zugänglichkeit und Möglichkeit zur Ermittlung der Daten, die es immer wieder nötig machen, Abschätzungen zu treffen oder Analogieschlüsse zu bereits bekannten Prozessen zu ziehen. Durch diese Einschränkungen und den daraus folgenden **Systemgrenzen** gelangen Unsicherheiten in eine Bilanz. Daher sollten die Grenzen und Unsicherheiten stets angegeben werden, um eine Vergleichbarkeit und Transparenz der Ergebnisse zu gewährleisten.

Arten von System-
grenzen

Systemgrenzen können örtlicher, zeitlicher oder technologischer Natur sein und in Verbindung miteinander stehen. **Örtliche Abgrenzungen** geben an, ob die Bilanzgröße auf betrieblicher, nationaler oder sogar globaler Ebene betrachtet wird. **Zeitli-**

che Systemgrenzen legen fest, in wie fern eine Bilanzgröße zwischen einer reinen Momentaufnahme und einer Langzeit-Betrachtung liegt. Momentaufnahmen sind nur selten repräsentativ, da Produktionsprozesse einer Fülle von kurzzeitigen Einflussgrößen unterliegen. Deswegen sind immer über einen größeren Zeitraum gemittelte Werte anzustreben. Daneben ist zu entschieden, ob aktuelle Messwerte erfasst oder ob auf historisches Zahlenmaterial, wie z.B. Produktionsstatistiken, zurückgegriffen werden soll. **Technologische Grenzen** geben die bilanzierte Technologie für einen bestimmten Verfahrensschritt eindeutig an, für den mehrere Technologien oder auch Techniken zur Erreichung des gleichen produktionstechnischen Ziels möglich sind. Grundsätzlich müssen die Systemgrenzen der Fragestellung und der ökologischen Relevanz des (Teil-)Prozesses angepasst werden. Dabei ist wichtig, welches Erkenntnisinteresse (das sich in der Zieldefinition niederschlägt) verfolgt wird.

Unterteilung in Teilprozesse

Auf der zweiten Stufe wird der Aufbau des Gesamtsystems berücksichtigt. Um den oftmals sehr umfangreichen Überblick über den Gesamtprozess zu vereinfachen, wird dieser in einzelne, grobe Prozessstufen aufgeteilt, die zunächst als Blackbox betrachtet werden. Dabei kann eine erste, übersichtsartige Analyse der Stoff- und Energieströme mittels eines Flussdiagramms (Input-Output) vorgenommen werden, wie dies in Abbildung 8-3 dargestellt ist (siehe ähnlich ISO 14040:2006, S. 22).

Die Stoff- und Energieströme werden zunächst nur qualitativ erfasst und enden an den zuvor festegelegten Systemgrenzen. Wird die vertikale Ausrichtung für den Materialinput genutzt, so können aufeinanderfolgende Produktionsschritte untereinander angeordnet werden. Verluste, z.B. auftretende Abwärme oder Verdunstungen in die Atmosphäre, sollten als Outputs betrachtet werden.

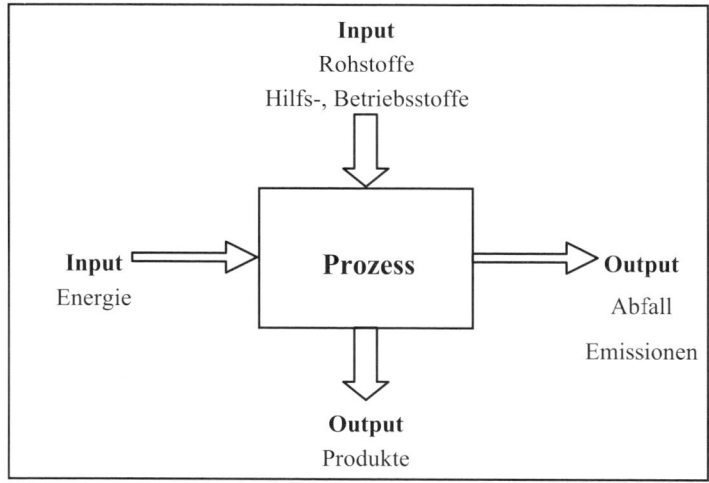

Stofffluss-
diagramm

Abb. 8-3: *Stoffflussdiagramm für einen Produktionsprozess*

Bei der Bilanzierung der Stoff- und Energieströme gelten die physikalischen Gesetzmäßigkeiten der Energie- und Massenerhaltung. Bei einem Stoffflussdiagramm muss daher die Differenz der Input- und Outputströme die Bestandsveränderung innerhalb des Prozesses ergeben (z.B. ein Lager oder Behälter in einem Prozessabschnitt). Ist die Bestandsveränderung gleich null, so müssen sich die Input- und Outputströme die Waage halten. Analoges gilt für Energieströme. Werden einzelne Stoff- und Energieströme vernachlässigt, ist die Bilanz nicht mehr ausgewogen.

Bilanzprinzip

Jedoch ist die Überprüfung der Bilanz anhand der Energie- und Massenerhaltung ein gutes Mittel um festzustellen, ob alle relevanten Ströme erfasst wurden. Hierbei ist es hilfreich, möglichst wenig verschiedene Maßeinheiten zu benutzen, um eine transparente Darstellung zu erhalten und gegebenenfalls eine Aggregation der Stoff- und Energieströme zu ermöglichen.

Funktionelle Einheit

Häufig werden die Stoff- und Energieströme bestimmten Produkten, Prozessen oder Dienstleistungen zugeordnet, die eine Leitgröße des Erkenntnisinteresses bzw. der Zieldefinition sind. Diese Leitgröße wird funktionelle Einheit genannt und ist die Bezugsgröße der erstellten Bilanz. Als Beispiel kann die zum Transport von einem Liter Milch benötigte Menge an Verpackung genannt werden. Die Angabe der Funktionalität ist wichtig, sollen zwei Produkte, z.B. von zwei verschiedenen Herstellern, miteinander verglichen werden. Nur wenn beide Produkte auch das gleiche leisten, sind auch die Stoff- und Energiestrombilanzen vergleichbar.

Allokation

Ein großes Problem bei der Produktbilanzierung tritt auf, wenn ein Prozess mehrere Produkte herstellt, wie dies bei Kuppelproduktionen oder Recyclingprozessen der Fall ist. Hierbei ergibt sich dann die Frage, welche Anteile der Input- oder Outputströme dem betrachteten Produkt zugerechnet (alloziert) werden. Allokationen können anhand der Massenverhältnisse, des Energieanteiles, exergetisch (Berücksichtigung der „Qualität" von Energie) oder nach wirtschaftlichen Gesichtspunkten vorgenommen werden. Grundsätzlich schlägt die Norm ISO 14040 vor, Kuppelprozesse so für die einzelnen Kuppelprodukte aufzuteilen und zu bilanzieren, als würden sie unabhängig voneinander hergestellt.

In der nächsten Stufe (Stufe 3) wird das System detaillierter analysiert, z.B. um Abfälle oder Emissionen einer Entstehungsquelle zuzuordnen. Auf der vierten Stufe werden die Prioritäten für die Untersuchung des Subsystems unter Berücksichtigung der erwarteten Umweltauswirkungen abgeschätzt. Dies kann vorab Einschätzungen notwendig machen, die idealer Weise erst Bestandteil des letzten Schrittes, der Interpretation, sind.

Datenverfügbarkeit

Datenqualität

Datenquellen

Auf der fünften Stufe der Abb. 8-2 werden die zu erfassenden Material- und Energieströme der Subsysteme ausgewählt. Neben der Datenverfügbarkeit und der Messbarkeit der Daten muss dabei die Datenqualität berücksichtigt werden. Sinnvoll sind auch Fehlerangaben für die erhobenen und gemessenen Stoff- und Energieströme, so dass durch Fehlerrechnung die Bandbreite des Fehlers beim Endergebnis angegeben werden kann. Die erreichbare Datenqualität sollte bereits im Rahmen der Zieldefinition festgelegt werden.

Datenerfassung

Als nächstes sind die zeitlichen Systemgrenzen so festzulegen, dass die Bilanz die aktuelle Situation so genau wie möglich wiedergibt. Eine begleitende Untersuchung des Produktionsprozesses hat den Vorteil, dass während der Datenerfassung Messungen durchgeführt werden können, während die reine Verwendung vorhandener Daten nur ein historisches Bild liefern kann. Trotzdem sind interne Datenquellen, wie Produktionsprotokolle, Materiallisten, Einkaufslisten oder Wasser- und Energieabrechnungen von großer Bedeutung bei der Bilanzierung. Auf diese notwendigen, definitorischen Schritte folgt die eigentliche Datenerhebung (Stufe 7). Datenerfassungssysteme können diese unterstützen, so dass Ergebnisse für jedes Subsystem einzeln erhalten werden.

Fehlende Größen

Fehlende Größen müssen häufig entweder direkt durch ermittelbare Größen oder durch zusätzliches Treffen von Annahmen berechnet werden (siehe auch weiter oben Allokation).

Auswertung

Diese Einzelbilanzen müssen dann zusammengefasst (Stufe 8) und anschließend ausgewertet (Stufe 9) werden. Für die Auswertung wird oft die nachfolgend besprochene Wirkungsbilanz erstellt. In jedem Fall sollten die Stoff- und Energieströme mit gesetzlichen Grenzwerten verglichen und eine Schwachstellenanalyse hinsichtlich Verbleib und Gefährdungspotenzial durchgeführt werden. Die Ergebnisse können durch direkte Auflistung in Tabellen, durch Bildung von Kennzahlen oder als

Sankeydiagramm dargestellt werden. Dabei stellt ein Sankeydiagramm (siehe Abb. 8-4) die Stoffströme, die die einzelnen Prozesse durchlaufen, mit Hilfe von Pfeilen dar, deren Breite äquivalent zur jeweiligen Menge (z.B. in kg) ist. Die Stoffströme bzw. Energieströme müssen dabei die gleiche Einheit besitzen, da sonst kein Maßstab gebildet werden kann.

Ergebnis-darstellung

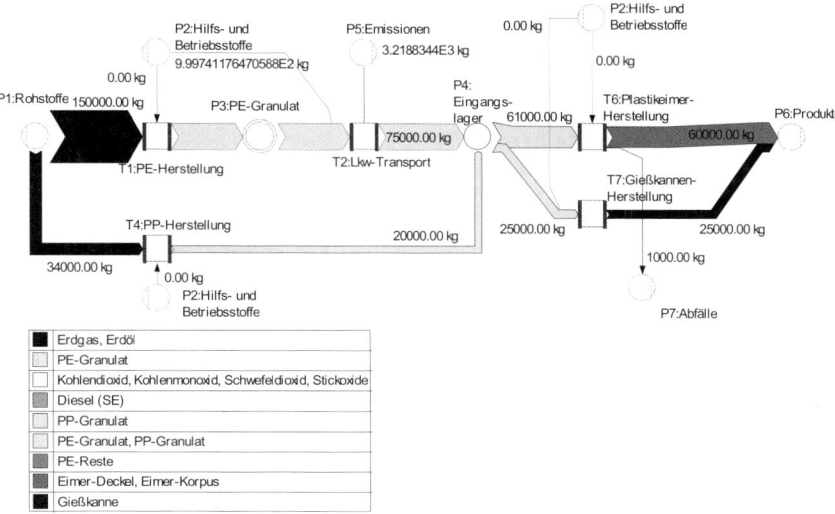

Abb. 8-4: *Beispiel für ein Sankeydiagramm, Einheiten in kg (Quelle: Ökobilanzierungs-Software Umberto®, ifu GmbH, 1998, Beispiel Eimerfabrik)*

Computergestützte Hilfsmittel

Durch den immensen Umfang der zu bilanzierenden Daten und ggf. durch die Komplexität der betrachteten Prozessketten lässt es sich kaum vermeiden computergestützte Hilfsmittel einzusetzen. Diese können von einer einfachen Tabellenkalkulation bis hin zur automatischen Betriebsdatenerfassung und flexibler Ökobilanzierungs-Software reichen. In den letzt genannten Tools sind häufig schon fertige Module für bestimmte Abschnitte von Produktionsvorketten enthalten, die eine Bestimmung der indirekten Umwelteffekte – ausgelöst durch die im Betrieb verwendeten Stoff- und Energieströme – möglich machen. Die kostenlos beziehbare Software GEMIS dient zur Bestimmung der Produktionsvorketten und ist erhältlich beim ÖKO-INSTITUT E.V. (http://www.oeko.de/service/gemis). Andere, kommerzielle Programme bieten weitere Vorteile zur flexiblen Berechnung und Darstellung von Stoff- und Energieflussanalysen und Ökobilanzen. Eine Übersicht über Softwaretools ist zu finden unter http://www.ecodesign.at/methodik/software/index.de.html.

Tools zur SEFA

8.2.2 Wirkungsbilanz

Dieser Schritt ist der am meisten diskutierte Bestandteil innerhalb der Theorie der Ökobilanzierung. Die ISO 14040 normt nicht die konkrete Vorgehensweise zur Wirkungsbilanzierung, sondern ihre allgemeine Struktur. Daher existiert eine Vielzahl von Methoden zur Wirkungsabschätzung. Bei der Entwicklung der Methoden, die zum großen Teil schon vor dem Erscheinen der Norm begann, wurde nicht immer klar zwischen Sach- und Wirkungsbilanz getrennt.
Gemäß der Norm ISO 14040 dient die Wirkungsbilanz (*Life-Cycle Impact Assessment* (LCIA)) „der Beurteilung der Bedeutung potentieller Umweltwirkungen mit

Wirkungsbilanz

Klassifizierung

Hilfe der Ergebnisse der Sachbilanz" (ISO 14040:2006, S. 27). Dazu werden die Daten der Sachbilanz verschiedenen Umweltwirkungskategorien zugeordnet (sog. Klassifizierung), welche die möglichen Umweltwirkungen aufführen. Wirkungskategorien können z.B. der Treibhauseffekt, der Ozonabbau, die Human- und Umwelttoxizität oder Arbeitssicherheit sein (siehe Tab. 8-1). Die Auswahl der Kategorien und der anzuwendenden Methoden zur Bestimmung der Umweltwirkung hängt stark vom Untersuchungsziel und vom zu bilanzierenden System ab und sollte daher mit der Zieldefinition erfolgen. Die Norm ISO 14040 benennt die Wirkungskategorien nicht explizit, sondern überlässt ihre Festlegung den Experten.

Wirkungskategorie	Stoffströme	Index
Energieressourcen	Energieverbrauch	Primärenergieäquivalent. Alle Energieformen auf Primärenergie zurückrechnen, unterschieden in fossile, nukleare und erneuerbare
Deponievolumen	Feste Abfälle	Summenbildung, unterteilt nach vorgegebenen Kategorien der Abfallverordnung z.B. Feststoffdeponie, Hausmülldeponie, Sonderabfalldeponie
Treibhauseffekt	Treibhausrelevante Gase	Umrechnung über *Global-Warming*-Potenzial (GWP) auf CO_2
Photooxidantien	Gase, die zur photochemischen Ozonbildung beitragen	Umrechnung mit Wirkungsfaktoren auf kg Ethylen (C_2H_4)-Äquivalent

Tab. 8-1: *Beispiele für Wirkungskategorien und Methoden zur Charakterisierung (Quelle: Klöpfer und Renner 1995, S. 15ff.)*

Vergleichbarkeit

Nach der Zuordnung der Input- und Outputdaten der Sachbilanz zu den einzelnen Wirkungskategorien erfolgt der zentrale Schritt der Wirkungsabschätzung, die sog. Charakterisierung. Hier werden die klassifizierten Daten mit Hilfe eines Modells in Wirkungsindikatoren umgerechnet und aggregiert. Z.B. können die Kohlendioxid- und Methanemissionen zu einem Wirkungsindikator Treibhauseffekt zusammengefasst werden. Wahlweise kann nach der Charakterisierung noch eine Normalisierung stattfinden, die die Wirkungsindikatoren bspw. auf entsprechende nationale oder globale Daten bezieht, um unbedeutendere Kategorien ausfindig zu machen und geringer bewerten zu können.

Da viele verschiedene Methoden zur Wirkungsbilanzierung nebeneinander existieren, lassen sich Studien, bei denen verschiedene Methoden zur Wirkungsbilanzierung angewandt werden, schlecht oder nicht vergleichen.

8.2.3 Auswertung/Interpretation

Auswertung

„Die Auswertung ist die Phase der Ökobilanz, bei der die Ergebnisse der Sachbilanz und der Wirkungsabschätzung gemeinsam betrachtet werden." (ISO 14040:2006, S. 11). Ziel der Auswertung ist es demnach, zu Schlussfolgerungen und Empfehlungen zu gelangen, die insbesondere im Zusammenhang mit den zuvor festgelegten Zielen und dem Untersuchungsrahmen stehen. Dazu können zusätzlich Schwachstellen- oder Sensitivitätsanalysen durchgeführt werden, um eine Interpretation zu erleichtern.

8.2.4 *Streamlining* und *Screening* der Ökobilanz

Die Methodik der Ökobilanzierung hat sich in den letzten Jahren erheblich weiter-entwickelt. Besonders auf dem Sektor der Sachbilanzierung haben Entwicklungen stattgefunden, so dass ein methodischer Rahmen zur Verfügung steht. Trotzdem ist die im vorstehenden Text diskutierte Methodik als zu umfassend für betriebliche Anwendungen kritisiert worden.

Ein Grund für diese Einwände sind die enormen Aufwendungen und die notwendige Zeit für die Durchführung einer Sachbilanz. Im Management ist es notwendig, mög-lichst schnell und effektiv Informationen für die Entscheidungsfindung zu erhalten. Die wesentlichen Aspekte hierbei sind in der Wirtschaftlichkeit und der Begrenzung des zeitlichen Aufwands zu sehen. Diese Forderungen können bei der Durchführung einer umfassenden Ökobilanz oft nicht erfüllt werden. Dies hat zur Entwicklung von Tools zur Vereinfachung von Ökobilanzen geführt, die unter den Begriffen *Stream-lining* und *Screening* zusammengefasst werden (vgl. Weitz et al. 1996, S. 79ff.).

Streamlining kann als Einschränkung des Untersuchungsumfangs definiert werden, während *Screening* die Anwendung einer Methode innerhalb des Produktsystems bedeutet. Instrumente des *Screenings* tragen dazu bei, sich auf die wichtigsten öko-logischen Aspekte zu beschränken und die Schwerpunkte für weitere Analysen he-rauszufinden. Zum ökologischen *Screening* von Energiesystemen wie z.B. Wind-kraft- oder Photovoltaikanlagen hat sich der kumulierte Energieaufwand durchge-setzt und ist in der Richtlinie VDI 4600 genormt worden (vgl. VDI 4600 1997).

Screening

Innerhalb des Streamlining liegt das Hauptaugenmerk auf den folgenden Ansätzen (vgl. Curran und Young 1996, S. 58):

Streamlining

- Auslassen bestimmter Stufen im Produktlebenszyklus,
- Fokussierung der Studie auf bestimmte Umweltwirkungen,
- Begrenzung der Analyse auf eine verkürzte Liste von Sachbilanz-Kategorien,
- Auslassen der Wirkungsabschätzung / Wirkungsbilanz,
- Nutzung qualitativer oder semi-quantitativer Informationen,
- Nutzung von Literaturdaten aus vorangegangenen Studien,
- Anwendung von Schwellenwerten, um die Analyse an bestimmten Punkten zu beenden.

Fasst man diese einzelnen Techniken zusammen, so wird der Umfang einer Bilanz in vertikaler (Produktlebensstufen) oder horizontaler (Input-Output-Kategorien) Richtung eingeschränkt.

8.3 Weiterentwicklung zum Stoffstrom-management

Die Produkt-Ökobilanz nach ISO 14040 dient in erster Linie der Aufdeckung von ökologischen Schwachstellen und deren Beseitigung. Sie liefert Informationen, die eine Beurteilung ökologischer Folgen von Produktion und Konsumption eines Gutes (Ware oder Dienstleistung) ermöglichen. Sie kann als ein umfassendes Analysein-strument gesehen werden, das eine breite Datengrundlage schafft. So liefert sie bspw. Informationen über Umweltbelastungen, die während des Lebenswegs eines Produkts entstehen, über die Umweltrelevanz verschiedener Abschnitte eines Pro-duktlebenswegs, über umweltbezogene Verbesserungspotenziale bei der Herstellung eines Produkts sowie über Vor- und Nachteile verschiedener Produkt- und Dienst-leistungssysteme mit vergleichbarer Leistung. Die Produkt-Ökobilanz kann somit im Rahmen der strategischen Planung zur Entwicklung und Verbesserung von Produk-ten eingesetzt werden. Zudem ist ihr Einsatz im Rahmen des Marketings denkbar, wenn Informationen über enthaltene Stoffe o.ä. von Bedeutung sind.

Anwendung-felder

Insbesondere in Deutschland und den Niederlanden hat sich als eine Art Weiterent-wicklung der Ökobilanzierung das Stoffstrommanagement herausgebildet. Dieses steht unmittelbar in Bezug zu den drei Dimensionen der Nachhaltigkeit, wie die Definition des Begriffs Enquête-Kommission „Schutz des Menschen und der Umwelt" (1994, S. 549) aufzeigt: „Unter dem Management von Stoffströmen der beteiligten Akteure wird das zielorientierte, verantwortliche, ganzheitliche und effiziente Beeinflussen von Stoffsystemen verstanden, wobei die Zielvorgaben aus dem ökologischen und dem ökonomischen Bereich kommen, unter Berücksichtigung von sozialen Aspekten. Die Ziele werden auf betrieblicher Ebene, in der Kette der an einem Stoffstrom beteiligten Akteure oder auf der staatlichen Ebene entwickelt."

Es ist wichtig herauszustellen, dass die Definition der Enquête-Kommission (1994) zwei Dimensionen des Stoffstrommanagements hervorhebt, nämlich das Management von Material- und Informationsflüssen (oder -strömen) sowie das Management von Kooperationsbeziehungen zwischen verschiedenen Akteuren. Damit besteht unmittelbar Anschlussfähigkeit an das Konzept des *Supply Chain Management* (s.

⇨ Kap. 11

Kap. 11). Insgesamt kann Stoffstrommanagement damit als ein durch gesellschaftliche Überlegungen erweitertes Management von Stoff- und Energieströmen verstanden werden. International vergleichbar ist die Entwicklung hin zum *Life-Cycle Management* (vgl. insbesondere Hunkeler et al. 2003).

Wesentlich sind dabei, wie in der Definition anklingt, drei Ebenen:

1. Betriebliche Ebene: Auf der Ebene des einzelnen Betriebs schließt das Stoffstrommanagement unmittelbar an die Ökobilanz an. Hier können Produkt-, aber auch Prozessbilanzen aufgestellt werden, bei denen Ausschnitte der betrieblichen Tätigkeit, die für die jeweilige Analyse relevant sind, herausgegriffen werden.

2. Überbetriebliche Ebene: Der Blick auf den gesamten Stoffstrom entspricht im Wesentlichen dem Supply Chain Management (Seuring 2004a). Hier wird nicht an der Grenze des einzelnen Unternehmens halt gemacht, sondern die Stoffströme (Stoff- und Energieflüsse) werden unternehmensübergreifend evaluiert und verbessert.

3. Gesellschaftliche Ebene: Schließlich können auf der gesellschaftlichen Ebene z.B. umwelt- und gesellschaftspolitische Rahmenbedingungen und Ziele berücksichtigt werden.

Als Folge der Arbeit der Enquête-Kommission bildet sich in Deutschland eine ausdifferenzierte Forschungslandschaft zum Stoffstrommanagement, in der wesentlich drei Schulen unterschieden werden können (Seuring und Müller 2007):

Material- und Informationsfluss-Schule:
Hier wird die Bedeutung von Materialflüssen und der damit verbundenen Umweltwirkungen betont. Daher sollen die Materialflüsse vorausschauend geplant und gesteuert werden, wozu auch die Gestaltung der damit verbundenen Informationsflüsse notwendig ist. Als Basis wird dazu auf Überlegungen des Produktions- und Logistikmanagements zurückgegriffen, die zur Analyse, Planung, Steuerung und Kontrolle der Materialflüsse aber insbesondere auch Informati-onsflüsse dienen (Schmidt und Schorb 1995; Spengler, 1998).

Strategie- und Kooperations-Schule:
Diese Schule betont die strategische Bedeutung des Stoffstrommanagements sowie die Notwendigkeit von Kooperationen zwischen den Akteuren. Diese Zusammenarbeit stellt die Voraussetzung dar, um überhaupt erfolgreich Material- und Energieflüsse steuern zu können (Schneidewind et al. 2003).

Regionale Industrielle Netzwerke-Schule.
Eine wesentliche Idee besteht darin, den lokalen oder regionalen Austausch von Material- und Energieflüssen zwischen Unternehmen zu verbessern, um so die Effizienz des Gesamtsystems zu erhöhen. Während die vorstehend beschriebenen Ansätze an vertikalen Stoffstromketten ansetzen, bilden sich Regionale Industrielle Netzwerke eher horizontal, d.h. mit Unternehmen der gleichen Branche, oder lateral,

Ebenen des
Stoffstrom-
managements

Schulen des
Stoffstrom-
managements

insbesondere in einem regionalen Kontext, aus. So bestanden zwei häufig diskutierte Beispiele, nämlich Kalundborg in Dänemark (Ehrenfeld und Gertler 1997) und das Verwertungsnetzwerk in der Steiermark in Österreich (Strebel und Schwarz 1998), bevor sie von Forschenden als solche identifiziert wurden.

Die Grenzen zwischen den Schulen sowie zu anderen Konzepten, insbesondere dem *Life-Cycle Management* (Hunkeler et al. 2003), *Sustainable Supply Chain Management* (s. Kap. 11), aber auch *Industrial Ecology* (Ehrenfeld und Gertler 1997) sind dabei fließend (zum Vergleich dieser Konzepte siehe Seuring 2004b). Ökobilanzen stellen nach wie vor eine zentrale Grundlage für Arbeiten in all diesen Bereichen dar.

⇨ Kap. 11

8.4   Fallstudie

Die Nutzung regenerativer Energiequellen gilt als umweltfreundlich, insbesondere, da so der Ausstoß von klimarelevantem CO_2 reduziert werden kann. Ein wesentlicher Aspekt dabei ist, dass bei der Nutzung von regenerativen Energien fossile Primärenergie substituiert wird. Um bestimmen zu können, wie viel Primärenergie wirklich mit einer regenerativen Energieanlage eingespart werden kann, muss der kumulierte Energieaufwand ermittelt werden. In der nachfolgenden Fallstudie ist dies die maßgebende Wirkungskategorie, mit der ein *Screening* vorgenommen wird.

8.4.1   Zieldefinition

Kenngrößen und Systemgrenzen

In der durchgeführten Studie (vgl. Pick und Wagner 1998) wurden die energetischen Kenngrößen **kumulierter Energieaufwand (KEA)**, **energetische Amortisationszeit** und **Erntefaktor** von Windkraftanlagen bestimmt. Der kumulierte Energieaufwand ist die Summe aller Energieverbräuche, die zur Herstellung, Nutzung und Entsorgung einer Ware oder einer Dienstleistung benötigt werden. Dabei werden die Energieverbräuche auf Primärenergie (Energieressource) umgerechnet. Die Beschränkung auf den kumulierten Energieaufwand (KEA) kommt also einem *Screening* gleich. Zur Bestimmung des KEA werden die Windenergiekonverter komplett bilanziert, jedoch ohne evtl. Verstärkungsmaßnahmen des Stromnetzes sowie Neu- oder Ausbau von Verkehrswegen zur Anbindung der Windkraftanlagen, da diese Aufwendungen zu individuell vom Standort abhängen.

Beispiel
Windkraftanlagen

Die vom KEA abgeleitete Größe energetische Amortisationszeit besagt, wie lange eine Energieanlage, z.B. eine Windkraftanlage, in Betrieb sein muss, damit sie die zu ihrer Herstellung, Nutzung und Entsorgung benötigte Energie wieder bereitgestellt hat. Der Erntefaktor gibt an, wie viel Primärenergie durch den Betrieb einer Windenergieanlage während ihrer Lebenszeit eingespart werden kann. Er repräsentiert das Verhältnis zwischen substituierter Primärenergie und kumuliertem Energieaufwand. Da die energetische Amortisationszeit und der Erntefaktor vom Windenergieangebot des Standortes abhängen, wurden im Rahmen der Studie verschiedene Referenzstandorte mit charakteristischen Kenngrößen definiert. Ein Standort befindet sich an der Küste; die mittlere Jahreswindgeschwindigkeit auf 10 m Höhe liegt hier bei 5,5 m/s. Ein weiterer befindet sich in Küstennähe und besitzt eine mittlere Geschwindigkeit von 4,5 m/s. Der Standort im Binnenland wird schließlich durch eine mittlere Windgeschwindigkeit von 3,5 m/s charakterisiert.

Untersuchte Anlagen

Bei den in der Studie untersuchten Windkraftanlagen handelt es sich um die Typen ENERCON-40 (E-40) und ENERCON-66 (E-66) mit Nennleistungen von 500 kW bzw. 1,5 MW. Da die Untersuchungsergebnisse der beiden Anlagen grundsätzlich gleiche Tendenzen aufweisen, wird hier nur die Anlage E-66 besprochen.

Die Windenergiekonverter zeichnen sich insbesondere dadurch aus, dass sie kein Getriebe im Triebstrang enthalten. Die variable Drehzahl geht vom Rotor direkt auf den Generator über. Die Leistungsregelung erfolgt über eine Blattverstellung, die jedes Blatt einzeln ansteuern kann. Die Anlagen werden mit Stahl- oder Betontürmen geliefert. In dieser Untersuchung wurden Stahltürme betrachtet, weil diese häufig verwendet werden. Die Anlage E-66 wurde zum Zeitpunkt der Studie mit Stahltürmen mit einer festen Nabenhöhe (Höhe bis zur Rotorachse) von 67 m geliefert. Mit den Aufstellungsorten ändern sich die kumulierten Energieaufwendungen für die Herstellung (KEA$_H$), da die Energieaufwendungen durch Fundamente und Transporte vom Standort abhängig sind.

8.4.2 Sachbilanz und Wirkungsbilanz

Kumulierter Energieaufwand für die Herstellung (KEA$_H$)

Die Windkraftanlagen wurden der besseren Übersicht halber in die Baugruppen

- Rotorblätter
- Generator
- restliche Gondel
- Turm
- Steuertechnik/Netzanbindung
- Fundament

aufgeteilt. Im nächsten Schritt wurden Massenbilanzen für die einzelnen Baugruppen durch Stücklisten zu den Anlagen, im Einzelfall durch Messen und Wiegen und durch Abrechnungen erstellt. Durch Werkstoffausnutzungsfaktoren, die die Effizienz der Werkstoffausnutzung bei der Herstellung der Bauteile angeben, wurde das Gewicht für eingesetzte Halbzeugmaterialien berechnet. Um die eingeschränkte Wirkungsbilanz zu vollziehen, wurde im Anschluss daran mit Hilfe von primärenergiespezifischen Kennwerten kea (s. Tab. 8-2) für jedes Rohmaterial der Anlage der KEA$_H$ ermittelt. Die verwendeten primärenergiespezifischen Kennwerte kea wurden vorher durch detaillierte Studien bestimmt. Für die Windkraftanlagen wurden neben den Energieaufwendungen für die Materialien die Fertigungsenergien und Energieaufwendungen für Betriebsstoffe, Transporte und Montage gesondert berücksichtigt.

Material		kea [MJ/kg]
Metalle	Stahl	20,5
	Aluminium (primär)	239,0
	Aluminium (sekundär)	9,7
	Blei (primär)	33,6
Baustoffe	Beton B25	1,53
	Flachglas	15,0
Kunststoffe	Keramik	41,8
	PUR	107,5
	PVC	66,8

Tab. 8-2: Spezifische Primärenergieaufwendungen für ausgewählte Materialien (Quelle: Wagner und Wenzel 1997, S. 687)

Kumulierter Energieaufwand für die Nutzung (KEA$_N$)

Die Anlagen müssen während ihrer Lebensdauer, die kalkulatorisch mit 20 Jahren angenommen wurde, gewartet werden. Hierbei fallen Energieaufwendungen für Transporte und für die Herstellung von Verschleißteilen und Betriebsmitteln an. Verschleißteile und Betriebsmittel sind z.B. Getriebe für die Blattverstellung, Komponenten der Steuerungs- und Regelungstechnik, Reib- und Gleitbeläge sowie Öle und Fette.

Kumulierter Energieaufwand für die Entsorgung (KEA$_E$)

Derzeit müssen noch keine Windkraftanlagen entsorgt werden. Da aber zukünftig die Entsorgung von Anlagen z.B. durch behördliche Auflagen relevant wird, wurde auf Basis von Literaturwerten ein Abriss und Recycling der Anlagen abgeschätzt. Würde demnach ein Recycling der in den Anlagen eingesetzten Materialien vorgenommen, dann entstünde trotz der zu berücksichtigenden Energieaufwendungen für den Abriss und das Recycling eine Energiegutschrift. Dadurch sänke der KEA und damit die energetische Amortisationszeit um ca. 20 %. Die Erntefaktoren würden dann entsprechend steigen. Bei den im Weiteren beschriebenen Ergebnissen wird kein Recycling berücksichtigt, da eine Rückführung der Materialien zur Zeit nicht praktiziert wird.

8.4.3   Ergebnisse

Abbildung 8-5 zeigt die Zusammenstellungen des KEA für die Herstellung und Betrieb der Windkraftanlage E-66 (1,5 MW) für verschiedene Standorte.

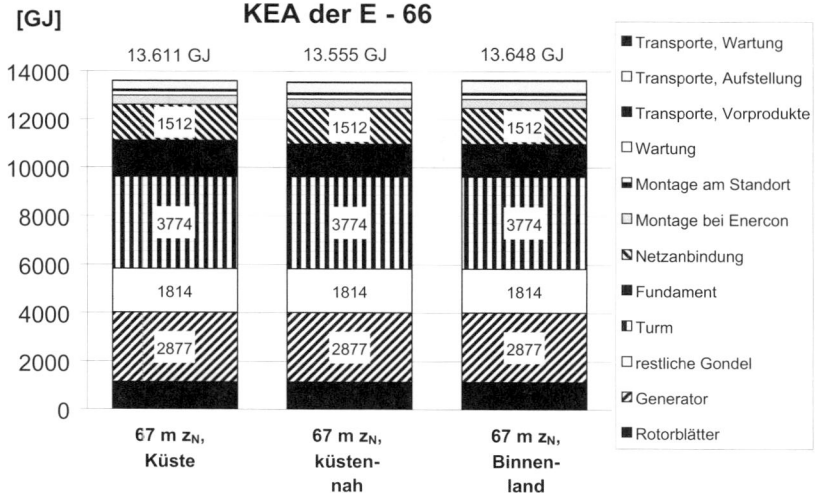

Abb. 8-5:   *KEA für Herstellung und Betrieb (ohne Entsorgung) der 1.500 kW-Anlage bei konstanter Nabenhöhe an den drei Referenzstandorten (Quelle: Pick und Wagner 1998, S. 49)*

Insgesamt werden zur Herstellung und zum Betrieb der Anlagen rund 13 600 GJ Primärenergie benötigt. Wie aus dem Bild zu entnehmen ist, spielt der Turm eine entscheidende Rolle beim KEA der gesamten Anlage: Sein prozentualer Anteil am KEA liegt bei ca. 28 %. Eine weitere wichtige Baugruppe ist der Generator mit einem Anteil bei rund 21 %. Dies resultiert vor allem aus dem hohen energetischen Anteil des Kupfers und der Elektroblechpakete im Generator. Die restliche Gondel hält je nach Anlage einen Anteil am KEA von rund 13 %. Die Netzanbin-

dung/Steuertechnik und das Fundament beinhalten jeweils etwa 11 %, die Rotorblätter insgesamt rund 8 % des KEA. Variationen der Energieaufwendungen für Fundamente durch verschiedene Gründungstechniken je nach Standort sind, bezogen auf
den KEA der Gesamtanlagen, gering. Für Montage, Wartung und Transportaufwen-
dungen wird insgesamt weniger als ein Zehntel des gesamten KEA der Anlagen
aufgebracht. Der KEA hierfür verteilt sich fast gleichmäßig auf die Montage bei der
Herstellerfirma, die Transporte der Anlagenteile zur Aufstellung sowie auf die Wartung. Transporte für Vorprodukte halten einen halben Prozentpunkt. Energieaufwendungen für Fahrten und Transporte für die Wartung und die Endmontage am
Aufstellungsort sind im Vergleich zum gesamten KEA sehr klein.

Mit den Jahresenergieerträgen der Anlagen können nun die energetischen
Amortisationszeiten und Erntefaktoren an den verschiedenen Standorten für eine
Lebensdauer der Anlagen von 20 Jahren berechnet werden (s. Tab. 8-3). Dabei wird
der erzeugte Windstrom durch einen Vergleich mit dem deutschen Kraftwerkspark
primärenergetisch bewertet, indem entsprechend ein Bereitstellungsfaktor von
2,97 MJ Primärenergie pro MJ Elektrizität angesetzt wird. Die energetischen
Amortisationszeiten liegen demnach für die Anlagen zwischen rund vier und sechs
Monaten. Die Erntefaktoren der Anlagen bewegen sich zwischen rund 65 und 40.

	Standort der E-66		
Kenngröße	**Küste**	**Küstennah**	**Binnenland**
Windgeschwindigkeit in Nabenhöhe [m/s]	7,32	6,58	5,96
Jahresenergieertrag, netto [kWh/a]	4 072 018	3 193 185	2 488 809
Kumulierter Energie-aufwand für Herstellung und Betrieb [kWh]	3 780 909	3 765 209	3 791 149
Energetische Amortisationszeit [Monate]	3,7	4,7	6,1
Erntefaktor	64	50	39

Tab. 8-3: *Energetische Kenngrößen der untersuchten Anlagen E-66 (Quelle: Pick und Wagner 1998, S. 2)*

Die berechneten Ergebnisse zeigen, das sich die Windenergieanlagen sehr schnell
energetisch amortisieren. Durch ihren Betrieb wird ein Vielfaches der zu ihrer
Herstellung benötigten Energieaufwendungen eingespart.

8.5   Übungsfragen

1. Beschreiben Sie die vier Schritte zur Erstellung einer Produkt-Ökobilanz nach ISO 14040.
2. Welche produktbezogenen Einsatzmöglichkeiten bietet eine Ökobilanz?
3. Wann lassen sich Ökobilanzen miteinander vergleichen?
4. Warum ist die Erstellung einer Standortbilanz sinnvoll?
5. Welche Probleme ergeben sich bei der Erstellung einer Ökobilanz? Welche Lösungsmöglichkeiten bieten sich?
6. Wie ist das Konzept des Stoffstrommanagements definiert?
7. Welche Schulen des Stoffstrommanagements können unterschieden werden?

8.6 Weiterführende Literatur

Hunkeler, D., Saur, K., Stranddorf, H., Rebitzer, G., Schmidt, W.P., Jensen, A.A. und Christiansen, K. (2003): Life Cycle Management, SETAC, Brüssel.

Mahammadzadeh, M. und Biebeler, H. (2004): Stoffstrommanagement, Grundlagen und Praxisbeispiele, Köln.

Schaltegger S. (1997): Economics of Life Cycle Assessment: Inefficiency of the Present Approach, in: Business Strategy and the Environment, Vol. 6, No. 1, S. 1-8.

Schneidewind, U., Goldbach, M., Fischer, D. und Seuring, S. (Hrsg.) (2003): Symbole und Substanzen – Perspektiven eines interpretativen Stoffstrommanagements, Marburg 2003.

Umweltbundesamt (1992): Ökobilanzen für Produkte: Bedeutung – Sachstand – Perspektiven, UBA-Texte 38/92, Berlin.

Umweltbundesamt (Hrsg.) (1995): Ökobilanz für Getränkeverpackungen, UBA-Texte 52/95, Berlin.

Wietschel, M. (2002): Stoffstrommanagement, Frankfurt.

9 Bewertung der Ökoeffizienz von Produkten und Verfahren

von Isabell Schmidt und Frank Czymmek

Kapitelausblick

Die Bedeutung des und damit die Anforderungen an den betriebliche Umweltschutz haben sich innerhalb der letzten Jahrzehnte stark gewandelt. Die Veränderung liegt begründet a) im Wechsel vom nachsorgenden Anlagen-Umweltschutz (sog. End-of-Pipe-Lösungen wie z. B. Abluftreinigung) zum vorsorgenden produkt- bzw. produktionsintegrierten Umweltschutz sowie b) in der Diskussion um eine nachhaltige Entwicklung, die auch im Unternehmen eine stärkere instrumentelle und organisatorische Integration der drei Dimensionen der Nachhaltigkeit, sprich ökologischer, ökonomischer und sozialer Aspekte in das Management fordert.

Mit dem Konzept der Ökoeffizienz wurde von verschiedenen Seiten versucht, das ökonomische Prinzip der Effizienz auf das Umweltmanagement auszuweiten. Durch die Schaffung einer mit betriebswirtschaftlichen Controlling-Instrumenten handhabaren Steuerungsgröße, der Ökoeffizienz, können zur Verbesserung des vorsorgenden Umweltschutzes beigetragen und ökonomische mit ökologischen Aspekten integriert betrachtet werden. Der Begriff Ökoeffizienz wird jedoch bis heute noch nicht einheitlich gebraucht. Aus diesem Grund werden zu Beginn dieses Kapitels zunächst die Hintergründe und Ursprünge der Ökoeffizienz erläutert sowie eine Abgrenzung zur Ökoeffektivität vorgenommen, bevor verschiedene Definitionsansätze vorgestellt und in unterschiedliche Kategorien eingeteilt werden.

Erst durch betriebliche Mess- und Steuerungsinstrumente wird das Konzept der Ökoeffizienz für die unternehmerische Praxis nutzbar. Zwei produktbezogene Analysemethoden, der Öko-Kompass von Dow und die BASF-Ökoeffizienz-Analyse werden hier als Beispiele vorgestellt. Zum Schluss wird gezeigt, wie sich das Ökoeffizienz-Konzept analog auf die Bewertung sozialer Auswirkungen (Sozioeffizienz) anwenden lässt.

Lernziele

1. Ursprünge und Hintergründe der Ökoeffizienz-Thematik kennen lernen.
2. Die Abgrenzung zur Ökoeffektivität verstehen.
3. Einen Überblick über die unterschiedlichen Definitionsansätze gewinnen.
4. Ökoeffizienz-Analyseinstrumente aus Unternehmen der Chemiebranche kennen lernen.
5. Den praktischen Nutzen am Beispiel einer Ökoeffizienz-Analyse nach BASF erfahren.
6. Die Übertragung des Ökoeffizienz-Konzepts auf soziale Aspekte (Sozioeffizienz) aufgezeigt bekommen.

9.1 Ursprünge und Hintergründe des Ökoeffizienz-Begriffs

In der betriebswirtschaftlichen Forschung und Praxis hat der Begriff der Effizienz eine lange Tradition. Gemäß dem ökonomischen Prinzip (auch als Minimalkostenkombination bezeichnet) bedeutet Effizienz, mit einem gegeben Input einen maximalen Output oder einen gegebenen Output mit einem minimalen Input zu erreichen (vgl. Reding 1989, Sp. 277).

Allerdings werden ökologische Aspekte in diesem herkömmlichen Ansatz nicht explizit berücksichtigt. Ein weiteres Defizit der traditionellen Effizienzdefinition liegt in der Festlegung der Systemgrenzen. Bei der Ermittlung der betrieblichen Effizienzmaße von Unternehmen wird der Fokus ausschließlich auf die Abläufe innerhalb der Unternehmensgrenzen gelegt. Nicht betrachtet werden jedoch die ökologischen Auswirkungen des unternehmerischen Handelns, die über die Unternehmensgrenzen hinausgehen, also bspw. erst beim Verbraucher auftreten. Dies wird deutlich am Beispiel von Automobilherstellern, die die Umweltbelastung ihrer Fahrzeuge wesentlich über den Kraftstoffverbrauch beeinflussen können. Festzuhalten bleibt, dass die traditionelle Bedeutung der Effizienzdefinition eine strikte Festlegung der Systemgrenzen auf das Unternehmen hin vornimmt und nicht

⇨ Kap. 8

eine Lebenszyklusbetrachtung der hergestellten Produkte von der ‚Wiege bis zur Bahre' (s. Kap. 8) verwendet wird.

Infolge der dargestellten Problembereiche der konventionellen Effizienz-Auffassung gab es zu Beginn der 90er Jahre erste Anstrengungen, die Thematik um Aspekte des Umweltschutzes zu erweitern und sie zudem auch auf die Perspektive von Produktlebenszyklen auszudehnen, wie im weiteren Verlauf dieses Kapitels zu sehen sein wird.

In der betriebswirtschaftlichen Forschung und Praxis herrscht indes Uneinigkeit darüber, wer die Konzeption der Ökoeffizienz begründete. Erstmalige Verwendung fand der Begriff in den wissenschaftlichen Studien von SCHALTEGGER und STURM

Schad-
schöpfung

Ende der 80er, Anfang der 90er Jahre, in denen die Umweltwirkungen von Produkten und Prozessen (als **Schadschöpfung** bezeichnet) ins Verhältnis zum gewünschten Output (**Wertschöpfung**) gesetzt wurden und somit eine gleichgewichtige Betrachtung von ökologischen und ökonomischen Aspekten gefordert wurde (vgl.

Wert-
schöpfung

Schaltegger und Sturm 1990, S. 280). Demgegenüber wurde der Begriff auf der UN-Konferenz für Umwelt und Entwicklung in Rio de Janeiro im Jahre 1992 durch die Beiträge von SCHMIDHEINY als Gründungsmitglied des damaligen BUSINESS COUNCIL FOR SUSTAINABLE DEVELOPMENT (BCSD) erstmals auf institutioneller und politischer Ebene einer breiten Öffentlichkeit vorgestellt (vgl. Schmidheiny 1992, S. 38). Dies geschah unabhängig von der Konzeption von SCHALTEGGER und STURM, was auch in der vollkommen unterschiedlichen Auffassung der Begrifflichkeit zum Ausdruck kommt (siehe folgender Abschnitt 9.2).

Es bleibt demnach festzuhalten, dass die Herkunft des Begriffes nicht eindeutig geklärt werden kann, sondern dass zwischen einem wissenschaftlichen und einem institutionellen Pfad unterschieden werden muss.

9.2 Konzeptualisierung verschiedener Definitionsansätze zur Ökoeffizienz

Bei der Betrachtung der unterschiedlichen Ökoeffizienz-Definitionen können, wie die nachfolgende Abbildung 9-1 zeigt, insgesamt vier Kategorien unterschieden werden (vgl. Czymmek 2003, S. 219ff.).

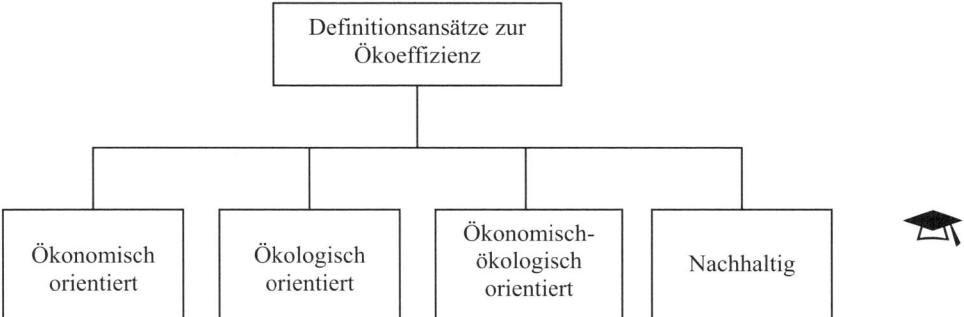

Abb. 9-1: *Definitionsansätze zur Ökoeffizienz (Quelle: eigene Darstellung)*

Ökonomisch orientiert

Der erste Definitionsansatz ist stark an die betriebswirtschaftliche Effizienzdefiniti-on angelehnt, da es vornehmlich darum geht, die Ressourcenproduktivität zu stei-gern und somit die Nutzung vorhandener Ressourcen effizienter zu gestalten (vgl. Kraemer 1995, S. 30f.). Im Kontext des ökonomischen Prinzips bedeutet dies, dass mit einem vorgegebenen Input an (knappen) Ressourcen ein maximaler Output er-reicht werden soll oder aber ein vorgegebener Output mit einem minimalen Einsatz an (knappen) Ressourcen. Bei dieser Herangehensweise an die Ökoeffizienz-Thematik stehen demnach vornehmlich ökonomische Zielsetzungen, wie bspw. Kostenreduktionen und Verbesserung von Produktivität und Wirtschaftlichkeit, im Vordergrund. Die mit der gesteigerten Ressourceneffizienz einhergehenden ökologi-schen Vorteile, bspw. in Form einer Verringerung des Ressourcenverbrauchs und der damit verbundenen Reduzierung der Emissionen und Abfälle, sind durchaus erwünscht, jedoch nicht vordergründige Zielsetzung, sondern positiver Nebeneffekt. Obwohl durch die Integration von ökologischen Aspekten in die Effizienzdiskussion einerseits und durch die Möglichkeit der lebenszyklusweiten Analyse von Produkten und Prozessen andererseits die Defizite der konventionellen Effizienz-Definition teilweise überwunden werden, besteht hinsichtlich der Quantität und Qualität der einbezogenen ökologischen Aspekte in die Effizienz-Thematik aus Sicht des moder-nen Umweltmanagements ein deutlicher Mangel. Größtenteils wird der Fokus aus-schließlich auf die Betrachtung der Materialflüsse und Ressourcenverbräuche gelegt, teilweise werden auch energetische Aspekte mitbetrachtet. Dabei bleiben indes wei-tere ökologierelevante Problembereiche, wie bspw. die Berücksichtigung der Öko-toxizität und der Gefahrenpotenziale bezüglich Arbeitsunfällen, gänzlich außen vor. Im Rahmen dieser Konzeption wird keine Unterscheidung getroffen hinsichtlich der relativen Umweltbelastung der betrachteten Stoffe und Materialien, so dass lediglich quantitative Aspekte ihre Berücksichtigung finden.

Ökologisch orientiert

Im Vergleich zu dem zuvor betrachteten Ansatz, bei dem umweltbezogene Gesichtspunkte eher im Hintergrund des Interesses stehen, sollen im Folgenden solche Ansätze vorgestellt werden, die einen stärkeren Fokus auf ökologische Aspekte legen.

Der an der Universität Leiden 1995 entwickelte ‚Eco-Indicator 95' bringt die Ökoef-fizienz-Thematik in den Kontext der Öko-Bilanzierung und des Life Cycle Assess-ment (vgl. Goedkoop 1995). Der ‚Eco-Indicator 95' ist in seiner Konzeption stark an die Methodik der Lebenszyklusanalyse angelehnt, indem entlang des gesamten Le-bensweges eines Produktes alle umweltrelevanten Auswirkungen in Form einer Input-Output Betrachtung der Stoff- und Energieströme berücksichtigt werden (s. Kap. 8). Dabei werden auch weitreichende Folgen der eingesetzten Stoffe und der

Kap. 8

damit zusammenhängenden Effekte für die Umwelt, wie bspw. Ozonzerstörungs- oder Treibhauspotenzial, in die Analyse mit einbezogen. Die Folgewirkungen werden in einem letzten Schritt zu einem Indikator zusammengeführt, indem die einzelnen Stoffmengen mit Gewichtungsfaktoren multipliziert werden, welche die ökologische Schadwirkung der Stoffe berücksichtigen. Dieser letzte Schritt stellt einen weiteren Unterschied zu der ursprünglichen Konzeption der Öko-Bilanzierung dar.

Ein anderes Maß zur Beschreibung der Ökoeffizienz von Produkten ist das von SCHMIDT-BLEEK entwickelte Konzept der **Ökologischen Rucksäck**e (vgl. Schmidt-Bleek 1993, S. 108ff. und 128ff.). Zielsetzung dieser Vorgehensweise ist die Abschätzung der Umweltverträglichkeit von Gütern, ebenfalls bezogen auf den gesamten Lebensweg. Dabei werden die Materialströme in Form von abiotischen und biotischen Rohstoffen, Erdmassenbewegungen, Wasser und Luft von der Gewinnung der Rohstoffe, über die Produktion und den Gebrauch bis hin zur Entsorgung berechnet. Die Summe dieser Ströme entspricht dem **Ökologischen Rucksack**. Dieser wird auch als Material-Input bezeichnet. In einem zweiten Schritt wird dieser Material-Input dann auf eine bestimmte Funktion oder Dienstleistung bezogen; es entsteht der sogenannte **Material-Input pro Serviceeinheit** (MIPS).

Den Ansätzen ist gemeinsam, dass ökologische Aspekte in den Vordergrund gestellt werden. Ausgehend von der Definition von SCHALTEGGER und STURM ist jedoch anzumerken, dass ähnlich wie bei der ökonomischen Perspektive, auch bei der ökologisch orientierten Sichtweise keine Gleichgewichtung der beiden Dimensionen Ökonomie und Ökologie erfolgt – teilweise wird die eine oder die andere Seite sogar gänzlich ausgeblendet. Aus diesem Defizit heraus soll im Folgenden der ‚Ökonomisch-ökologisch orientierte Ansatz' vorgestellt werden, der in seiner Konzeption beide Komponenten gleichberechtigt berücksichtigt.

Ökonomisch-ökologisch orientiert

Das Konzept von SCHALTEGGER und STURM stellt nicht nur einen der ersten Ansätze zur Ökoeffizienz dar, sondern auch eine Konzeption, die sowohl ökologische als auch ökonomische Aspekte in die Analyse von Produkten und Prozessen einfließen lässt. Die ökologische Effizienz wird in diesem Zusammenhang als relationales Verhältnis zwischen dem erwünschten Output auf der einen und der Schadschöpfung auf der anderen Seite ausgedrückt (vgl. Schaltegger und Sturm 1992, S. 33ff.). Auch wenn die gleichgewichtige Bewertung der ökologischen und ökonomischen Perspektive innerhalb der Publikationen nicht explizit genannt wird, suggerieren die lebenszyklusweite Betrachtung auf der einen und der erwünschte Output (bspw. in Form der Wertschöpfung) auf der anderen Seite dieses Postulat.

Die Herangehensweise an die Thematik der Ökoeffizienz in Form einer relationalen Betrachtung nach SCHALTEGGER und STURM ist in der Literatur weit verbreitet. Dabei ist jedoch keine einheitliche Auffassung hinsichtlich der verwendeten Größen und der Art und Weise, wie sie in Beziehung zueinander gesetzt werden, erkennbar. Gemeinsam ist diesen Ansätzen aber, dass stets eine ökonomische Maßzahl zu einer Größe, welche die Umweltwirkungen ausdrückt, in Beziehung gesetzt wird. Bezogen auf die Minimalkostenkombination bedeutet dies bei dem ‚Ökonomisch-ökologischen Ansatz' der Ökoeffizienz, dass gegebene ökologische Ziele mit einem Minimum an Aufwand zu erreichen sind oder bei einem vorgegebenen Aufwand das ökologische Ziel in einem möglichst hohen Umfang erreicht werden soll (vgl. Wicke 1993, S. 440).

Dieser integrierte Ansatz hat konzeptionell den entscheidenden Vorteil, dass nicht nur die Problembereiche der traditionellen Effizienz-Thematik aufgegriffen wurden, sondern dass ebenso keine Polarisierung hinsichtlich einer stark ökologischen oder ökonomischen Ausprägung stattfindet, so dass beide Sachverhalte in gleichberechtigter Form in die Überlegungen einbezogen werden.

Nachhaltig

Bezogen auf die Ursprünge der Entwicklung des Ökoeffizienzbegriffs gilt der
'**Nachhaltige Ansatz**' als Pendant zu dem 'Ökonomisch-ökologisch orientierten
Ansatz' von SCHALTEGGER und STURM. Als Begründer dieser Definitionsrichtung
gilt SCHMIDHEINY, der den Begriff im Vorfeld der Rio-Konferenz 1992 prägte (vgl.
Schmidheiny 1992). Dabei wird die Ökoeffizienz als ein Konstrukt beschrieben, das
die Ressourcenproduktivität durch die Verbindung von Ökonomie und Ökologie
kontinuierlich verbessert, und zwar in der Form, dass zunehmend ein Mehrwert
geschaffen wird und dabei weniger Ressourcen und Rohmaterialien eingesetzt werden, einhergehend mit einer Reduktion von Energie, Abfällen und Emissionen
(Schmidheiny 1996, S. 9). Deutlich erkennbar in den Ausführungen ist das Grund-
verständnis einer nachhaltigen Entwicklung, vor allem im Sinne der Effizienz-
Strategie (s. Kap. 1). Die Kernaussage des 'Nachhaltigen Ansatzes' im Rahmen der  Kap. 1
Ökoeffizienz kann demnach als Schaffung von Mehrwert in Form eines gesteigerten
Output bei gleichzeitiger Reduzierung des Input beschrieben werden. Die Konzeption der Ökoeffizienz, mit weniger mehr zu erreichen und damit dem Gedanken einer
nachhaltigen Wirtschaftsweise dienlich zu sein, wurde auch vom WORLD BUSINESS
COUNCIL FOR SUSTAINABLE DEVELOPMENT (WBCSD), dem früheren BCSD, in den
90er Jahren des vergangenen Jahrhunderts aufgegriffen und stetig erweitert.

Bei der Bewertung des nachhaltigen Ansatzes kann, ebenso wie beim zuvor dargestellten ökonomisch-ökologischen Ansatz, festgehalten werden, dass sowohl ökologische als auch ökonomische Aspekte in die Betrachtung miteinbezogen werden.
Als problematisch muss indes angemerkt werden, dass die Verfechter einer nachhaltig orientierten Sichtweise der Ökoeffizienz konstatieren, dass die Erzielung von
unternehmerischer Nachhaltigkeit mit der Steigerung von Ökoeffizienz gleichzuset-
zen sei. Diese Sichtweise ist aber vor allem deswegen stark verkürzend, da mit der
Konzeption der Ökoeffizienz eine zentrale Dimension der Nachhaltigen Entwicklung, nämlich die soziale Komponente, keine Berücksichtigung findet. Darüber
hinaus werden mit der Ökoeffizienz als einer Input-Output-Betrachtung stets relative
Messungen und Vergleiche vorgenommen. Um eine nachhaltige Wirtschaftsweise
zu erreichen, ist es allerdings erforderlich, dass vor allem eine absolute und nicht nur
eine relative Verbesserung erreicht wird. Mit anderen Worten: Ökoeffizienz ist eine
notwendige, aber nicht hinreichende Bedingung für eine Nachhaltige Entwicklung.

Aus den oben genannten Ausführungen ist deutlich geworden, dass bislang keine
einheitliche Ökoeffizienz-Definition existiert. Wichtig ist daher bei der Auseinandersetzung mit der Thematik der Ökoeffizienz stets, den Kontext zu beachten, innerhalb dessen der Begriff verwendet wird.

9.3   Abgrenzung zur Ökoeffektivität

Erstmalige Verwendung fand der Begriff der Ökoeffektivität im Jahre 1996 (vgl.
Stahlmann 1996 und Frei et al. 1996) und leitet sich aus einer zentralen Kritik an der
Ökoeffizienzkonzeption ab, die sich auf die Dimension der Umweltleistung bezieht.
Die Verbesserung der Ökoeffizienz alleine trägt nämlich nicht zwangsläufig zu einer
tatsächlichen Entlastung der Umwelt bei, weil die relative Verbesserung durch Wirt-
schafts- und Konsumwachstum wieder kompensiert werden kann. Während also
durch die Ökoeffizienz lediglich eine **relative** Leistungssteigerung respektive relative Entlastung der Umwelt geschaffen wird, ist die Ökoeffektivität auf eine **absolute**
Reduktion der ökologischen Belastung ausgerichtet. Dementsprechend kann postuliert werden, dass die Ökoeffizienz normativ betrachtet der Ökoeffektivität untergeordnet ist. Deshalb sehen einige Autoren die Steigerung der Ökoeffizienz auch nicht
als ausreichend an, sondern erwarten von einem nachhaltigen Unternehmensmana-
gement auch eine Berücksichtigung der Ökoeffektivität (vgl. Schaltegger et al. 2002;
Dyllick und Hockerts 2002). Beispielsweise würde ein ökoeffektives Verhalten den

Einsatz umweltfreundlicher (z.B. nachwachsender) Rohstoffe implizieren. Diese Rohstoffe dann auch möglichst ohne unnötige Verschwendung einzusetzen, wäre zudem ökoeffizient.

Abgeleitet daraus ergibt sich für eine Ökoeffizienz-Anwendung als Produkt- und Verfahrensbewertung, wie sie nachfolgend im Kapitel 9.4 beschrieben wird, dass die Auswahl von Referenzobjekten innerhalb einer Ökoeffizienzanalyse unter Beachtung der Ökoeffektivität zu erfolgen hat. Die erfolgt gemäß der traditionellen Unterscheidung von Effektivität und Effizienz in „doing the right things" (Ökoeffektivität) und „doing things right" (Ökoeffizienz). Auf diese Weise kann nicht nur zu einer relativen sondern auch zu einer absoluten Umweltleistung beigetragen werden.

9.4   Ökoeffizienz-Analytik zur Produkt- und Verfahrensbewertung

Die bisherigen Ausführungen bezogen sich in erster Linie auf die theoretische Fundierung und Ausgestaltung der Thematik der Ökoeffizienz. Für die Umsetzung und den Einsatz in der unternehmerischen Praxis ist es jedoch erforderlich, ein konkretes Instrumentarium zu entwickeln, mit dem Ökoeffizienz erfasst und gemessen werden kann.

Ausgehend von der Zielsetzung, ein Analyseinstrument zu entwickeln, mit Hilfe dessen die Ökoeffizienz gemessen werden kann, gab es in den letzten Jahren eine Vielzahl von Ansätzen zur Messung der ökonomischen wie ökologischen Vorteilhaftigkeit. Dabei variieren die Bezugspunkte der Methoden erheblich, indem sowohl Produkte und Prozesse beurteilt werden können als auch Ländervergleich möglich sind. Die Modelle differieren ferner stark hinsichtlich ihrer Zielsetzung sowie ihres quantitativen und qualitativen Umfangs. Dabei reicht die Typisierung von einer rein ökobilanziellen Betrachtung, über die Produkt- und Verfahrensanalyse bis hin zu solchen Methodiken, die das gesamte Unternehmen in den Fokus der Betrachtung legen.

Im Folgenden sollen zwei Modelle zur Produkt- und Verfahrensbewertung, der **Öko-Kompass**, der von FUSSLER in Zusammenarbeit mit dem Chemiekonzern DOW entwickelt wurde, und die **Ökoeffizienz-Analyse** der BASF näher dargestellt werden.

Öko-Kompass

Bei dem Öko-Kompass von FUSSLER und DOW handelt es sich um ein Analyseinstrument, mit dem die Konzeption einer Nachhaltigen Entwicklung auf die Produkt- und Prozessebene heruntergebrochen werden soll – sie kann also als Operationalisierung des Nachhaltigen Ansatzes der Ökoeffizienz betrachtet werden (vgl. Fussler 1999). Die Analyseobjekte (Produkte oder Verfahren) werden hinsichtlich sechs Kriterien untersucht: Materialintensität, Energieintensität, Recycling, potenzielle Risiken für Gesundheit und Umwelt, Schonung der Ressourcen sowie Erweiterung der Dienstleistung. Zu dem Analyseobjekt wird ein Referenzfall herangezogen, bspw. in Form eines bestehenden Produktes, dem in jeder der beschriebenen Kategorien ein Wert von 2 zugeordnet wird. Im Anschluss wird das Analyseobjekt mit Bezug auf das Referenzobjekt für jede Dimension untersucht und eine Bewertung auf einer Punkteskala, die von 0 bis 5 reicht, vorgenommen.

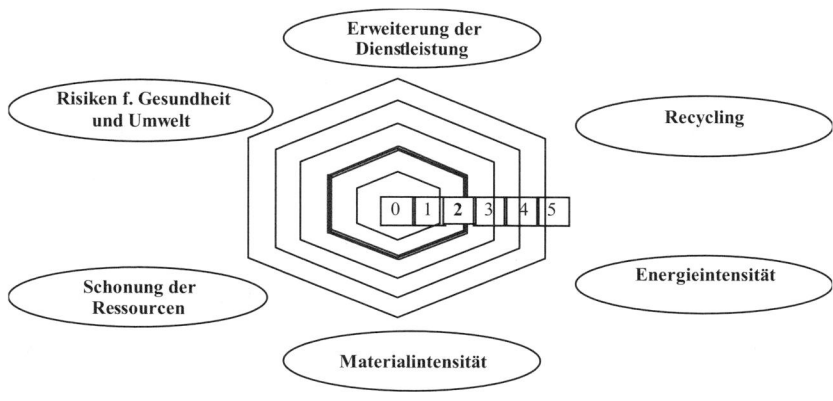

Abb. 9-2: *Öko-Kompass (Quelle: in Anlehnung an Fussler 1999, S. 150)*

Dabei entspricht der Abstand zwischen den Punkten 2 und 5 einem **Faktor 4**, jenem Faktor, den VON WEIZSÄCKER hinsichtlich der Effizienzsteigerung von der Wirtschaft fordert (vgl. von Weizsäcker et al. 1995). Ein Wert unter 2 bedeutet demnach eine Verschlechterung gegenüber dem Referenzfall. Nach der Ermittlung der einzelnen Werte werden diese in ein Sechseck-Diagramm eingetragen, in dem auch der Referenzfall abgebildet ist. Dabei gilt, je weiter außen eine Dimension im Sechseck liegt, umso effizienter ist die Option. Auf diese Weise können verschiedene Analyseobjekte miteinander verglichen werden.

Das Verfahren nach DOW stellt eine gute Möglichkeit des qualitativen Vergleichs verschiedener Produkte und Prozesse dar. Da es aber den Charakter eines eher groben *Screening*-Verfahrens besitzt, fließt meist kein quantitatives Datenmaterial in die Analyse ein, so dass letztlich der Aussagegehalt begrenzt ist. Darüber hinaus erfolgt keine Berücksichtigung monetärer Größen, wie Kostenstruktur etc. Aufgrund dieses Kritikpunktes wurde das Verfahren in der Folgezeit von WIRTH zu dem **Ökoeffizienz Radar** weiterentwickelt, indem neben den sechs dargestellten Dimensionen auch wirtschaftliche Faktoren in Form von Wettbewerbsvorteilen, Marktemotionen und der Wertschöpfung integriert wurden (vgl. Wirth 1999).

Ökoeffizienz-Analyse

Die Ökoeffizienz-Analyse der BASF wurde im Jahre 1996 in Zusammenarbeit mit der Unternehmensberatung Roland Berger + Partner entwickelt (vgl. Kicherer et al. 2002). Ziel war es, ein Instrumentarium zu generieren, mit dem Produkte und Herstellungsprozesse gleichberechtigt hinsichtlich Kosten und ökologischer Kriterien analysiert und bewertet werden können. Diese Methodik steht demnach im Kontext des **Ökonomisch-ökologisch orientierten Ansatzes**. Wie beim Öko-Kompass erfolgt die Bewertung stets im Vergleich von verschiedenen Produkt- oder Verfahrensalternativen, die den gleichen Nutzen erfüllen. Die Durchführung einer BASF-Ökoeffizienz-Analyse folgt einer festgelegten Vorgehensweise (s. Fallbeispiel Kap. 9.6). Am Anfang jeder Analyse steht ein definierter Kundennutzen, der mit Hilfe eines Produktes oder eines Verfahrens zur Herstellung dieser Produkte befriedigt werden soll. Bezogen auf diesen Nutzen werden in einem zweiten Schritt Handlungsalternativen bestimmt, die lebenszyklusweit auf ihre Ökoeffizienz hin analysiert werden sollen. Die ökonomische Bewertung erfolgt aus Sicht des Endkundens durch eine Gesamtkostenbetrachtung entlang des Lebensweges. Die Analyse der Umweltwirkungen wird anhand von sechs Kriterien vorgenommen, die sich aus dem

Energieverbrauch, dem Stoffverbrauch, dem Flächenverbrauch[2], den Emissionen, dem Risiko- und dem Toxizitätspotenzial zusammensetzen. Hinter jeder dieser Dimensionen steckt eine Vielzahl von Einzelkriterien, die zueinander in einer bestimmten Gewichtung stehen. Die Gewichtung erfolgt einerseits durch gesellschaftlich beeinflusste Faktoren, wie bspw. Umfragen in der Bevölkerung oder landesspezifische Gesamtumweltbelastung, andererseits aufgrund von auf statistischen Größen beruhenden quantitativen Faktoren, bspw. der Reichweite von Rohstoffen. Jede Dimension wird bezogen auf die Untersuchungsobjekte auf diese Weise analysiert und bewertet. Die Ergebnisse werden auf einer Skala zwischen 0 und 1 angeordnet, indem die jeweils schlechteste Ausprägung den Wert 1 erhält und die anderen dazu relativ angeordnet werden. Diese Werte werden in dem sog. **Ökologischen Fingerprint** abgebildet, der ähnlich wie bei dem Ansatz von DOW, in einem sechsachsigen Diagramm die Ergebnisse der ökologischen Bewertung darstellt (vgl. auch Abb. 9-8). Ähnlich dazu werden auch die Kosten normiert und schließlich erfolgt die Visualisierung des gesamten Analyseergebnisses in Form einer zweidimensionalen Grafik, die die Werte für die Umweltbelastung und die Kosten enthält. Anhand dieses **Ökoeffizienz-Portfolios** können nun die Bewertungsobjekte hinsichtlich ihrer Ökoeffizienz miteinander verglichen werden. Das Verfahren wird abgerundet durch eine Sensitivitätsanalyse, innerhalb der verschiedene Faktoren variiert werden, um so die Toleranzbereiche der jeweiligen Vorteilhaftigkeit der Analyseobjekte darzustellen.

Das Verfahren der BASF stellt ein umfangreiches Analyseinstrumentarium dar, mit dem die ökologischen Auswirkungen von Produkten und Prozessen im Verhältnis zu ihren Kosten detailliert untersucht und bewertet werden können. Die Methode wurde bereits in mehr als 300 Analysen sowohl innerhalb der BASF als auch im Rahmen von externen Projekten genutzt und darüber hinaus durch den TÜV Rheinland zertifiziert. In externen Projekten konnte auch die Anwendbarkeit der Methode über die Unternehmensgrenzen der BASF hinaus für andere Branchen festgestellt werden (vgl. Fallbeispiel im Abschnitt 9.6).

9.5   Von der Ökoeffizienz zur Sozio-Ökoeffizienz

9.5.1   Das Konzept der Sozioeffizienz

Analog zur ökologisch-ökonomischen Konzeption der Ökoeffizienz können auch die gesellschaftlichen Auswirkungen von Unternehmen untersucht und ins Verhältnis zur betrieblichen Wertschöpfung gesetzt werden. Derartige **Sozioeffizienz-Konzepte** werden z.B. von SCHALTEGGER et al. (2002) sowie von DYLLICK und HOCKERTS (2002) beschrieben. Sozioeffizienz kann hiernach durch Kennzahlen wie beispielsweise „Arbeitsunfälle [Anzahl] je Wertschöpfung [EUR]" abgebildet werden.Auch wird analog zur Ökoeffektivität von **Sozioeffektivität** gesprochen, wenn die absoluten sozialen Auswirkungen der Unternehmenstätigkeiten betrachtet werden, ohne einen Bezug zu einer wirtschaftlichen Kenngröße herzustellen (vgl. Kapitel 9.3).

Abbildung 9-3 zeigt in Anlehnung an SCHALTEGGER et al. (2002), wie die Konzepte von Öko- und Sozioeffizienz sowie Öko- und Sozioeffektivität bei einer nachhaltigen Unternehmensentwicklung in einander greifen. Nach diesem Verständnis soll sich die Steigerung der Sozioeffizienz durch die Schaffung von „Win-win"-Situationen in Wettbewerbsvorteilen und einer Steigerung der wirtschaftlichen Wertschöpfung bezahlt machen. Deshalb wird die Verbesserung der Sozioeffizienz, ebenso wie die der Ökoeffizienz, als Strategie zur Erzielung **ökonomischer** Nach-

---

[2]   Der Flächenverbrauch wird erst seit 2001 in der Ökoeffizienz-Analyse mit berücksichtigt. In älteren Analysen werden daher nur 5 Bewertungskategorien untersucht.

haltigkeit gewertet (vgl. Schaltegger et al. 2002, Dyllick und Hockerts 2002). Demgegenüber wird die Steigerung der Ökoeffektivität als Beitrag zur **ökologischen**
Nachhaltigkeit, die Verbesserung der Sozioeffektivität als **soziale** Nachhaltigkeitsherausforderung an Unternehmen gesehen. Selbstverständlich ist die Erzielung ökonomischer Effektivität für eine nachhaltige Unternehmensentwicklung ebenso wichtig.

Abb. 9-3: *Nachhaltigkeitsanforderungen an Unternehmen (Quelle: in Anlehnung an
Schaltegger et al. 2002, S. 6)*

Auch das Konzept der Sozioeffizienz lässt sich sowohl auf der Unternehmensebene
als auch auf der Ebene von Produkten und Verfahren anwenden und mit entsprechenden Instrumenten analysieren und bewerten. An die Stelle der unternehmerischen Wertschöpfung als Bezugsgröße für die gesellschaftlichen Effekte treten bei
der produktbezogenen Betrachtung die Kosten, die dem Endverbraucher durch den
Erwerb, den Gebrauch und die Entsorgung eines Produktes entstehen. So lautet die
entsprechende produktbezogene Kennzahl „Arbeitsunfälle [Anzahl] je Produktle-
benszykluskosten [EUR]".

9.5.2 Kriterien zur lebenswegbezogenen Beurteilung von Produkten

Die konzeptionellen Überlegungen zur Sozioeffizienz und besonders die Entwicklung von praktikablen Managementinstrumenten sind allerdings noch viel weniger
weit vorangeschritten als im Fall der Ökoeffizienz. Produkt- bzw. verfahrensbezo-
gene Analyseverfahren müssen den gesamten Produktlebensweg in Betracht ziehen.
Doch welche Bewertungskriterien kommen für die Analyse der sozialen Auswirkungen von Produkten und Verfahren in Frage?
Entsprechend den ökologischen Wirkungskategorien bei der Ökobilanzierung, wie
beispielsweise dem Treibhauseffekt, dem Primärenergieverbrauch etc., muss über-
legt werden, welche möglichen positiven und negativen sozialen Effekte im Zusammenhang mit der Herstellung, der Nutzung und der Entsorgung von Produkten
stehen können. Die Auswahl von Bewertungskriterien sollte die Interessen von
Verbrauchern ebenso wie nationale und internationale soziale Entwicklungsziele
berücksichtigen. Besteht beispielsweise auf nationaler Ebene das Ziel, die Arbeitslo-
sigkeit zu reduzieren, so ist ein Produkt, an dessen Herstellung, Konsum und Entsorgung mehr Arbeitsplätze gebunden sind, in diesem Punkt gegenüber weniger
arbeitsintensiven Alternativprodukten vorteilhaft. Abbildung 9-4 gibt einen Überblick über verschiedene soziale Auswirkungen entlang des Produktlebenswegs.

	Herstellung			Nutzung	Entsorgung
	Vorketten/ Einkauf	Produk- tion	Transport/ Logistik	Ge- oder Verbrauch	Verwertung/ Beseitigung
Mitarbeitende					
• *Arbeitsplätze*	●	●	●		●
• *Einhaltung von ILO-Sozialstandards im Unternehmen*	●	●	●		●
• *Gezahlte Gehälter*	●	●	●		●
• *Gesundheits-/Unfallrisiken*	●	●	●		●
Geschäftspartner (Zulieferer, Kunden)					
• *Faires Geschäftsgebaren*	●	●	●		●
• *Auswahl und Überprüfung der Geschäftspartner*	●	●	●		●
Endkunden und Verbraucher					
• *Verbesserung der Lebensqualität*				●	
• *Produktinformation*				●	
• *Qualität/ Beschwerden/ Kundenservice*				●	
• *Gesundheits-/ Unfallrisiken*				●	
Gesellschaft					
• *Stärkung benachteiligter Gruppen*				●	
• *Ausschluss sozialer Gruppen vom Zugang zu Produkt oder Arbeit*	●	●	●	●	●
Zukünftige Generationen					
• *Reinvestition*	●	●	●		●
• *Ausgaben für (Aus-/Weiter-)Bildung*	●	●	●		●
• *Ausgaben für F&E*	●	●	●		●
Internationale Gemeinschaft					
• *Faire Handelsbeziehungen*	●	●	●		●
• *Verantwortliches Produktmarketing*	●	●	●		●

Abb. 9-4: *Beispiel für Soziale Auswirkungen entlang des Produktlebenswegs (Quelle: eigene Darstellung)*

Es fällt auf, dass die sozialen Auswirkungen von Produkten im Wesentlichen auf zwei Aspekte zurückzuführen sind:

1. die Produkteigenschaften selbst, die in erster Linie für Endkunden und Verbraucher relevant sind,
2. die an der Herstellung und Entsorgung der Produkte beteiligten Unternehmen, die Verantwortung für Mitarbeitende, Geschäftskunden und darüber hinausgehende Gesellschaftsbereiche besitzen.

9.5.3   Methodische Weiterentwicklung der Ökoeffizienz-Analyse nach BASF zur Sozio-Ökoeffizienz-Analyse

Die komplexe Analysemethodik der BASF bietet einen geeigneten Ausgangspunkt für die Entwicklung eines Instruments zur Bewertung der Sozioeffizienz von Produkten und Verfahren. Durch die Integration beider Analyseteile wird die Ökoeffizienz-Analyse zur **Sozio-Ökoeffizienz-Analyse** erweitert. In einer Forschungskooperation haben BASF, das ÖKO-INSTITUT Freiburg und die UNIVERSITÄT KARLSRUHE eine solche Weiterentwicklung geleistet.

Die Methodik zur Ermittlung der Sozioeffizienz lehnt sich an das bereits erprobte und zertifizierte Verfahren der Ökoeffizienz-Analyse an. Die ersten fünf Verfahrensschritte (Zieldefinition, Festlegung des Kundennutzens, Auswahl der Vergleichsobjekte, Ziehung der Systemgrenzen, Lebenszykluskostenrechnung) sind mit denen der Ökoeffizienz-Analyse identisch und brauchen nicht gesondert vorgenommen zu werden.

Die quantitative Erfassung der sozialen Auswirkungen erfolgt mit Hilfe von Indikatoren. Siebzehn Indikatoren, für die eine ausreichende Datenbasis besteht, werden in der Sozioeffizienz-Analyse nach BASF zur Messung der sozialen Auswirkungen herangezogen und fünf verschiedenen Stakeholderkategorien zugeordnet: Arbeitnehmer, Verbraucher, Umfeld und Gesellschaft, zukünftige Generationen sowie internationale Gemeinschaft. Diese Stakeholder eignen sich auch als Bewertungskategorien zur Darstellung des Sozialen Fingerprints, entsprechend den ökologischen Wirkungskategorien im Ökologischen Fingerprint (vgl. Abb. 9-5).

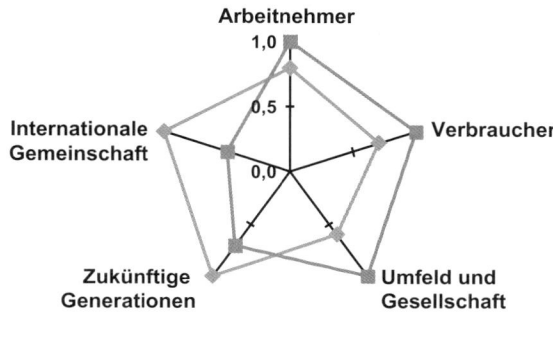

Abb. 9-5: Sozialer Fingerabdruck nach BASF (Quelle: Schmidt 2007)

In Analogie zur bestehenden Ökoeffizienz-Analyse sollen die Ergebnisse der sozialen Bewertung sowohl in detaillierten Balkendiagrammen als auch in verdichteten Diagrammen, dem **Sozialen Fingerprint** und dem **Sozioeffizienz-Portfolio**, dargestellt werden. Durch Kombination des Ökoeffizienz- mit dem Sozioeffizienz-Portfolio gelangt man zur Darstellung im dreidimensionalen Portfolio (s. Abb. 9-6).

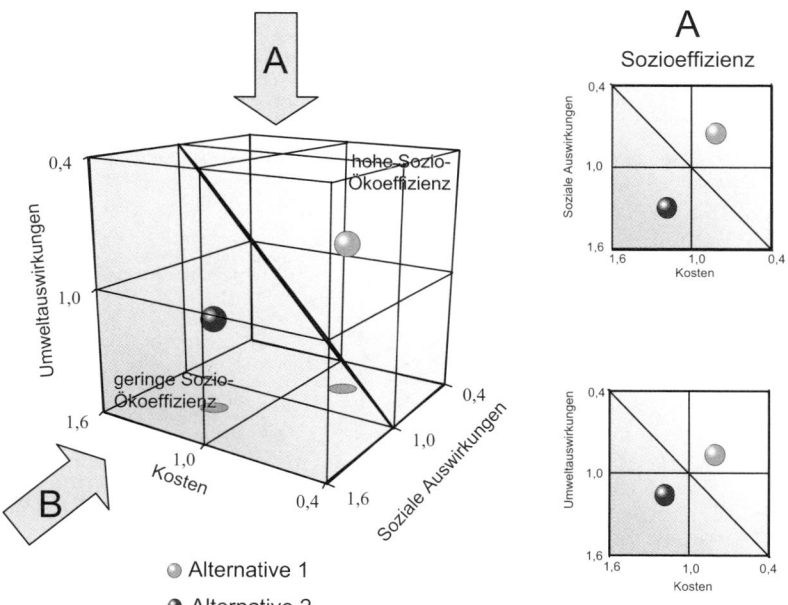

Abb. 9-6: Präsentation der Endergebnisse der Sozio-Ökoeffizienz-Analyse nach BASF (Quelle: Schmidt 2007)

Der Kubus ist so gedreht, dass das schlechteste Bewertungsergebnis links unten (Punkt 1,6; 1,6; 1,6) und das beste rechts oben (Punkt 0,4; 0,4; 0,4) erscheint. Die raumteilende Ebene teilt den Kubus mittig in zwei Hälften. Auf ihr liegende Punkte besitzen gleiche Sozio-Ökoeffizienz.

9.6   Fallbeispiel: Ökoeffizienz-Analyse nach BASF

Die hier als Beispiel vorgestellte Ökoeffizienz-Analyse wurde 2000 von der Landesregierung Rheinland Pfalz, Ministerium für Umwelt und Forsten, bei BASF in Auftrag gegeben und in Kooperation mit den Firmen Gerolsteiner Brunnen, Hochwald Sprudel Schupp und Schmalbach-Lubeca durchgeführt. Neuere Weiterentwicklungen des Instruments, wie die Bewertung des Flächenbedarfs und der sozialen Auswirkungen, konnten zum Zeitpunkt der Analyse noch nicht berücksichtigt werden.

Die Untersuchung hatte zum Ziel, den Vertrieb von Mineralwasser für den Haushaltsmarkt in unterschiedlichen Verpackungen zu vergleichen. Der Kundennutzen der Analyse ist der Vertrieb von 1 000 l Mineralwasser in einem Umkreis von 200 km. Die untersuchten Optionen, Plastik- und Glasflaschen verschiedener Größen in Einweg- und Mehrwegsystemen, sind in Abb. 9-7 zu sehen. Die Abbildungen 9-8 und 9-9 geben die aggregierten Bewertungsergebnisse wieder.

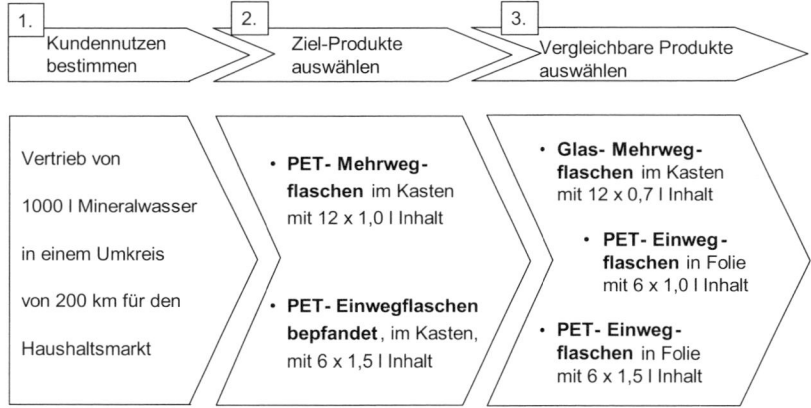

Abb. 9-7: *Definition des Kundennutzens und der zu untersuchenden Produktoptionen (Quelle: BASF 2007)*

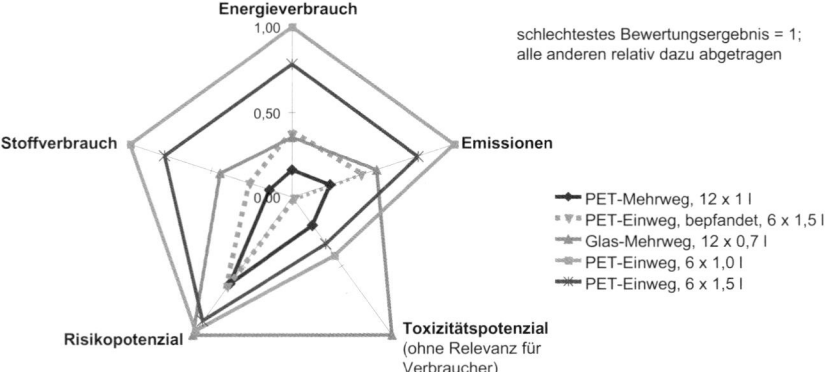

Abb. 9-8: *Ökologische Bewertungsergebnisse, dargestellt im ‚Ökologischen Fingerprint' (Quelle: BASF 2007)*

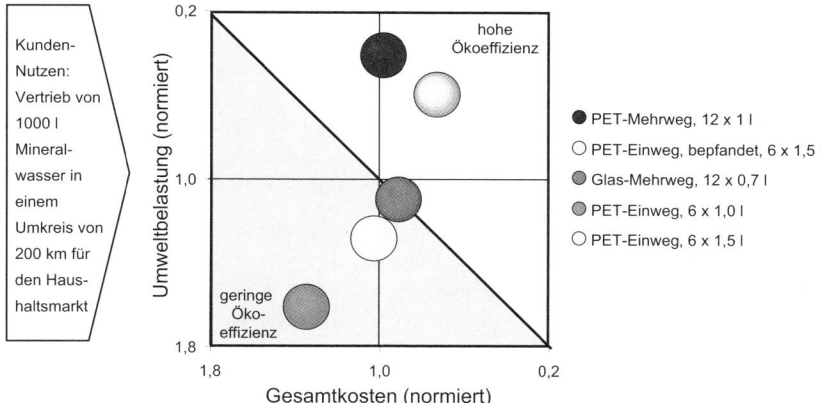

Abb. 9-9: *Ökoeffizienz-Bewertungsergebnisse dargestellt im ‚Ökoeffizienz-Portfolio'. Entlang der Diagonalen ist die Ökoeffizienz gleich hoch (Quelle: BASF 2007)*

Die Studie gelangte zu den folgenden Ergebnissen und Empfehlungen (vgl. BASF 2007):

- Die 1 l-Mehrweg-PET-Flasche und die bepfandete 1,5 l-Einweg-PET-Flasche, sind am ökoeffizientesten. Hohe Um- und Rücklaufraten, geringer Materialeinsatz und günstige Distributionsbedingungen zeichnen diese Optionen aus. Sortenreines Recycling von Materialien wird erleichtert.

- Im Mittelfeld finden sich die 0,7 l-Mehrweg Glasflaschen und die 1,5 l-PET-Einwegflaschen wieder. Beim Glas führen das relativ hohe Flaschengewicht und ungünstigere Abfüllbedingungen zu höheren Material- und Energieverbräuchen. Gleichzeitig ist das Toxizitätspotenzial durch den relativ hohen Einsatz von Natronlauge während des Spülprozesses am ungünstigsten. Bei der PET-Einwegflasche spielen die ungünstigen Erfassungs- und Sortierverhältnisse eine entscheidende Rolle. Die Verbesserung des Sammel- und Sortiersystems führt, wie bepfandete Flaschen zeigen, zu einem sehr ökoeffizienten System.

- Das am wenigsten ökoeffizienten Verpackungssystem sind die 1 l-PET-Einwegflaschen (vgl. Abb. 9-9). Ungünstige Erfassungs- und Sortierverhältnisse mit relativ hohen Verlusten beim Recycling verschlechtern die Position dieser Flaschen gegenüber den Pfandsystemen. Zusätzlich macht sich das ungünstigere Verhältnis der Verpackung zum Füllvolumen der 1 l-Flasche gegenüber der 1,5 l-Flasche in allen Bewertungskategorien bemerkbar.

- Wie eine Szenario-Analyse zeigte, hätte die Erhöhung des Füllvolumens von 1 auf 1,5 l eine nochmals deutlich verbesserte Ökoeffizienz der PET-Mehrwegsysteme zur Folge. Weitere Szenario-Analysen ergaben, dass durch Gewichtsreduktionen bei PET-Flaschen deutliche Verbesserungen des Gesamtsystems (Kosten und Umweltbelastung) erzielt werden können. Die Verringerung von Flaschengewichten stellt insbesondere für PET-Einwegsysteme ein wichtiges Forschungsziel dar.

- Eine weitere wichtige Stellschraube ist die Abfüllung. Hier können durch einen geringeren Natronlaugeneinsatz bei Mehrwegflaschen Verbesserungen erzielt werden.

9.7   Übungsfragen

1. Wo liegen die Ursprünge der Ökoeffizienz?
2. Welche verschiedenen Richtungen existieren und wie können sie charakterisiert werden.
3. Worin liegt die Abgrenzung zwischen Ökoeffizienz und Ökoeffektivität begründet?
4. Was ist die Zielsetzung der Ökoeffizienz-Analytik?
5. Worin unterscheiden sich die vorgestellten Ansätze von Dow und BASF?
6. Was versteht man unter der Sozioeffizienz?
7. Welche Zielsetzung verfolgt die Sozio-Ökoeffizienz-Analyse?

9.8   Weiterführende Literatur

BASF (2000): Ökoeffizienz-Analyse nach BASF: Mineralwasserverpackungen, http://www.basf.de/file/1208741.pdfnr1/mineralwasser.pdf, vom 14.10.2002.

Czymmek, F. (2003): Ökoeffizienz und unternehmerische Stakeholder, Lohmar 2003.

Dyllick, T. und Hockerts, K. (2002): Beyond the Business Case for Corporate Sustainability. Business Strategy and the Environment 11, S. 130-141.

Frei, M. (1998): Die ökoeffektive Produktentwicklung, Zürich, 1998.

Kicherer, A., Saling, P. und Schmidt, I. (2002): Grundlagen der Ökoeffizienzanalyse nach BASF. In: Birkhofer, H., Spath, D., Winzer, P. und Müller, D. (Hrsg.): Umweltgerechte Produktentwicklung. Ein Leitfaden für Entwicklung und Konstruktion, 3. Ergänzungslieferung, Januar 2002 (Losebl.-Ausg.), Kap. 3.4.2.4, Berlin.

Schaltegger, S. und Sturm, A. (1992): Ökologieorientierte Entscheidungen in Unternehmen, Bern/Stuttgart/Wien.

Schaltegger, S., Kleiber, O. und Müller, J. (2002): Nachhaltigkeitsmanagement in Unternehmen – Konzepte und Instrumente zur nachhaltigen Unternehmensentwicklung. Hrsg. v. Bundesministerium für Umwelt, Naturschutz und Reaktorsicherheit (BMU) u. d. Bundesverband der Deutschen Industrie e.V. (BDI). Berlin.

Schmidheiny, S. (1992): Kurswechsel, München.

Schmidt, I. (2007): Bewertung der Sozioeffizienz von Produkten und Produktionsverfahren – Erweiterung der BASF-Ökoeffizienz-Analyse zur Sozio-Ökoeffizienz-Analyse. Karlsruher Schriften zur Geographie und Geoökologie, Bd. 23, Karlsruhe.

10 Umweltkennzahlen und -systeme zur Umweltleistungsbewertung

von Jens Pape, Erich Pick und Alexandro Kleine

Kapitelausblick

Eine weitere Möglichkeit, den Umweltcontrolling-Gedanken umzusetzen, bietet die Bildung von Umweltkennzahlen und Umweltkennzahlensystemen. Ausgehend von einer an betriebswirtschaftliche Kennzahlen angelehnten Definition, werden Arten und Systematisierungsformen betrieblicher Umweltkennzahlen vorgestellt sowie Möglichkeiten, Formen und Voraussetzungen der Bildung von Umweltkennzahlensystemen dargestellt. Schließlich wird der Frage nachgegangen, wie relevante Umweltaspekte zur Bildung eines Umweltkennzahlensystems im Rahmen der Umweltleistungsbewertung identifiziert werden können. Hierbei können Kennzahlenkataloge, die neben den Umweltaspekten auch zunehmend die Wirtschafts- und Sozialleistung eines Unternehmens berücksichtigen, die Auswahl und Ermittlung geeigneter Kennzahlen unterstützen.

Lernziele

1. Einen Überblick erhalten, welche Arten und Systematisierungsmöglichkeiten es für Umweltkennzahlen und Umweltkennzahlensysteme gibt.
2. Beurteilen, worin Stärken und Schwächen betrieblicher Umweltkennzahlen als Instrument des Umweltcontrollings liegen.
3. Verstehen, was „Umweltleistung" eines Unternehmens bedeutet.
4. Wissen, wie relevante Umweltaspekte zur Bewertung der betrieblichen Umweltleistung identifiziert werden.
5. Anknüpfungspunkte für die Erweiterung von Kennzahlensystemen um soziale und wirtschaftliche Aspekte kennen lernen.

10.1 Umweltkennzahlen

Sowohl für den Begriff der Kennzahl als auch für die dahinterstehende Systematik gibt es in der Literatur keine einheitliche Auffassung. Für die Bezeichnung „Kennzahl" finden ebenso die Begriffe Kennziffer, Indikator, Kontrollzahl, Messzahl, Ratio, Richtzahl, Schlüsselgröße, Schlüsselzahl, Standardzahl oder Standardziffer Verwendung.

Kennzahlen

Umweltkennzahlen, die ursprünglich zu Kontrollzwecken eingesetzt wurden, gewinnen in den letzten Jahren zunehmend an Bedeutung, da erkannt wurde, dass für sie eine Vielfalt von Verwendungsmöglichkeiten besteht (s. Abb. 10-1): Zum einen – insbesondere im Kontext zertifizierbarer Umweltmanagementsysteme (s. Kap. 3) – können sie verwendet werden, um für die „Querschnittsaufgabe Umweltschutz" auf allen Hierarchieebenen umweltrelevante Informationen zur Verfügung zu stellen. Zum anderen werden Umweltkennzahlen durch die Aggregation vieler Informationen zu einer wichtigen Optimierungsgröße. In diesem Zusammenhang unterstützen Umweltkennzahlen insbesondere die Entscheidungsfindung des Managements, indem sie die Planung, Steuerung und Kontrolle von gesetzten Umweltzielen und

 Kap. 3

⇨ Kap. 5, 7

Maßnahmen (s. Kap. 5) unterstützen. Durch ihre Steuerungs- und Kontrollfunktion im Rahmen des Umweltcontrollings (s. Kap. 7) fördern Umweltkennzahlen die Verbesserung des betrieblichen Umweltschutzes im Sinne eines kontinuierlichen Verbesserungsprozesses (KVP) und ermöglichen damit gleichzeitig die Überprüfung der Wirksamkeit und die Weiterentwicklung des implementierten Umweltmanagementsystems.

Bedeutung von
Kennzahlen

Allgemein ist zu beobachten, dass die politische Bedeutung von Kennzahlen steigt, seien es Umweltkennzahlen oder Umweltindikatoren für eine nachhaltige Entwicklung, als Informations- und Kontrollinstrument hinsichtlich der Erfüllung gesellschaftlicher und politischer Ziele. Umweltkennzahlen sollen in diesem Zusammenhang insbesondere zur Verbesserung der Information und Kommunikation sowie Analyse genutzt werden, um das Leitbild der nachhaltigen Entwicklung (s. Kap. 1) verständlicher zu machen und als Entscheidungshilfe zu dienen. So werden Indikatorensysteme auch in zunehmendem Maße für das Monitoring von internationalen Konventionen und Konferenzen eingesetzt. Kennzahlen dienen darüber hinaus vermehrt strategischen Zielsetzungen und dem Benchmarking von Unternehmen.

⇨ Kap. 1

Neben die Umweltaspekte traten seit den 90er Jahren zunehmend soziale Aspekte als Ergänzung des konventionellen betrieblichen Fokus; es stand insbesondere die Fragestellung im Vordergrund, wie unternehmerisches Engagement für Umwelt und Gesellschaft mit der wirtschaftlichen Leistungsfähigkeit zusammenhängt. Seit der Jahrtausendwende setzt sich die ausgewogene Umsetzung der drei Nachhaltigkeitsdimensionen Umwelt–Gesellschaft–Wirtschaft verstärkt durch, so dass sich die Umweltleistungsbewertung zu einer umfassenderen Nachhaltigkeitsbewertung weiterentwickelt. Die *Corporate Social Responsibility* (s. Kap. 17) ist diesbezüglich als eine mögliche Antwort der Unternehmen auf die Nachhaltige Entwicklung zu verstehen.

⇨ Kap. 17

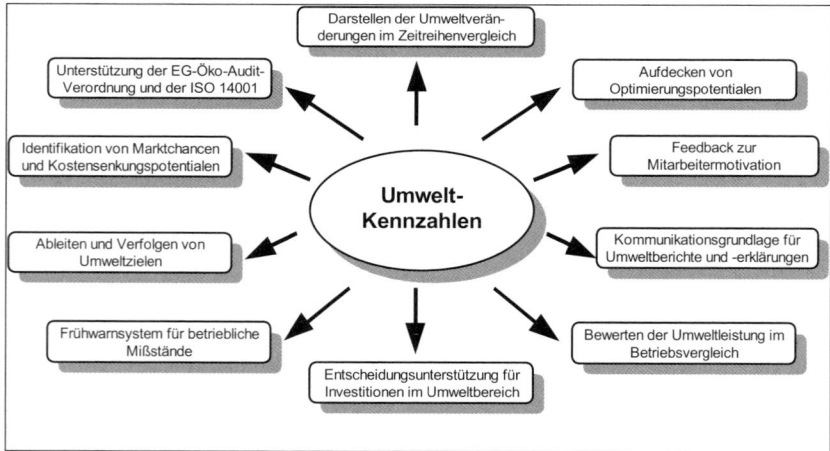

Abb. 10-1: *Verwendungsmöglichkeiten von Umweltkennzahlen (Quelle: Nagel und Schwan 1998, S. 180)*

10.1.1 Definitionen von Umweltkennzahlen

Kennzahl

In der allgemeinen Betriebswirtschaftslehre stellen Kennzahlen im Rechnungswesen oder Controlling seit jeher ein wichtiges Instrument für Planungs-, Steuerungs- und Kontrollprozesse dar. Ein entscheidender Vorteil von Kennzahlen ist die Schaffung von Transparenz, da Entscheidungsträger heute oftmals weniger an Informationsmangel als an einer gezielten Auswahl betriebswirtschaftlich relevanter Kenngrößen leiden. Die Aufgabe von Kennzahlen ist es daher, „in konzentrierter, stark verdichteter Form auf eine relativ einfache Weise über einen betrieblichen Tatbestand zu informieren" (Hopfenbeck et. al. 1996, S. 196). Gleichzeitig ist dieser Vorteil der Informationsverdichtung zwangsläufig mit Informationsverlusten verknüpft. Die damit verbundenen Restriktionen können ggf. zum Anknüpfungspunkt einer grundlegenden Kritik an Kennzahlen bzw. Umweltkennzahlen werden. Um möglichst aussagekräftige Kennzahlen zu bilden, ist es daher sehr wichtig, sich vor der Bildung einer Kennzahl genau darüber im Klaren zu sein, welcher Tatbestand mit welchen Mitteln wie ausgedrückt werden kann und wo bei einer Kennzahl die Grenzen der Interpretation liegen. Gleiches gilt natürlich auch für ganze Systeme von Kennzahlen.

Im Umweltbereich hat sich eine Differenzierung zwischen den Begriffen Umweltkennzahl und Umweltindikator durchgesetzt (vgl. Rauberger und Wagner 1997, S. 21): Umweltindikatoren sind von öffentlich-rechtlichen oder privaten Institutionen erhobene Messgrößen, die im Auftrag der Umweltpolitik für die Fortschreibung und Bewertung des Zustands der Umwelt, meist überregional gesehen, verwendet werden. Umweltkennzahlen werden dagegen von Betrieben selbst erhoben und spiegeln betriebliche Sachverhalte wider. In diesem Kapitel sollen die Begriffe „Umweltkennzahl" und „Umweltindikator" entsprechend dieser Definition verwendet werden.

Umweltindikator

In Anlehnung an MEYER (1994, S. 1f.) werden Umweltkennzahlen als Zahlen verstanden, die Informationen, d.h. zweckorientiertes Wissen über umweltrelevante Tatbestände beinhalten. Durch drei Aspekte wird diese Definition gefasst:
1. Umweltrelevante Tatbestände,
2. Informationen (zweckorientiertes Wissen),
3. Zahlen.

Ad (1): Umweltrelevante Tatbestände

Unter umweltrelevanten Tatbeständen sollen in diesem Zusammenhang solche Tatbestände verstanden werden, die von einem Betrieb oder Unternehmen durch die Produktion von Waren oder Dienstleistungen unter Einsatz von Produktionsfaktoren (Arbeit, Betriebsmittel und Werkstoffe) entstehen können. Die Umweltrelevanz eines Tatbestandes ergibt sich aus der Umweltleistung des Unternehmens. Dabei umfasst der Begriff Umweltleistung den Prozess der Identifizierung und Bewertung der Umweltaspekte sowie die Identifizierung und Bewertung des Resultates der Tätigkeiten, Produkte oder Dienstleistungen, nämlich die tatsächliche Umweltauswirkung (vgl. Pape 2001, S. 14).

Unter Umweltaspekten werden gemäß EMAS-Verordnung bzw. ISO 14001 alle diejenigen Bestandteile der Tätigkeiten, Produkte oder Dienstleistungen einer Organisation verstanden, die in Wechselwirkung mit der Umwelt treten können. Betont wird hier der starke Verursacherbezug: Alle durch die Organisation/das Unternehmen verursachten Einwirkungen auf die Umwelt werden unter dem Begriff Umweltaspekt subsummiert. Dabei werden direkte und indirekte Umweltaspekte unterschieden: Direkte Umweltaspekte sind Umwelteinwirkungen, die unmittelbar vom Unternehmen bzw. der Verursachergruppe ausgehen und in direkten Kontakt mit der Natur treten. Indirekte Umweltaspekte sind Umwelteinwirkungen die außerhalb der Kontrolle und damit einer möglichen Einflussnahme des Unternehmens bzw. der Verursachergruppe stehen und somit durch das Handeln Dritter entstehen.

Der zweite wesentliche Aspekt der Umweltleistung sind die sog. Umweltauswirkungen: Umweltaspekte bzw. Umwelteinwirkungen können über Reaktionsmechanismen auf das Ökosystem bzw. die Umwelt einwirken und führen so zu Umweltauswirkungen (engl. *Environmental Impact*, z.B. globale Erwärmung). Im gegenwärtigen Sprachgebrauch werden unter Umweltauswirkungen – wie analog für die Umweltaspekte – insbesondere die für die Umwelt als negativ zu bewertenden Auswirkungen verstanden.

Ad (2): Informationen

Zur Leistungserstellung wie auch zur Ableitung umweltrelevanter Tatbestände benötigen die Entscheidungsträger Informationen. Nach DOLUSCHITZ (1997, S. 170) bezeichnet man Information als zweckorientiertes Wissen, „wobei der Zweck in der Vorbereitung des (wirtschaftlichen) Handelns liegt". Auch im Zusammenhang mit Fragen des betrieblichen Umweltschutzes ist diese Zweck- und Verwendungsorientiertheit des Wissens als Kernbestandteil der Information zu betrachten und grenzt somit Wissen von der Information ab. Im Rahmen des Umweltcontrollings (s. Kap. 7) werden Informationen zu umweltrelevanten Tatbeständen regelmäßig bereitgestellt.

Kap. 7

Ad (3): Zahlen

Anhand von Umweltkennzahlen ausgedrückte Tatbestände sind quantitativer Natur und besitzen folglich eine numerische Dimension. Die Quantifizierbarkeit eines umweltrelevanten Tatbestandes ist eine Voraussetzung für die Anwendung von Umweltkennzahlen. Um jedoch einen Tatbestand quantifizieren zu können, muss er messbar sein.

10.1.2 Arten von Umweltkennzahlen

Kennzahlen können nach den unterschiedlichsten Gesichtspunkten systematisiert und gegliedert werden, wie im morphologischen Kasten (s. Tab. 10-1) gezeigt wird. Im Folgenden werden einzelne dieser Aspekte näher erläutert.

Einteilung
von Kennzahlen

> Eine Einteilung der Kennzahlen nach statistisch-methodischen Gesichtspunkten und damit in Form einer Differenzierung nach **absoluten Zahlen** und **Verhältniszahlen**, hat sich sowohl in der Praxis als auch in der Literatur durchgesetzt und ist eines der häufigsten Unterscheidungsmerkmale.

Man unterscheidet demnach die zwei Kennzahlenarten:

absolute
Kennzahlen

1.) **Absolute Kennzahlen**: Zu den absoluten Umweltkennzahlen zählen neben Einzelzahlen, Summen und Differenzen auch Mittelwerte. Im Umweltschutz spielen sie eine wichtige Rolle, denn sie geben Aufschluss über die tatsächlichen Mengen an Abfall, Emissionen, Verbräuchen von natürlichen Ressourcen usw. Die absoluten Zahlen haben in der Regel physikalische Größeneinheiten (z.B. kg, t, m², m³, kWh); gelegentlich sind sie auch in Geldeinheiten erfasst, etwa bei Umweltschutz-Investitionen.

Verhältnis-
zahlen

2.) **Verhältniszahlen** (Relativzahlen): Als Verhältniszahl bezeichnet man den Quotienten zweier absoluter Zahlen. Dabei wird darauf abgezielt, über die Größe im Zähler eine Aussage zu treffen, weshalb diese Zahl auch als „Beobachtungszahl" bezeichnet wird, die Zahl im Nenner, an der die Beobachtungszahl gemessen wird, wird „Bezugszahl" genannt. Verhältniszahlen lassen sich in Gliederungs-, Beziehungs- und Messzahlen unterteilen (vgl. Vollmuth 1998, S. 12ff.).

a)   **Gliederungszahlen** werden durch die Aufteilung einer Gesamtgröße in Teilgrößen gebildet (üblicherweise in Prozent). Die Teilgröße wird zur Gesamtgröße in Beziehung gesetzt, d.h. die Beobachtungszahl ist Teil der Bezugszahl. Somit wird unter einer Gliederungszahl der Anteil an einer Größe verstanden. Beispiel für eine Gliederungszahl ist der Anteil des Wasserverbrauches einer Anlage am gesamten Wasserverbrauch.

b)   **Beziehungszahlen** drücken das Verhältnis zweier gleichrangiger, aber wesensverschiedener Größen aus, zwischen denen ein sachlicher Zusammenhang besteht. Der Gleichrang wird durch den gleichen Zeitbezug (Zeitpunkt, Zeitraum) hergestellt. Dies ist der Fall, wenn von Quote oder Intensität gesprochen wird. Beispiel für eine Beziehungszahl ist der Wasserverbrauch pro erzeugtes Produkt. Beziehungszahlen zielen häufig auf die Messung der (Öko-) Effizienz ab (s. Kap. 1 und 9).

⇨ Kap. 1, 9

c) **Messzahlen** (Indexzahlen) sind keine im wörtlichen Sinne gemessenen Größen, sondern zeigen die relative Veränderung bestimmter Größen an. Gebildet wird das Verhältnis zweier gleichgeordneter und gleichartiger Größen, die sich lediglich durch ein Merkmal zeitlicher, räumlicher oder sachlicher Art unterscheiden. Dabei werden die zu vergleichenden Werte auf eine Basiszahl bezogen (meist „100"), so dass zeitliche Entwicklungen und Trends gut erkennbar sind.

Anhand von Verhältniszahlen ist es demnach möglich, Zeitreihenvergleiche unter Gesichtspunkten der Ökoeffizienz durchzuführen, was insbesondere im Kontext der Bewertung der Umweltleistung eines Unternehmens von Bedeutung ist: Absolute Kennzahlen zeigen, wie stark die Umwelt belastet wird, relative Kennzahlen hingegen zeigen, ob Umweltschutzmaßnahmen greifen.

Absolute und relative Umweltkennzahlen können sich auf unterschiedliche Unternehmensbereiche beziehen. Ähnlich wie bei der Bilanzierung von Stoff- und Energieströmen (s. Kap. 8) können Kennzahlen für einzelne Prozesse, einzelne Wertkettenaktivitäten (z.B. nur die Beschaffung), das gesamte Unternehmen oder einen Standort gebildet werden. Absolute Zahlen können je nach Geschäftstätigkeit stark variieren, was die Interpretation erschwert, und sie erlauben aufgrund struktureller und technischer Unterschiede kaum einen Vergleich mit anderen Unternehmen. Daher haben sich Verhältniszahlen für Vergleiche zwischen Standorten oder ähnlichen, branchengleichen Unternehmen etabliert.

⇨ Kap. 8

Darüber hinaus werden bei den absoluten Kennzahlen und Verhältniszahlen mengen- und kostenbezogene Kennzahlen unterschieden. Erstere werden in Einheiten wie z.B. Kilogramm, Tonnen oder Stück angegebenen, während die „Umweltkostenkennzahlen" einen monetären Bezug haben und somit Umweltbelange in die Sprache des Managements übersetzen.

Systematisierungs-kriterium	Ausprägung					
Umweltbereich	Material	Energie	Umweltmedien			
			Wasser	Luft	Boden	
Eigenschaften der Umweltkennzahlen	stoff- und energie-flussorientiert	tätigkeitsbezogen	produktspezifisch	sachanlagen-bezogen	monetär	
Statistisch-methodische Gesichtspunkte	absolute Zahlen				Verhältniszahlen	
	Einzelzahlen	Summen	Differenzen	Mittelwerte	Beziehungs-zahlen	Gliederungs-zahlen	Index-/Messzahlen
Quantitative Struktur	Gesamtgrößen			Teilgrößen		
Zeitliche Struktur	Zeitpunktgrößen			Zeitraumgrößen		
Planungsgesichtspunkte	Soll-Kennzahlen (zukunftsorientiert)			Ist-Kennzahlen (vergangenheitsorientiert)		
Aussagebereich	einzelbetriebliche Kennzahlen	Konzernkennzahlen	Branchenkenn-zahlen (Richtwerte)	gesamtbetriebliche Kennzahlen	teilbetriebliche Kennzahlen	
Wertkettenaktivitäten	primäre Aktivitäten				sekundäre Aktivitäten	
	Forschung & Entwicklung	Be-schaffung	Produktion	Transport, Lagerung	Absatz	Personal-wesen	Bebauung	Controlling
Datenherkunft	Ökobilanz				Rechnungswesen	
	Betriebs-bilanz	Prozessbilanz	Produkt-bilanz	Substanz-betrachtung	Buchhaltung	Kosten-Leistungs-rechnung	Statistik
Stoff- und Energiestromrichtung	Inputbezogen			Outputbezogen		

Tab. 10-1: *Morphologischer Kasten: Systematisierung von Umweltkennzahlen (Quelle: in Anlehnung an Peemöller et al. 1996, S. 7; Meyer 1994, S. 7)*

Daneben lassen sich in Anlehnung an ISO 14031, der Norm zur Umweltleistungs-bewertung (s. Kap. 10.4), Kennzahlen in **operativ orientierte** und **managementori-entierte** Kennzahlen unterteilen: Umweltaspekte, die als direkte oder indirekte Um-welteinwirkungen in Form von Stoff- und Energieflüssen unmittelbar mit der Natur in Kontakt treten, spiegeln die operativen Einwirkungen der Betriebstätigkeit wider (z.B. Abluft- oder Lärmemissionen) und sind damit Bestandteil der operativen Um-weltleistung (*operational environmental performance*). Managementaktivitäten, anhand derer die operative Betriebstätigkeit und die Handlungsbereiche, und damit potenzielle Umwelteinwirkungen gesteuert werden bzw. bedingt werden können, zählen zu den **managementorientierten Umweltaspekten** und sind Bestandteil der *management performance* (vgl. Pape 2001, S. 18). Auf betrieblicher Ebene lassen sich folglich sog. **Umweltbelastungskennzahlen** (operative Kennzahlen), und sog. **Umweltmanagementkennzahlen**, die managementorientierte Umweltaspekte dar-stellen, bilden:

> **Umweltbelastungskennzahlen** „drücken die umweltrelevanten Input- und Outputflüsse der technischen Aktivitäten, Anlagen und Prozesse einer Organisation aus" (Caduff 2000, S. 36) und bilden somit die **operative Umweltleistung** ab.
> **Umweltmanagementkennzahlen** sollen Informationen über die Fähigkeiten und Aktivitäten des Managements bereitstellen, anhand derer die operativen Betriebstätigkeiten und Handlungsbereiche und damit die Umwelteinwirkungen gesteuert bzw. bedingt werden. Unter Umweltmanagementkennzahlen werden demzufolge Messgrößen subsummiert, „die Informationen über die Managementanstrengungen zur Beeinflussung der Umweltleistung eines Unternehmens bereitstellen" (Rauberger und Wagner 1997, S. 36) und somit die *management performance* abbilden.

10.2 Umweltkennzahlensysteme

In einem Kennzahlensystem werden Kennzahlen so zusammengestellt, dass sie einerseits in einer sinnvollen Beziehung zueinander stehen, sich gegenseitig ergän-zen und andererseits als Gesamtheit den Analysegegenstand ausgewogen und über-sichtlich erfassen.

> Als Umweltkennzahlensystem bezeichnet man dabei eine geordnete Gesamtheit von zwei oder mehreren Elementen (Kennzahlen), die in rechentechnischer Ver-knüpfung (**Rechensysteme**) oder in einem sachlichen Systematisierungszusam-menhang (**Ordnungssysteme**) zueinander stehen und Informationen über einen oder mehrere umweltrelevante Tatbestände beinhalten.

Rechensystem

 Kap. 8

In **Rechensystemen** lassen sich einzelne Kennzahlen durch rechentechnische Me-thoden aus zwei oder mehreren Kennzahlen entwickeln. Berechnungsgrundlage sind die sog. Basisdaten, die auch als „Ausgangskennzahlen" bezeichnet werden und regelmäßig aus Stoff- und Energiebilanzen oder Ökobilanzen (s. Kap. 8) stammen. Bei den betriebswirtschaftlichen Kennzahlensystemen werden i.d.R. Rechensysteme angewandt, die durch einen pyramidenartigen Aufbau gekennzeichnet sind und zur Spitzenkennzahl Rentabilität, *Return on Investment* (ROI) oder den Unternehmens-gewinn führen und somit das übergeordnete Unternehmensziel repräsentieren. Auf-grund multikausaler Beeinflussungsfaktoren im Umweltbereich treten hier eindeuti-ge Ursache-Wirkungs-Zusammenhänge selten auf. Die rechentechnische Verknüp-fung darf daher nicht auf einen funktionalen und monokausalen Kontext der Kenn-zahlen schließen lassen.

Ordnungssystem

Im **Ordnungssystem** werden die einzelnen Kennzahlen über einen Sachzusammen-hang, nicht jedoch durch eine mathematische Verknüpfung in Verbindung gebracht.

Durch die sachlogische Systematisierung wird dem Umstand Rechnung getragen, dass es eine Vielzahl an ökologischen Sachverhalten gibt, die sich sachlogisch in Elemente aufspalten lassen, ohne dass man deren Beziehung zueinander sicher quantifizieren könnte. Wenngleich sich somit die Beziehungen zwischen den einzelnen Elementen des Kennzahlensystems nicht quantifizieren lassen, sind Art und Wirkungsrichtung insbesondere im Umweltbereich meist aufgrund der betrieblichen Erfahrung bekannt. Durch eine sachliche Aufspaltung und Ordnung können die Sachverhalte transparenter gestaltet werden.

Für die Entwicklung von Umweltkennzahlensystemen gilt, dass hier insbesondere Ordnungssysteme zur Anwendung kommen, da weder eine rechentechnische Verknüpfung unterschiedlicher Umweltaspekte noch ein pyramidenartiger Aufbau eines Umweltkennzahlensystems realistischerweise möglich ist, noch eine Spitzenkennzahl analog der Rentabilität oder dem ROI wie im betriebswirtschaftlichen Bereich für den betrieblichen Umweltschutz gebildet werden kann. Dies liegt darin begründet, dass im Gegensatz zu konventionell-betriebswirtschaftlichen Kennzahlen, die Währungen als durchgängige Recheneinheit verwenden, Umweltkennzahlen hingegen verschiedene Stoff- und Energierelationen unterschiedlichster technisch-physikalisch-chemisch-biologischer Maßeinheit besitzen. In den letzten Jahren gibt es vermehrt Aggregierungsversuche und -modelle, die versuchen, mehrere Umweltkennzahlen zu einer Kennzahl zusammenzufassen, wodurch zwar eine hohe Aggregation von Informationen erreicht wird, gleichzeitig aber auch eine hoher Informationsverlust entsteht. Denkbar ist jedoch ein kombiniertes Rechen- und Ordnungssystem, wie es z.B. die ISO 14042 für die Wirkungsbilanzierung (s. Kap. 8) vorschlägt.   ▭⟹ Kap. 8

Umweltkennzahlen werden zunehmend unter dem Fokus der Leistungsfähigkeit, etwa gegenüber der Wertschöpfung, im Vergleich zu globalen Zielen oder zu Branchenbenchmarks. Der *Environmental Value Added* (EVA, vgl. Figge 2001) beispielsweise entwickelt die Messung der zwei-dimensionalen Ökoeffizienz mittels Referenzgröße zu einer rein monetären Kennzahl weiter, die den Mehrwert über die Opportunitätskosten (Einsatz von Umweltressourcen) hinaus abbildet.

Unabhängig von der Art der Systematisierung der Kennzahlen sind grundlegende Anforderungen der Theorie an Kennzahlensysteme zu berücksichtigen. Hierzu zählen neben der Forderung nach Quantifizierbarkeit, Vollständigkeit, Wesentlichkeit/Relevanz sowie Wirtschaftlichkeit und Flexibilität insbesondere die Vergleichbarkeit:

Anforderungen an
Kennzahlensysteme

- **Quantifizierbarkeit:** Kennzahlen sind – wie oben dargestellt - quantifizierte Größen. Dies ist insbesondere dann zu berücksichtigen, wenn nicht unmittelbar quantifizierbare Sachverhalte dargestellt werden, etwa beim Umweltbewusstsein der Mitarbeitenden und anderen sog. *soft skills.* Hier können lediglich Ersatztatbestände gemessen werden, die durch entsprechende Kennzahlen abgebildet werden. Diese Ersatztatbestände müssen sorgfältig ausgewählt werden, um vorhandenen Kausalitäten Rechnung zu tragen.

- **Vollständigkeit**: Um Kennzahlen zielgerichtet einsetzen zu können, muss ein Kennzahlensystem „das System, das es modellieren soll, vollständig abbilden" (Loew und Hjálmarsdóttir 1996, S. 34). Es ist also zu gewährleisten, dass über das System alle wesentlichen materiellen und energetischen Austauschbeziehungen zwischen Unternehmensebenen und -funktionsbereichen sowie den Umweltmedien abgebildet werden. Darüber hinaus ist ein Kennzahlensystem vollständig, wenn es in der Lage ist, alle angestrebten Ziele abzubilden und deren Erreichung zu kontrollieren. Das bedeutet, dass es mit den Umweltzielen korreliert. Dabei ist zu beachten, dass es i.d.R. nicht ausreicht, eher abstrakte Oberziele zu definieren. Auf die Formulierung operationalisierter Subziele und der zugehörigen Kennzahlen kann an dieser Stelle nicht verzichtet werden.

- **Wesentlichkeit/Relevanz und Wirtschaftlichkeit**: Nur Kennzahlen, die hinsichtlich der Funktionen, die sie erfüllen sollen, relevant und nützlich sind, können einen Beitrag zur Zielerreichung leisten. Dabei darf der Aufwand den

Nutzen des Kennzahlensystems nicht übersteigen. Um die Praktikabilität des Kennzahlensystems zu erhalten, sollte es sich auf wenige aussagekräftige Kennzahlen beschränken, Zahlenfriedhöfe müssen vermieden werden.

- **Vergleichbarkeit**: Als eines der wichtigsten Merkmale von Umweltkennzahlen gilt die Vergleichbarkeit. Im Kontext der Bewertung der Umweltleistung spielen umweltkennzahlenbezogene Ansätze, anhand derer die unterschiedlichsten Arten von Vergleichen durchgeführt werden, eine zunehmend wichtige Rolle. Voraussetzung eines zwischenbetrieblichen Vergleichs ist die Vergleichbarkeit der Umweltkennzahlen sowohl in materieller als auch formeller Hinsicht. Materiell müssen hinter den Kennzahlenbezeichnungen gleiche Inhalte stehen, formell sind bei der Gewinnung und Aufbereitung des Zahlenmaterials die gleichen Methoden (z.B. gleiches Mess- und Rechenverfahren) anzuwenden (vgl. Peemöller et al. 1996, S. 5).

Kap. 8

- **Flexibilität**: Das Umweltkennzahlensystem muss so gestaltet sein, dass es an veränderte Gegebenheiten angepasst werden kann, so dass die eben angesprochene Vergleichbarkeit von Kennzahlen vor und nach der Änderung erhalten bleibt.
- **Kontinuität**: Um vergleichende Aussagen zu ermöglichen, müssen die Kennzahlen nach den gleichen Erfassungskriterien aufgestellt werden und sich auf vergleichbare Zeiträume beziehen (vgl. BMU und UBA 1997, S. 9).

Zwar sind stets alle Anforderungen zu berücksichtigen, doch können je nach Ziel unterschiedliche Prioritäten gesetzt werden. Beispielsweise benötigt ein Umweltmanagementsystem hauptsächlich Kennzahlen, die sich gut zur Steuerung und Kontrolle eignen, während für die Nachhaltigkeitsberichterstattung Transparenz und Kommunizierbarkeit eine grössere Rollen spielen. Auch beeinflussen pragmatische Gründe (u.a. gewachsene Strukturen, fehlende Erfahrung, Zusammenarbeit der Abteilungen) oder firmenpolitische Gründe (etwa unternehmerisches Selbstverständnis oder Positionierung in der Öffentlichkeit) die Auswahl der Kennzahlen. Kennzahlenkataloge (s. Abschnitt 10.4) stellen hier eine breit akzeptierte Grundlage zur Verfügung.

10.3 Entwicklung eines Umweltkennzahlensystems

Im Folgenden wird anhand des Hermeneutischen Umweltleistungszirkels (HUZ) dargestellt, wie die relevanten Umweltaspekte eines Unternehmens identifiziert werden können, um zu einem Umweltkennzahlensystem und damit zu einer Umweltleistungsbewertung (*Environmental Performance Evaluation*, EPE) zu kommen. Dabei wird die Entwicklung des Kennzahlensystems in den Gesamtzusammenhang des Kontinuierlichen Verbesserungsprozesses (KVP) gestellt.

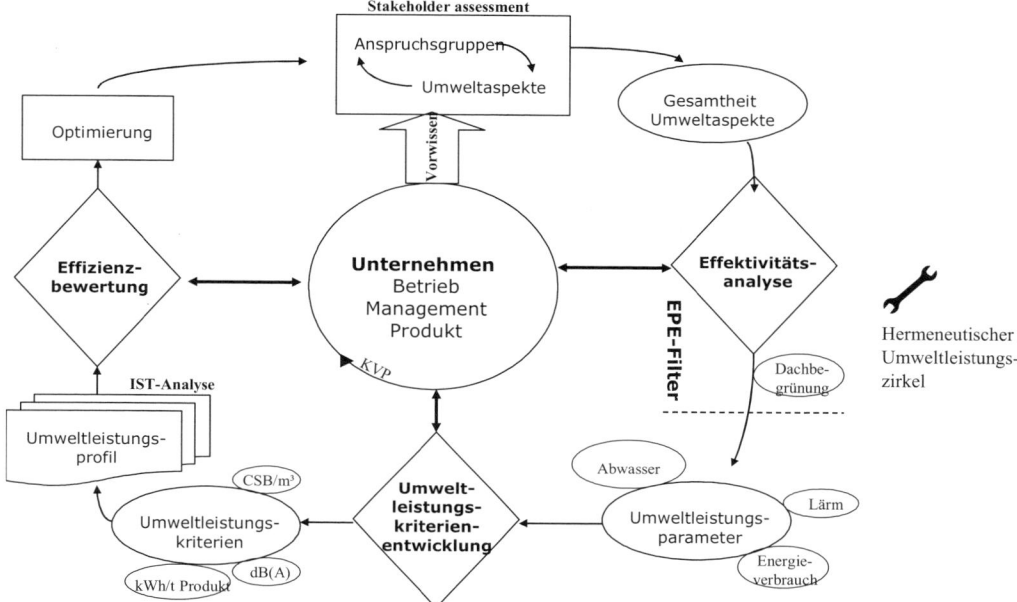

Abb. 10-2: *Der Hermeneutische Umweltleistungszirkel (HUZ) (Quelle: Pick et al. 2000, S. 52)*

Abbildung 10-2 zeigt den Aufbau des Hermeneutischen Umweltleistungszirkels (HUZ): Rechtecke stellen reine Tätigkeiten und Abläufe dar, Rauten symbolisieren Entscheidungsprozesse des Unternehmens, Ovale bzw. Kreise hingegen Ergebnisse.

Das Unternehmen

Ein Unternehmen besitzt z.B. über betriebliche (Umwelt-)Informationssysteme, externe Informationsquellen (Umweltauflagen, Presse, Anwohner etc.) immer schon ein gewisses Vorwissen zu Umwelteinwirkungen, die hinsichtlich des Betriebes, des Managements und der Produkte zu betrachten sind und ggf. zu Umweltproblemen führen. Dieses (Vor-)Wissen des Unternehmens hängt stark vom eigenen Erkenntnisinteresse ab und spiegelt selten die Interessen aller, insbesondere der externen Anspruchsgruppen wider. Um das Wissen über die Umweltaspekte zu komplettieren, muss das Unternehmen daher zunächst alle Anspruchsgruppen (s. Kap. 3) und deren Erwartungen identifizieren. Kap. 3

Anspruchsgruppen und Umweltaspekte

Die Abfrage aller potenzieller Anspruchsgruppen soll zunächst zur Ermittlung aller möglichen Umweltaspekte führen und somit das Vorwissen, d.h. die bestehende Liste signifikanter Umweltaspekte vervollständigen. In diesem Zusammenhang wird auch von einem *stakeholder assessment* gesprochen. Dabei werden interne Anspruchsgruppen, wie z.B. einzelne Mitarbeitergruppen und Organisationseinheiten, genauso wie externe Anspruchsgruppen aller Art, was das räumliche Aktionsvermögen oder die gesellschaftliche Ausrichtung angeht, befragt. Als Beispiele hierfür seien Kunden, die Nachbarschaft, Behörden, Gutachter, Hochschulen, Umweltgruppen und die Presse genannt. Zusätzlich sollen Gesetze, Branchenvereinbarungen und Umweltqualitätsziele berücksichtigt werden. In diesem Kontext ist somit auf die

Kongruenz der betrieblichen mit gesellschaftlichen Schwerpunktsetzungen zu achten.

Beim ersten Durchgang des HUZ stellt das *stakeholder assessment* i.d.R. eine erste Ist-Analyse dar. Dabei werden wahrscheinlich nicht alle möglichen Anspruchsgruppen bzw. Umweltaspekte erfasst, weshalb das *stakeholder assessment* ein fester, wiederkehrender Bestandteil des HUZ ist.

Effektivitätsanalyse

Ziel der Effektivitätsanalyse ist die Hierarchisierung der Umweltaspekte hinsichtlich einer größtmöglichen Entlastung für die Umwelt unter gegebenen ökonomischen und sozialen Rahmenbedingungen. Bei der Frage nach der Effektivität („Tun wir die richtigen Dinge?") stellen sich idealer Weise ökologische und ökonomische Verbesserungen (sog. *Win-Win*-Situationen) ein, so dass die Umwelt und das Unternehmen zugleich profitieren. Die Hierarchisierung der Umweltaspekte kann bspw. durch die Anwendung der ABC-Analyse, der Nutzwertanalyse oder eines verbal-argumentativen Verfahrens erfolgen. Wichtig ist hierbei die Transparenz des gewählten Verfahrens. In diesem Arbeitsschritt gehen die identifizierten und hierarchisierten Umweltaspekte in qualitative oder quantitative Umweltleistungsparameter über (z.B. Energieverbrauch, Lärm und Dachbegrünung). Für ein Umweltkennzahlensystem stellen quantitative Umweltleistungsparameter die relevanten und direkten „Stellschrauben" für eine kontinuierliche Verbesserung der Umweltleistung dar.

Entwicklung von Umweltleistungskriterien

Auf dieser Stufe sind aus den Parametern entsprechende Kriterien zu entwickeln, um die Umweltleistungsparameter in Form von Kennzahlen zu konkretisieren. Entscheidend ist die Wahl einer aussagekräftigen Bezugsgröße (s. Kap. 10.1.2). Wichtig ist, dass der Zusammenhang zwischen Umweltleistungsparameter und Kriterien deutlich wird, wobei die Entwicklung eines Kriteriums um so leichter fällt, je besser die wesentliche Einflussgröße oder der wesentliche Aspekt des Umweltleistungsparameters herausgearbeitet wurde.

Vor der Anwendung der Umweltleistungskriterien ist ein Abstimmungsprozess mit den Anspruchsgruppen empfehlenswert, um sicherzustellen, dass mit den gewählten Kriterien die Wünsche und Erwartungen der einzelnen Gruppen abgebildet werden können.

Umweltleistungsprofil

Sind die Umweltleistungskriterien und die dazugehörigen Kennzahlen entwickelt, müssen die Ergebnisse zusammengestellt werden. Die Gesamtheit der Ergebniswerte stellt das Umweltkennzahlensystem als Teil des Umweltleistungsprofils des Unternehmens dar. Das Umweltkennzahlensystem ist die Grundlage zur Erstellung eines Umwelt- bzw. Nachhaltigkeitsberichtes (s. Kap. 15). Da ein Umweltmanagement auf die kontinuierliche Verbesserung der Umweltleistung abzielt, muss sich an die Erstellung des Umweltkennzahlensystems die Optimierung der Ergebniswerte anschließen.

 Kap. 15

Effizienzbewertung

An dieser Stelle muss geklärt werden, wie die Ausprägung der Umweltleistungskriterien und damit die (Öko-)Effizienz des Unternehmens verbessert werden kann. Im Mittelpunkt steht also die Frage, ob hinsichtlich der Umweltleistungskriterien die betrieblichen Abläufe effizienter gestaltet werden können bzw. ob „die Dinge richtig getan werden". Ein Benchmarking bzw. ein Vergleich mit anderen *Cost-Centern* (internes Benchmarking), ein Abgleich mit Grenzwerten und den Wünschen der Anspruchsgruppen hilft hier.

Auch an diesem Punkt sollten Bewertungsverfahren wie die ABC-Analyse oder die Nutzwertanalyse eingesetzt werden, um die Transparenz zu gewährleisten. Das Ergebnis ist eine geordnete Liste der Optimierungsmaßnahmen. Das geordnete Zusammenspiel von Effektivitätsanalyse und Effizienzanalyse sichert den Erfolg.

Optimierung

Die Optimierung ist schließlich die technische Umsetzung der festgelegten Maßnahmen. Zur Umsetzung der Maßnahmen müssen entsprechende Termine, Mittel und Zuständigkeiten festgelegt werden.

Nachdem der Hermeneutische Umweltleistungszirkel durchlaufen wurde, müssen die Ergebnisse den internen und externen Anspruchsgruppen mitgeteilt werden. Erst danach kann eine erneute Abfrage der Anspruchgruppen geschehen. Nur durch ein wiederholtes Durchlaufen des Zirkels ist gewährleistet, dass mit der Zeit alle relevanten Umweltaspekte und mögliche Veränderungen bei den Anspruchsgruppen berücksichtigt werden. Daneben muss bedacht werden, dass neue Anspruchsgruppen entstehen können, die bisher nicht abgefragt wurden.

10.4 Kennzahlenkataloge

Ein Umweltkennzahlensystem kann auf branchenbezogene oder branchenübergreifende Kennzahlenkataloge, die hinsichtlich der an sie gestellten Anforderungen (s. Abschnitt 10.2) abgestimmt sind, zurückgreifen. Die Arbeiten der GLOBAL REPORTING INITIATIVE (GRI; vgl. http://www.globalreporting.org) haben sich im Bereich der nachhaltigkeitsbezogenen Berichterstattung als Standard etabliert. Die von der GRI vorgeschlagenen „Leistungsindikatoren" stehen für alle drei Nachhaltigkeits-Dimensionen – Umwelt, Wirtschaft und Gesellschaft – zur Verfügung. ⇨ Kap. 15. Das Spektrum der Kennzahlen ist jedoch recht umfangreich, da die externen Stakeholder und die mit ihnen verbundenen weitergehenden Ansprüche einen größeren Stellenwert erhalten.

Im Hinblick auf die nachfolgende Fallstudie enthält die Richtlinie 4070 „Nachhaltiges Wirtschaften in kleinen und mittelständischen Unternehmen" des VEREINS DEUTSCHER INGENIEURE (VDI 2006) einen enger gefassten und betrieblich ausgerichteten Kennzahlensatz. Die Richtlinie knüpft an den Managementablauf „planen – umsetzen – prüfen – handeln" der internationalen Qualitäts- und Umweltmanagementstandards DIN EN ISO 9000 und 14001 an und zielt ebenfalls auf einen Kontinuierlichen Verbesserungsprozess (KVP) ab.

Die Kennzahlen, von denen nachfolgend analog zu den Kernindikatoren nur die „empfohlenen" (es gibt auch „weiterführende" und „ergänzende") dargestellt sind, bilden ein Unternehmen ebenfalls nach den drei Nachhaltigkeitsdimensionen ab.

Insgesamt umfassen die Umweltkennzahlen der VDI-Richtlinie die in Umweltkennzahlensystemen gängigen Indikatoren: die empfohlenen Kennzahlen decken zunächst den Ressourcenverbrauch und Umweltmedien (hier: Luft und Wasser) ab und gehen mit den weiterführenden Kennzahlen (hier nicht dargestellt) auf weitere im Umweltmanagement übliche Kennzahlen wie Gefahrstoffe, Recycling, Verpackungen, Umweltschutzinvestitionen ein.

In Ergänzung hierzu sind im Bereich „Wirtschaft" einschlägige betriebswirtschaftliche Kennzahlen und im weiterführenden Teil auch stark produktionswirtschaftliche Aspekte abgebildet. Die sozialen Kennzahlen haben eine stark betriebliche Ausrichtung auf die Beschäftigten des Unternehmens.

Umwelt	Wirtschaft	Gesellschaft
Rohstoffeinsatz	Betriebsergebnis	Mitarbeiteranzahl
Energieverbrauch	Eigenkapitalquote	Anzahl an Auszubildenden
Wasserverbrauch	Eigenkapitalrendite	Gesundheitsquote
Abwassermenge	Fremdkapitalrendite	Unfallquote
Emissionen in die Luft	*Return on Investment* (ROI)	Fluktuationsquote
Emissionen ins Abwasser	Netto-Wertschöpfung	

Tab. 10-2: *Empfohlene Kennzahlen der VDI-Richtlinie 4070 (Quelle: eigene, gekürzte Zusammenstellung nach VDI 2006, Tabellen A1, A2, A3)*

10.5 Fallstudie: Brauerei Clemens Härle

Die Brauerei Clemens Härle KG (http://www.haerle.de) ist ein mittelständisches Familienunternehmen, dem es entgegen dem derzeitigen Branchentrend erfolgreich gelungen ist, sich gegenüber Großbrauereien am regionalen Markt zu behaupten.

Die Brauerei liegt im Stadtzentrum von Leutkirch im Allgäu. Mit einem Jahresausstoß von etwa 29 000 hl selbst erzeugtem Bier und 16 000 hl Handelsgetränken erwirtschaftete die Brauerei einen Jahresumsatz von ca. 4,0 Mio. Euro. Von 1999 bis 2007 ist der Bierausstoß der Brauerei Clemens Härle um über 10 % gestiegen. Zum Vergleich: Im gleichen Zeitraum verringerte sich der Absatz aller Brauereien in Deutschland um 8,5 %, in Baden-Württemberg gar um 13 %. Zwei Vertriebswege sind für die Brauerei von überragender Bedeutung: zum einen die Gastronomie mit einem Umsatzanteil von ca. 40 %. Insgesamt werden ca. 230 Gaststätten im Allgäu und in Oberschwaben beliefert. Entsprechend hoch ist der Fassbieranteil mit ca. 28 %. Als zweite Säule werden der Getränkefachhandel, die Getränkemärkte und der Lebensmittelhandel für die Ausstossentwicklung immer bedeutender. Bereits mehr als 40 % des Bierabsatzes entfallen auf diese Vertriebskanäle.

Mit ca. 10 % ist der brauereieigene Heimdienst nach wie vor relativ stark am Gesamtumsatz beteiligt. Die restlichen Umsatzanteile entfallen auf Festveranstaltungen, Kantinen und die Belieferung anderer Brauereien.

Beschäftigt sind in der Brauerei Clemens Härle 29 Mitarbeiterinnen und Mitarbeiter, darunter ein Auszubildender im Beruf Brauer und Mälzer und eine Auszubildende im Beruf Bürokauffrau.

Im Brauprozess wird aus den i.d.R. aus der Region und aus kontrolliert-integriertem Anbau stammenden Rohstoffen Hopfen, Malz und Wasser im Sudhaus durch einen Maische- und Kochprozess die sog. Würze hergestellt. Nach der Kühlung und dem sich anschließenden Gärprozess erfolgt eine Zwischenlagerung und schließlich das Filtern des erzeugten Jungbieres. Nach der Abfüllung des Bieres (entweder in handelsübliche Flaschen oder Kegs (Druckbehältern) wird es gelagert bis zum selbst durchgeführten Transport zu den Kunden, die sich im Umkreis von max. 50 km befinden. Die Herstellprozesse unterliegen strengen lebensmittelrechtlichen Anforderungen. Als Infrastrukturprozesse sind die Energiebereitstellung, Wasserbereitstellung bzw. -aufbereitung, Instandhaltung der technischen Anlagen und des Fuhrparks sowie die Entsorgung und Abwasserbehandlung notwendig (s. Abb. 10-3).

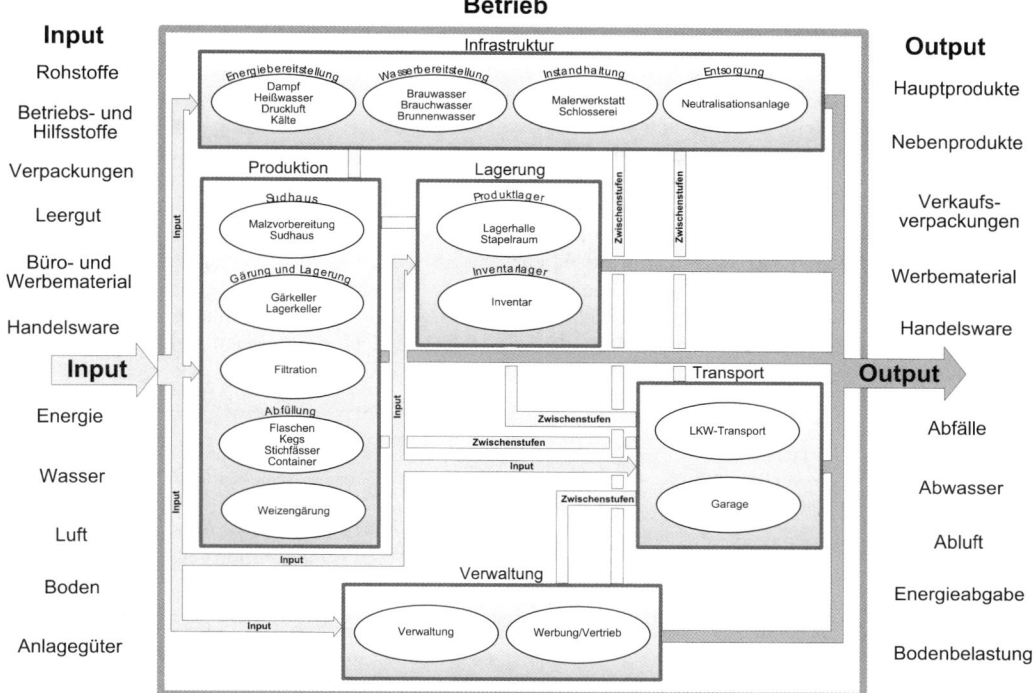

Abb. 10-3: Prozessübersicht Brauerei Clemens Härle KG (Quelle: Härle 1995, S. 14)

Die Geschäftsführung lehnt bisher die Implementierung eines Umweltmanagementsystems nach EMAS oder ISO 14001 ab, da die Teilnahme zu aufwendig und bürokratisch und der ökologische Nutzen für ein Kleinunternehmen als zu gering eingeschätzt wird.

Deutliche Vorteile werden dagegen bei der Anwendung von Umweltkennzahlen, etwa im Rahmen der ISO-Norm 14031 „Umweltleistungsbewertung" gesehen, da die Norm „den Schwerpunkt auf die Erfassung, Bewertung und Analyse der betrieblichen Stoffströme über die Definition von Umweltkennzahlen" legt, und dies „der betrieblichen Praxis in kleineren und mittleren Betrieben weit mehr entspricht, als die formalen Anforderungen der EMAS-Verordnung" (Härle 2000, S. 8). Als eines von 17 Unternehmen weltweit wurde die Brauerei Clemens Härle für den „Technical Report" TR 14032, in dem Anwendungsbeispiele für die Umsetzung der ISO 14031 aufgeführt sind, ausgewählt.

Der im weiteren Verlauf der Fallstudie dargestellte Ablauf des ISO 14031-Prozesses kann somit völlig unabhängig als eigenständiges Controllinginstrument eingesetzt werden, in ein bestehendes Umweltmanagementsystem integriert werden oder als Einstiegshilfe für den Aufbau eines solchen Systems dienen.

Wie bereits dargestellt, eignen sich Umweltkennzahlen besonders für den Einsatz im Rahmen des betrieblichen Umweltcontrollings. Die ISO 14031 nutzt diese Eigenschaft und bindet die Umweltkennzahlen in einen vereinfachten Controlling-Kreislauf mit den Schritten **planen**, **umsetzen**, **prüfen** und **handeln** ein.

Umweltleistungsbewertung im Sinne der ISO 14031 wird demnach „als interner Prozess zur Bewertung der Umweltbelastungen und der Umweltschutzleistungen im Vergleich zu selbstgesetzten Umweltzielen und von außen vorgegebenen Maßstäben" (Kreeb und Schulz 2000, S. 5) verstanden.

Planen (*Plan*)

Im Rahmen der Planung der Umweltleistungsbewertung nach ISO 14031 steht die Auswahl der Umweltkennzahlen im Zentrum der Anstrengungen. Dazu müssen, wie im Zusammenhang mit dem Hermeneutischen Umweltleistungszirkel bereits dargestellt, die relevanten Umweltaspekte identifiziert werden, die zur Darstellung des Umweltleistungsprofils eines Unternehmens und den damit verbundenen Umweltkennzahlen notwendig sind. Auf innerbetrieblicher Ebene werden in der Brauerei Härle bedeutende Umweltgesichtspunkte regelmäßig im Rahmen der betrieblichen Umweltbilanzierung ermittelt, in der neben der Betriebsbilanz auch Prozessbilanzen (s. Kap. 8) erstellt werden. Für den operativen Bereich verfügt das Unternehmen somit über eine gute Datengrundlage.

 Kap. 8

Im Rahmen eines Forschungsprojektes wurden im Zusammenhang mit der Bildung von Umweltkennzahlen auch die Anliegen der interessierten Kreise (Anspruchsgruppen) zusammengetragen (vgl. ISO/TR 14032).

Anspruchsgruppen	Abfrage der Interessen
Managementvertreter, Mitarbeitende	• Die Unternehmensstrategie ist ökologisch ausgerichtet, persönliches Engagement des Geschäftsleiters. • Bei Mitarbeitervorschlägen überwiegt - typisch für ein Kleinunternehmen - der informelle Austausch gegenüber formalen Regelungen („Man kennt sich und redet miteinander"). • Spezielle Besprechungen umweltrelevanter Themen mit dem Braumeister und dem Einkaufsleiter.
Kunden	• Kundenanliegen werden durch gezielte Befragungen erfasst.
Lieferanten	• Durchführen von Lieferantengesprächen und Festlegen von Einkaufsrichtlinien (Rohstoffqualität, -herkunft, zu verwendende Verpackungen).
Banken, Versicherer	• Vertrauensbildung durch Umweltbericht.
Aufsichtsbehörden, Gesetzgeber	• Es wird ein regelmäßiger Behördenkontakt gepflegt.
Gemeinde(n)	• Laufender persönlicher Kontakt mit den Zuständigen.
Medien	• Wecken des Interesses durch Veröffentlichen der Umweltaktivitäten, Interviews etc.; im Gegenzug Stellungnahmen und Offenlegung von Betriebsdaten.
Forschungsinstitutionen	• Aktive Beteiligung an Forschungsprojekten.
Umweltgruppen und andere Organisationen	• Kontakt und Informationsaustausch mit Umweltorganisationen und Durchführen gemeinsamer Aktionen.
Öffentlichkeit	• Aktives Sondieren der öffentlichen Meinung in regionalen Zeitungen, überregionalen Nachrichtendiensten sowie Fach- und Umweltzeitschriften.

Tab. 10-3: *Identifizierung von und Umgang mit interessierten Kreisen (Quelle: ISO/TR 14032)*

Darüber hinaus werden für die Brauereibranche regelmäßig – insbesondere für die Themenfelder Energie- und Wasserverbrauch – in der Fachpresse Vergleichskennzahlen veröffentlicht. Die Definition der Bezugsgrößen fällt hier vergleichsweise leicht: Neben den absoluten Mengen (absolute Umweltkennzahlen) werden für die relativen Umweltkennzahlen folgende Bezugsgrößen gewählt:
• hl Eigenbier
• hl Gesamtgetränk (Eigenbiererzeugung und Handelsware in hl)
• der Anteil an der Gesamtmenge (z.B. Heizölmenge an Gesamtenergiemenge)
Auf der Grundlage des eigenen Vorwissens (insbes. Umweltbilanzierung, rechtliche Anforderungen), der Ergebnisse des *stakeholder assessments* und der Branchen-

kennzahlen konnte ein unternehmensspezifischer Kernkennzahlensatz festgelegt werden (ein Auszug findet sich in der folgenden Tabelle).

Umweltkennzahlen (Input)	absolut	pro hl Eigenbier	pro hl Gesamt-getränk	Anteil an Gesamt-menge
Energie				
Energieeinsatz gesamt in kWh	▨			
Strom gesamt in kWh	▨		▨	▨
Heizöl EL gesamt in kWh	▨		▨	
Erdgas gesamt in kWh	▨		▨	
Treibstoffe gesamt in kWh	▨		▨	▨
Benzin/Super gesamt in kWh	▨		▨	▨
Diesel gesamt in kWh	▨		▨	
Mineralischer Diesel gesamt in kWh	▨		▨	
Biodiesel gesamt in kWh	▨		▨	▨
Wasser				
Wasser gesamt in hl	▨			
Stadtwasser in hl	▨	▨	▨	
Stadtwasserverbrauch Brauerei in hl	▨	▨		
Brunnenwasser in hl	▨	▨		

Tab. 10-4: Betriebliche Umweltkennzahlen der Brauerei Härle (Ausschnitt) (Quelle: Diffenhardt et al. 1999, S. 7f.)

Managementleistungskennzahlen und Umweltzustandsindikatoren wurden für den Umweltleistungsbericht 1998 noch nicht aufgestellt: In einer ersten Stufe der Umweltleistungsbewertung wurde in der Brauerei Härle zunächst der Fokus auf die Umweltbelastungskennzahlen gelegt, da hier von den größten ökologischen und ökonomischen Einsparpotenzialen ausgegangen werden kann. Die Bildung von Kennzahlen zu organisatorischen Aktivitäten im betrieblichen Umweltschutz (Managementleistungskennzahlen) und Umweltzustandsindikatoren sollen für das Kleinunternehmen daher zunächst zurückgestellt werden.

Bei den zu ermittelnden Umweltkennzahlen handelt es sich somit ausschließlich um standortspezifische Umweltbelastungskennzahlen, die in Anlehnung an die Bilanzstruktur gebildet werden.

Umsetzen (*Do*)

Die Datenerfassung in der Brauerei erfolgte durch externe Berater in Zusammenarbeit mit der Belegschaft. Manche vorab als relevant eingestuften Umweltkennzahlen konnten aufgrund der Datenlage nicht ermittelt werden. Hieraus ergibt sich der Handlungsbedarf, die Datenverfügbarkeit zumindest in Teilbereichen zu verbessern.

Im Bericht zur betrieblichen Umweltbilanz werden die Umweltbilanzdaten verbal argumentativ beschrieben und anhand von Umweltkennzahlen dargestellt, welche die qualitative Entwicklung der Umweltleistung verdeutlichen. Die Beurteilung der für den Bericht zusammengestellten Informationen erfolgt durch die Geschäftsführung und den Braumeister.

Anhand der Ergebnisse der Umweltbilanz sowie mit Hilfe der Umweltkennzahlen, die im Rahmen der Umweltleistungsbewertung für die Brauerei Härle erhoben wurden, werden Umweltziele und Maßnahmen formuliert, um im Sinne einer kontinuierlichen Verbesserung des betrieblichen Umweltschutzes eine Optimierung der Umweltleistung zu erreichen (s. HUZ Kap. 10.3). Beispiele für derartige Ziele sind die Senkung des Wasserverbrauchs im Laufe der nächsten drei Jahre auf 0,47 m³ je Hektoliter Verkaufsbier oder der vollständige Verzicht auf chlorhaltige Reinigungs- und Desinfektionsmittel. Anhand der Umweltkennzahlen sollen diese Ziele im weiteren Zeitablauf kontrolliert und gesteuert werden.

Darüber hinaus werden die Daten und Informationen von der Geschäftsleitung zur internen und externen Berichterstattung über die Umweltleistungsbewertung verwendet.

Umsetzen und Handeln (*Check and Act*)

Im Rahmen der Umweltberichterstattung wird ein Umweltprogramm mit konkreten quantitativen Zielvorgaben und Zeithorizonten verabschiedet. Dabei wird – analog zum Vorgehen im Rahmen des Hermeneutischen Umweltleistungszirkels – die Umweltleistung anhand dieser Umweltleistungskriterien und Umweltkennzahlen einer kritischen Beurteilung unterzogen und es werden entsprechende Maßnahmen zur ihrer Verbesserung getroffen. Darüber hinaus sollen die erhobenen Kennzahlen zukünftig in regelmäßigen Abständen neu diskutiert werden. Nur so wird es möglich, eventuelle Unzulänglichkeiten und mangelnde Eignung bestimmter Kennzahlen aufzudecken und das Kennzahlensystem entsprechend anpassen zu können.

10.6 Übungsfragen

1. Wodurch sind Umweltkennzahlen definiert und wozu werden sie gebraucht?
2. Was ist der Unterschied zwischen Umweltkennzahlen und Umweltindikatoren?
3. Welche Arten von Kennzahlen gibt es und wie lassen sie sich systematisieren?
4. Was ist der Unterschied zwischen Belastungskennzahlen und Managementkennzahlen?
5. Nennen Sie drei Anforderungen an Umweltkennzahlen und erläutern Sie diese.
6. Wodurch wird ein Umweltkennzahlensystem charakterisiert?
7. Wie lässt sich die Umweltorientierung eines Kennzahlensystems hinsichtlich der Nachhaltigen Entwicklung ergänzen?
8. Beschreiben Sie die Vorgehensweise zur Erstellung eines Umweltkennzahlensystems.
9. Was ist unter der Umweltleistung eines Unternehmens zu verstehen?

10.7 Weiterführende Literatur

BMU und UBA – Bundesministerium für Umwelt, Naturschutz und Reaktorsicherheit und Umweltbundesamt (1997): Leitfaden Betriebliche Umweltkennzahlen, Berlin.

Kottmann, H., Loew, T. und Clausen, J. (1999): Umweltmanagement mit Kennzahlen, München.

Seidel, E., Clausen, J. und Seifert, E.K. (1998): Umweltkennzahlen, Verlag Vahlen, München.

UBA – Umweltbundesamt (1999): Leitfaden Betriebliche Umweltauswirkungen, Berlin.

11 Nachhaltiges Management von Wertschöpfungsketten

von Stefan Seuring und Martin Müller

Kapitelausblick

Die wirtschaftliche Bedeutung von Wertschöpfungsketten (*Supply Chains*) kann heute an fast jeder Industrie deutlich gemacht werden. Selbst im Bereich von Dienstleistungen (z.B. *Call-Center*) werden Leistungen nicht mehr nur von einem Unternehmen erbracht. Vielmehr sind eine Reihe von Lieferanten in den Leistungserstellungsprozess eingebunden. In vielen Branchen, so z.B. in der Automobilindustrie oder im Einzelhandel, werden mehr als 60 % der Wertschöpfung in vorgelagerten Unternehmen erbracht. Damit kommt der Zusammenarbeit mit Lieferanten und Kunden eine entscheidende Bedeutung für die Wettbewerbsfähigkeit eines Unternehmens zu.

War noch vor wenigen Jahren die Beschaffung von Vorprodukten in vielen Unternehmen auf eher regionale Lieferanten beschränkt, so finden sich heute globale Wertschöpfungsketten, in die auch kleine und mittelständische Unternehmen umfassend eingebunden sind. So wird vermehrt in so genannten Billiglohnländern produziert und eingekauft. Allerdings herrschen in diesen Ländern oftmals für die westliche Wertegemeinschaft nicht akzeptable Umwelt- und Arbeitsbedingungen. Nichtregierungsorganisationen (NGOs) greifen solche Missstände bezüglich Kinderarbeit, Diskriminierung oder der Einhaltung ökologischer Mindeststandards bei Zulieferbetrieben auf und kritisieren Abnehmer in der Öffentlichkeit, welche um ihre Reputation fürchten müssen. Dies trifft insbesondere Unternehmen, die mit einer Marke, welche sie oftmals über Jahre hinaus aufgebaut haben, den unmittelbaren Kontakt zum Endverbraucher herstellen. Die Reputation der Marke wird durch solche Kampagnen gefährdet und zieht mögliche Einbußen der Wettbewerbsfähigkeit auf den Absatzmärkten nach sich. Unternehmen sind bestrebt, dies zu vermeiden und versuchen daher, ihre Wertschöpfungskette (*Supply Chain*) nicht nur unter ökonomischen sondern auch unter sozialen und ökologischen (nachhaltigen) Aspekten zu gestalten, um solche Kampagnen zukünftig zu vermeiden.

Dieses Kapitel bietet eine Übersicht zum Entwicklungsstand in diesem Themenfeld. Als Ausgangspunkt wird dafür eine Definition des *Supply Chain Managements* gewählt. Daran anschließend werden die Ausgangspunkte sowie zwei wesentliche Entwicklungslinien des Nachhaltigen *Supply Chain Managements* dargelegt. Schließlich werden zwei kurze Beispiele vorgestellt, wie die entsprechenden Strategien in der unternehmerischen Praxis umgesetzt werden können.

Lernziele

1. Begriff und Bedeutung des Supply Chain Managements kennen lernen.
2. Überblick über wesentliche Strategien eines Nachhaltigen Supply Chain Managements gewinnen.
3. Die praktische Bedeutung des Nachhaltigen Supply Chain Managements für sogenannte fokale Unternehmen verstehen.

11.1 Begriffliche Grundlage: *Supply Chain Management*

Bevor auf die speziellen Aspekte des Nachhaltigen *Supply Chain Managements* (alternativ: *Supply Chain Management*) eingegangen wird, ist es notwendig, eine allgemeine Begriffsklärung voranzustellen. Dies wird durch die Erläuterung des Begriff eines „fokalen Unternehmens" ergänzt. In der Literatur sind zahlreiche Definitionen für *Supply Chain* und *Supply Chain Management* zu finden (vgl. Seuring 2001; Müller 2005).

Supply
Chain
Management

> „Wertschöpfungsketten setzen sich aus drei oder mehr Einheiten (Organisationen oder Individuen) zusammen, die auf vor- oder nachgeschalteter Stufe direkt in den Erstellungsprozess von Produkten, Dienst- oder Finanzleistungen und/oder in den Informationsfluss von der Quelle bis zum Kunden eingebunden sind" (übersetzt nach Mentzer et al. 2001, S. 3)
> „*Supply Chain Management* (SCM) ist die Integration dieser Aktivitäten durch verbesserte Beziehungen innerhalb der Wertschöpfungskette, um einen nachhaltig wettbewerbsfähigen Vorteil zu erzielen" (übersetzt nach Handfield und Nichols 1999, S. 2).
> *Supply Chain Management* verfügt über die folgenden Charakteristika:
> „1. einen systemischen Ansatz bei der Betrachtung der Wertschöpfungskette als ganzes und für das Management des gesamten Produktionsprozesses vom Zulieferer bis zum Endkunden;
> 2. eine strategische Ausrichtung auf kooperative Anstrengungen für die Synchronisierung und Zusammenführung operationaler und strategischer Fähigkeiten innerhalb von und zwischen Unternehmen in ein einheitliches Ganzes; und
> 3. einen Fokus auf Kundinnen und Kunden, um einmalige und individualisierte Quellen für Kundennutzen zu erschliessen, und so die Kundenzufriedenheit sicherzustellen" (übersetzt nach Mentzer et al. 2001, S. 7).

Zusammenfassend kann die Definition des *Supply Chain Managements* auf zwei konstitutive Elemente verdichtet werden. Einerseits ist dies das **Management von Material- und Informationsflüssen** sowie andererseits das **Management von Kooperationen mit Lieferanten und Kunden** (s. Kap. 11.2.2).

Ausgangspunkt der Analyse im *Supply Chain Management* sind oft sogenannte fokale Unternehmen, welche die Wertschöpfungskette wesentlich gestalten. Damit wird vereinfacht angenommen, dass solch ein fokales Unternehmen eine führende Rolle für die Wertschöpfungskette übernimmt.

Fokales Unternehmen

> **Fokale Unternehmen** werden anhand dreier Kriterien beschrieben:
> (1) Sie stellen den Marktzugang sicher und sind für die Endkunden sichtbar. So fahren Kunden ein Auto einer bestimmten Marke, aber nicht das eines bestimmten Händlers.
> (2) Sie gestalten ganz maßgeblich das Produkt und legen dessen grundsätzliche Eigenschaften und Umweltwirkungen fest.
> (3) Sie wählen Lieferanten aus und entscheiden über welche Stufen und Distributionsformen ihre Produkte zu den Endkunden gelangen, so dass sie insgesamt die Wertschöpfungskette gestalten und steuern.

In seiner historischen Entwicklung greift das *Supply Chain Management* auf eine Reihe von Disziplinen zurück. Hier sind insbesondere Logistik, Beschaffung, Produktion, aber auch das Distributionsmanagement zu nennen. In diesem Zusammenhang steht eine Erkenntnis, zu der FORRESTER (1978) bereits Ende der 50er gelangte und die als ***Bullwhip*-Effekt** bezeichnet wird. Dieser Effekt beschreibt das Problem einer Nachfrageaufschaukelung in *Supply Chains*. Bei lokal begrenzten Informationen und lokalen Entscheidungen führen kleine Schwankungen des Kundenbedarfs auf jeder weiter vorgelagerten Stufe der *Supply Chain* zu immer größeren Streuungen der Bedarfsmengen. Eine geringe Steigerung der Nachfrage führt so zu einem überproportionalen und verzögerten Anstieg der Bestellmengen bei den einzelnen nachgelagerten Stufen der *Supply Chain*. Die Varianz der Nachfrage wird damit von Stufe zu Stufe größer. Der Effekt ist umso größer, je mehr Stufen die *Supply Chain* hat. Ursächlich für diesen Effekt ist die mangelnde Koordination zwischen den Akteuren. Ist nämlich jedem Akteur nur die Nachfrage seines unmittelbaren Nachfolgers bekannt, so wird mit zunehmendem Abstand vom Endkunden die Gefahr größer, dass die Nachfrage falsch eingeschätzt wird. Hieraus lassen sich drei Grundprinzipien des *Supply Chain Managements* sowie entsprechende Zielgrößen ableiten. Die Analyse der Literatur lässt sich dabei auf drei Prinzipien verdichten (Seuring 2001, S. 20):

1. Prinzip der Marketing- bzw. Kundenorientierung:
Alle Aktivitäten in der Wertschöpfungskette dienen letztlich der Befriedigung eines Kundenbedürfnisses (oder: Generierung eines Kundennutzens). Diesem Prinzip kommt eine zentrale Bedeutung zu, da es ohne die Kundenbedürfnisse keine Wertschöpfungskette und die damit verbundenen Aktivitäten gäbe. Der kundenorientierten Gestaltung von Wertschöpfungsketten kommt insbesondere in gesättigten Märkten eine erhebliche Bedeutung zu, da die Wertschöpfungskette idealerweise durch die Nachfrage selbst gesteuert werden soll. Damit liegt hier ein auf den Output der Wertschöpfungskette gerichtetes Ziel vor, während die beiden folgenden Ziele mehr auf den Input abstellen.

2. Integrations- und Effektivitätsprinzip:
Die gesamte Wertschöpfungskette ist als eine Einheit zu analysieren und zu gestalten, da der Wettbewerb nicht mehr zwischen Unternehmen sondern zwischen Wertschöpfungsketten stattfindet. Die so angestrebten Optimierungen leiten zum dritten Prinzip über.

3. Effizienzprinzip:
Das Effizienzprinzip steht für die konkrete Ausgestaltung der Wertschöpfungskette. Zusammen mit dem Integrationsprinzip soll erreicht werden, dass nicht einzelne Funktionen oder Unternehmen optimiert werden, sondern die gesamte Supply Chain. Dadurch sollen suboptimale Lösungen vermieden werden.

Wie bei jeder wirtschaftlichen Tätigkeit sind dabei Kundenorientierung, Effektivität und Effizienz gemeinsam zu gestalten, was zu den Zielgrößen des Supply Chain Managements überleitet.

11.1.1 Zielgrößen des *Supply Chain Managements*

Wie in der betriebswirtschaftlichen Literatur üblich, werden auch im Supply Chain Management Sachziele und Formalziele unterschieden. Formalziele beinhalten dabei abstrakte Formulierungen ökonomischer Ziele, während die Sachziele konkret auf das spezielle Leistungsprogramm ausgerichtet sind. Das **Formalziel** des Supply Chain Managements kann beispielsweise in der folgenden Form formuliert werden: *Supply Chain Management* zielt darauf ab, die Gesamtheit der Ressourcen zu minimieren, die notwendig sind, um Kundenbedürfnisse in einem Segment zu befriedigen. Häufig finden sich auch Formulierungen, die auf die geringsten Gesamtkosten bzw. die Sicherung der Wettbewerbsfähigkeit und die Verbesserung der Leistungsfähigkeit in der Wertschöpfungskette abzielen (siehe Integrationsprinzip).

Sachziele werden stärker an den mit Lieferanten und Kunden koordinierten, konkreten Material- und Informationsflüssen festgemacht, so dass minimale Lieferzeiten, geringe Bestände und ein optimaler Servicelevel erreicht werden. Eine Unterteilung

Formalziel

Sachziel

der Zielgrößen und der davon abgeleiteten Planungs- und Steuergrößen kann dabei in Anlehnung an die formulierten Grundprinzipien bezüglich des Outputs und des Inputs der Wertschöpfungskette vorgenommen werden, die in gegenseitiger Abhängigkeit zueinander stehen. Hier werden die Maximalausprägung (auf den Output gerichtet) und die Minimalausprägung (auf den Input gerichtet) des Wirtschaftlichkeitsprinzips aufgegriffen.

- Output: Das Ziel der Wertschöpfungskette ist die optimale Befriedigung der Kundenbedürfnisse, z.B. durch eine hohe Lieferbereitschaft, geringe Lieferzeiten oder kundenindividuelle Produkte.

- Input: Das Ziel ist die Minimierung der zur Erstellung einer Leistung notwendigen Ressourcen wie Material, Bestände, Personal und Produktionskapazitäten. Häufig wird dieses Ziel unter der Überschrift möglichst geringer Gesamtkosten zusammengefasst. Gleichzeitig soll eine hohe Flexibilität innerhalb der Wertschöpfungskette erreicht werden. Dies betrifft gleichermaßen sowohl die Produktionskapazität in der Kette vorhandener Produkte als auch die Fähigkeit, veränderte oder neue Produkte anbieten zu können.

Die vorstehend gewählten Bezeichnungen werden jeweils als Optimierungsvorschriften formuliert, d.h. sie sind so angegeben, dass eine eindeutige Zielrichtung für Verbesserungsmaßnahmen (Reduktion des Einsatzes oder Erhöhung der Ausbringung) gegeben ist. Dabei ist selbstverständlich zu berücksichtigen, dass entweder der Minimal- oder der Maximalausprägung des Wirtschaftlichkeitsprinzips gefolgt werden kann, so dass Übereinstimmungen und Konflikte zwischen den Zielen zu berücksichtigen sind.

11.2 Strategien eines Nachhaltigen Managements von Wertschöpfungsketten

Nachdem im vorigen Abschnitt kurz auf das *Supply Chain Management* eingegangen wurde, beschäftigt sich dieser Abschnitt mit den Hintergründen eines Nachhaltigen Managements von Wertschöpfungsketten (Kap. 11.2.1) sowie zwei wesentliche Strategien des Nachhaltigen *Supply Chain Managements* (Kap. 11.2.2 und 11.2.3).

11.2.1 Hintergründe eines Nachhaltigen Managements von Wertschöpfungsketten

Als wichtige Akteure, die auf Unternehmen im Sinne eines nachhaltigen *Supply Chain Managements* einwirken, können insbesondere drei Gruppen identifiziert werden (s. Abb. 11-1).

Regulierung, Kundenforderungen Druck von NGOs

Trotz der internationalen Tätigkeit von Unternehmen kommt **nationalen Regulierungen** eine wichtige Rolle zu. Dies spiegelt sich einerseits in den jeweiligen Regelsetzungen wider, mindestens genau so stark jedoch auch in der Frage, ob die Einhaltung dieser Regeln auch entsprechend überprüft wird. So existieren in vielen Ländern zwar Vorschriften zu sozialen Fragen z.B. zu Kinderarbeit, Arbeitszeiten oder Vereinigungsfreiheit, jedoch besteht ein erhebliches Vollzugsdefizit, da untergeordnete Behörden nicht Willens oder in der Lage sind, diese Vorschriften auch wirkungsvoll einzufordern.

Konkrete Ansatzpunkte finden sich für Unternehmen in den Wünschen oder **Forderungen von Kunden**. Dies gilt insbesondere für Markenhersteller, für die das Zusammenspiel von Kunden und Nichtregierungsorganisationen (NGOs) eine große Herausforderung darstellen kann. Diese auf Umwelt- und Sozialthemen fokussierenden NGOs stellen aus Nachhaltigkeitssicht eine der wichtigsten Stakeholdergruppen (s. Kap. 3) dar, aber auch andere Gruppen (wie bspw. Mitarbeitende) können hier relevant sein.

 Kap. 3

NGOs berichten regelmäßig über Missstände auf den Vorstufen der Wertschöpfungskette, auf denen Umwelt- und/oder Sozialprobleme festgestellt werden. Die Veröffentlichung solche Ereignisse können zu einem Einbruch der Absatzzahlen führen, so dass sich die fokalen Unternehmen zum Handeln gezwungen sehen. So standen in den letzten Jahren eine Reihe großer Sportartikel- und Bekleidungshersteller (z.B. Nike, Adidas) in der Kritik, weil in Fabriken in Schwellen- und Entwicklungsländern Mitarbeitende unter sozial untragbaren Verhältnissen beschäftigt wurden (für aktuelle Meldungen siehe z.B. http://www.csr-asia.com).

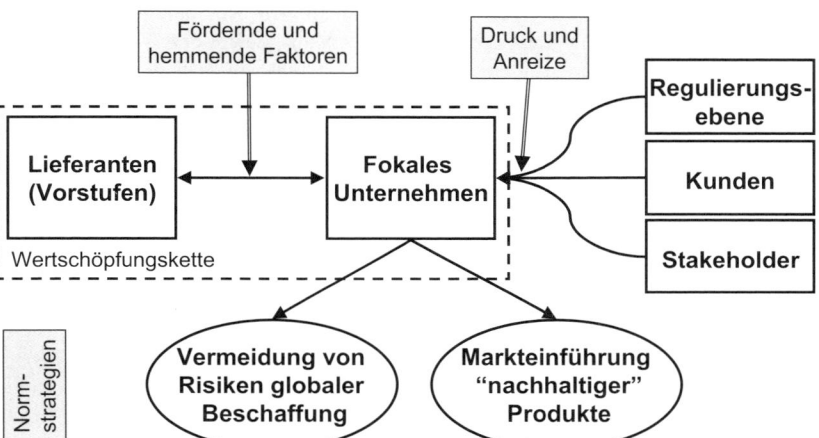

Abb. 11-1: *Ausgangspunkte eines Sustainable Supply Chain Managements (Quelle: eigene Darstellung)*

Dieser Druck auf die Wertschöpfungskette von außen wird in der Innensicht der Supply Chain durch das Verhältnis des fokalen Unternehmens zu seinen Partnern ergänzt. In diesem Zusammenhang können fördernde und hemmende Faktoren identifiziert werden. Dazu gehören z.B. die Einführung von Umwelt- und Sozialstandards und entsprechender Managementsysteme (s. Kap. 3), aber auch die kontinuierliche Zusammenarbeit mit Lieferanten (vgl. Koplin 2006a). Neben diesen Managementaspekten können konkrete soziale und ökologische Produkteigenschaften eingefordert werden. Auf der sozialen Seite können hier beispielsweise fair gehandelte Produkte (*Fairtrade*) benannt werden. Hier liegt der Schwerpunkt darauf, dass die Erzeuger der Rohstoffe einen Absatzpreis erzielen, der deutlich über dem der Weltmärkte liegt, so dass sie einen größeren Anteil der Gesamtwertschöpfung für sich behalten können. Oft sind damit auch Initiativen zur lokalen Entwicklung verbunden.

 Kap. 3

Anwendungsbeispiel Starbucks

Starbucks Kaffee

 Kap. 3

In der Textilindustrie oder auch dem Kaffeeanbau treten sowohl Umweltprobleme als auch soziale Missstände auf, die regelmäßig thematisiert werden. So standen schon verschiedene Unternehmen im Blickpunkt der Aufmerksamkeit, da insbesondere Sweatshops (s. Kap. 3), in denen zumeist Frauen unter manchmal sklavenähnlichen Bedingungen arbeiten, ein regelmäßig wieder aufgegriffenes Problem darstellen.

Im Jahr 2000 startet GLOBAL EXCHANGE, eine in den USA ansässige Nichtregierungsorganisation, die sich vor allem für Menschenrechte einsetzt (siehe http://www.globalexchange.org) eine groß angelegte Kampagne in den USA gegen STARBUCKS, einem auf Kaffeeprodukte spezialisierten Unternehmen, das auch Kaffeehäuser betreibt. So wurden vor Filialen von STARBUCKS demonstriert sowie eine breite Internetkampagne durchgeführt. Insgesamt haben sich 84 Organisationen an der Aktion gegen STARBUCKS beteiligt, so dass landesweit 29 große Demonstrationen geplant und durchgeführt werden konnten.

Als Ergebnis erklärte STARBUCKS am 04. Oktober 2000, dass sie Kaffeebohnen, die *Fairtrade* zertifiziert sind, in allen mehr als 2300 Filialen landesweit einführen werden. Damit liegt ein eindrucksvolles Beispiel für die Bedeutung der Aktivitäten von NGOs vor, die über die Marktmacht der Bürger Einfluss auf die globale Wertschöpfungskette und Märkte genommen haben.

Mit Blick auf die verschiedenen Argumente können **zwei Normstrategien** identifiziert werden, wie Unternehmen ein nachhaltiges Management der Wertschöpfungskette implementieren. Einerseits ist dies die Vermeidung von Risiken in der globalen Beschaffung, andererseits das pro-aktive Management von Nachhaltigen *Supply Chains*. Beide Strategieansätze schließen sich keinesfalls gegenseitig aus, sondern ergänzen sich wechselseitig und sollen im folgenden näher erläutert werden.

11.2.2 Vermeidung von Risiken globaler Beschaffung

Neben dem bereits angesprochenen Druck von NGOs auf Unternehmen, bedingen auch Aspekte der Versorgungssicherheit beim globalen Einkauf von Vorprodukten, dass viele Unternehmen das Beschaffungsmanagement sehr viel aktiver betreiben (müssen) als in früheren Jahren. Dieser Aspekt wird noch dadurch verstärkt, dass selbst fokale Unternehmen heute in der Regel deutlich weniger als die Hälfte der Wertschöpfung eines Endproduktes selbst erstellen. Im Sinne eines nachhaltigen Managements der Wertschöpfungskette ergibt sich so ein erweiterter Kriteriensatz für die Lieferantenevaluation. Dazu gehört z.B. dass die Zulieferer Umwelt- und/oder Sozialstandards einführen bzw. *Codes of Conduct* (Verhaltenskodizes) einhalten müssen, was wiederum durch die einkaufenden Unternehmen überprüft wird. Neben den damit definierten Mindestanforderungen, die in den Standards oder Kodizes oft einzeln geregelt werden, kommen Selbstauskünften der Lieferanten eine steigende Bedeutung zu. Durch solche Maßnahmen soll der Aufwand für das beschaffende Unternehmen überschaubar gehalten werden, da nicht jeder Lieferant auf jeder Vorstufe entsprechend überprüft werden kann, obwohl dies aus Nachhaltigkeitssicht wünschenswert wäre und von einigen Unternehmen auch angestrebt wird. Vor allem die fokalen Unternehmen streben auf diese Weise an, ihre Risiken zu begrenzen und die Leistungsfähigkeit der Kette sicher zu stellen, wie aus Abbildung 11-2 ersichtlich ist.

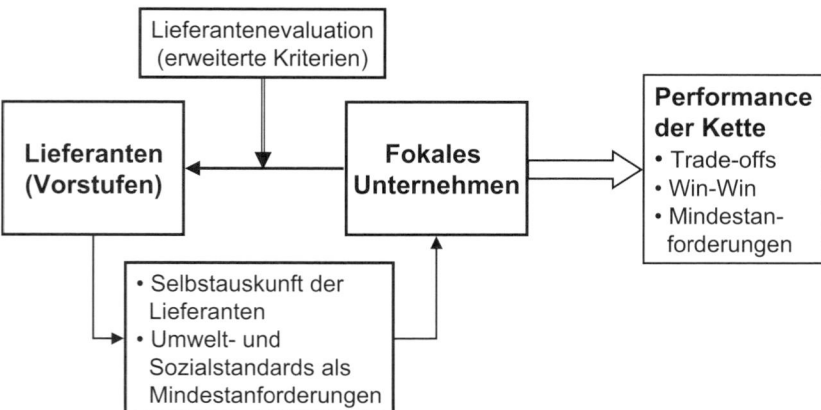

Abb. 11-2: *Die Normstrategie „Vermeidung von Risiken globaler Beschaffung"* *(Quelle: eigene Darstellung)*

Als Weg zur Umsetzung dieser Strategie können Mindestanforderungen für die Umwelt- und Sozialdimension definiert werden, deren Nicht-Einhaltung im Extremfall dazu führen kann, dass keine weiteren Lieferungen vom Lieferanten bezogen werden. Dies ist ein kritischer Schritt, da dem Lieferanten und seinen Mitarbeitern oft besser dadurch geholfen wird, dass eine Verbesserung der Umwelt- und Sozialleistungen eingefordert wird. Damit stellt sich jedoch die Frage nach der Leistungsfähigkeit oder *Performance* der Kette. Zwischen den drei Dimensionen der Nachhaltigkeit können durchaus *Win-Win-(Win)* Situationen ausgemacht werden, wobei allerdings auch sogenannte *Trade-offs* (s. Kap. 5) auftreten können, bei denen eine Verbesserung der Umwelt- und/oder Sozialleistung nur zugunsten der ökonomischen Dimension zu erreichen ist. Die beiden letztgenannten Zielbeziehungen finden sich vielfach in der Nachhaltigkeitsdebatte. Auch die Rolle von Mindeststandards für den Umwelt- und Sozialbereich hat erhebliche Aufmerksamkeit erfahren, wobei die konkrete Integration in das Beschaffungs- und *Supply Chain Management* erst in jüngerer Literatur thematisiert wird (vgl. Koplin 2006a).

⇨ Kap. 5

In ihrer Wirkung ist diese Strategie eines nachhaltigen Managements der Wertschöpfungskette insgesamt als eher reaktiv zu bezeichnen, da die fokalen Unternehmen hier vor allem darauf abzielen, entsprechende Risiken und Probleme zu vermeiden. Allerdings wäre es zu einseitig, allen Unternehmen, die entsprechende Maßnahmen einführen, reaktives Verhalten zu unterstellen. Dies wird im Anschluss an die zweite Normstrategie aufgezeigt.

Praktische Ausgestaltung – Lieferantenmanagement

Bei der Umsetzung dieser Strategie kommt einer auf Nachhaltigkeit ausgerichteten Ausgestaltung des Beschaffungsmanagements eine zentrale Bedeutung zu (Koplin 2006a). In der Textilindustrie haben viele Unternehmen entsprechende Programme eingeführt. Einerseits werden in *Codes of Conduct* Mindeststandards festgelegt (Emmelhainz und Adams 1999). Andererseits werden Lieferanten bezüglich der Umwelt- und Sozialleistung klassifiziert, so dass den Einkäufern verdichtete Informationen bereitgestellt werden, die bei Beschaffungsentscheidungen zu berücksichtigen sind. Sowohl das Versandhandelsunternehmen Otto, Hamburg (http://www.otto.com), als auch das Textilunternehmen Steilmann, Wattenscheid (http://www.steilmann.com), haben entsprechende Maßnahmen implementiert. Konkret werden alle wichtigen Lieferanten von Mitarbeitenden der fokalen Unternehmen regelmäßig besucht, um die Einhaltung der Umwelt- und Sozialstandards zu überwachen und kontinuierlich weiter zu entwickeln (vgl. Seuring und Goldbach 2006).

Solche Entwicklungen setzen zumeist an konkreten Produkteigenschaften an. So sind Qualitätsparameter zu erfüllen, während gleichzeitig die Freiheit von gewissen Schadstoffen garantiert werden muss. Dadurch wird ein Mindeststandard eingehalten, wie er mittlerweile z.B. durch Öko-Tex 100 (siehe http://www.oeko-tex.com) weit verbreitet ist. Der Öko-Tex 100 Standard legt Grenzwerte für Chemikalien und deren Verbleib im verkauften (Bekleidungs-)Textil fest.

Öko-Tex 100

In einem weitergehenden Schritt werden alle Lieferanten bezüglich ihrer Produktionsprozesse evaluiert. Als Ausgangsbasis dient eine Selbstauskunft der Lieferanten. So wird eine erste Datenbasis geschaffen, die dann durch Besuche einzelner Produktionsstätten ergänzt wird. Die vor Ort durchgeführten Audits stellen sicher, dass die Lieferanten Umweltvorschriften einhalten und unter adäquaten sozialen Bedingungen produzieren. Oft sind die in einem *Code of Conduct* festgelegten Kriterien erheblich strenger als nationales Recht. Zudem stellt die Kontrolle der Lieferanten durch einen wichtigen Kunden eine wesentlich strengere Überprüfung dar als sie oft durch die nationalen Behörden gegeben ist. Druck und Anreiz diese Vorgaben einzuhalten, erklären sich insbesondere auch daraus, dass der Kunde sonst die Geschäftsbeziehung beenden kann. In vielen Fällen sind die Kunden, also z.B. Otto oder Steilmann sogar bereit, die Lieferanten bezüglich der Optimierung ihrer Produktionsprozesse zu unterstützen, so dass nicht nur Mindestanforderungen eingehalten werden können. Dabei ist es quasi selbstverständlich, dass diese verbesserten Prozesse für die gesamte Produktion genutzt werden, obwohl der initiierende Kunde in aller Regel weniger als 10% des gesamten Outputs aufkauft.

In der konkreten Ausgestaltung des Lieferantenmanagement haben viele Unternehmen in der Textil- und Bekleidungsindustrie Maßnahmen zur Lieferantenauswahl und -überwachung fest etabliert. So wurde bei Otto der Status eines „*Approved Eco-Supplier*" eingeführt. Diese Lieferanten sind umfassend auditiert worden, so dass sichergestellt ist, dass alle Umwelt- und Sozialvorschriften eingehalten werden. Bei der Vergabe von Aufträgen werden diese Lieferanten daher bevorzugt berücksichtigt (vgl. Seuring und Goldbach, 2006).

11.2.3 Pro-aktives Management Nachhaltiger Supply Chains

Die zweite Strategie kann als Ergänzung der Risikovermeidungstrategie angesehen werden. Die Debatte um „grüne" oder „nachhaltige" Produkte bedingt, dass sich fokale Unternehmen, die pro-aktiv entsprechende Produkte vermarkten wollen, in vielen Fällen gezwungen sehen, die Wertschöpfungskette umfassender zu managen (vgl. Goldbach 2003). Dies schließt sowohl die Anzahl der Vorstufen ein als auch die Art und Weise, wie die Unternehmen mit den Unternehmen der verschiedenen Vorstufen kooperieren, so dass ein umfassenderes Netzwerk von Akteuren zu managen ist. So ist es möglich sicherzustellen, dass auch sämtliche Inhaltsstoffe beispielsweise ökologisch sind. Hierzu ist es erforderlich, dass Zulieferer umfassend geschult werden, weil ihnen möglicherweise das Wissen für sozial- und umweltverträgliche Produktionsprozesse fehlt.

▭▷ Kap. 8

Wie Abbildung 11-3 aufzeigt, ist ein zentraler Orientierungspunkt dabei die Nachfrage durch Endkunden als Käufer der Produkte. Eine wichtige Schnittstelle hat das Sustainable Supply Chain Management hier zur Ökobilanzierung (*Life-Cycle-Assessment*). Letzterer dient dazu, die Umwelteinwirkungen von Produkten während ihrer gesamten Lebensdauer zu quantifizieren und daraus entsprechende Vorgaben für das Produktdesign abzuleiten. Diese wiederum dienen dem fokalen Unternehmen als Richtlinie für die Auswahl der Lieferanten. Hier steigen die Anforderungen an die Kooperation mit Lieferanten erheblich, da die produktbezogenen Kriterien mit den Lieferanten abzustimmen sind. In vielen Fällen ist eine aktive Lieferantenentwicklung notwendig, bevor überhaupt auf entsprechende Vorprodukte zugegriffen werden kann (vgl. Goldbach et al. 2003).

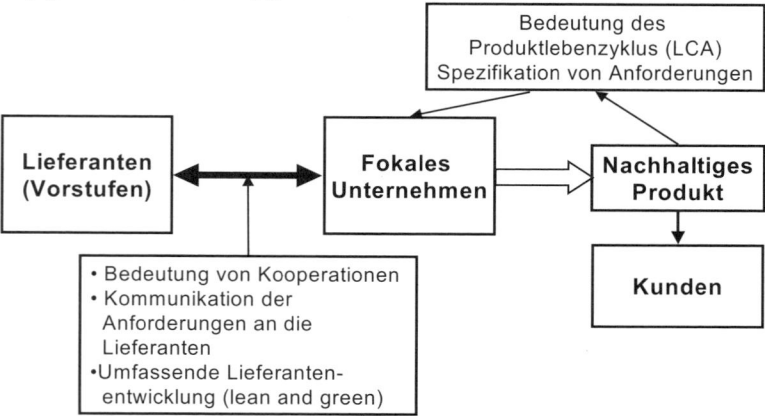

Abb. 11-3: *Die Normstrategie „Pro-aktives Management nachhaltiger Wertschöpfungsketten" (Quelle: eigene Darstellung)*

Hier kommt das zuvor bereits erwähnte Abgrenzungsmerkmal nachhaltiger Wertschöpfungsketten besonders zum Tragen. Ohne diese notwendige Kooperation aller
Akteure, oft bis hin zum Rohstofflieferanten, können die erwünschten umweltfreundlichen oder nachhaltigkeitsorientierten (Vor-)Produkte nicht hergestellt werden. Die dabei definierten technischen Kriterien stellen zwar besondere Anforderungen an die Lieferanten, die zumeist jedoch gut erfüllt werden können. Viel größere
Schwierigkeiten bereitet es, die einzelnen Akteure und ihre Aktivitäten in der Kette
aufeinander abzustimmen. In der Textilindustrie stützt sich beispielsweise ein Unternehmen oftmals auf Hunderte von kleinen Zulieferern. Diese werden zudem oftmals saisonweise (halbjährlich) gewechselt.

Daher ist eine umfassende Informations- und Kommunikationsbasis in der Wertschöpfungskette zu gestalten. Diese ist nicht mehr so sehr nur auf die Anforderungen des fokalen Unternehmens ausgerichtet, sondern bindet alle Glieder der *Supply
Chain* aktiv ein. Daraus ist leicht ersichtlich, dass es oft einer größeren Stabilität,
z.B. durch eine längerfristige vertragliche Absicherung, bedarf, als dies in vielen
Branchen üblich ist. Erst dann lohnen sich die Investitionen in eine umfassende
Lieferantenentwicklung, die in vielen Fällen notwendig ist, bevor überhaupt geeignete Beschaffungswege für die benötigten Rohmaterialien und Produkte bestehen.

Praktische Ausgestaltung – Nachhaltige Produkte

Eine Reihe von Arbeiten zur Wertschöpfungskette für Öko-Baumwolle (vgl. z.B.
Goldbach et al. 2004) stellen das zentrale Problem heraus, dass ein entsprechendes
Angebot an Öko-Baumwolle erst geschaffen werden musste. So sahen sich die fokalen Unternehmen gezwungen direkt mit Baumwollbauern zusammen zu arbeiten,
was in konventionellen Wertschöpfungsketten nicht der Fall ist. Dort wird die Koordination dem Markt überlassen.

Öko-Baumwolle
bei Otto

Entsprechend hat z.B. Otto in die Entwicklung der Lieferanten investiert, um so ein
Angebot an Öko-Rohbaumwolle zur Verfügung zu haben. Eine aktuelle Erhebung
zu fünf Öko-Baumwollketten zeigt, dass entsprechende Öko-Baumwollprojekte
erhebliches Wachstum aufweisen. Dabei lassen sich folgende Problemfelder identifizieren: Eine umfassende Koordination der gesamten Kette ist notwendig, um die
langfristige Funktionsfähigkeit der Geschäftsbeziehung zu gewährleisten. Oft sieht
sich das fokale Unternehmen als eine Art „Spinne im Netz", die alle Fäden zusam-
menhält. Durch die Auswahl oder den Aufbau geeigneter Partner – für Baumwolle
sind dies z.B. eine Gin (Entkernung der Baumwolle, so dass die Fasern getrennt vom
Kern weiter verarbeitet werden können) oder eine Spinnerei oder Weberei – wird so
eine fokussierte Wertschöpfungskette geschaffen, die in der Lage ist, Textilien aus
Öko-Baumwolle zu einem wettbewerbsfähigen Preis auf den Markt zu bringen.
Indem die Anzahl der Lieferanten oft auf nur ein Unternehmen pro Wertschöpfungs-
stufe begrenzt wird, erfolgt eine Mengenbündelung, so dass auch bei immer noch
vergleichsweise geringen Gesamtmengen an Öko-Baumwolle eine ausreichende
Effizienz erzielt werden kann. Eine wichtige Herausforderung für die Lieferanten
besteht darin, dass spezifische Ressourcen vorgehalten werden müssen, um z.B. den
Reinigungsaufwand bei einem Wechsel zwischen konventioneller Baumwolle und
Öko-Baumwolle niedrig zu halten oder besser noch ganz zu vermeiden.

11.2.4 Integration der beiden Normstrategien

Bisher wurden die beiden Normstrategien getrennt voneinander vorgestellt. Dabei
ergänzen sich die beiden Ausprägungen eher, als dass sie Alternativen zueinander
darstellen. Unternehmen, die auf umweltfreundliche Produkte abzielen, sehen sich
gezwungen die Vorstufen aktiv zu managen. Dazu gehört in der Regel, dass die
Lieferanten bezüglich ihrer Umwelt- und Sozialleistung evaluiert werden. Die aktive
Vermarktung entsprechender Produkte bedarf damit der Absicherung und Risiko-

vermeidung auf den Vorstufen, woraus sich die Komplementarität der Strategien ergibt. Umgekehrt kann die Risikovermeidungsstrategie schrittweise ausgebaut werden, so dass nachfolgend auch „nachhaltigere" Produkte hergestellt und vertrieben werden. In allen bereits angesprochenen Beispielen haben die Unternehmen beide Strategien verfolgt. So sollen Risiken vermieden, dabei aber gleichzeitig Potenziale erschlossen werden.

11.3 Ausblick

In den letzten Jahren findet sich eine steigende Anzahl von Unternehmen, die sich mit Fragen der Nachhaltigkeit in der Wertschöpfungskette auseinandersetzen (müssen). Für die Zukunft ist zu erwarten, dass das Thema weiter an Bedeutung gewinnt, was durch die anhaltende Tendenz, Vorprodukte immer stärker international und global zu beschaffen, angetrieben wird. Zudem werden auch andere Branchen von einer zunehmenden Sensibilisierung der Verbraucher für soziale und ökologische Fragen erfasst. Neben der Textilindustrie und der Nahrungsmittelindustrie rücken verstärkt auch Branchen wie die Elektro- und Automobilindustrie in den Fokus von NGOs und kritischen Kunden. Eine Legitimität gegenüber den *Stakeholdern* entlang der Wertschöpfungskette kann nur durch eine möglichst weitreichende Transparenz über soziale Bedingungen und ökologieverträgliche Stoffe erreicht werden. Herausforderungen bestehen für die fokalen Unternehmen vor allem darin, die notwendigen Strukturen in die „klassische" Beschaffung einzubinden, um so den im Sinne der Nachhaltigkeit erweiterten Kriteriensatz für die Lieferantenauswahl und -entwicklung in alle *Supply Chain* Entscheidungen einfließen zu lassen. Das *Supply Chain Management*, welches eine Transparenz von ökonomischen Daten (Qualität, Durchlaufzeiten, Kosten) entlang der Kette anstrebt, bietet hierzu einen hervorragenden Rahmen, um auch ökologische und soziale Informationen weiterzugeben. So wäre es beispielsweise ein Ziel eines *Sustainable Supply Chain Managements*, dass man leicht (eventuell durch entsprechende Informationen auf einem RFID-Chip) als Kunde ermitteln kann, wo und unter welchen Bedingungen ein T-Shirt hergestellt, ob dafür ökologische Baumwolle eingesetzt und welche Stoffe beim Färben verwendet wurden. Einer verbesserten Informationstransparenz kommt daher eine zentrale Bedeutung zu, ohne dass diese regelmäßig als Verkaufsargument eingesetzt werden kann.

Entsprechende Entwicklungen stehen allerdings noch am Anfang und es besteht in diesem Feld noch ein erheblicher Forschungsbedarf. Auf Basis der hier dargestellten Normstrategien können weitere Untersuchungen vorgenommen werden. So spielen Fragen des Vertrauens ebenso eine Rolle wie der Kosten von Kontrollmechanismen. Umwelt- und Sozialstandards, welche häufig als Garant für ein korrektes soziales Verhalten benannt werden, stehen ebenso in der Kritik wie der eigene Handel von umweltfreundlichen oder fair gehandelten Produkten durch NGOs, die oft selbst kaum einer Kontrolle unterworfen sind. Hier besteht erheblicher Bedarf für weitere Forschungsarbeiten, die z.B. auch die bisher fehlende Verknüpfung zum Thema *Fair Trade* und dem Ansatz der *Commodity Chain* aufgreifen (vgl. Gereffi et al. 2005). Insgesamt existieren zahlreiche Ansatzpunkte für weitere Forschungsarbeiten in diesem noch jungen, sich aber rasant entwickelnden Feld.

11.4 Übungsfragen

1. Erläutern Sie den Begriff des Supply Chain Managements.
2. Warum hat das Supply Chain Management in den letzten Jahren zunehmend an Bedeutung gewonnen?
3. Welche Ausgangspunkte haben zur Entwicklung des Sustainable Supply Chain Managements geführt?
4. Grenzen Sie zwei wesentliche Strategien eine Sustainable Supply Chain Managements voneinander ab.
5. Welche Maßnahmen ergreifen Unternehmen, um diese beiden Strategien umzusetzen?
6. Warum kommt der Lieferantenentwicklung eine zentrale Rolle in beiden Strategien zu?

11.5 Weiterführende Literatur

Morana, R. (2006): Management von Closed-loop Supply Chains – Analyserahmen und Fallstudien aus dem Textilbereich, Wiesbaden.

Rao, P. (2005): The greening of suppliers in the South East Asian context, in: Journal of Cleaner Production, Vol. 13, No. 9, S. 935-945.

Schneidewind, U., Goldbach, M., Fischer, D. und Seuring, S. (Hrsg.) (2003): Symbole und Substanzen – Perspektiven eines interpretativen Stoffstrommanagements, Marburg 2003.

Seuring, S. (2004b): Industrial Ecology, Life Cycles, Supply Chains – Differences and Interrelations, in: Business Strategy and the Environment, Vol. 13., No. 5, S. 306-319.

Seuring, S. und Müller, M. (2004): Nachhaltigkeit und Beschaffungs-Management – Eine Literaturübersicht, in: Hülsmann, M., Müller-Christ, G. und Haasis, H.-D. (Hrsg.): Betriebswirtschaftslehre und Nachhaltigkeit - Bestandsaufnahme und Forschungsprogrammatik, Wiesbaden, S. 117-170.

Seuring, S. und Müller, M. (2007): Integrated Chain Management in Germany – Identifying Schools of Thought Based on a Literature Review, in: Journal of Cleaner Production, Vol. 15, No. 7, S. 699-710.

Zhu, Q., Sarkis, J. und Geng, Y. (2005): Green Supply Chain Management in China: Pressures, Practices and Performance, in: International Journal of Operations & Production Management, Vol. 25, No. 5, S. 449-468.

12 Sustainability Balanced Scorecard

von Mahammad Mahammadzadeh

Kapitelausblick

Nach einer kurzen Einleitung in die Thematik der Nachhaltigkeit und *Balanced Scorecard* wird das konventionelle (klassische) Konzept der *Balanced Scorecard* (BSC) dargestellt, wobei die Schwerpunkte der Analyse auf der Beschreibung der Kerngedanken, Perspektiven und des strategischen Handlungsrahmens der BSC liegen. In dem darauf folgenden Abschnitt wird zuerst die Eignung der BSC für das Nachhaltigkeitsmanagement diskutiert. Darauf aufbauend werden grundsätzliche Ansatzpunkte für die Integration von Nachhaltigkeitsaspekten in eine BSC aufgezeigt. Anschließend wird anhand von zwei Fallbeispielen diskutiert, wie sich eine um Nachhaltigkeitsaspekte erweiterte BSC konzeptionell entwickeln lässt. Abschließend wird auf der Grundlage der Erfahrungen und Erkenntnisse aus den Sustainability-Balanced-Scorecard-Projekten ein Überblick über relevante Einflussfaktoren gegeben, die im Entwicklungs- und Umsetzungsprozess der SBSC eine hemmende oder unterstützende Rolle spielen.

Lernziele

1. Grundstruktur und Aufbau der konventionellen Balanced Scorecard kennen lernen.
2. Die grundsätzliche Eignung der BSC für ein integriertes Nachhaltigkeitsmanagement beurteilen können.
3. Grundsätzlichen Varianten der Integration von Nachhaltigkeitsaspekten (ökonomische, ökologische und soziale Dimension der Nachhaltigkeit) in die Balanced Scorecard erkennen.
4. Einen Überblick über hemmende und fördernde Einflussfaktoren bezüglich der Entwicklung einer Sustainability Balanced Scorecard gewinnen.

12.1 Einleitung

In der Forschung und Praxis des betriebswirtschaftlichen Umweltmanagements lassen sich „Nachhaltigkeitsorientierung" und „Strategieorientierung" als zwei Themenschwerpunkte identifizieren, die in den letzten Jahren zunehmend an Bedeutung gewonnen haben. Der erste Schwerpunkt zeigt sich insbesondere in der Perspektivenerweiterung vom Umwelt- zum Nachhaltigkeitsmanagement. Der zweite Trend resultiert vor allem aus einem „strategischem Defizit" in den gängigen Umweltmanagementsystemen (vgl. auch Dyllick und Hamschmidt, 2000, S. 109 f.) aufgrund ihrer weitgehenden Orientierung an detaillierten Vorgaben auf operativer Ebene. Für die Integration der strategischen Dimension in die Gestaltung des betrieblichen Umwelt- und Nachhaltigkeitsmanagements ist die Bedeutung von modernen strategischen Managementsystemen wie *Balanced Scorecard* (BSC) hervorzuheben. Das geht insbesondere, wie im Folgenden noch zu zeigen sein wird, auf den Kerngedanken und die Grundstruktur sowie den strategische Handlungsrahmen der BSC zurück.

Aus der integrativen Betrachtung des klassischen BSC-Konzeptes und den Nachhaltigkeitsgedanken entstanden in jüngster Zeit viele konzeptionelle Ansätze, die unter dem Titel „*Sustainability Balanced Scorecard*" (SBSC) bekannt wurden. Die SBSC ist „ein viel versprechendes Instrument zur besseren Integration von ökologischen, sozialen und ökonomischen Aspekten betrieblicher Nachhaltigkeit sowie von deren Messung und Management" (Schaltegger und Wagner 2006, S. 162). Die Anwendung der klassischen BSC im Rahmen des Nachhaltigkeitsmanagements und deren Nutzung für die Implementierung von Nachhaltigkeitsstrategien erfordert jedoch eine entsprechende Anpassung und Modifikation des klassischen Konzeptes der BSC, welche in unterschiedlicher Art und Weise vorgenommen werden kann. Erste Praxiserfahrungen und die daraus gewonnenen Erkenntnisse bei der Entwicklung und Implementierung von SBSC-Konzepten zeigen, dass angesichts der unterschiedlichen unternehmensinternen und -externen Einflussgrößen der Integrationsprozess des Themenfeldes „Nachhaltigkeit" in die BSC vielseitig gestaltet werden kann. Viele unterschiedliche Einflussfaktoren können den Prozess der Entwicklung und Umsetzung einer SBSC fördern oder hemmen. Auf diese Aspekte wird im Folgenden näher eingegangen.

12.2 Grundzüge der Balanced Scorecard als strategisches Managementsystem

12.2.1 Grundgedanken der Balanced Scorecard

Der englische Ausdruck „*Balanced Scorecard*" hat sich inzwischen im deutschsprachigen Raum etabliert. Das BSC-Konzept wurde Anfang der neunziger Jahre entwickelt. Es ist das Ergebnis eines Forschungsprojektes zum Thema „Performance Measurement in Unternehmungen der Zukunft". Diese Studie wurde unter der Leitung von Robert S. Kaplan (Harvard Business School) und David P. Norton (ehemaliger Chief Executive Officer des Nolan Norton Institutes) unter Beteiligung von 12 US-amerikanischen Großunternehmen durchgeführt. Vor dem Hintergrund der zunehmenden Kritik an der Eindimensionalität und Kurzfristigkeit der vorhandenen finanziellen Kennzahlensysteme sowie der einseitigen Finanz- und Vergangenheitsorientierung der etablierten Praxiskonzepte zur Leistungsmessung zielte dieses Forschungsprojekt darauf ab, ein innovatives und über monetäre Leistungsmessgrößen hinausgehendes Modell zu entwickeln. Damit sollte die Aussagefähigkeit des Leistungsmessungssystems der beteiligten Unternehmen durch die Einbeziehung nichtmonetärer Größen (Kennzahlen) erhöht werden. Die Aussagefähigkeit des Leistungsmessungssystems der beteiligten Unternehmen sollte durch eine Ergänzung von nichtmonetären Kennzahlen erhöht werden. Der Grundgedanke des Konzeptes ist primär darin zu sehen, dass es Unternehmen ermöglicht wird, ihre finanziellen Ziele in enger Verbindung mit verschiedenen Leistungsperspektiven zu betrachten. Die Leistungen im Ganzen können als Gleichgewicht („*Balance*") zwischen verschiedenen Perspektiven auf einer überschaubaren und transparenten Anzeigetafel („*Scorecard*") abgebildet werden. So ist auch der Name „Balanced Scorecard" zu verstehen. Wenn auch die ursprüngliche Zielsetzung des BSC-Konzeptes eine Weiterentwicklung und Verbesserung von traditionellen Kennzahlensystemen war, so wurde deren Potenzial in den folgenden Jahren als strategisches und ganzheitliches Managementsystem erkannt. Sie erhebt den Anspruch, ein ganzheitliches Managementsystem bzw. ein umfassendes Steuerungskonzept zu sein. (vgl. hierzu Kaufmann 1997, S. 421; Horváth und Kaufmann 1988, S. 41; Weber und Schäfer 2000, S. 1 ff.; Schaltegger und Dyllick 2002, S. 20 f.; Mahammdzadeh 2003, S. 11).

12.2.2 Grundstruktur der Balanced Scorecard

Das ursprüngliche BSC-Konzept ist auf vier miteinander verknüpften Perspektiven aufgebaut: eine finanzielle, eine interne Prozess-, eine Kunden- sowie eine Lern- und Entwicklungsperspektive. Sie erlauben nach KAPLAN und NORTON vor allem die Ausgewogenheit zwischen kurz- und langfristigen Unternehmenszielen und zwischen Messgrößen und den gewünschten Resultaten. Innerhalb dieser Perspektiven sollen Vision und Strategie auf allen Ebenen der Unternehmensführung durch Ziele, Kennzahlen, Vorgaben und konkrete Maßnahmen kommuniziert, operationalisiert und implementiert werden. Damit soll die Verknüpfung aller Perspektiven einer BSC nicht nur miteinander, sondern auch mit der Vision und Strategie des Unternehmens (s. Kap. 5) gewährleistet werden. Zur Sicherstellung von Übersichtlichkeit und Ausgewogenheit der Perspektiven sind in jeder Perspektive möglichst wenige (etwa vier bis sieben) Kennzahlen zu erfassen, und zwar in gleicher Anzahl. Diese Perspektiven lassen sich kurz wie folgt charakterisieren (vgl. hierzu: Kaplan und Norton 1997, S. 24 ff.; Weber und Schäfer 2000, S. 3 ff.; Schaltegger und Dyllick 2002, 22 f.; Horváth & Partners 2004, 45 ff.):

 Kap. 5

- **Die finanzielle Perspektive**: Diese Perspektive zeigt, wie durch die erfolgreiche Umsetzung einer Unternehmensstrategie ein Beitrag zur Verbesserung der Unternehmensergebnisse geleistet werden kann. Sie beinhaltet diejenigen Ziele und Messgrößen, die das Ergebnis der Strategieumsetzung messen. Die finanziellen Kennzahlen (z.B. *Cash Flow* oder Eigenkapitalrendite) definieren zum einen die von einer Strategie zu erwartende finanzielle Leistung. Als Endziele fungieren sie zum anderen für weitere BSC-Perspektiven. Die im Zusammenhang mit den anderen BSC-Perspektiven formulierten Kennzahlen sollten über „Ursachen-Wirkungs-Beziehungen" mit den finanziellen Zielen verbunden sein. Von daher rangieren die finanziellen Kennzahlen an oberster Stelle der klassischen BSC.

- **Die Kundenperspektive**: Für diese Perspektive sind die wettbewerbsrelevanten Kunden- und Marktsegmente zu identifizieren, welche die wesentliche Grundlage zur Realisierung der finanzwirtschaftlichen Ziele des Unternehmens bilden. Die Ermittlung der Kunden- und Marktsegmente soll durch die Entwicklung von kundenspezifischen Kennzahlen, Zielvorgaben und Maßnahmen vorgenommen werden. Hierbei sind sowohl Grundkennzahlen wie z.B. Marktanteil, Kundentreue und Kundenzufriedenheit als auch die Leistungstreiber wie etwa Qualität, Preis, Kundenbeziehungen sowie Image und Reputation in die BSC einzubeziehen.

- **Die interne Prozessperspektive**: Die interne Prozessperspektive dient primär dazu, die Kernprozesse abzubilden, die zur erfolgreichen Realisierung der Ziele der Finanz- und Kundenperspektive von Bedeutung sind. Daher sollen Ziele und Kennzahlen von Strategien zur Erfüllung der Anteilseigner- und Kundenerwartungen abgeleitet werden. Hierbei sind sowohl der aktuelle Betriebs- als auch der Innovationsprozess sowie der über den Betriebsprozess hinausgehende Kundendienstprozesse zu erfassen. Die Identifikation von kritischen Prozessen und ihre Verbesserung gewinnt im Hinblick auf die Implementierung der Gesamtstrategie eine zunehmende Bedeutung. Als mögliche Kennzahlen für diese Perspektive sind beispielsweise die interne Durchlaufzeit, Bearbeitungszeit, Prozessqualität und Fehlerquote zu nennen.

- **Die Lern- und Entwicklungsperspektive**: Hier werden Ziele und Kennzahlen erarbeitet, die für die Entwicklung und Unterstützung einer lernenden und wachsenden Organisation erforderlich sind. Die Kennzahlen beschreiben die notwendige Infrastruktur eines Unternehmens zur Erreichung der Ziele der ersten drei Perspektiven. Als wesentliche Ansatzpunkte sind Mitarbeiterqualifikation und -motivation sowie Leistungsfähigkeit der Informationssysteme zu berücksichtigen. Als relevante mitarbeiterbezogene

Kennzahlen sind beispielsweise Mitarbeitzufriedenheit, -treue und -produktivität zu nennen.

Die BSC gilt als ein „strategisches Managementsystem" (Kaplan und Norton, 1997, S. 10) und Steuerungsinstrument, dessen Stärke und großer Nutzen vor allem in der Strategieumsetzung liegt und sie ist „in erster Linie ein Mechanismus zur Strategie-umsetzung, nicht zur Strategieformulierung" (Kaplan und Norton, 1997, S. 36). Zwischen der Formulierung und Implementierung einer Strategie können in der Praxis Diskrepanzen auftreten. Die Umsetzung einer Strategie kann insbesondere durch folgende Gründe verhindert werden. Hierbei sprechen KAPLAN und NORTON von spezifischen Hindernissen (Kaplan und Norton, 1997, S. 186 ff):

- formulierte Vision und Strategie sind häufig nicht implementierbar,
- es besteht keine Verbindung der Strategie mit den Zielvorgaben der Unternehmensbereiche, der Mitarbeitenden und der Ressourcenallokation;
- Es gibt einen Mangel an strategischem Feedback darüber, wie eine Strategie implementiert wird und ob sie auch funktioniert.

Mittels einer BSC kann aber auch die Kluft zwischen der Strategiefindung und -umsetzung verringert werden. Zur Überwindung dieser Hindernisse und Defizite soll durch den BSC-Einsatz insbesondere der strategische Führungsprozess in Unternehmen unterstützt werden. In diesem Kontext wurde der strategische Handlungs-rahmen der BSC in den vier folgenden Schritten durch Kaplan und Norton formuliert (vgl. Abb. 12-1; Kaplan und Norton 1997, S. 10 ff.):

- Klärung, Operationalisierung und Umsetzung von Vision und Strategie,
- Kommunikation und Verbindung von strategischen Zielen und Maßnahmen,
- Planung und Festlegung von Zielen und Abstimmung strategischer Initiativen,
- Strategisches Feedback und Lernen.

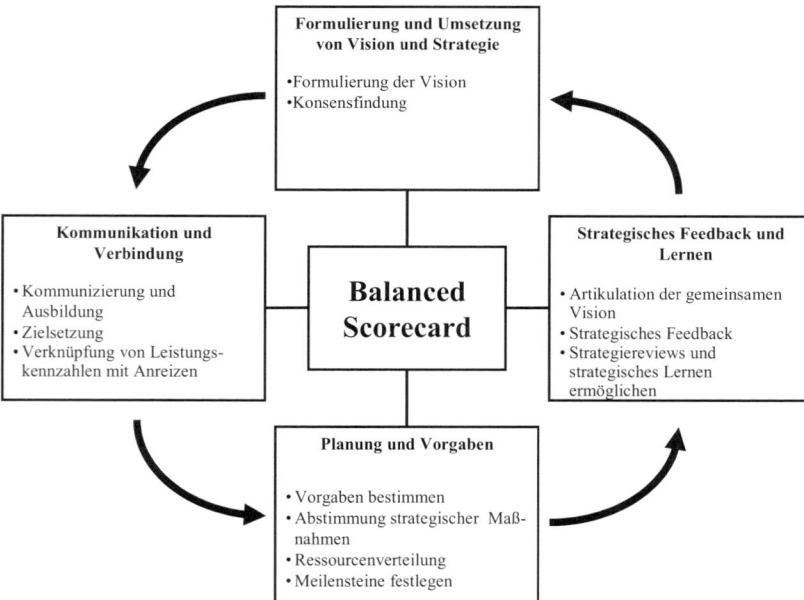

Abb.12-1: *Balanced Scorecard als strategischer Handlungsrahmen (Quelle: Kaplan und Norton 1997, S. 10).*

Vor dem Hintergrund der beschriebenen Perspektiven und Prozesse stellt das BSC-Konzept einen geeigneten Rahmen zur Verfügung, um die Strategiefindung zu unterstützen und insbesondere die langfristige Umsetzung der Unternehmensstrategie zu gewährleisten. Mit Bezug auf die Notwendigkeit der Integration von Nachhaltigkeitsaspekten in die vorhandenen betriebswirtschaftlichen Konzepte und Instrumente stellt sich nun die Frage, ob und inwiefern sich diese Aspekte auch in das bereits dargestellte klassische BSC-Konzept integrieren lassen.

12.3 Eignung der Balanced Scorecard für ein integriertes Nachhaltigkeitsmanagement

Aus der Nachhaltigkeitsorientierung und den daraus erwachsenden Anforderungen ergibt sich für die Unternehmen die wesentliche Aufgabe, ein unternehmensspezifisches Nachhaltigkeitsmanagement aufzubauen und es in bestehende Managementstrukturen zu integrieren. Aktuelle Bestrebungen in Theorie und Praxis zielen darauf ab, anstelle einer fokussierten Betrachtung von Einzelaspekten die Nachhaltigkeit integrativ in ihrer ökonomischen, ökologischen und sozialen Dimension zu erfassen und in betriebliche Entscheidungen und Handlungen einzubeziehen. Die integrative und ausgewogene Berücksichtigung der drei Dimensionen im Rahmen eines Managementkonzeptes stellt eine große Herausforderung für die Unternehmen dar. Trotz der Operationalisierungs- und Konkretisierungsprobleme hat sich diese dreidimensionale Sichtweise der Nachhaltigkeit in der Praxis zunehmend etabliert. Das Management, d.h. die Planung, Durchführung, Steuerung und Kontrolle aller unternehmerischen Aktivitäten, die auf die Verwirklichung dieser Intention abzielen, lässt sich mit dem Begriff betriebliches Nachhaltigkeitsmanagement beschreiben. Somit soll mit der Gestaltung eines Nachhaltigkeitsmanagements eine gleichzeitige Erreichung ökologischer, ökonomischer und sozialer Ziele im Unternehmen unterstützt werden.

Um die Entstehung von parallelen Managementsystemen im selben Unternehmen zu vermeiden, die Schnittstellenproblematik zu reduzieren und die damit einhergehenden hohen Koordinations- und Abstimmungskosten zu verringern, ist ein integriertes Managementsystem unabdingbar. Zur Realisierung dieser Intention stellt das Konzept der BSC einen geeigneten Rahmen zur Verfügung. Für die Eignung der BSC ein integriertes Nachhaltigkeitsmanagement zu unterstützen (vgl. hierzu Schaltegger und Dyllick 2002, S. 38 f. sowie Mahammadzadeh 2003, S.17) sprechen insbesondere zwei Punkte: zum einen die Strategiefokussierung der BSC (insbesondere als Instrument der Strategieumsetzung) und zum anderen die Tatsache, dass das Grundkonzept der BSC einige zentrale Bestandteile wie Visionen, Ziele und Strategien beinhaltet, die gerade für nachhaltigkeitsorientierte Entscheidungen und Handlungen einen konstitutiven Charakter aufweisen. Hinzu kommt, dass die für die Nachhaltigkeitsorientierung relevanten Umwelt- und Sozialaspekte häufig qualitativer Natur sind und oft über nicht-marktliche Mechanismen auf Unternehmen einwirken. Im Rahmen einer BSC können neben monetären auch nicht-monetäre Faktoren, und somit auch die umwelt- und sozialrelevanten Aspekte berücksichtigt werden. Ferner können auch Umwelt- und Sozialaspekte über Ursachen-Wirkungsketten auf die Strategieumsetzung und damit den langfristigen Unternehmenserfolg ausgerichtet werden. Somit können diese Aspekte in das allgemeine Managementsystem einbezogen werden. Des Weiteren lassen die Offenheit der Grundstruktur und die Mehrdimensionalität der BSC unternehmensspezifische Erweiterungen und Modifikationen zu.

Die Anwendung der BSC im Rahmen des Nachhaltigkeitsmanagements und deren Nutzung für die Implementierung von Nachhaltigkeitsstrategien erfordert jedoch eine Anpassung und Modifikation des klassischen Konzeptes. Vor dem Hintergrund der inhaltlichen und strukturellen Offenheit und der Mehrdimensionalität des BSC-Konzeptes ist eine unternehmensspezifische Modifikation der BSC und Entwicklung und Implementierung einer unternehmensspezifischen SBSC ohne weiteres möglich. Aus den vorangegangenen Ausführungen lässt sich die grundsätzliche Eignung der BSC für das Nachhaltigkeitsmanagement ableiten und die Ob-Frage bezüglich der

Integrationsmöglichkeit positiv beantworten. Damit stellt sich allerdings die Frage nach einem geeigneten Integrationsweg.

12.4 Konzeptionen und Ansätze der Sustainability Balanced Scorecard

12.4.1 Grundsätzliche Integrationsvarianten

Mit Blick auf die Integration ökologischer und sozialer Aspekte in die klassische BSC kann grundsätzlich zwischen drei Integrationsvarianten unterschieden werden (vgl. Hahn et al. 2002, S. 55 f. m.w.N.), die sich nicht unbedingt gegenseitig ausschließen, sondern beim Aufbau einer SBSC gleichzeitig Anwendung finden können.

Integration ökologischer und sozialer Aspekte in die klassischen vier BSC-Perspektiven

Diese Integrationsform ist insbesondere dann eine geeignete Form, wenn Umwelt- und Sozialaspekte bereits heute für das Unternehmen einen besonderen Stellenwert haben und in das Marktsystem integriert sind. Das ist beispielsweise dann der Fall, wenn ein Unternehmen etwa auf ein ökologieorientiertes Kundensegment zielt. Hierbei hat die Ergebniskennzahl „Marktanteil" eine ökologieorientierte Ausprägung wie z.B. „Marktanteil im ökologischen Kundensegment" (siehe Hahn et al. 2002, S. 56 f.). Die Integration der ökologischen und sozialen Aspekte in die klassischen vier BSC-Perspektiven wurde durch zahlreiche Projekte im Rahmen des BMBF-Förderschwerpunktes „Ina – Betriebliche Instrumente für nachhaltiges Wirtschaften" vorgenommen und in Partnerunternehmen erprobt und angewendet. So wurde beispielsweise durch die Projektgruppe der Unaxis Balzers AG (ein Unternehmen für Anlagebau im Bereich der Informationstechnologie) in Kooperation mit dem Forschungsteam des Instituts für Wirtschaft und Ökologie der Universität St. Gallen eine „Umwelt-Balanced Scorecard" für die „Division Display" entwickelt und erprobt (vgl. hierzu Bieker et al. 2002b, S. 293 ff.). In einem Workshop (unter der Beteiligung von Business Excellence Manager der Division und des Konzernbeauftragten für Umwelt, Gesundheit und Sicherheit) wurden relevante Umweltziele wie z.B. die „Verlängerung der Lebensdauer der Produktionsanlagen", „Verbrauchsreduzierung" und „Verstärkung der Mitarbeitersensibilisierung bezüglich des ökologischen Handels" formuliert. Den einzelnen Zielen wurden dann konkrete Kennzahlen zugeordnet. So wurde die Kennzahl „Grad der Mitarbeitersensibilisierung für Umweltbelange" oder „verbrauchte Energie pro Mitarbeiter" dem Ziel „Verstärkung der Mitarbeitersensibilisierung" zugeordnet. Anschließend wurde eine *Strategy Map* erarbeitet und die formulierten Umweltziele wurden den vier Perspektiven der BSC (Finanzen, Kunden, interne Prozesse, Lernen und Entwicklung) zugeordnet. So ordnete man beispielsweise die Ziele „Verlängerung der Lebensdauer der Produktionsanlagen" der Kundenperspektive zu, da Kunden an dieser Stelle die Einhaltung gewisser Mindeststandards erwarten. Das Ziel der „Reduktion der Transportkilometer" und der „Verbrauchsmengenreduzierung" wurde ebenfalls unter der Prozessperspektive erfasst. Die Mitarbeitersensibilisierung wurde als Teil der Lern- und Entwicklungsperspektive verstanden.

Erweiterung der klassischen vier BSC-Perspektiven um eine Nicht-Markt-Perspektive

Diese Integrationsvariante ist insbesondere dann geeignet, wenn die strategisch relevanten Umwelt- und Sozialaspekte nicht über das Marktsystem wirksam werden; dies kann vor allem in sehr umwelt- und sozialsensiblen Branchen (wie z.B. Chemie-, Nahrungsmittel-, Textilbranche) zutreffen. Die umwelt- und sozialrelevanten Aspekte aus dem nicht-marktlichen Umfeld (z.B. aufgrund des politisch-rechtlichen und gesellschaftlichen Drucks seitens der relevanten *Stakeholder*, s. Kap. 3) können Kap. 3 in allen klassischen Perspektiven wirksam werden. Beispielsweise können die Strafzahlung über die klassische Finanzperspektive oder der Kundenboykott über die Kundenperspektive wirksam werden. Die Erweiterung der klassischen BSC um eine zusätzliche Nicht-Markt-Perspektive stellt daher „einen Rahmen oder Hintergrund dar, der alle konventionellen, ökonomisch orientierten Perspektiven einschließt" (Hahn et al. 2002, S. 59). Wird beispielsweise von einem Textilunternehmen ein „sozialverträgliches Image" als strategische Dimension in der Kundenperspektive identifiziert, dann ist der „Sozialaspekt der Kinderarbeit" der zentrale nicht-marktliche Erfolgsfaktor. Dieses Unternehmen kann sich als Anbieter „kinderarbeitsfreier" Produkte positionieren und Wettbewerbsvorteile erzielen. In diesem Fall ist etwas die „Qualitätskontrolle im Einkauf" ein zentraler Leistungstreiber zur Vermeidung von Kinderarbeit (vgl. hierzu Hahn und Wagner, 2001, S. 13 f).

Ableitung einer Umwelt- und/oder Sozial-Scorecard

Bei dieser Integrationsform wird eine spezielle bzw. eigene „Umwelt- und Sozial-Scorecard" formuliert. Es handelt sich bei dieser Integrationsform jedoch „um keine eigenständige Alternative der Integration von Umwelt- und Sozialaspekten in die Balanced Scorecard, sondern vielmehr um eine Erweiterung der beiden anderen Ansätze" (Hahn et al. 2002, S. 61). Diese Integrationsvariante erweist sich dann als geeignet, wenn beispielsweise in einem Unternehmen eine entsprechende Umwelt- und/oder Sozialabteilung mit der Koordination diesbezüglicher Aufgaben bereits organisatorisch beauftragt ist. Für diese Einheit wird dann gemäß dieser Integrationsform eine spezielle Scorecard formuliert und die relevanten Zielen, Kennzahlen und Maßnahmen werden in der formulierten Scorecard zusammengefasst. Durch die Ableitung einer BSC für diese Abteilungen sollen die Verhältnisse dieser Abteilungen zu den strategischen Geschäftseinheiten und den entsprechenden *Scorecards* geregelt werden. Beispielsweise wurde im Anschluss an die Entwicklung einer „Top Level Scorecard" für das Druckhaus Spandau des Axel Springer Verlags (siehe Fallbeispiel 1) eine spezifische „Umwelt-Scorecard" aus der formulierten Scorecard abgeleitet, da nach Ansicht des Projektteams nicht alle Umweltaspekte des Druckhauses in der entwickelten Scorecard abgebildet waren. Des Weiteren sollte mit der Umwelt-Scorecard ein strategieorientiertes Instrument für das Umweltmanagement des Druckhauses entwickelt werden (vgl. Bieker et al. 2002, S. 186.): Das oberste Ziel der Umwelt-Scorecard ist einerseits standortbezogen etwa auf die Verringerung der technischen Kosten pro Output und die Verbesserung der Öko-Effizienz und andererseits konzernbezogen auf den positiven Beitrag zum Umweltimage des Unternehmens ausgerichtet. Entsprechend dieser Zielsetzung wurde durch die Projektgruppe die Strategie: „Wir senken die Umwelteinwirkungen pro produzierte Einheit" formuliert (Bieker et al. 2002, S. 189). Zur Formulierung einer Umwelt-Scorecard wurden fünf Perspektiven (Öko-Effizienz-, Kunden-, Konzern-, Dienstleistungs- und Erfolgsperspektive) definiert, die relevanten Kennzahlen zur Messung der Zielerreichung gebildet und zielorientierte Maßnahmen formuliert. So wurden beispielsweise für die Öko-Effizienz-Perspektive die „Senkung der Umwelteinwirkungen pro Output" als oberstes Ziel und der „Energieverbrauch in kwh pro 1 000 bedruckten vierseitige Bogen" als eine mögliche Kennzahl definiert. Als ein relevantes Ziel aus der Konzernperspektive sind z.B. „eine regelmäßige Validierung des Umweltmanagements am Standort" und als entsprechend Kennzahl etwa „erfolgreiche Revalidierung des Umweltmanagements nach EMAS" (vgl. Bieker et al. 2002, S. 192f.) zu nennen.

12.4.2 Ausgewählte SBSC-Ansätze

Vor einiger Zeit wurde im Rahmen des BMBF-Förderschwerpunktes „Ina – Betriebliche Instrumente für nachhaltiges Wirtschaften" verschiedene SBSC-Konzepte entwickelt und in der Praxis erprobt. Diese Konzepte zeichnen sich zum einen durch ihre konzeptionell-theoretische Fundierung aus, die insbesondere auf die Beteilung renommierter Forschungsinstitute bei der Entwicklung zurückgeht. Zum anderen weisen sie einen starken Praxisbezug auf, der aus der Mitwirkung vieler Pilotunternehmen im Entwicklungs- und Erprobungsprozess resultiert. Die folgenden Ausführungen beschränken sich auf eine kurze Darstellung von zwei unter diesen ausgewählten Konzepten und Ansätzen einer SBSC (siehe zu weiteren SBSC-Konzepten Mahammadzadeh 2003).

12.4.2.1   Fallbeispiel 1: Das Integrationskonzept "Sustainability Balanced Scorecard"

Diesem Konzept (vgl. Hahn et al. 2002, S. 43 ff.) liegt ein „wertorientiertes Nachhaltigkeitsmanagement" zugrunde. Neben der Wertorientierung stellt ein dreidimensionales (ökonomisches, ökologisches und soziales) Verständnis der Nachhaltigkeit ein elementares Merkmal des Konzeptes dar. Durch ein wertorientiertes Nachhaltigkeitsmanagement soll eine simultane Erreichung ökologischer, sozialer und ökonomischer Ziele im Unternehmen sichergestellt werden. In Zusammenarbeit mit dem Centrum für Nachhaltigkeitsmanagement der UNIVERSITÄT LÜNEBURG wurde im Druckhaus Spandau des AXEL SPRINGER VERLAGS eine *Sustainability Balanced Scorecard* entwickelt und erprobt. Zum Aufbau einer SBSC wurde eine systematische Vorgehensweise vorgeschlagen, die drei aufeinander folgende Schritte umfasst (zur detaillierten Konzeptentwicklung siehe Bieder et al., 2002, 167 ff.):

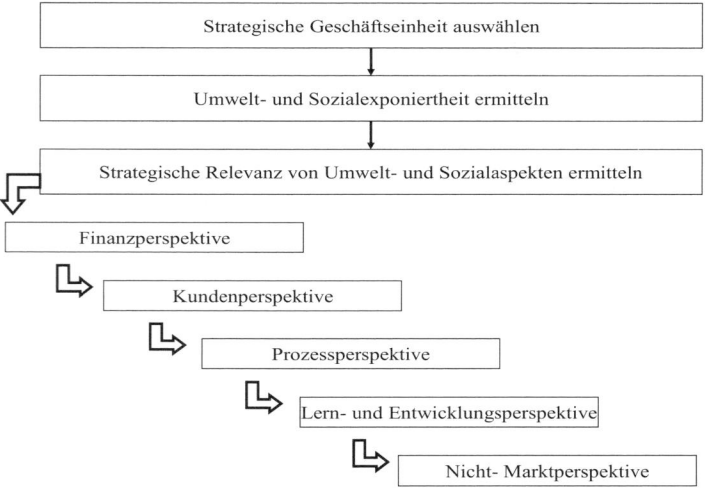

Abb. 12-2: Vorgehensweise bei der *Ausgestaltung einer SBSC für ein wertorientiertes Nachhaltigkeitsmanagement (Quelle: Hahn et al. 2002, S. 70).*

Auswahl der strategischen Geschäfteinheit

Zunächst sollte eine strategische Geschäfteinheit (SGE) ausgewählt werden, für die eine SBSC zu formulieren ist. Durch die Projektgruppe zum Projektstart wurde nach einer Bewertung der zur Wahl stehenden Alternativen die strategische Geschäftseinheit (SGE) „Druckhaus Spandau" als Pilotbereich für die Entwicklung einer SBSC ausgewählt. Ausschlaggebende Entscheidungskriterien für diese Auswahl waren u.a. „Umwelt- und Sozialrelevanz" des Druckhauses (z.B. wegen des hohen Papier- und Farbenbedarfs sowie der hohen Mitarbeiterzahl), „Akzeptanz der Beteiligten" (aufgrund der bereits existierenden konventionellen BSC) und „Abdeckung der vier Perspektiven der BSC durch die ausgewählte Geschäftseinheit „Druckhaus Spandau". Im nächsten Schritt wurde eine vorhandene Strategie der ausgewählten Geschäftseinheit wie zum Beispiel „wir wollen uns als Druckhaus mit hohen Qualitätsansprüchen für interne und externe Kunden etablieren" näher erklärt und die allgemeinen Ziele und Strategien für die verschiedenen BSC-Perspektiven wurden strukturiert. So wurde beispielsweise die Steigerung der Umsatzrendite für die Finanzperspektive und hohe Produktqualität sowie pünktliche Lieferung für die Kundenperspektive gewählt. Die formulierten Strategien und Ziele der Geschäftseinheit gelten dann als Ausgangspunkt für die Formulierung SBSC.

Ermittlung der Umwelt- und Sozialexponiertheit

Im nächsten Schritt erfolgt die Ermittlung der Umwelt- und Sozialexponiertheit der ausgewählten Strategie. Es werden möglichst alle für diese Geschäftseinheit relevanten Umwelt- und Sozialaspekte systematisch identifiziert. Diese Identifikation gilt als Basis für die Formulierung von umwelt- und sozialbezogenen Ursachen- und Wirkungsketten in der SBSC. Die Umweltexponiertheit konnte auf der Datengrundlage des Umweltcontrollings mittels eines Umweltkontenplans ermittelt werden. Dabei wurden jene Umweltdaten ausgewählt, die aufgrund des hohen Verbrauchs als umweltrelevant galten. Bei dieser Ermittlung wurde angesichts der Prozessorientierung des Druckhauses eine Orientierung am „Input" (z.B. Papier, Farbe, Wasser, usw.), am „Output" (z.B. Abfälle aus Druckfarben und Chemikalien) und an „sonstigen Faktoren" (z.B. Lärmemissionen in die Nachbarschaft) vorgenommen. Um die Sozialexponiertheit des Druckhauses zu erfassen, ermittelte man zunächst die verschiedenen direkten (z.B. Vorstand, Mitarbeiter, Lieferanten, Entsorger und Stadt Berlin) und indirekten Anspruchsgruppen des Druckhauses (z.B. Aktionäre, Leser, Nachbarn und NGOs). Anschließend wurden die spezifischen Ansprüche der einzelnen Stakeholder (z.B. im Fall der Nachbarn, wenig Lärm und Emissionen oder im Falle der Lieferanten und Entsorger, die Sicherung der Einnahmenquelle) gegenüber dem Standort erarbeitet.

Ermittlung der strategischen Relevanz der Umwelt- und Sozialaspekte

In diesem Schritt werden die zuvor ermittelten Umwelt- und Sozialaspekte anhand einer differenzierten Matrix auf ihre strategische Relevanz in den BSC-Perspektiven hin überprüft, wobei zusätzlich zu den klassischen vier Perspektiven noch eine „Nichtmarktperspektive" als „SBSC-typischer Zusatz" in die Vorgehensweise einbezogen wird. Diesem Schritt kommt beim Aufbau einer SBSC eine entscheidende Rolle zu. Im Falle „Druckhaus Spandau" folgte der Ermittlung der Umwelt- und Sozialexponiertheit des Standortes im nächsten Schritt die Überprüfung aller Umwelt- und Sozialaspekte bezüglich ihres Einflusses auf die Erreichung der strategischen Unternehmensziele. Hierbei stand die Frage im Vordergrund, inwiefern eine Kausalbeziehung zwischen den Umwelt- und Sozialaspekten einerseits und den strategischen Zielen der Druckerei andererseits besteht, und welchen Beitrag sie zur Realisierung der strategischen Ziele leisten. So konnte das Projektteam die „strategische Relevanz der Umwelt- und Sozialaspekte" bestimmen. Entsprechend ihrer strategischen Relevanz für die Gesamtdruckerei erfolgt dann die Integration der Umwelt- und Sozialaspekte in die BSC-Struktur. Für alle fünf Perspektiven werden adäquate Ergebniskennzahlen definiert und die Leistungstreiber festgelegt, durch die die Ergebnisse erreicht werden sollen. Zudem wird die Formulierung von Zielen und

Kennzahlen vorgenommen. Sie sollen für jede Perspektive erklären, wie die Ziele und Kennzahlen der übergeordneten Perspektiven kausal erreicht werden. So bildete die „Reduzierung der technischen Kosten je produzierter Einheit" das oberste Ziel aus finanzieller Perspektive, welches sich durch die Erhöhung des Outputs oder die Senkung der Kosten realisieren lässt. Hierfür wurden „technische Kosten pro 1.000 vierseitige Bogen" als mögliche Kennzahl definiert. Für die BSC-Kundenperspektive wurden „Neukundengewinnung", „Kundenzufriedenheit" und „pünktliche Lieferung" als Hauptziele sowie „Anzahl verspäteter Lieferungen" und „Kundenreklamationen" als entsprechende Kennzahlen festgelegt. Umweltaspekte konnten insbesondere in die Prozessperspektive integriert werden. Die „Erhöhung der Energie-, Wasser- und Materialeffizienz" zielt direkt auf die „Senkung der Produktionskosten" und wurde daher als ökologischer Leistungstreiber aufgenommen. Diesem Ziel wurde „Material in kg", die notwendige „Energie in kWh" und das verbrauchte „Wasser in Kubikmeter" pro 1.000 vierseitige Bogen als mittelfristige Kennzahl zugeordnet. Unter dem sozialen Aspekt finden sich die Interessen und Ansprüche der unterschiedlichen Stakeholder an verschiedenen Stellen wieder. So standen in der Lern- und Entwicklungsperspektive das Mitarbeiterpotenzial und damit auch die Interessen der Mitarbeiter im Zentrum. Als relevante Ziele für diese Perspektive wurden u.a. „hohe Leistungsfähigkeit und -bereitschaft" und „effektives Vorschlagswesen" angenommen. Als mögliche Kennzahlen sind „Krankenquote" und „Anzahl der Verbesserungsvorschläge pro Mitarbeiter" zu nennen.

12.4.2.2   Fallbeispiel 2: Das Integrationskonzept „Sustainable Balanced Scorecard"

Der hier verwendete Titelbestandteil „Sustainable" statt wie bisher „Sustainability" wurde durch das Projektteam, das dieses Konzept entwickelt hat, vorgenommen. Von daher wurde auch hier in Anlehnung an die Urheber des Konzeptes (Arnold et al. 2001, S. 74 ff.) die Abkürzung SBS verwendet, um dies von dem erst genannten Konzept SBSC abzugrenzen. Im Rahmen dieses integrativen Konzeptes wurde ebenso eine systematische Einbeziehung von Nachhaltigkeitsaspekten in die klassische BSC vorgenommen, wobei ein wesentlicher Schwerpunkt des Konzeptes auf der Anwendbarkeit in KMU unter Berücksichtigung ihrer Besonderheiten (z.B. Fehlen von formulierten Unternehmensstrategien, flache Unternehmenshierarchie oder Vorzug und Arbeit mit einer geringen Anzahl von Kennzahlen) liegt. Das Rahmenkonzept (vgl. hierzu Arnold et al. 2003, S. 11 ff. und Arnold et al. 2004, 54 ff.) geht von einem integrativen Ansatz aus, wonach eine systematische Erweiterung aller vier ursprünglichen Perspektiven der BSC um jeweils die ökonomische, ökologische und soziale Dimension der Nachhaltigkeit erfolgt. Die Nachhaltigkeitsaspekte werden in jede der vier klassischen BSC-Perspektiven einbezogen. Im Vergleich zu einem „additiven Ansatz" (Erweiterung des Grundmodells um eine fünfte Perspektive) wird hier akzentuiert, dass alle Nachhaltigkeitsdimensionen in jeder der vier Perspektiven strategische Relevanz haben können. Vor diesem Hintergrund wird auch keine Perspektivenerweiterung vorgenommen. Aus der Zusammenfügung der „vier Perspektiven der BSC" mit den „drei Dimensionen der Nachhaltigkeit" ergibt sich dann eine „SBS-Nachhaltigkeitsmatrix", die zwölf Felder mit ökonomischen, ökologischen und sozialen Kennzahlen umfasst (s. Tab. 12-1).

BSC-Perspektive / Nachhaltigkeitsdimension	Finanzperspektive	Kundenperspektive	Prozessperspektive	Lern- und Entwicklungsperspektive
Ökonomische Nachhaltigkeit	• Rentabilität • Cash-Flow • Unternehmenswert	• Kundenzufriedenheit • Kundenbindung	• Produktivität • Durchlaufzeit • Materialfluss • Kapazitätsauslastung	• Innovationsfähigkeit • Mitarbeiterzufriedenheit
Soziale Nachhaltigkeit	• Freiwillige Sozialleistungen • Gewinnbeteiligung	• Produktsicherheit • Produktbezogene Informationspolitik	• Humansierung der Arbeit • Arbeitsunfälle	• Aufwendungen für Aus- und Weiterbildung • Partizipationsgrad
Ökologische Nachhaltigkeit	• Umweltschutzausgaben • Ressourcenkosten	• Produktverantwortung • Recyclebarkeit	• Ressourcen- und Energieeffizienz • Stoffströme • Flächennutzung	• Umwelt-F&E • Öko-Verbesserungsvorschläge

Tab. 12-1: *SBS-Nachhaltigkeitsmatrix mit ausgewählten Indikatoren (Quelle: in Anlehnung an Arnold et al. 2002, S. 70)*

Damit ist auch ein Minimum von zwölf strategisch relevanten Kennzahlen oder Indikatoren erforderlich. Diese Indikatoren sollen neben der Planungs- und Kontrollfunktion (z.B. die Konkretisierung der Nachhaltigkeitsziele) auch die Kommunikationsfunktion (Ermittlung von Informationen) erfüllen. Die vorgeschlagene SBS-Nachhaltigkeitsmatrix stellt eine geeignete formale Grundstruktur zur Integration der Nachhaltigkeitsaspekte in die strategische Unternehmensführung zur Verfügung. Bei diesem vereinfachten Rahmenkonzept wird zur Berücksichtigung der Besonderheiten von KMU der Umfang der SBS in möglichst engem Rahmen gehalten. Des Weiteren wird durch den Verzicht auf eine Perspektivenerweiterung die Verbesserung der Anschlussfähigkeit des Konzeptes an den praktisch eingeführten BSC-Ansatz beabsichtigt (vgl. Arnold et al. 2002, S. 59).

Das hier vorgestellte Integrationskonzept wurde auch in die am Projekt beteiligten Pilotunternehmen exemplarisch eingeführt. Im Rahmen des Projektes waren Unternehmen wie „Aschenbrenner GmbH" (Werkzeug- und Maschinenbau), „Wagner & Co Solartechnik GmbH" (ökologische Haustechnik) und „Seibel Plastiko AG" (Hersteller von Kunststoff, Gummi- und Silikonteilen), „Holzapfel Metallveredelung GmbH" (Oberflächenbeschichtung) und „Kremer-Kautschuk-Kunststoff GmbH & Co" (Zulieferer von Kunststoff-, Gummi- und Silikonteilen) beteiligt (siehe hierzu Mahammadzadeh, 2003, 29 und zu Merkmalen der beteiligten Unternehmen siehe Arnold et al. 2003, S. 14 f.). Bei diesen Unternehmen wurden die einzelnen Umsetzungsschritte einer SBS in betriebsinternen Workshop-Reihen von den SBS-Experten und dem RKW betreut. So wurde zunächst geprüft, „ob und inwieweit in den betreuten Unternehmen ein Leitbild mit darin verankerten nachhaltigkeitsorientierten Ansätzen bereits vorhanden war." (Arnold et al. 2003, S. 16). Da bei der Mehrzahl der beteiligten Unternehmen keine schriftlich ausformulierte Strategie vorlag, konzentrierten sich die Beratungen zu Beginn unter Beteiligung der Unternehmensführung auf die Strategieerarbeitung. In zwei Pilotunternehmen wurden strategische Ziele zu den vier BSC-Perspektiven (Finanz-, Kunden-, Prozess- sowie Lern- und Entwicklungsperspektiven) abgeleitet. Beispielhaft sind für die formulierten strategischen Ziele zu nennen: „Wirtschaftlichkeit erhöhen" (Finanzperspektive), „Neukunden gewinnen" und „Verbesserung der Betreuungsqualität" (Kundenperspektive), „Durchlaufzeit reduzieren" (Prozessperspektive) und „Umweltbewusstsein der Mitarbeiter stärken" (Lern- und Entwicklungsperspektive). Des Weiteren wurden unternehmensspezifisch zu jedem Ziel geeignete Messgrößen (Kennzahlen) ausgewählt. Beispielsweise wurde „Kundenzufriedenheit" als eine mögliche Kennzahl zur Messung der „Verbesserung der Betreuungsqualität" herangezogen. Anschließend erfolgte die Bestimmung von Zielwerten (Vorgaben) und von entsprechenden Maßnahmen (z.B. Weiterbildung und Qualifikation von Mitarbeitern) zur Realisierung der Ziele.

12.5 Einflussfaktoren auf die Entwicklung und Umsetzung einer Sustainability Balanced Scorecard

Die vorangegangenen Ausführungen und Fallbeispiele haben gezeigt, dass die SBSC ein geeignetes Instrument des strategischen Nachhaltigkeitsmanagements zur Konkretisierung, Kommunikation, Weiterentwicklung und Implementierung einer Nachhaltigkeitsstrategie sein kann.

- Stellung der Nachhaltigkeit im Ziel- und Strategiesystem im Unternehmen angesichts des konstitutiven Charakters der Ziele und Strategien für die unternehmerischen Entscheidungen und das betriebliche Handeln
- Vorhandensein einer explizit formulierten Unternehmens- und Nachhaltigkeitsstrategie
- Vorhandensein eines bereits institutionalisierten Managementsystems
- Existenz einer klassischen Balanced Scorecard und Anwendungserfahrungen
- Existenz von Abteilungen mit ökologischen und sozialen Schwerpunkten und ihre Verankerungsform in der Aufbauorganisation des Unternehmens
- Offenheit des Unternehmens im Hinblick auf strategische, strukturelle und organisatorische Veränderungen
- Akzeptanz und Annerkennung der SBSC als ein strategisches Managementsystem durch die Unternehmensführung
- Unterstützung des Entwicklungs- und Implementierungsprozesses der SBSC durch die Unternehmensführung
- Engagement und Motivation der Mitarbeiter sowie Akzeptanz der Nachhaltigkeitsstrategie des Unternehmens durch die Belegschaft
- Analytische, konzeptionelle und integrative Denk- und Sichtweise im Unternehmen
- Konstitutive Diskussions-, Kritik- und Lernbereitschaft und Teamarbeit auf Unternehmensebene
- Ausgeprägte interne und externe Kommunikation im Unternehmen
- Organisationales Lernen im Unternehmen
- Ressourcenausstattung insbesondere in finanzieller und personeller Hinsicht
- Erkennbarkeit des mit der SBSC einhergehenden Nutzens
- Zeitaufwand für die Entwicklung und Implementierung
- Unternehmensspezifische Abwägung von Nutzen und Kosten einer SBSC

Abb. 12-3: Einflussfaktoren auf die Entwicklung und Umsetzung einer SBSC (Quelle: Mahammdzadeh 2006, S. 10)

Die ersten praktischen Erfahrungen und Erkenntnisse lassen jedoch erkennen, dass der Integrationsprozess der Nachhaltigkeit in das klassische BSC-Konzept vielseitig gestaltet werden kann. Hierbei spielen, wie in Abbildung 12-3 zusammengefasst dargestellt, zahlreiche unternehmensinterne und -externe Einflussgrößen eine Rolle. Diese Einflussfaktoren können den Entwicklungs- und Umsetzungsprozess einer SBSC fördern aber auch hemmen (zur detaillierten Analyse dieser Einflussgrößen siehe Mahammdzadeh, 2003, S. 39 ff., Bieker et al. 2002a, S. 345 ff.; Arnold et al. 2003, S. 28 f.).

12.6 Ausblick

Vor dem Hintergrund der genannten fördernden und hemmenden Einflussfaktoren im Entwicklungs- und Umsetzungsprozess einer SBSC können die geeignete Integrationsvariante und die vorgenommene Methodik nur unternehmensspezifisch erfolgen. Die Grundstruktur, Offenheit und Mehrdimensionalität der klassischen BSC gestatten diesbezüglich viele Modifikationsoptionen. Der Erfolg der SBSC in der Praxis hängt maßgeblich von ihrem Beitrag zum Unternehmenserfolg ab. Für die Umsetzung ist daher entscheidend, ob es dem Konzept oder Instrument letztendlich gelingt, die damit verbundenen Chancen und die dadurch zu erzielenden Nutzen für das betreffende Unternehmen aufzuzeigen sowie ihre Fähigkeiten und Potenziale zur Problemlösung zu vermitteln. Hierbei ist auf die Schwierigkeiten bezüglich der Analyse der „Kosten-Nutzen-Relation" hinzuweisen (vgl. hierzu Mahammdzadeh, 2003, S. 41): Während sich die mit der Entwicklung, Umsetzung und Kontrolle einer SBSC einhergehenden Kosten (wie etwa Personal-, Beratungs- und Workshopkosten) leichter quantifizieren lassen, gestaltet sich die Quantifizierung der Nutzenkomponenten (wie beispielsweise bessere Kommunikation, verbessertes Image, Mitarbeitermotivation, Kundenbindung sowie erhöhte Legitimation und Akzeptanz bei den Stakeholdern) in monetären Größen, vor allem in kurzfristiger Hinsicht, problematisch. Die ersten SBSC-Projekterfahrungen zeigen, dass Kosten und Nutzen einer SBSC situativ unterschiedlich sein können und deren Ermittlung nur unternehmensspezifisch vorgenommen werden kann. Die exemplarisch dargestellten SBSC-Konzepte und Praxisbeispiele lassen die berechtigte Hoffnung bestehen, dass es einer SBSC gelingen kann, in der Unternehmenspraxis unter Berücksichtigung der spezifischen Rahmenbedingungen und Einflussfaktoren ein „Instrument des strategischen Nachhaltigkeitsmanagements" (Schaltegger und Dyllick, 2002, S. 37) zu werden.

12.7 Übungsfragen

1. Wie ist die klassische Balanced Scorecard entstanden?
2. Was ist die Grundidee der Balanced Scorecard?
3. Wie lassen sich die „vier klassischen Perspektiven" und der „strategische Handlungsrahmen" der Balanced Scorecard beschreiben?
4. Wie lässt sich die Eignung der BSC für ein integriertes Nachhaltigkeitsmanagement beurteilen?
5. Wie können Nachhaltigkeitsaspekte Eingang in die klassische BSC finden und welche grundsätzlichen Integrationsformen kennen Sie?
6. Welche Unterschiede und Gemeinsamkeiten lassen sich anhand der zwei beschriebenen Fallbeispiele zwischen Ansätzen der SBSC und SBS erkennen?
7. Welches sind die wesentlichen Einflussfaktoren, die den Entwicklungsprozess einer SBSC hemmen oder fördern können?

12.8 Weiterführende Literatur

Friedag, H. (2005): Die Balanced Scorecard als ein universelles Managementinstrument, Hamburg 2005.

Friedag, H. und Schmidt, W. (2005): Balanced Scorecard – Der aktuelle Stand nach 15 Jahren. In: Der Controlling-Berater, Heft 7/2005, S. 431-458.

Horváth, P. und Partner (Hrsg.) (2007): Balanced Scorecard umsetzen, 4. Aufl., Stuttgart 2007.

Mahammadzadeh, M. (2003): Nachhaltige Balanced Scorecard. Konzeptionen und Erfahrungen. IW-Umweltservice - Themen, 2003, 1, herausgegeben vom Institut der deutschen Wirtschaft Köln, Köln 2003.

Schäfer, H. und Langer, G. (2005): Sustainability Balanced Scorecard als Managementsystem im Kontext des Nachhaltigkeits-Ansatzes – aktueller Stand und Perspektiven. In: Controlling, 17. Jg., H. 1, 2005, S. 5-14.

Schaltegger, S. und Dyllick, T. (2002) (Hrsg.): Nachhaltigkeit managen mit der Balanced Scorecard. Konzept und Fallstudien, Wiesbaden 2002.

Waniczek, M. und Werderits, E. (2006): Sustainability Balanced Scorecard. Nachhaltigkeit in der Praxis erfolgreich managen - mit umfangreichem Fallbeispiel, Wien 2006.

Weber, J., Radtke, B. und Schäfer, U. (2006): Erfahrungen mit der Balanced Scorecard Revisited, Weinheim 2006.

13 Umweltkostenrechnung

von Timo Busch und Beate Holze

Kapitelausblick

Die Umweltkosten eines Unternehmens stehen im Zusammenhang mit negativen Umwelteinwirkungen, die vom Leistungserstellungsprozess auf die natürliche Umwelt ausgehen. Sie ergeben sich aus betrieblichen Umweltschutzmaßnahmen, die das Ziel haben, Umwelteinwirkungen und damit letztlich Umweltbelastungen zu vermeiden, zu verringern oder zu beseitigen. Betriebliche Umweltschutzmaßnahmen treiben aber nicht nur Kosten in die Höhe, sondern können auch dazu beitragen, Kosten zu senken. Die Kosten dieser Umweltschutzmaßnahmen zu ermitteln, ist aber nur möglich, wenn die Umweltkosten in der Kostenkalkulation separat berücksichtigt werden.

Viele Unternehmen haben Schwierigkeiten, umweltschutzinduzierte Kostensenkungspotenziale zu identifizieren, weil sie weder Aufkommen noch Struktur der Umweltkosten kennen. Aufgabe dieses Kapitels ist es daher, zwei Möglichkeiten darzustellen, wie die in einem Unternehmen entstehenden Umweltkosten berücksichtigt werden können.

Den Ausgangspunkt dieses Kapitels bildet die inhaltliche Abgrenzung des Begriffs Umweltkostenrechnung. Basierend auf einer Definition von Umweltkosten werden vier unterschiedliche Arten von Umweltkosten vorgestellt. Anschließend werden zwei Arten näher erläutert: Es werden eine Möglichkeit der Zuordnung der Umweltkosten anhand der Prozesskostenrechnung dargestellt und Kosteneinsparpotenziale ökoeffizienter Maßnahmen mithilfe der umweltorientierten Investitionskostenrechnung verdeutlicht. Den Abschluss dieser beiden Abschnitte bildet jeweils ein Beispiel, welches die Informations- und Entscheidungsunterstützung der Umweltkostenrechnung illustriert.

Lernziele

1. Umweltkosten und deren Einflussgrößen verstehen, sie systematisch erfassen und bewerten.
2. Unterschiedliche Arten von Umweltkosten erkennen und sie für verschiedene Informations- und Entscheidungszecke zuordnen.
3. Ein besseres Verständnis für eine ökologisch spezifizierte Prozesskostenrechnung erlangen.
4. Möglichkeiten verstehen, wie Investitionsentscheidungen auf umweltkostenbezogenen Aspekten basieren können.

13.1 Umweltkostenrechnung als Informations- und Entscheidungsunterstützung

Die in den vorherigen Kapiteln angesprochene ökologische Verantwortung der Unternehmen bedarf einer systematischen und umfassenden Umweltkosten- und Umweltinvestitionsrechnung, welche die Unternehmensführung bei umweltpolitischen Entscheidungen durch die Vorlage von zusammengestellten und aufbereiteten Informationen über Umweltkosten unterstützt. Mit den in den Kapiteln 7 bis 11 dargestellten Umweltcontrollinginstrumenten sind im Wesentlichen Mengengrößen hinsichtlich des Ressourcenverbrauchs auf der Inputseite und der Abgabe von Emissionen, Abwasser, Abfällen sowie toxikologischen Stoffen auf der Outputseite ermittelt worden. Diese Mengendaten geben an, welche Umweltbeeinträchtigungen wo und in welcher Höhe durch das Unternehmen verursacht werden. Mit Hilfe einer Umweltkostenrechnung ist es möglich, die durch unternehmerische Umweltschutzmaßnahmen entstandenen Umweltkosten separat je Leistungseinheit auszuweisen, um so den Anteil umwelt-schutzorientierter Herstell- oder Stückkosten eines Erzeugnisses oder die Kosten, die bedingt durch eine notewendige Investition anfallen, feststellen zu können. Entsprechende Informationen können dann für ökologisch-ökonomische Optimierungsprozesse herangezogen werden.

Um zu klären, was genau unter dem Begriff Umweltkostenrechnung zu verstehen ist und wie die notwendigen Umweltkosteninformationen erfasst werden können, werden zunächst die einzelnen Bausteine des zusammengesetzten Begriffs „Umwelt-Kosten-Rechnung" erläutert.

Umwelt

Umwelt bezieht sich dabei auf die Umgebung, in der ein Unternehmen tätig ist. Faktoren der Umwelt sind die unbelebten (abiotischen) Faktoren und die verschiedenen Organismen (biotische Faktoren). Sie stehen in vielfältigen Wechselbeziehungen zueinander. Unter abiotischen Umweltfaktoren versteht man z.B. Luft, Wasser, Boden, Wärme, Lärm oder Strahlung. Biotische Umweltfaktoren kennzeichnen alle Beziehungen zwischen Lebewesen, die direkt oder indirekt auf einen Organismus einwirken können (Hopfenbeck et al. 1996, S. 385).

Umweltkosten

   Kap. 1,3

Auf Basis dieses Umweltbegriffes lassen sich **Umweltkosten** als das in Geldeinheiten ausgedrückte Ergebnis von umweltbezogenen Maßnahmen verstehen, die auf Grund von gesellschaftlichem oder behördlichem Druck (s. Kapitel 1, 3) sowie auf freiwilliger Basis im Unternehmen durchgeführt werden. Ziel der Maßnahmen kann dabei die Beseitigung, Vermeidung oder Verminderung von negativen Umweltwirkungen und Belastungen der Umwelt sein.

Umweltkosten-rechnung

Im Rahmen der **Umweltkostenrechnung** können die entstandenen Umweltkosten mit Hilfe traditioneller Rechentechniken und -verfahren bei einem veränderten Rechnungsaufbau und -ablauf erfasst und dokumentiert werden. Um diese Aufgaben unternehmensbezogen erfüllen zu können, stehen verschiedene Systeme der Kostenrechnung zur Verfügung. Diese Kostenrechnungssysteme können sowohl nach dem Kriterium des Zeitbezugs als auch nach Art und Umfang der Zurechnung der Umweltkosten auf die einzelnen Leistungen eines Unternehmens (Kostenträger) unterteilt werden (vgl. BMU und UBA 1996, S. 22). Differenzierungen nach der Verrechnungsart ermöglichen eine Unterteilung in Voll- oder Teilkostenrechnungen. Während die Prozesskostenrechnung als ein Vollkostenrechnungssystem zum Ziel hat, den einzelnen Kostenträgern sämtliche Kosten des leistungsbedingten Güterverbrauchs zuzuordnen, werden den Kostenträgern in einem Teilkostenrechnungssystem nur die variablen Kostenanteile der insgesamt entstandenen Gesamtkosten zugerechnet (BMU und UBA 1996, S. 22)˙ Darüber hinaus können auch die gesamten Energie- und Materialkosten bei der Betrachtung bestimmter Umweltkostenarten berücksichtigt werden.

13.2 Umweltkostenarten

Umweltkosten

Als Definition von Umweltkosten soll festgehalten werden: Umweltkosten bilden solche Aktivitäten eines Unternehmens monetär ab, die dazu dienen, die negative Umweltwirkung des unternehmerischen Handelns zu reduzieren und zu vermeiden, bzw. die grundsätzlich damit in Verbindung stehen oder aufgewendet werden (müssten), um die hierdurch bedingten negativen Effekte zu bereinigen. Dieser Definition folgend ergeben sich in Abhängigkeit der räumlichen Perspektive und der zeitlichen Dimension vier Ebenen, in die sich Umweltkosten abgrenzen lassen (vgl. Busch und

Orbach 2003 sowie Fichter und Loew 2001) und die im Folgenden näher erläutert werden.

13.2.1 Laufende Umweltschutzkosten

Laufende Umweltschutzkosten umfassen alle Kosten eines Unternehmens, die durch Maßnahmen zur Reduzierung oder Vermeidung einer negativen Umweltwirkung des Wertschöpfungsprozesses hervorgerufen werden. Diese Kosten können prinzipiell aus der Jahresbilanz des Unternehmens abgelesen werden: Sie umfassen alle anfallenden Betriebskosten für Umweltschutzzwecke (Personal, Betriebsstoffe, innerbetriebliche Leistungen etc.) und Abschreibungen für spezielle Umweltschutzanlagen. Somit müssen die einzelnen Posten danach definiert werden, ob der Aufwand durch eine dem Umweltschutz dienliche Maßnahme verursacht wurde. Dabei spielt es keine Rolle, ob die Durchführung dieser Maßnahme vom Gesetzgeber vorgeschrieben ist (z.B. bei Luftfilter, Kläranlagen) oder auf eigener Motivation beruht (z.B. internes Projekt zum produktionsintegrierten Umweltschutz).

13.2.2 Umweltorientierte Investitionskosten

Die Ermittlung von umweltorientierten Investitionskosten hat das Ziel, eine Entscheidung vorzubereiten, ob ein speziell dem Umweltschutz dienendes Vorhaben durchgeführt werden soll oder nicht (vgl. Busch 2005 sowie Letmathe 2001). Es wird also versucht zu berechnen bzw. abzuschätzen, inwiefern eine den betrieblichen Umweltschutzzielen entsprechende Investition unter ökonomischen Gesichtspunkten sinnvoll ist. Dabei werden wie bei der klassischen Investitionsrechnung unterschiedliche Alternativen miteinander verglichen. Die umweltorientierte Investitionskostenrechnung eignet sich dabei nicht nur zur Abschätzung von zukünftigen Vorhaben, sondern kann auch als Controllinginstrument zur Bewertung des Erfolgs von bereits durchgeführten Investitionen genutzt werden. So kann im Nachhinein die Rentabilität des Umweltmanagements aufgezeigt werden und als Motivation für neue Vorhaben dienen.

Investitionen für Umweltschutz

13.2.3 Material- und energieflussorientierte Kosten

Die material- und energieflussorientierte Kostenrechnung hat das Ziel, Einsparpotenziale für den laufenden Geschäftsbetrieb aufzuzeigen (vgl. hierzu ausführlich die Beiträge in Wagner und Enzler 2006). Dabei versucht sie ein Problem der klassischen Kostenrechnung aufzuheben: Die gängigen angewandten Verfahren der Kostenträgerrechnung bilden oftmals die wahren Material- und Energiekosten nicht verursachungsgerecht ab. Beispielsweise werden Energiekosten oft über Schlüssel zugewiesen, die sich nicht an den tatsächlichen Verbrauchsmengen orientieren, sondern prozentual an die Umsatzanteile gekoppelt sind. Genauso sind beim Abfall i.d.R. lediglich die Entsorgungskosten bekannt. Die betriebsinternen Kosten, die anfallen, bis das Material zu Abfall wird (z.B. Personalkosten für die Handhabung, Abschreibungen), werden ebenso wenig wie die Materialbeschaffungskosten berücksichtigt.

Durch eine transparente Darstellung der Stoff- und Energieströme wird zunächst die Voraussetzung geschaffen, dass die zentralen Verbrauchsstellen und Ausschussmengen eines Unternehmens erkennbar werden (vgl. Strobel 2003). So lassen sich dann schnell sogenannte „*Hot-Spots*", die einen ineffizienten Materialeinsatz oder Energieverbrauch aufweisen, identifizieren. Durch die Verknüpfung des betrieblichen Stoffstrommanagements mit der Kostenrechnung wird eine integrierte Sichtweise ökonomischer und ökologischer Sachverhalte ermöglicht. So können die mit

Stoff- und Energieströme

den betrieblichen Stoff- und Energieflüssen verbundenen realen Kosten erfasst und die kostenverursachenden Faktoren bestimmt werden.

Der zentrale Unterschied zu den laufenden Umweltschutzkosten liegt darin, dass das Flusskostenkonzept nicht zwischen umweltschutzbedingten und nicht umweltschutzbedingten Kosten unterscheidet. Dieser Ansatz geht davon aus, dass Umweltbelastungen letztlich immer auf Stoff- und Energieflüsse zurückzuführen sind, wodurch alle betrieblichen Stoff- und Energieströme Umweltrelevanz haben und somit bei Kostenbetrachtungen berücksichtigt werden sollten. Dabei werden alle Inputkosten (Beschaffung von Roh-, Hilfs- und Betriebsstoffen), Transformationskosten (Personal, Abschreibungen, Lagerung, innerbetrieblicher Transport etc.) und Outputkosten (Entsorgung von Reststoffen) gleichermaßen berücksichtigt. Durch diese Kopplung aller Stoff- und Energieströme mit ihren tatsächlichen Kosten ergibt sich ein ganz neuer Blick auf betriebliche Abläufe und Prozesse. Dabei werden nicht selten unerwartet hohe Kostensenkungspotenziale gefunden, welche den Unternehmern meistens nicht bekannt waren.

13.2.4 Externe Umweltschutzkosten

Externe Umweltschutzkosten treten in der Bilanz oder dem Rechnungswesen eines Betriebs nicht auf. Dies sind Kosten, die aufgrund der negativen Umweltwirkung der unternehmerischen Tätigkeit entstehen, aber dem Verursacher nicht zugeordnet werden können. Die Kosten werden von der Allgemeinheit getragen. Dies ist z.B. der Fall, wenn der Staat für Schäden an Ökosystemen aufkommt oder die Krankenkassen Gesundheitsschäden tragen, die Mitarbeiter langfristig aufgrund ihrer beruflichen Tätigkeit erleiden. Da sich für diese Schäden nicht bzw. nur schwer einzelne Verursacher bestimmen lassen, werden die damit in Verbindung stehenden (externen) Kosten auch nicht den einzelnen Unternehmen zugeordnet, d.h. eine Internalisierung externer Effekte findet nicht statt (vgl. Günther 2000).

Internalisierung externer Effekte

Eine Reduzierung der externen Umweltkosten ergibt somit keinen unmittelbaren Effekt auf die interne Kostenrechnung und das Betriebsergebnis und eignet sich daher weniger für die laufende Umweltkostenrechnung eines Unternehmens. Dennoch kann die Bestimmung der externen Umweltschutzkosten bei Entscheidungen über Investitionsalternativen relevante Zusatzinformationen liefern oder im Rahmen des Risiko-Controllings eingesetzt werden. Dabei kann zwischen dem Schadenskosten- und Vermeidungskostenansatz unterschieden werden.

Schadenskostenansatz

Zur Bestimmung der externen Kosten nach dem **Schadenskostenansatz** wird versucht, alle durch die unternehmerische Tätigkeit hervorgerufenen Umweltschäden und den Verbrauch an Umweltgütern (z.B. nicht nachwachsenden Rohstoffen) zu erfassen und in monetären Geldeinheiten abzubilden (vgl. Fichter und Loew 2001). Bei der Bestimmung dieser Geldeinheiten ergeben sich allerdings methodische Probleme. So müssten über den gesamten Lebensweg eines Produkts hinweg sämtliche Umwelteinflüsse (Inputs, Emissionen, Immissionen, etc.) erhoben und in Geld bewertet werden.

Vermeidungskostenansatz

Eine andere Möglichkeit der Bewertung externer Effekte bietet sich über den sogenannten **Vermeidungskostenansatz**. Dabei werden alle innerbetrieblichen Kosten berücksichtigt, die dafür aufgebracht werden müssten, die negative Umweltwirkung zu vermeiden. Die Berücksichtigung externer Kosten nach diesem Ansatz kann z.B. zur Bestimmung des ökonomisch-ökologischen Nettoeffekts genutzt werden (vgl. Günther 2000). Dabei werden von den hierfür anfallenden Vermeidungskosten zunächst die Kosten subtrahiert, die das Unternehmen überwälzen kann (z.B. an den Kunden). Die Differenz wird anschließend mit den Kosten verglichen, die auf das Unternehmen zukommen (können), falls keine umweltbezogenen Maßnahmen durchgeführt werden (z.B. das Nachrüsten eines Abgasfilters aufgrund sich ändernder gesetzlicher Vorgaben).

13.3 Bestimmung der laufenden Umweltkosten mithilfe der Prozesskostenrechnung

Im Folgenden wird auf die erste Umweltkostenart, die laufenden Umweltschutzkosten, detaillierter eingegangen. Ziel der Bestimmung der laufenden Umweltkosten ist eine Analyse der Kostenentstehung, in deren Mittelpunkt eine Zurückverfolgung bis zu den Ressourcen beanspruchenden und damit Kosten treibenden Aktivitäten einer Umweltschutzmaßnahme steht. Dies ist mit einer Prozesskostenrechnung im Rahmen einer Vollkostenrechnung möglich.

13.3.1 Aufbau der Prozesskostenrechnung

In der Prozesskostenrechnung wird eine Zurechnung der Gemeinkosten durch den Aufbau einer Prozesshierarchie angestrebt (Abb. 13-1).

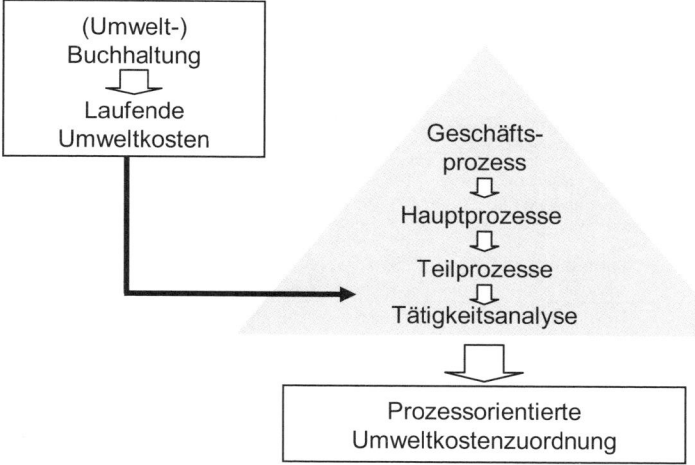

Abb. 13-1: *Prozesskostenrechnung (Quelle: eigene Darstellung)*

Für die Berechnung der Prozesskosten müssen die laufenden Umweltkosten definiert und abgegrenzt werden. Die genaue Höhe der Umweltkosten lässt sich – soweit vorhanden – aus der Umweltbuchhaltung entnehmen sowie zum Teil aus der regulären Buchhaltung. Eine Umweltbuchhaltung entspricht einer Erweiterung der handelsrechtlichen Bilanzierung und Bewertung um eine umweltbezogene Rechnungslegung (vgl. Daum und Lawa 1999, S. 393).

Die laufenden Umweltkosten müssen auf die einzelnen Prozesse verrechnet werden, die ein Bindeglied zwischen den Kosten und Produkten darstellen. Ziel ist es, sowohl die Kostentransparenz zu erhöhen als auch eine verbesserte Kostenplanung und Kontrolle zu ermöglichen. Die Verrechnung der Kosten auf Prozesse basiert auf der Prozesskostenrechnung. Diesem Konzept liegt eine Prozesshierarchie zu Grunde. Ausgangspunkt dieser Prozesshierarchie sind die *Geschäftsprozesse*, die die Prozessbereiche des Unternehmens abbilden. Sie lassen sich in mehrere *Hauptprozesse* unterteilen. Ein Hauptprozess setzt sich wiederum aus einer Kette homogener *Teilprozesse* zusammen, die demselben Kosteneinflussfaktor unterliegen. Die Teilprozesse selbst bezeichnen Zusammenfassungen von gleichartigen *Tätigkeitsbündeln*, die untereinander in einer logischen Ablaufbeziehung stehen und auf die Erbringung einer bestimmten Leistung gerichtet sind. Ihnen liegt die Annahme zu Grunde, dass die Herstellung der Produkte sehr vielfältige, unterschiedliche Tätigkeiten in Anspruch nehmen, die einzelnen Teilprozessen zugeordnet werden können.

Prozess-
hierarchie

13.3.2 Abgrenzung der unternehmerischen Tätigkeiten und Analyse der Prozesse

Tätigkeiten

Bei der Untersuchung nach umweltschutz- und produktionsbedingten Tätigkeiten muss das Unternehmen nach dem eigentlichen Unternehmenszweck abgegrenzt und müssen die zusätzlich ergriffenen umweltbezogenen Maßnahmen beschrieben werden.

Prozesse

Der Analyse der Unternehmenstätigkeiten schließt sich eine Zuordnung der Tätigkeiten auf die Teilprozesse des Unternehmens an. Den einzelnen Prozessen müssen Bereiche zugeordnet werden, welche die eigentliche Leistungserstellung und zusätzlichen Umweltschutztätigkeiten abbilden. Für den Entsorgungsprozess eines Unternehmens lassen sich beispielsweise die Hauptprozesse (HP) Demontage, Deponierung und stoffliche Wiederverwertung ableiten. Sie müssen in Teilprozesse (TP) sowie zugehörige Tätigkeiten aufgespaltet werden (Tab. 13-1).

Geschäftsprozess: Entsorgungsabwicklung		
Haupt-prozesse	Teilprozesse	Tätigkeiten
Demontage (HP 1)	• Zerlegung der Altprodukte und Reststoffe in Einzelteile und Stoffgruppen (TP 1)	• filtrieren, destillieren, absorbieren und magnetische Trennung • sicherstellen der Demontierfreundlichkeit
Deponierung (HP 2)	• Verträge mit Fremdentsorgern abschließen (TP 2)	• Verträge ausarbeiten • Entsorger auswählen
	• Abfallsammlung (TP 3)	• sammeln von deponierbaren Abfällen • aufstellen von Sammelbehältern • sortieren der Abfälle
	• Transportvorbereitung • (TP 4)	• Transportmöglichkeiten zur Verfügung stellen • Verladung vorbereiten • lagern der Abfälle
Stoffliche Wiederverwendung (HP 3)	• Behandlung der Reststoffe (TP 5)	• entwässern, zerkleinern, verfestigen, oxidieren, hydrieren, einbinden von Stoffen • bereitstellen der unterschiedlichen maschinellen Voraussetzungen

Tab. 13-1: Beispiel für die Darstellung der Prozesse und Tätigkeiten der Entsorgungsabwicklung (Quelle: eigene Darstellung)

leistungs-mengen-variable

Die in der Tabelle 13-1 dargestellten Teilprozesse müssen danach untersucht werden, ob sie in Abhängigkeit von dem zu erbringenden Leistungsvolumen der Tätigkeiten variieren. Mengenvariable, volumenabhängigen Prozesse, werden als leistungsmengeninduziert (lmi) charakterisiert. Für sie müssen geeignete Messgrößen gefunden werden (vgl. Fank und Gay 1997, S. 11). Diese Messgrößen werden Maßgrößen genannt und geben die Anzahl der Teilprozessdurchführungen an. Mit ihrer Hilfe soll erreicht werden, dass der Ressourcenverbrauch direkt proportional zur Anzahl der beanspruchten Einheiten verläuft (s. Tab. 13-1). Teilprozesse, die nicht

leistungs-mengen-neutral

in Abhängigkeit von dem zu erbringenden Leistungsvolumen der Tätigkeiten variieren, beschreiben mengenfixe, volumenunabhängige Prozesse. Sie werden als leistungsmengenneutral (lmn) gekennzeichnet (s. Tab. 13-1).

13.3.3 Abgrenzung der laufenden Umweltkosten

Als laufende Umweltkosten werden speziell die Kosten herausgefiltert, die in differenzierter Art und Höhe entstehen würden, wenn keine umweltbezogenen Maßnahmen vorgenommen würden. Maßnahmen können dann als rein umweltbezogenen bezeichnet werden, wenn sie für den eigentlichen Produktionsprozess nicht erforderlich sind, sondern zusätzlich zur Umweltschonung bzw. -entlastung eingesetzt werden. Folglich können alle damit in Verbindung stehenden Kosten als laufende Umweltkosten bezeichnet werden.

Durch den Einsatz einer Aufbereitungsanlage für die bei der Verbrennung entstehenden Abfälle fallen beispielsweise Umweltkosten an, die sich aus dem laufenden Betrieb der Anlage ergeben (s. Tab. 13-2).

Jährliche Kosten für die Aufbereitungsanlage	Kosten-steigerung	Kosten-senkung
(a) Personalkosten	X	
(b) Kosten für Betriebsstoffe	X	
(c) Kosten für Wertminderung (Abschreibung)	X	
(d) Kapitalkosten (Zinsen)	X	
Sonstige Kosten: (e) Kosten für Entsorgungsleistungen (f) Deponiekosten		X X

Tab. 13-2: Umweltkostenänderungen durch die Aufbereitung von Abfallstoffen, die bei der Verbrennung entstehen (Quelle: eigene Darstellung)

Für die Bedienung der Anlage sowie für Wartungs- und Instandhaltungsarbeiten fallen zusätzliche Personalkosten (a) an. Der laufende Betrieb und die Instandhaltung der Anlage führen zu zusätzlichem Verbrauch von Betriebsstoffen (b). Darüber hinaus unterliegt die Anlage einem Werteverzehr, sodass zusätzliche Abschreibungen berücksichtigt werden müssen (c). Ferner sind die Zinsen zu berücksichtigen, die durch das benötigte Fremdkapital im Rahmen der Anschaffung anfallen (d) (s. Tab. 13-2).

Der Einsatz der Anlage führt auf der anderen Seite zu einer Verminderung der Sondermüllmengen und somit zu geringeren Entsorgungskosten für Sammlung, Zwischenlagerung und Transport (e). Die Aufbereitung der Abfallstoffe führt daher nicht nur zu einer Abfallreduzierung, sondern auch zu Kostensenkungen für die Inanspruchnahme von Dienstleistungen für den Abtransport und die Entsorgung der Schlacke sowie zu geringeren Abfallgebühren (f).

Dieses Beispiel verdeutlicht, dass die prozessorientierte Kostenrechnung sowohl produktionsintegrierte als auch nachsorgeorientierte Umweltkosten berücksichtigt, die im Unternehmen für vorsorge-, produktions- und nachsorgeorientierte Umweltschutzmaßnahmen zur Beseitigung, Vermeidung oder Verminderung von negativen Auswirkungen und Belastungen der Umwelt entstehen (vgl. Holze 2003, S. 129ff. und Tab. 13-3).

Kostenzuordnung

	Vorsorgeorientierte Umweltkosten	Produktionsorientierte Umweltkosten	Nachsorgeorientierte Umweltkosten
Ort der Entstehung	Organisation Verwaltung Management	Produktion	Produkt Standort
Kosten-zuordnung	Planungskosten Überwachungs-kosten Verhütungskosten	Spezifische Betriebs- und Nebenkosten Substitutionskosten Reststoffentstehungskosten	Beseitigungskosten Folgekosten

Tab. 13-3: Begriffsbestimmung der laufenden Umweltkosten (Quelle: eigene Darstellung)

Vorsorgeorientierte Umweltkosten

Organisatorische, managementbezogene und verwaltungsorientierte Maßnahmen beschreiben vorsorgeorientierte Umweltkosten zur Planung, Überwachung und Verhütung, um störfall- und katastrophenbedingte Umweltbelastungen zu vermeiden. Dazu zählen auch Kosten für personalbezogene Fort- und Weiterbildung.

Produktionsorientierte Umweltkosten werden durch produktionsintegrierte Umweltschutzmaßnahmen verursacht. Diese umfassen spezifische Betriebs- und Nebenkosten die im Zusammenhang mit Umweltschutzmaßnahmen stehen. Ferner werden die Kosten erfasst, die bedingt durch die Substitution einzelner Verfahren, Stoffe oder ganzer Prozesse entstehen. Hinzu kommen Betriebskosten für Abfallentsorgung und Emissionen oder Öko-Steuern sowie Nebenkosten für Lagerungen, Sicherheitsvorkehrungen sowie ggf. Kosten im Zusammenhang mit Genehmigungsverfahren und behördlichen Auflagen.

Produktionsorientierte Umweltkosten

Nachsorgeorientierte Umweltkosten

End-of-the-pipe-Umweltschutzmaßnahmen im Sinne einer nachgelagerten Technologie verursachen nachsorgeorientierte Umweltkosten. Sie beziehen sich auf spezielle umwelttechnologische Nachrüstungen zur Senkung der produktionsbedingten, negativen Auswirkungen auf die Umwelt. Es sind zum einen standortbezogene Kosten für das Erstellen, Betreiben und Unterhalten von Umweltschutzanlagen und -maßnahmen, die der Produktion nachgeschaltet sind, ohne den Prozess zu verändern. Zum anderen sind dies produktbezogene Kosten für die Erfassung, Trennung, Aufbereitung, Verwertung und Entsorgung sowie für Garantie-, Wartungs- und Reparaturleistungen. Ferner umfassen nachsorgeorientierte Kosten auch Beseitigungs- oder Folgekosten für unterlassenen Umweltschutz, kurzfristig erforderliche Maßnahmen zur Gefahrenabwehr, Sanierung von Umweltschäden und Schadenersatzforderungen (vgl. Thiem 2000, S. 121f.).

13.3.4 Prozesskostenverrechnung

Eine getrennte Verrechnung verschiedener laufender Umweltkosten (Tab. 13-3) auf die einzelnen Teilprozesse ermöglicht eine bessere Darstellung von Kostenveränderungen über alle Prozessebenen hinweg (Tab. 13-5). Wenn einzelne Prozesse nicht vollständig dem Umweltschutz zugerechnet werden können, müssen die umweltorientierten Prozessmengen und Prozessumweltkosten von den rein produktionsbedingten Prozessmengen und Prozesskosten getrennt erfasst werden.

13.3.4.1   Verrechnung der Umweltkosten auf die Teilprozesse

Da ein großer Teil der Kosten als Arbeitszeit der Mitarbeiter anfällt, stellt es eine zulässige Vereinfachung bei der Prozesskostenermittlung dar, die Kostenarten im Verhältnis der angefallenen Arbeitsstunden auf die Teilprozesse zuzuordnen (vgl. Hardt 1998, S. 334). Dieses Vorgehen basiert auf der Annahme einer proportionalen Beziehung zwischen Arbeitszeit und Kostenanfall (Tab. 13-4). Im folgenden Beispiel fallen 10 000 Geldeinheiten (GE) als Betriebsstoffkosten, 30 000 (GE) für Personalkosten, 5 000 (GE) in Form von Abschreibungen und Zinsen sowie 15 000 (GE) als sonstiges Kosten an. Die Verrechnungsschritte werden beispielhaft für den in Tab. 13-1 beschriebenen Hauptprozess 2 betrachtet.

Schritt 1: Zurechnung der Kostenarten

Im ersten Schritt werden die vier Kostenarten den Teilprozessen (TP) Verträge mit Fremdentsorgern abschließen (TP 2), Abfallsammlung (TP 3) Transportvorbereitung (TP 4) nach der in Anspruch genommenen Arbeitszeit zugerechnet (Tab. 13-4). Da diese Prozesse vollständig dem Umweltschutz zugerechnet werden können, muss keine getrennte Darstellung der umweltorientierten Prozessmengen und Prozessumweltkosten von den reinen produktionsbedingten Prozessmengen und Prozesskosten vorgenommen werden.

Bei dem leistungsmengenneutralen (lmn) Teilprozess 2 (TP 2) (Verträge mit Fremdentsorgern abschließen) können die Betriebs- und Personalkosten und die Kosten für

Abschreibungen und Zinsen sowie für Sonstiges nicht beanspruchungsgerecht auf die Hauptprozesse verrechnet werden. Um sicherzustellen, dass die gesamten Prozesskosten berücksichtigt werden, müssen die leistungsmengenneutralen (lmn) Prozesskosten im zweiten Schritt proportional zum Verhältnis der Prozesskosten der leistungsmengeninduzierten (lmi) Prozesse umgelegt werden, obwohl bei ihnen keine mengenproportionale Abhängigkeit zwischen der Arbeitszeit und dem erbrachten Leistungsvolumen besteht (vgl. Mayer 1998, S. 13f.; Tab. 13-4).

Schritt 2: Umlegung der Prozesskosten

| Teil-Prozess | lmi bzw. lmn | Mengenermittlung | | Mengenbewertung | | | Teilprozess-kostensatz gesamt (TPKS$_{gesamt}$) |
| | | Maß-Größen | Arbeits-zeit in h | Prozesskosten in Geldeinheiten (GE) | | | |
		Art	Menge		lmi	lmn	gesamt	
Verträge mit Fremd-entsorgern abschließen (TP 2)	lmn			1.700		2.833 (1) 8.500 (2) 1.467 (3) 4.250 (4) 17.050		
Abfall-sammlung (TP 3)	lmi	Rest-stoff-menge	1.500	1.800	3.000 (1) 9.000 (2) 1.500 (3) 4.500 (4) 18.000	1.186 (1) 3.558 (2) 614 (3) 1.779 (4) 7.137	4.186 (1) 12.558 (2) 2.114 (3) 6.279 (4) 25.137	2,790 (1) 8,372 (2) 1,409 (3) 4,186 (4) 16.757
Transport-vorbereitung (TP 4)	lmi	Rest-stoff-menge	500	2.500	4.167 (1) 12.500 (2) 2.033 (3) 6.250 (4) 24.950	1.647 (1) 4.942 (2) 853 (3) 2.471 (4) 9.913	5.814 (1) 17.442 (2) 2.886 (3) 8.721 (4) 34.863	11.628 (1) 34.884 (2) 5.772 (3) 17.442 (4) 69.726
Summe				6.000	7.167 (1) 21.500 (2) 3.533 (3) 10.750 (4) 42.950	2.833 (1) 8.500 (2) 1.467 (3) 4.250 (4) 17.050	10.000 (1) 30.000 (2) 5.000 (3) 15.000 (4) 60.000	

TPKS 1$_{gesamt}$

TPKS 2$_{gesamt}$

(1) Betriebsstoffe   (2) Personalkosten
(3) Abschreibungen und Zinsen   (4) Sonstige Kosten

☐ **Erster Schritt**   ☐ **Zweiter Schritt**   ▣ **Dritter Schritt**

Tab. 13-4: Teilprozesskostenrechnung (Quelle: eigene Darstellung in Anlehnung an Mayer 1998, S. 14)

Im dritten Schritt werden die Prozesskostensätze ermittelt. Sie ergeben sich durch die Division der auf die Teilprozesse verteilten Prozesskosten durch die Menge der zugehörigen Maßgröße (vgl. Herbst 2001, S. 235). Der Prozesskostensatz TPKS$_{gesamt}$ gibt die gesamten Kosten für die einmalige Durchführung eines Teilprozesses an (Tab. 13-4). TPKS 1$_{gesamt}$ gibt an, dass die Abfallsammlung einer Reststoffmenge 16,757 (GE) kostet. Die Kosten des Transports einer Reststoffmenge betragen 69,726 (GE) (vgl. TPKS 2$_{gesamt}$, Tab. 13-5). Die Prozesskostensätze können auch getrennt nach lmi-Kosten und Gesamtkosten ausgewiesen werden, sodass je nach der Entscheidungssituation immer die jeweils relevanten Kosten bereitstehen (vgl. Schweizer und Küpper 1998, S. 539).

Schritt 3: Ermittlung der Prozesskostensätze

13.3.4.2   Verrechnung der Umweltkosten auf die Hauptprozesse

Die Zusammenfassung einzelner Teilprozesse zu Hauptprozessen ermöglicht eine Hauptprozesskostenermittlung auf Grund der Identifikation von Kosten beeinflussenden Größen (vgl. Mayer 1998, S. 10). Diese prozesseigenen, direkten *Cost Driver* dienen als Messgrößen für die Anzahl der Hauptprozessdurchführungen (vgl. Fischer 1999, S. 118).

Art und Anzahl der Kosteneinflussgrößen werden durch die Unternehmenssituation beeinflusst. Die *Cost Driver* sollten dabei im Idealfall so ausgewählt werden, dass sie dem Kostenverhalten aller zu einem Hauptprozess gehörenden Teilprozesse entsprechen. Für den Hauptprozess der Demontage (HP 1) können die **Reststoffarten** als Messgröße für die Anzahl der Hauptprozessdurchführungen festgelegt werden. Die Höhe der zu berücksichtigenden Reststoffmengen liegt dem Hauptprozess der Deponierung (HP 2) zu Grunde. Im Rahmen der stofflichen Wiederverwendung (HP 3) basiert die Messgröße für die Hauptprozesse auf der Menge der wieder verwertbaren Reststoffe. Die Höhe des *Cost Driver* basiert auf Ermittlungen. Für das Beispiel aus Tabelle 13-4 wird angenommen, dass 6 000 Mengeneinheiten (ME) Reststoffe deponiert werden. Nach Bestimmung des *Cost Drivers* werden die Mengen der zugehörigen Teilprozesse auf den entsprechenden Hauptprozess (HP 2, Deponierung) zugeordnet (Tab. 13-5).

Haupt-prozess	Cost Driver	Teil-prozess	Teilprozess-kostensatz gesamt ($TPKS_{gesamt}$)	Prozess-mengen an Haupt-prozess	Hauptprozess-kosten in GE	Haupt-prozess-kostensatz ($HPKS\ 2_{gesamt}$)
Deponierung (HP 2)	Anzahl Reststoffmenge 6000 Mengeneinheiten (ME)	Abfall-sammlung (TP 3)	2.790 (1) 8.372 (2) 1.409 (3) 4.186 (4) 16.757	1500	4.186 (1) 12.558 (2) 2.114 (3) 6.279 (4) 25.137	1,67 (1) 5,00 (2) 0,83 (3) 2,50 (4) 10,00
		Transport-vorberei-tung (TP 4)	11.628 (1) 34.884 (2) 5.772 (3) 17.442 (4) 69.726	500	5.814 (1) 17.442 (2) 2.886 (3) 8.721 (4) 34.863	
		Summe			10.000 (1) 30.000 (2) 5.000 (3) 15.000 (4) 60.000	

(1) Betriebsstoffe   (2) Personalkosten
(3) Abschreibungen und Zinsen   (4) Sonstige Kosten

▨ *dritter Schritt (Abb. 13-4)*   ▢ *vierter Schritt*   ▢ *fünfter Schritt*

Tab. 13-5: *Hauptprozesskostenrechnung (Quelle: eigene Darstellung)*

Schritt 4: Bestimmung der Hauptprozesskosten

In Schritt 4 werden die Hauptprozesskosten bestimmt. Sie ergeben sich durch die Multiplikation der zu berücksichtigenden Mengen der Teilprozesse und der errechneten Teilprozesskostensätze (Schritt 3). Diese Kostenzurechnung ist aber nur möglich, wenn bekannt ist, wie groß der Anteil der Teilprozessmengen ist, der auf die einzelnen Hauptprozesse verrechnet wird. Im vorliegenden Beispiel gehen die Menge der Teilprozesse (TP 3 und TP 4) zu 100 % in den Hauptprozess (HP 2) ein.

Schritt 5: Berechnung des Hauptprozess-kostensatzes

Im fünften Schritt wird der Hauptprozesskostensatz (HPKS) berechnet. Bei einem Kosteneinflussfaktor von 6.000 Mengeneinheiten (ME) zu deponierender Reststoffe errechnet sich insgesamt ein Hauptprozesskostensatz (HPKS) von 10 Geldeinheiten (GE) für die Deponierung (HP 2). Er ergibt sich aus 1,67 GE für Betriebsstoffe, 5,00 GE für Personalkosten, 0,83 GE für Abschreibungen und Zinsen und 2,50 GE für Sonstiges (Tab. 13-5).

Schritt 6: Bestimmung der Kosten je Erzeugniseinheit

Für die Darstellung der anteiligen Kosten des Hauptprozesses je Erzeugniseinheit, muss in dem sechsten und letzten Schritt die von dem Produkt oder der Leistung beanspruchte Hauptprozessmenge mit dem Prozesskostensatz (HPKS) multipliziert werden und anschließend durch die Produktionsmenge in der Bezugsperiode dividiert werden.

Werden beispielsweise 18 Reststoffmengen pro Produkt/Leistung und einer Periodenstückzahl von 400 deponiert, ergeben sich zurechenbare Kosten von 0,45 GE je Erzeugniseinheit von Hauptprozess 2.

$$\text{Anteilige Kosten je Erzeugniseinheit von Hauptprozess 2} = \frac{10 \text{ GE (HPKS)} * 18}{400} = 0{,}45 \text{ GE}$$

Sie setzen sich aus 0,075 GE für Betriebsstoffe, 0,225 GE Personal, 0,037 GE für Abschreibungen und Zinsen und 0,113 GE für Sonstiges zusammen.[3]

13.4 Bestimmung der umweltorientierten Investitionskosten und Anwendung der Kapitalwertmethode

Im Folgenden wird die zweite Umweltkostenart, die umweltorientierten Investitionskosten näher erläutert. Spezielle Fragestellungen für eine umweltorientierte Investitionskostenrechnung können sein:

- Ergibt sich durch die Ersatzinvestition (Austausch einer bestehenden Anlage) gegenüber dem Status quo ein Kostensenkungspotenzial? Wann kann mit einer Amortisation gerechnet werden?
- Welche der Erweiterungs- bzw. Neuinvestitionen ist die wirtschaftlichste Maßnahme (unter Berücksichtigung von Kosteneinsparungen, Anschaffungskosten, Lebensdauer)?
- Ergibt sich durch das neue Verfahren eine zusätzliche Qualitätsverbesserung bzw. ein Zusatznutzen für den Kunden und ist daher ggf. mit einem Umsatzanstieg zu rechnen?

Im Rahmen einer umweltorientierten Investitionskostrechnung wird für Erweiterungs- und Neuinvestitionen angenommen, dass sowohl die Einnahmen- als auch die Ausgabenseite im Rahmen eines detaillierten Planungsprozesses vom Unternehmen genau bestimmt werden können. Die folgenden Angaben zur Kostenbestimmung können bei der Systematisierung dieses Prozesses herangezogen werden (vgl. hierzu ausführlich Busch 2005).

13.4.1 Bestimmung der Umweltkosten

Grundsätzlich erfolgt die Entscheidung über ein Investitionsvorhaben nach Abwägung des entstehenden Nutzens und der sich ergebenen Kosten. Bei Ersatzinvestitionen zur Steigerung der betrieblichen Ökoeffizienz ergibt sich der ökonomische Nutzen für das Unternehmen in erster Linie daraus, dass bestehende Kosten reduziert werden. Daher ist der zentrale Anknüpfungspunkt zunächst eine differenzierte Bewertung der betrieblichen Kosten, die durch die Investition entfallen würden. Hierfür können die folgenden Kostenblöcke unterschieden werden, die Gegenstand einer umweltorientierten Investitionskostenrechung sind:

Differenzierte Bewertung der betrieblichen Kosten

1. Beschaffungskosten: Diese umfassen den Materialeinkaufswert des im Produktionsprozess eingesetzten Inputs. Es können sich zwei Einsparpotentiale durch eine Steigerung der Ressourceneffizienz ergeben: Einerseits kann der benötigte Materialinput insgesamt reduziert werden. Andererseits können die Materialien, die letztendlich nicht in das Endprodukt eingehen und als Ausschuss anfallen, reduziert werden.

Beschaffungskosten

---

[3]   Personalkosten: 30,00 (GE)·25/15 = 50 GE; Kosten für Wasser, Energie und andere Betriebsstoffe: 2,50 (GE)·25/15 = 4,17 GE; Abschreibungen und Zinsen: 5,50 (GE)·25/15 = 9,16 GE; sonstige Kosten: 8,10 (GE)·25/15 = 13,50 GE.

Auf- und Weiter-verbreitungskosten

2. Auf- und Weiterverbreitungskosten: Die zuvor beschriebenen Materialien durchlaufen verschiedene Wertschöpfungsstufen im Betrieb (Lagerung, Logistik, Vorarbeiten etc.). Die damit verbundenen, anteiligen Produktionskosten werden erfasst und zugeordnet. Unabhängig vom Materialaspekt gehören zu diesem Kostenblock auch Produktionskosten, die sich durch gezielte, umweltrelevante Maßnahmen optimieren lassen. Einsparpotenziale können sich hier durch Maßnahmen zur Reduzierung des Energieverbrauchs oder von Transportwegen aber auch durch Verbesserungen im Bereich von Aktivitäten, die ursprünglich dazu gedient haben, Umweltbelastungen zu reduzieren (Abfalltrennung) oder zu managen (z.B. Kontrolle gesetzlicher Auflagen).

Entsorgungskosten

3. Entsorgungskosten: Der letzte Block umfasst alle Kosten, die im Rahmen der Abfallentsorgung oder der Emissionsbehandlung anfallen. Einsparpotenziale lassen sich dann realisieren, wenn entsprechende Aktivitäten nicht mehr nötig sind.

Die umweltorientierte Investitionskostenrechnung benötigt folglich Informationen über Einsparpotenziale. Diese lassen sich über die Kosten- und Energieströme, Wirkungsgrad und Ausschussquote des Investitionsobjektes sowie möglicher Alternativinvestitionen bestimmen.

13.4.2 Investitionskostenrechnung

Das Ziel einer umweltorientierten Investitionskostenrechnung auf Basis der Kapitalwertmethode liegt darin, die Vorteilhaftigkeit einer Investition gegenüber dem Status quo zu bewerten. Dabei kann der Status quo mit einer bzw. verschiedenen Ersatzinvestitionen oder es können mehrere Erweiterungs- bzw. Neuinvestitionen miteinander verglichen werden. Für Erweiterungs- und Neuinvestitionen müssen genaue Angaben über die erwarteten Einnahmen (e_t) und Ausgaben (a_t) ermittelt werden. Die Einnahmen entsprechen dabei den realisierten Einsparpotenzialen. Für Ersatzinvestitionen kann zunächst angenommen werden, dass sich die Kapazität nicht verändert, also der Nutzen erbringende Produktionsoutput konstant bleibt. Es wird daher analysiert, ob das gleiche Ergebnis (Endprodukt) kostengünstiger mit der alten oder einer neuen Anlage bzw. welcher neuen Anlage erreicht werden kann. Der Zahlungsüberschuss einer Periode ($e_t - a_t$) ergibt sich nach diesem Verständnis somit aus den eingesparten Kosten durch die Ökoeffizienzsteigerung (e_t) und den ggf. zusätzlich anfallenden Betriebsausgaben (a_t). Kann darüber hinaus angenommen werden, dass die Investition zu einer Kapazitätserweiterung führt (z.B. aufgrund einer gleichzeitigen Qualitätsverbesserung), kann dies als zusätzlichen Einnahmen (e_t) mit eingerechnet werden. Werden alle Zahlungsüberschüsse der zugrunde gelegten Nutzungsdauer (T) zu dem Anschaffungszeitpunkt $t = 0$ abgezinst, ergibt sich unter Berücksichtigung der Anschaffungsausgaben (a_0) der Kapitalwert (K) der Investition:

Kapitalwert

$$K = \sum_{t=0}^{T} \frac{e_t - a_t}{(1+i)^t} = -a_0 + \frac{e_1 - a_1}{1+i} + \frac{e_2 - a_2}{(1+i)^2} + \dots + \frac{e_T - a_T}{(1+i)^T}$$

Durch die Abzinsung der Zahlungsflüsse über die Nutzungsdauer (Barwerte) werden die unterschiedlichen Zahlungszeitpunkte berücksichtigt. Der Kalkulationszinssatz (i) orientiert sich dabei an einem realistischen Zinssatz des Kapitalmarkts. Dabei entspricht der Zinssatz der Verzinsung einer alternativen Geldanlage in eine Finanzinvestition. Gewöhnlich wird hierfür von dem Zinssatz einer risikolosen Staatsanleihe ausgegangen und ein angemessener Aufschlag addiert, der das individuelle unternehmerische Risiko berücksichtigt.

Eine Investition ist dann finanziell vorteilhaft, wenn der Kapitalwert positiv ist: Die Rückflüsse aus der Investition verzinsen das gebundene Kapital angemessen, so dass es am Ende der Laufzeit einen Überschuss gibt, welcher zur Steigerung des Unternehmenswerts beiträgt. Bei der Bewertung zweier oder mehrere Investitionsalternativen ist die Investition mit dem größeren Kapitalwert am vorteilhaftesten, zumindest aus der rein ökonomischen Perspektive.

13.4.3 Vergleich zweier Ersatzinvestitionen

Wie umweltorientierte Investitionskosten in der Praxis bestimmt und eine darauf aufbauende Investitionskostenrechnung eingesetzt werden kann, soll anhand des folgenden Beispiels erläutert werden (vgl. hierzu ausführlich Busch 2005). Eine Brauerei im Ruhrgebiet stellt verschiedene Sorten Bier her und vertreibt diese primär auf dem regionalen Absatzmarkt. Der Bierabsatz ist über die letzten Jahre hinweg nahezu konstant geblieben. Dies ist einer der Gründe dafür, dass keine großen Ersatz- oder Erweiterungsinvestitionen getätigt wurden und sich ein Teil der Produktionsanlagen auf dem Stand der Technik von vor zehn bis fünfzehn Jahren befindet. Eine erste Analyse zeigt schnell, dass im Bereich der Flaschenreinigung das größte Optimierungspotenzial liegt. Durch neue Reinigungstechnologien lassen sich massive Einsparungen beim Wasserverbrauch realisieren. Daher beschließt das Unternehmen, in diesem Bereich die betriebliche Ökoeffizienz zu steigern.

Der zuständige Umweltmanager möchte hierfür unterschiedliche Ersatzinvestitionen bewerten. Zwei Alternativen stehen zur Wahl. Einerseits kann die komplette Reinigungsanlage ausgetauscht werden (A_1) und andererseits kann nur das Pumpsystem erneuert werden (A_2). Da bei A_1 das gesamte Reinigungssystem optimiert wird, ergibt sich eine höhere Effizienzsteigerung, gleichzeitig aber auch eine größere Investitionssumme.

Auf der einen Seite verbrauchen beide Alternativen weniger Warmwasser, es wird somit sowohl Wasser als auch Energie eingespart (e_t). Auf der anderen Seite sind beide Vorhaben mit einem erhöhten Strombedarf verbunden (a_t). Es besteht also zunächst die Frage, ob sich die Kosteneinsparung durch die Warmwasserreduzierung gegenüber den zusätzlichen Ausgaben durch den gestiegenen Strombedarf rechnet. Ein Abgleich der Kosteneinsparungen mit den Ausgaben (e_t-a_t) ergibt, dass beide Alternativen zu einem positiven Netto-Effekt führen, also eine tatsächliche Kosteneinsparung. In Tabelle 13-6 wurde unter Berücksichtigung der Anschaffungskosten (a_0) der Kapitalwert der beiden Investitionsalternativen berechnet.

Kosteneinsparung vs. zusätzliche Ausgaben

	A₁	**A₂**
Kosteneinsparung pro Jahr (e_t-a_t)	213 830 EUR	155 240 EUR
Laufzeit (T)	10	10
Zins (i)	9 %	9 %
Anschaffungskosten (a_0)	850 000 EUR	700 000 EUR
Kapitalwert	**522 288 EUR**	**296 277 EUR**

Tab. 13-6: *Berechnung des Kapitalwerts der beiden Investitionen (Quelle: Busch 2005, S. 20)*

Trotz höherer Anschaffungskosten wird deutlich, dass die Investition A₁ ökonomisch betrachtet sinnvoller ist. Der Mehrverbrauch an Strom im laufenden Prozess wird durch die höhere Effizienz beim Wasser- und Gasverbrauch überkompensiert. Es ist ratsam, anschliessend zu untersuchen, ob diese Alternative auch gleichzeitig diejenige mit dem grössten ökologischen Effekt ist. Hierfür müssen für jede Investitionsalternative die ökologische Optimierung durch die Einsparung an Wasser und Energie mit dem zusätzlichen Stromverbrauch verrechnet werden. Eine Möglichkeit hierzu bieten Materialintensitäten (vgl. hierzu Busch 2005).

13.5 Fazit

Durch den separaten Ausweis von Umweltkosten ist es grundsätzlich möglich, diejenigen entscheidungsrelevanten Kosteninformationen bereitzustellen, die für die umweltspezifischen Planungs- und Entscheidungsaufgaben in Unternehmen von Bedeutung sind. Dieser Beitrag skizziert die Berücksichtigung zweier wesentlicher Umweltkostenarten im Detail und veranschaulicht, wie deren Anwendung in der Praxis umweltkostenorientierte Entscheidungen unterstützen kann. Dabei stellen sie die Kostenauswirkungen von betrieblichen Umweltschutzmaßnahmen sowie den Einfluss von Umweltkosten bei Investitionsentscheidungen dar.

Es werden jedoch nicht die gesamten material- und energieflussorientierte Kosten mit beiden ausführlich diskutierten Arten der Umweltkostenerfassung erhoben. Strebt ein Unternehmen eine eher ganzheitliche Umweltkostenanalyse und entsprechende Optimierungen an, können diese zusätzlich in einer Flusskostenrechnung erfasst werden (vgl. 13.2.3). Eine entsprechende Erfassung dieser Umweltkosten ermöglicht Unternehmen neue Einblicke in betriebliche Abläufe. Ebenso berücksichtigen beide Arten nicht die externen Umweltkosten (vgl. 13.2.4). Diese können bei Bedarf gesondert für eine umwelorientierte Risikoanalyse erfasst und ausgewertet werden.

Die hier vorgestellten Ansätze fokussieren sich ausdrücklich auf die ökonomische Seite. Für betriebliche Optimierungen der Ökoeffizienz ist es allerdings elementar, dass simultan die ökologischen Effekte entsprechender Maßnahmen mit betrachtet werden. Dies wird insbesondere relevant, wenn unterschiedliche Lösungsmöglichkeiten existieren. Eine Möglichkeit hierfür ist die Bewertung der Ressourceneffizienz von Prozessen oder Produkten (vgl. Busch et al. 2006).

Unternehmen die basierend auf einer Umweltkostenrechnung ein differenziertes Bild der Kosten ihrer betrieblichen Umweltmaßnahmen erstellen, haben die Möglichkeit, Kosten transparent darzustellen und zuzuordnen und Einsparpotentiale zu quantifizieren. Als Primäreffekt können sich hieraus konkrete Kosteneinsparungen ergeben. Unabhängig davon kann sich aber ein Sekundäreffekt durch die Kapitalmärkte ergeben. So zeichnet sich ab, dass Investoren ein gutes Umweltmanagement – für welches eine Umweltkostenrechnung elementar ist – zunehmend als wichtigen Hinweis für ein insgesamt gut gemanagtes Unternehmen heranziehen. Neben börsennotierten Unternehmen ist dies auch für KMUs von zunehmender Relevanz: Denn schlecht gemanagten Unternehmen wird ein höheres Risiko unterstellt, was

Kosten-
informationen

wiederum bei der Kapitalvergabe eine zentrale Rolle spielt. Nach der Neugestaltung der Eigenkapitalregeln, bekannt unter dem Namen Basel II, richten sich die Kreditkosten an der Bonität der Kunden aus. Da die Kreditwürdigkeit risikobehafteter Unternehmen vergleichsweise geringer ist, müssen diese Unternehmen mit entsprechenden Mehrkosten rechnen. Um in all diesen Bereichen differenziert, effektiv und vorausschauend agieren zu können, ist eine funktionsfähige Umweltkostenrechnung eine wichtige Voraussetzung.

Basel II

13.6 Übungsfragen

1. Welche Arten an Umweltkosten existieren und worin liegen die Unterschiede?
2. Welche Bestandteile hat eine Prozesskostenrechnung und wie ist sie aufgebaut?
3. Welche Daten müssen erhoben werden, um eine umweltorientierte Investitionskostenrechnung durchzuführen?

13.7 Weiterführende Literatur

BMU und UBA – Bundesministerium für Umwelt, Naturschutz und Reaktorsicherheit und Umweltbundesamt (1996): Handbuch Umweltkostenrechnung, München.

Busch, T. (2005): Umweltorientierte Investitionskostenrechnung, in: Lutz, U. und Nehls-Sahabandu, M. (Hrsg.) (2005): Fachbibliothek Nachhaltiges Management – Grundlagen, Methoden, Praxisbeispiele, Gonimos Publishing, Neidlingen, Sektion 02.11.

Fank, M. und Gay, W. (1997): Prozeßkostenrechnung als Grundlage für die Kostenrechnung, Der Betriebswirt, 38. Jg. (1997), H. 2, S. 9-13.

Gege, M. (1997): Kosten senken durch Umweltmanagement, 1000 Erfolgsbeispiele aus 100 Unternehmen, München.

Herbst, S. (2001): Umweltorientiertes Kostenmanagement durch Target Costing und Prozesskostenrechnung in der Automobilindustrie, Köln.

Holze, B. (2003): Integration der Anforderungen der EMAS-Verordnung 761/2001 in ein ganzheitliches Umweltcontrolling, München.

Wagner, B. und Enzler, S. (2006): Material Flow Management – Improving Cost Efficiency and Environmental Performance, Heidelberg.

14 Aufgaben und Instrumente eines umweltorientierten Marketings

von Martin Kupp

Kapitelausblick

Der Fokus des Teil III des vorliegenden Buches zum Themenfeld Betriebsökologie, Umweltcontrolling und Umweltkostenrechnung liegt vor allem auf den internen Herausforderungen und den Schnittstellen im Rahmen eines umweltorientierten Managements. Teil IV zu Umweltkommunikation und -marketing kehrt den Blick verstärkt nach außen, auf die Schnittstelle zwischen Unternehmen und Markt, den Kunden und Wettbewerbern. Diese Schnittstelle wird auch für das Umweltmanagement immer wichtiger. Denn letztlich müssen sich umweltgerechte Produkte und Dienstleistungen an den spezifischen Erfordernissen und Ansprüchen der Kundschaft orientieren, damit sie sich am Absatzmarkt gegen andere Angebote durchsetzen können und so zum Unternehmenserfolg beitragen. Daher ist es besonders wichtig, dass die umweltbezogenen Leistungen des Unternehmens den Abnehmenden klar und schlüssig kommuniziert werden, damit der Kunde den Vorteil der Produkte und Dienstleistungen wahrnehmen kann. Hierbei kommt dem strategischen und operativen Umwelt-Marketing eine Schlüsselrolle zu.

Ziel dieses Kapitels ist es daher, einen Überblick über Ziele, Aufgaben und Instrumente des ökologieorientierten Marketings zu geben. Hierzu soll zunächst ein einheitliches Begriffsverständnis geschaffen werden, um anschließend die wesentlichen Aufgaben des Umwelt-Marketings darzustellen. Abgeschlossen wird das Kapitel durch ein Fallbeispiel.

Lernziele

1. Einen Überblick über Ziele und Aufgaben des Umwelt-Marketings gewinnen.
2. Instrumente des operativen Umwelt-Marketings kennen lernen.
3. Ein Verständnis für die Schnittstellenfunktion des Umwelt-Marketings entwickeln.
4. Einen vertieften Einblick in die Besonderheiten des mehrstufigen Marketings für ökologische Produkte und Dienstleistungen erlangen.

14.1 Einführung

Ziel jedes Unternehmens, sei es im Konsumgüter-, Investitionsgüter- oder Dienstleistungsbereich, ist der Verkauf der erstellten Leistungen. Dem Marketing kommt dabei als Schnittstelle zwischen Markt und Unternehmen eine zentrale Rolle zu. Unter Marketing versteht man im Allgemeinen die Planung, Steuerung und Kontrolle aller absatzgerichteten Aktivitäten eines Unternehmens (vgl. Homburg und Krohmer 2003, S. 10f.). Stellt ein Unternehmen nun besonders umweltfreundliche Produkte her oder bedient sich bei der Herstellung seiner Produkte umweltfreundlicher Prozesse, zum Beispiel weil es eine starke Nachfrage nach ökologischen Problemlösungen erkennt (**Öko-Pull-Wirkung**) oder aber aufgrund umweltpolitischer Restriktionen oder umweltfreundlicher Innovationen der Konkurrenten dazu ge-

Öko-Pull

Öko-Push

zwungen wird (**Öko-Push-Wirkung**), so kann es versuchen, auch bei der Planung, Steuerung und Kontrolle seiner absatzgerichteten Aktivitäten ökologische Aspekte zu berücksichtigen (vgl. Meffert und Kirchgeorg 1998, S. 107).

Bei der Auswahl der Leistungen (Produkte und/oder Dienstleistungen), bei der Art und Weise ihrer Erstellung (Prozesse) sowie bei der Wahl der Absatzmodalitäten hat ein Unternehmen eine Vielzahl von Möglichkeiten, von denen es eine bzw. eine spezifische Kombination auswählen muss. Entscheidungskriterium für die Auswahl ist der Beitrag zur Erreichung des Unternehmensziels. Grundsätzlich sind nur solche Leistungen, Prozesse und Instrumente auszuwählen, die zur Zielerreichung beitragen. So richtig diese Aussage auch im Kern ist, führt sie doch in vielen Fällen und eben ganz besonders im Falle der Berücksichtigung ökologischer Aspekte häufig zu schwierigen Entscheidungsproblemen. Hierzu einige Beispiele:

- Sind Konsumenten bereit, für umweltfreundlichere Alternativen einen Aufpreis zu zahlen und wie kann diese Zahlungsbereitschaft beeinflusst werden?
- Lohnt die Aufnahme eines besonders ökologischen Produktes in das Produktportfolio, obwohl es eventuell unter Herstellkosten angeboten werden muss?
- Wie können die als „allen zu Gute kommenden" Vorteile ökologischer Produkte individualisiert werden?

Bei der Beantwortung dieser und ähnlicher Fragen kommt dem Umwelt-Marketing eine besondere Rolle zu. Dessen Ziele und Aufgaben sollen daher im Folgenden beschrieben werden.

14.2 Ziele und Aufgaben des Umwelt-Marketings

Unter Umwelt-Marketing versteht man allgemein die Planung, Koordination und Kontrolle aller absatzmarktgerichteten Aktivitäten zur dauerhaften Befriedigung der Bedürfnisse aktueller und potenzieller Kunden unter besonderer Berücksichtigung von Möglichkeiten zur Vermeidung und Verringerung von Umweltbelastungen (vgl. Meffert und Kirchgeorg 1998, S. 273). Dabei können ökologische Aspekte auf vielfältige Weise Berücksichtigung finden. So kommt dem Umwelt-Marketing im Rahmen eines systematischen Umweltmanagements sicherlich in erster Linie die Aufgabe zu, geeignete umweltorientierte Marketinginstrumente zur Verfügung zu stellen. Dies kann zum einen die Entwicklung neuer oder die Erweiterung klassischer Marketinginstrumente um ökologische Aspekte sein.

Grundsätzlich kann dabei zwischen **strategischem und operativem Umwelt-Marketing** unterschieden werden. Ziel des **strategischen Umwelt-Marketings** ist die Generierung dauerhafter Wettbewerbsvorteile sowie die Entwicklung marktgerichteter Verhaltensweisen zu ihrer Umsetzung. Wettbewerbsvorteile können erzielt werden, indem die eigenen Produkt- und Dienstleistungen in Bezug auf kaufverhaltensrelevanten Faktoren besser oder billiger sind und so zur Befriedigung von Kundenbedürfnissen beitragen. Konkret könnten strategische ökologieorientierte Marketingziele zum Beispiel die Verbesserung des Images ökologischer Produkte, die Verbesserung der ökologischen Qualität umweltfreundlicher Produkte oder das Setzen eines Standards für die Herstellung und den Vertrieb ökologischer Produkte sein. Wesentliche Aufgaben des strategischen Umwelt-Marketing sind die Analyse der Bedarfs- bzw. Wettbewerbsbedingungen, die Auswahl von Produkt-Markt-Kombinationen unter Berücksichtigung unternehmensinterner Kompetenzen sowie die Ableitung von Strategien für den Einsatz der Marketing-Mix-Instrumente. Dabei setzt sich das Umwelt-Marketing mit der Gestaltung von Leistungen auseinander, die an den Kundenbedürfnissen ausgerichtet sind und sich gleichzeitig durch eine hohe Umweltverträglichkeit auszeichnen.

strategisches Umwelt-Marketing

operatives Umwelt-Marketing

Ziel des **operativen Umwelt-Marketings** ist die Umsetzung der vom strategischen Umwelt-Marketing festgelegten Ziele in konkrete Maßnahmen mithilfe spezifischer Instrumente. Dies könnten zum Beispiel Werbemaßnahmen (Kommunikationspoli-

tik) zur Verbesserung des Images ökologischer Produkte, die Ersetzung von Primär-
rohstoffen durch Sekundärrohstoffe in der Beschaffung (Produktpolitik) zur Verbesserung der ökologischen Qualität der eigenen Produkte oder die Etablierung eines
Labels sein (Produktpolitik), das zu einem Standard für die Herstellung oder den
Vertrieb ökologischer Produkte werden kann.

14.3 Instrumente des strategischen Umwelt-Marketings

Insbesondere dem strategischen Marketing wird im Rahmen der umweltorientierten
Unternehmensführung eine wichtige Rolle beigemessen, die nicht zuletzt darin begründet ist, dass Umwelt-Marketing im allgemeinen als ein Konzept verstanden
wird, dessen Geltungsbereich sich sowohl innerhalb als auch über die entsprechenden Schnittstellen außerhalb eines Unternehmens erstreckt. Damit ist das strategische Umwelt-Marketing ein Kernbestandteil der strategischen Unternehmensführung.
Grundsätzlich werden häufig bereits bestehende Instrumente der Unternehmensführung an die Erfordernisse ökologieorientierter Entscheidungen angepasst. Darüber
hinaus werden jedoch auch zunehmend spezifische umweltorientierte Informations-
und Planungsinstrumente entwickelt. Für den Bereich des strategischen Umwelt-
Marketings beziehen sich Analyseinstrumente vor allem auf die Bereiche der globalen Unternehmensumwelt (Makro-Umwelt), des Marktes (Mikro-Umwelt) sowie des
Unternehmens. Im Folgenden sollen zwei ausgewählte Instrumente der ökologieorientierten Analyse der Situation des Unternehmens vorgestellt werden: Die **ökologieorientierte Wertkettenanalyse** sowie die **ökologieorientierte Stärken/ Schwächen und Chancen/Risiken (SWOT) Analyse**.

14.3.1 Ökologieorientierte Wertkettenanalyse

Unternehmen können langfristig Chancen im Umweltschutz nur dann nutzen, wenn
sie systematisch in allen Unternehmensfunktionen ökologische Problembereiche
identifizieren und mögliche Umweltschutzmaßnahmen auf ihre Ansatzpunkte zur
Verbesserung der Wertschöpfung bzw. Gewinnspanne hin analysieren. Abbildung
14-1 zeigt schematisch eine solche systematische Wertkettenanalyse speziell für den
Bereich Umweltschutz. Sie verdeutlicht, dass sich ökologieorientierte Maßnahmen
grundsätzlich für jeden Funktionsbereich des Unternehmens (Beschaffung, Produktion, Marketing, Logistik und Entsorgung) realisieren lassen. Die Vorteile der Verwendung eines solchen Analyseinstruments wie der ökologieorientierten Wertkettenanalyse liegen zunächst in der systematischen Offenlegung kostenreduzierender
und/oder ertragssteigernder umweltbezogener Maßnahmen. Darüber hinaus kann das
Instrument im Rahmen eines offensiven Umweltmanagements zur Schaffung von
Wettbewerbsvorteilen eingesetzt werden. Nicht zuletzt wird die Analyse von Wirkungen durch die Verknüpfung von ökologieorientierten Aktivitäten zwischen einzelnen Funktionsbereichen ermöglicht (vgl. Meffert und Kirchgeorg 1998, S. 109).

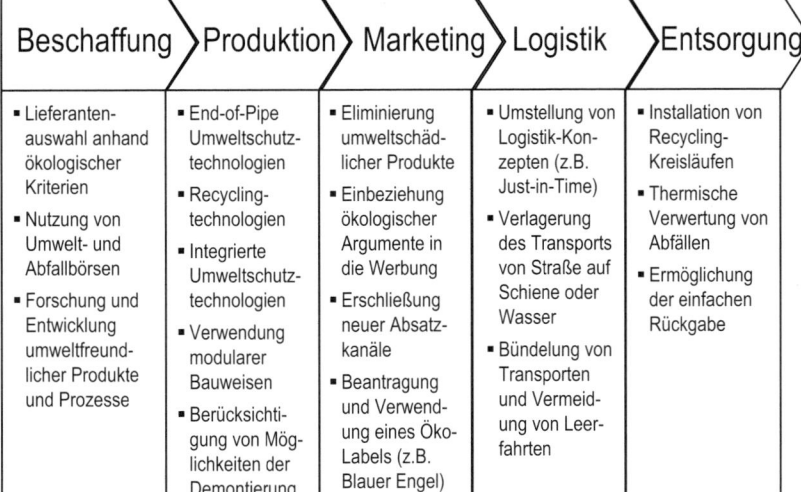

Abb. 14-1: *Wertkettenanalyse im Umweltschutz (Quelle: in Anlehnung an Meffert und Kirchgeorg 1998, S. 110)*

14.3.2 Ökologieorientierte SWOT Analyse

Grundsätzlich ist die **SWOT-Analyse** (*Strength*, *Weaknesses*, *Opportunities*, *Threats*) ein integrativer Ansatz, der die Analyse der Makro- und Mikro-Umwelt mit der Unternehmensanalyse verbindet. Es werden die sich aus dem unternehmensexternen Bereich ergebenden Chancen und Risiken den unternehmensinternen Stärken und Schwächen gegenübergestellt (vgl. Homburg und Krohmer 2003, S. 401).

Ökologieorientierte Chancen und Risiken ergeben sich vor allem durch verstärkte Forderungen der Nachfragenden und des Handels nach umweltgerechteren Problem-lösungen. Gegenüber diesen nachfrageinduzierten Einflüssen stehen sogenannte Ökologie-Push-Faktoren, z.B. sich ändernde staatliche Regulierungen, Haftungsre-gelungen oder technologische Standards. Solche Faktoren können Unternehmen dazu zwingen, umweltgerechtere Produkt- oder Prozesstechnologien zu implemen-tieren oder Umweltschutzkosten zu internalisieren. Eine systematische Erfassung solcher Chancen und Risiken ermöglicht eine Antizipation dieser Faktoren.

Daneben muss eine möglichst objektive Analyse der ökologieorientierten Stärken und Schwächen des eigenen Unternehmens vorgenommen werden. Die Analyse sollte stets in Form einer relativen Untersuchung vorgenommen werden, d.h. die eigenen Möglichkeiten sollten im Vergleich zur als relevant eingestuften Konkurrenz beurteilt werden. Die folgenden Kriterien können einen ersten Anhaltspunkt zur Identifikation und Beurteilung unternehmensinterner, ökologieorientierter Stärken und Schwächen liefern (vgl. hierzu Meffert und Kirchgeorg 1998, S. 107):

* Aufgeschlossenheit und Flexibilität der Unternehmensleitung für ökologische Probleme,
* Höhe der zur Verfügung stehenden finanziellen Mittel für umweltschutzbezogene Investitions- und Betriebskosten (Entwicklung umweltfreundlicher Produkte, Einrichtung von Recyclingcentern etc.),
* Charakteristik und Nähe des Leistungsprogramms der Unternehmen zu Umweltschutzmärkten,
* Technologisches Know-how des Unternehmens,

- Grundsausrichtung der Unternehmens- und Marketingstrategie,
- Exponiertheit des Unternehmens in der Öffentlichkeit.

Die aus der unternehmensinternen Ressourcenanalyse abgeleiteten Stärken und Schwächen sind den ermittelten Chancen und Risiken der Ökologieproblematik gegenüberzustellen, um strategische Entscheidungen abzuleiten. Grundsätzlich können dabei *Matching*- und Neutralisationsstrategien unterschieden werden. **Matching-Strategien** zielen auf die Nutzung einer Chance durch eine im Unternehmen vorhandene Stärke ab. **Neutralisationsstrategien** zielen darauf ab, die Schwächen in Stärken umzuwandeln oder zumindest zu neutralisieren bzw. Risiken in Chancen umzuwandeln oder zu neutralisieren.

Matching Strategien

Neutralisations-strategien

14.4 Instrumente des operativen Umwelt-Marketings

Ausgehend von der ökologieorientierten Zielsetzung und der durch die Anwendung der Instrumente des strategischen Marketing generierten Informationen und Ideen, ist nun in einem weiteren Schritt der Einsatz der Instrumente des operativen Umwelt-Marketing abzustimmen. Wesentliche Instrumente sind die ökologieorientierte Produkt-, Distributions-, Preis- und Kommunikationspolitik. Die Gesamtheit dieser verschiedenen Instrumente und Maßnahmen bezeichnet man als Marketing-Mix.

Marketing-Mix

14.4.1 Produktpolitik

Produktpolitische Entscheidungen betreffen die grundsätzlich marktgerechte Gestaltung des Leistungsprogramms eines Unternehmens. Eine Ökologisierung dieses Teilbereichs des Marketings kann vornehmlich durch die Entwicklung innovativer, ökologieorientierter Produkte sowie die Verbesserung, Erweiterung und Eliminierung vorhandener Produkte im Sinne ökologischer Erfordernisse erreicht werden. Wesentliche Elemente der Produktpolitik sind die Produkt- und Verpackungsgestaltung sowie die Markierung des Produkts bzw. der Leistung durch ein Markenzeichen, einen Markennamen oder das Marken-Design. Die Produktmarkierung (Öko-Labeling) wird aufgrund ihrer zentralen Bedeutung für das Umwelt-Marketing in Kapitel 16 gesondert behandelt.

Kap. 16

Ziel der ökologieorientierten Produktgestaltung muss die Berücksichtigung der Umweltverträglichkeit der Produkte im gesamten Wertschöpfungskreislauf sein, also in der Beschaffungs-, Produktions-, Absatz- sowie der Gebrauchs-, Verbrauchs- und Entsorgungsphase. Entsprechend der Philosophie „von der Wiege bis zur Bahre" (s. Kap. 8) muss der Gesamtumwelteinfluss der Produkte minimiert werden. Dies wiederum bedeutet häufig, bereits in den frühen Phasen der Produktentwicklung ökologische Folgen späterer Phasen abzuschätzen. Nach neueren Untersuchungen werden ca. 80 % des Schadschöpfungspotenzials eines Produkts schon während der Entwicklungsphase beeinflusst.

umweltorientierte Produktgestaltung

Kap. 8

Mögliche Maßnahmen einer ökologieorientierten Produktpolitik sind der Ersatz von Primär- durch Sekundärrohstoffe, Reduzierung der Vielzahl sowie der Menge der Rohstoffe und des Ressourcenverbrauchs zur Gewinnung der Rohstoffe, Verringerung der Teilevielfalt, konsequente Beachtung der Gesundheitsverträglichkeit aller Stoffe, Einsatz modularer Bauweisen, Verlängerung der Nutzungsdauer und -effizienz, Etablierung interner Kreislaufsysteme und vieles mehr. Abbildung 14-2 zeigt einige produktpolitische Ansatzpunkte im Wertschöpfungskreislauf.

Massnahmen zur umweltorientierten Produktgestaltung

Auch und gerade bei der Verpackungsgestaltung gilt es im Rahmen einer Ökologisierung des Marketings besondere Anforderung zu berücksichtigen. Dies sind vor allem ein möglichst geringer Rohstoff- und Energieverbrauch, möglichst geringe Luft- und Wasserbelastung, ein möglichst geringes Gewicht, eine optimale Nutzung der Raumkapazität, die Berücksichtigung des Landschaftsverschmutzungsproblems (gibt es Möglichkeiten Produkte so zu gestalten, dass sie nicht zur Landschaftsverschmutzung beitragen, z.b. durch Mehrwegsystem oder sich selbst zersetzende Verpackungsmaterialien) sowie Wiederverwendbarkeit, Verwertbarkeit und unproblematische Entsorgung (vgl. Meffert und Kirchgeorg 1993, S. 221). Dabei muss selbstverständlich zu jeder Zeit die Funktionserfüllung der Verpackung gewährleistet sein. Dies kann zum Beispiel der Transportschutz, die Dimensionierung, die Verkaufsförderung oder die Markierung sein.

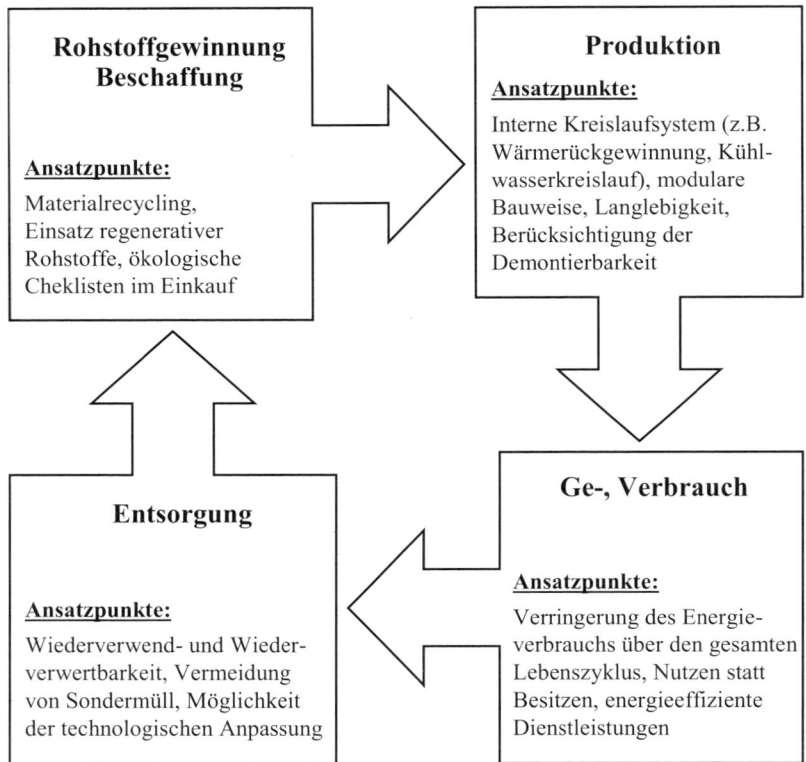

Abb. 14-2: *Ansatzpunkte zur Berücksichtigung ökologischer Aspekte bei der Produktpolitik (Quelle: eigene Darstellung)*

14.4.2 Distributionspolitik

Entscheidungen im Rahmen einer ökologischen Distributionspolitik betreffen vor allem die Wahl der Absatzwege, die für den Absatz und in zunehmenden Maße auch für die Entsorgung geeignet sind sowie die Logistik, die nötig ist, um die Produkte in den geforderten Mengen, zum geforderten Zeitpunkt an den richtigen Ort zu befördern.

Retro-Distribution Bei der Wahl der Absatzwege ist aus ökologischer Sicht die Möglichkeit zum Wiedereinsammeln (Retro-Distribution) zu prüfen. Ein intelligentes Retro-Distributionssystem bietet die Möglichkeit, ausgediente Produkte und Verpackungen zu erfassen, zu rezyklieren und für den Produktionsprozess wieder aufzubereiten bzw. weiterzuverwenden, um damit zur Umwelt- und Ressourcenschonung beizutragen.

Bei der Planung der Logistik können ökologische Kriterien wie zum Beispiel der Energieverbrauch, die Abgas- und Lärmentwicklung der Transportmaßnahmen, die

Unfallträchtigkeit und die damit zusammenhängenden Umweltgefahren beim Transport umweltschädlicher Substanzen berücksichtigt werden. Hier gilt es also neben Kostenfaktoren und Kundenwünschen auch ressourcen- und emissionsbezogene Faktoren zu berücksichtigen. Dies kann beispielsweise durch Checklisten oder Umweltsimulationen der einzelnen Transportmöglichkeiten geschehen.

14.4.3 Preispolitik

Umweltrelevante preispolitische Entscheidungen beziehen sich auf die erstmalige Festlegung eines Preises bei umweltgerechten Neuprodukten, auf Preisänderungen, die aus Nachfrage- und Kostenänderungen bzw. Konkurrenzdruck resultieren sowie auf die Ermittlung des optimalen Preisverhältnisses von umweltgerechten und anderen, weniger umweltgerechten Produktvarianten derselben Produktlinie, welche hinsichtlich der Preise und/oder Kosten miteinander verbunden sind (vgl. Meffert und Kirchgeorg 1998, S. 339). Wichtige Einflussfaktoren der Herstellungskosten ökologischer Produkte sind die Materialkosten, die häufig höher sind als bei herkömmlichen Produkten, sowie die produzierte Stückzahl, da es bei großen Stückzahlen zu sogenannten Kostendegressionseffekten kommt. Da umweltfreundliche Produkte jedoch häufig nicht für den Massenmarkt sondern nur für eine Nische hergestellt werden, können insbesondere Kostendegressionseffekte nicht genutzt werden.

Nische versus Massenmarkt

Eine wichtige Aufgabe im Rahmen der Preispolitik stellt die Feststellung der Preisbereitschaft der umweltbewussten Kunden dar. Denn aus der genauen Kenntnis dieser Preisbereitschaft ergeben sich direkt die preispolitischen Möglichkeiten, wie zum Beispiel die Anwendung einer Mischkalkulation zugunsten umweltverträglicher Produkte, um so die Preisdifferenz zwischen herkömmlichen und umweltfreundlichen Produkten möglichst gering zu halten oder die Abschöpfung einer hohen Preisbereitschaft bei den Kunden zu ermöglichen.

14.4.4 Kommunikationspolitik

Im Rahmen einer umweltorientierten Kommunikationspolitik kommen grundsätzlich die klassischen kommunikationspolitischen Instrumente (Werbung, Verkaufsförderung, Öffentlichkeitsarbeit, persönlicher Verkauf) zum Einsatz. Ziel ist es, dem eigenen Unternehmen, welches mit umweltbezogenen Forderungen konfrontiert wird oder das aktiv eine ökologische Positionierung anstrebt, eine mit ökologischen Grundsätzen vereinbare Identität zu schaffen.

Werbebotschaften mit einer ökologischen Komponente müssen besonders glaubwürdig sein. Die umweltbezogene Leistung sollte für den Käufer überzeugend dargelegt werden und nachvollziehbar sein. Dies um so mehr, als es sich bei der Umweltfreundlichkeit in der Regel um eine Vertrauenseigenschaft handelt, also um eine Eigenschaft, die vom Käufer vor dem Kauf nicht objektiv geprüft werden kann und häufig sogar bei Ge- oder Verbrauch nicht nachweisbar ist. So sieht ein Apfel aus ökologischer Landwirtschaft nicht nur gleich oder zumindest einem herkömmlichen Apfel sehr ähnlich, er wird in der Regel auch ähnlich schmecken, so dass der Konsument auf die Angaben des Herstellers bzw. Verkäufers vertrauen muss. Hier gilt es demnach durch kommunikative Maßnahmen die Glaubwürdigkeit zu stärken, wenn möglich unterstützt durch Dritte (z.B. durch gemeinsame Aktionen mit Umweltschutzgruppen). In der Kommunikationspolitik kommen Umwelt-Labeln, die von externer Stelle vergeben werden, daher eine besondere Rolle zu. Die Möglichkeiten von Umwelt-Labeln werden daher in einem separaten Kapitel ausführlich dargestellt (vgl. Kap. 16).

⇨ Kap. 16

14.5 Mehrstufiges Umwelt-Marketing

Die dargestellten Instrumente des operativen Umwelt-Marketings beziehen sich in der Regel auf die nächstgelagerte Absatzstufe. Dabei ist zu bedenken, dass Leistungen, vor allem bei umweltfreundlichen Vorprodukten, oftmals mehrere Weiterverarbeitungsstufen durchlaufen, bevor sie zum Endverbraucher gelangen. Für den Anbieter kann es daher in gewissen Situationen sinnvoll sein, seine Marktaktivitäten nicht nur auf die unmittelbar nachfolgende Stufe, sondern auch auf weitere Stufen der Wertschöpfungskette auszurichten, d.h. ein mehrstufiges Umwelt-Marketing zu betreiben (vgl. hierzu Voeth et al. 2007, S. 117ff.).

Im Gegensatz zur Push-Strategie, die sich ausschließlich an die nächste Marktstufe richtet, wird bei diesem als mehrstufigem Marketing bezeichneten Ansatz versucht, einen Nachfragesog (Pull-Effekt) zu erzeugen, der den Absatz an den unmittelbaren Abnehmenden fördern soll. Die beiden verschiedenen Wirkungsrichtungen sind in Abb. 14-3 dargestellt.

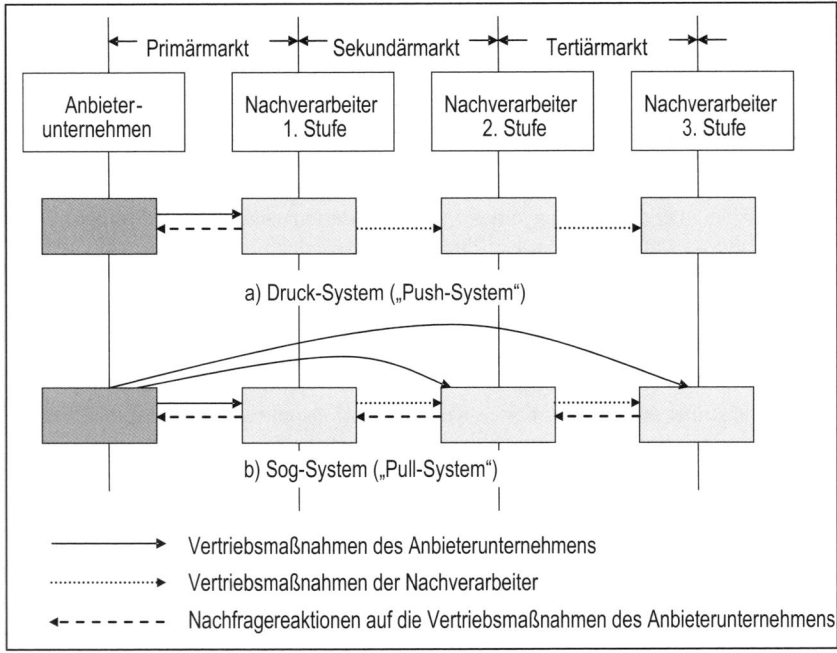

Abb. 14-3: *Vorgehensweisen bei der Push- und Pull-Strategie (Quelle: Backhaus und Voeth 2007, S. 510)*

Wie die Wirkungsrichtung der Pull-Strategie verdeutlicht, dient das mehrstufige Marketing primär dem Ziel, Präferenzen auf nachgelagerten Produktionsstufen für die eigenen Produkte zu steigern, um die Substituierbarkeit der eigenen Leistungen zu mindern und die Unabhängigkeit des Zulieferers in der Produktions- und Distributionskette sicherzustellen. Gleichzeitig soll ein Wettbewerbsvorteil gegenüber Konkurrenten aufgebaut werden. Die Notwendigkeit zur Verfolgung mehrstufiger Marketing-Strategien ist in den vergangenen Jahren bedeutend angestiegen. Als Gründe hierfür sind u.a. der zunehmende Aufwand für Forschung und Entwicklung bei einer gleichzeitigen Verkürzung der Produktlebenszyklen, die ansteigenden Standardisierungstendenzen mit der einhergehenden Schwierigkeit der Produktdifferenzierung sowie der anwachsende Konkurrenzdruck durch Vorwärtsintegrationen anderer Zulieferunternehmen zu nennen. Dennoch sollten mehrstufige Marketing-

Strategien nicht für jede Art von Produkten verfolgt werden, sondern vielmehr dort zum Einsatz gelangen, wo

- die Vorleistung eine wesentliche Bedeutung für die Qualität des Gesamtproduktes hat (dies ist sicherlich bei umweltfreundlichen oder biologischen Vorprodukten, z.B. in der Lebensmittelproduktion oder der textilen Kette der wesentliche Grund) oder
- die Produkte der vorgelagerten Marktstufe physisch in die Erzeugnisse der nachgelagerten Stufe eingehen, d.h. für die Abnehmer identifizierbar sind.

Bei der Entwicklung einer mehrstufigen Marketing-Strategie sind die folgenden Schritte von besonderer Relevanz:

- So sind zunächst die einzelnen Marktstufen zu analysieren und es ist zu klären, welche Stufe(n) im Rahmen des mehrstufigen Marketing angesprochen werden soll(en).
- Es ist zu entscheiden, inwiefern die mehrstufige Marketing-Strategie allein oder in Kooperation mit anderen vor- oder nachgelagerten Anbietenden, bzw. Verarbeitungsbetrieben realisiert werden soll. Diese Entscheidung ist insbesondere davon abhängig, ob es sich bereits um ein in den Markt eingeführtes oder um ein neues Produkt handelt. Im letzteren Fall ist der Pull-Effekt augenscheinlich nur autonom zu realisieren.
- Bei der Zusammenstellung des Marketing-Mix muss bedacht werden, dass die Identifizierbarkeit der Komponente im Folgeprodukt eine wesentliche Wirksamkeitvoraussetzung des mehrstufigen Marketing darstellt. Im Rahmen des mehrstufigen Marketing kommt daher der Kommunikationspolitik eine zentrale Bedeutung zu. Dies gilt deshalb, da Zulieferern unter dem Stichwort des Ingredient Branding, also dem Markieren einer Zutat oder Komponente, wie z.B. „Intel Inside", ein Austritt aus der Anonymität sowie Mittel gegen Substituierbarkeit zur Verfügung gestellt wird.

Letztendlich muss bedacht werden, dass das mehrstufige Marketing immer nur eine Ergänzung zur einstufigen Marktbearbeitung darstellt.

14.6 Fallbeispiel „Das Krombacher WWF Regenwald-Projekt"

Vom 25. April bis zum 31. Juli 2002 und vom 25. April bis zum 31. Juli 2003 führte die Krombacher Brauerei Bernhard Schadeberg GmbH & Co. KG die ersten beiden Runden ihres Regenwaldprojekts durch. Der WWF erhielt pro verkauftem Kasten Bier (10 Liter, Kaufpreis ohne Pfand ab etwa 11,50 Euro), den die Brauerei während des jeweiligen Aktionszeitraums verkaufte, eine Spende, um einen Quadratmeter Regenwald im Dzanga-Sangha-Gebiet in Zentralafrika nachhaltig zu schützen. Das Projekt wurde im Fernsehen vor allem von Günther Jauch intensiv beworben.

Am Ende des ersten Durchganges erhielt der WWF eine Million Euro von der Brauerei und garantierte für den Schutz von 15 129 378 Quadratmetern des besagten Regenwaldes.

Für den zweiten Durchgang (2003) wurden eine Spende von zwei Millionen Euro und der Schutz von 25 Millionen Quadratmetern angestrebt. Neben der Krombacher Brauerei, dem WWF und dem Fernsehsender RTL waren jetzt drei weitere Unternehmen beteiligt: Die Fluggesellschaft LTU steuerte pro Flugpassagier eine Spende für einen Quadratmeter bei, die Kinogesellschaft Cinestar zeigte vor jedem Film einen Werbespot und veranstaltete sogenannte Regenwald-Parties, und der Web-Verzeichnis- und E-Mail-Anbieter „web.de" garantierte pro E-Mail-Adresse, die dort (kostenlos) neu angelegt wurde, für den Schutz eines Quadratmeters Regenwald. Geworben wurde nun auch mit der „WWF-Botschafterin" Steffi Graf. Die Werbespots wurden nicht mehr nur auf RTL, sondern zusätzlich auch auf Pro 7 und Sat 1 gesendet.

Auch dieses Mal wurden die Erwartungen übertroffen: Weitere 29 653 154 Quadratmeter konnten laut der Pressemitteilung zum Ende des Projekts 2003 geschützt werden. Beim dritten Anlauf (30. April bis 30. Juni 2004) hieß der Slogan der Kampagne „Sie genießen, wir spenden": Die Kopplung zwischen Verkauf und Spende wurde aufgehoben und eine pauschale Spende von 500 000 Euro an den WWF angekündigt.

Dieses Fallbeispiel zeigt, wie ein Unternehmen die Nachfrage nach ökologischen „Lösungen" (Öko-Pull-Wirkung) erkennt und im Rahmen ihres operativen Marketings durch abgestimmte preis- und kommunikationspolitische Maßnahmen befriedigt. Aus ökologieorientierter Sicht ist vor allem anzumerken, dass keine Einbettung ökologieorientierter Ziele in die Gesamtstrategie von Krombacher zu erkennen ist und daher auch die Anwendung strategischer Marketing-Instrumente nicht sichtbar wird. Auch scheint sich die Aktion vor allem auf die Preis- und Kommunikationspolitik zu beschränken, so dass eine wirklich integrative Umsetzung (also die Verbindung mit entsprechenden produkt- und distributionspolitischen Maßnahmen) nicht vorhanden ist.

Während die Aktion sowohl von Krombacher als auch dem WWF als Erfolg dargestellt wird, gibt es auch viele Stimmen, die den Sinn solcher Aktionen sehr grundsätzlich in Frage stellen. Eine ausführliche Kritik findet sich im Blog von Lars Trebing unter http://www.ltrebing.de/misc/krombacher-wwf/.

14.7 Übungsfragen

1. Was versteht man unter Umwelt-Marketing?
2. Was sind die wichtigsten Aufgaben des strategischen Umwelt-Marketings?
3. Welche Instrumente des operativen Umwelt-Marketings gibt es?
4. In welchen Fällen erscheint die besondere Berücksichtigung mehrerer nachgelagerter Absatzstufen erfolgsversprechend bzw. notwendig?

14.8 Weiterführende Literatur

Balderjahn, I. (2003): Nachhaltiges Marketing-Management, Stuttgart.

Belz, F.-M. und Bilharz, M. (2005): Nachhaltigkeits-Marketing in Theorie und Praxis, Wiesbaden.

Kaas, K.P. (1990): Marketing als Bewältigung von Informations- und Unsicherheitsproblemen im Markt, in: Die Betriebswirtschaft, 50. Jg., S. 539-548.

Kreikebaum, H. (1988): Kehrtwende zur Zukunft, Neuhausen – Stuttgart.

Meffert, H. und Kirchgeorg, M. (1998): Marktorientiertes Umweltmanagement, 3. Aufl., Stuttgart.

15 Nachhaltigkeitsberichterstattung

von Christian Herzig und Mathias Pianowski

Kapitelausblick

Insbesondere große Unternehmen, in jüngster Zeit zunehmend auch KMUs, haben in der Vergangenheit ihre Unternehmensberichterstattung stetig erweitert, um unternehmensinterne wie -externe Anspruchsgruppen (Stakeholder) auch über die ökologische und gesellschaftliche/soziale Unternehmensleistung zu informieren. Zudem sollte das betriebliche Umwelt- bzw. Nachhaltigkeitsmanagement aufgrund der gesellschaftlichen Einbettung von Unternehmen (vgl. z. B. Dyllick 1989; Schaltegger und Sturm 1990) und der tragenden Bedeutung von Partizipation für eine Nachhaltige Entwicklung kommunikativ entwickelt und unterstützt werden. Sukzessive wurde so die Berichterstattung von Unternehmen zu einer ganzheitlichen Nachhaltigkeitsberichterstattung ausgebaut (vgl. Schaltegger und Herzig 2008), deren wesentliches Ziel in der Erhöhung der gesellschaftlichen Akzeptanz und, in Folge eines verbesserten Informations-, Risiko- und Reputationsmanagements (vgl. Gudet 2002), in der Wettbewerbsdifferenzierung liegt.

In diesem Kapitel werden zunächst grundlegende Begriffe der Nachhaltigkeitsberichterstattung (Abschnitt 15.1) sowie die damit verbundenen Ziele (Abschnitt 15.2) skizziert. Der thematische Wandel der Berichterstattung, der die historische Veränderung der gesellschaftlichen Sicht von Nachhaltigkeit widerspiegelt, ist Gegenstand des Abschnittes 15.3. Daran anschließend werden Grundsätze einer ordnungsmäßigen – und damit idealtypisch Stakeholdern und den Unternehmen Nutzen stiftende – Nachhaltigkeitsberichterstattung erläutert (Abschnitt 15.4).

Obwohl für Nachhaltigkeitsberichte kein festgelegtes Schema existiert und die Inhalte auf die Interessen der unternehmensrelevanten Anspruchsgruppen abgestimmt und zur Kommunikationsstrategie des Unternehmens passen sollten, können bestimmte Kennzahlen und Inhalte, welche auch die Basis für Ratings und Rankings bilden, mittlerweile als Standard angesehen werden. Im Abschnitt 15.5 wird daher eine idealtypische Struktur eines Nachhaltigkeitsberichts vorgestellt, bevor abschließend die Nachhaltigkeitsberichterstattung der Henkel KGaA als ein aktuelles *Good Practice* Beispiel in ihren Grundzügen skizziert wird (Abschnitt 15.6).

Lernziele

1. Die grundlegenden Begriffe und Ziele einer Nachhaltigkeitsberichterstattung kennen lernen.
2. Die Grundsätze ordnungsmäßiger Nachhaltigkeitsberichterstattung kennen lernen.
3. Einen Überblick über die Entwicklungsgeschichte der Nachhaltigkeitsberichterstattung erhalten.
4. Einen Einblick in die inhaltliche Ausgestaltung von Nachhaltigkeitsberichten erhalten.
5. Ein aktuelles *Good Practice* Beispiel der Nachhaltigkeitsberichterstattung kennen lernen.

15.1 Grundlagen der Nachhaltigkeitsbericht-erstattung

Eine stetig steigende Zahl von Unternehmen nutzt die betriebliche Nachhaltigkeits-berichterstattung, um interne und externe Anspruchsgruppen über ökonomische, ökologische und gesellschaftliche/soziale Aspekte der unternehmerischen Tätigkeit und deren Wechselbeziehungen zu informieren. Als Synonyme für die Nachhaltigkeitsberichterstattung finden sich mitunter Begriffe wie *Corporate Sustainability Reporting, Corporate (Social) Responsibility Reporting, Social and Environmental Reporting, Triple Bottom Line Reporting* oder *Extra-Financial Reporting* (vgl. Schaltegger et al. 2007, S. 84).

> Die unternehmerische Nachhaltigkeitsberichterstattung umfasst jede Bereitstellung von Informationen über die (vergangenheits- und zukunftsorientierte) nachhaltig-keitsbezogene (wirtschaftliche, ökologische und gesellschaftliche/soziale Aspekte sowie deren Wechselwirkungen betreffende) Lage eines Unternehmens an interne und externe Anspruchsgruppen (vgl. zur Definition des Umweltschutz-Reporting Lange et al. 2001, S. 5).

Sie unterstützt und ermöglicht auch den diesbezüglichen Dialog zwischen Unter-nehmen und Anspruchsgruppen. Die unternehmensspezifische Wahrnehmung von Verantwortung sollte dabei im Rahmen einer lokalen, nationalen und globalen zu-kunftsfähigen Entwicklung betrachtet werden. Unter dem Begriff der Nachhaltig-keitsberichterstattung werden vor allem gedruckte Nachhaltigkeitsberichte (einschl. Umwelt-, Sozialberichte, Umwelterklärungen etc.) und in jüngster Zeit vermehrt auch die als Ergänzung zu verstehende internetgestützte Nachhaltigkeitsbericht-erstattung subsumiert. Allerdings zählen auch Instrumente wie z. B. weitere Fachver-

 Kap. 16

öffentlichungen, Pressemitteilungen oder Produktlabel (s. Kap. 16) zur Nachhaltig-keitsberichterstattung. Je nach Kommunikationszweck und Anspruchsgruppe kön-nen diese zielführender sein als Nachhaltigkeitsberichte.
Der Nachhaltigkeitsbericht (als ein Modul der Nachhaltigkeitsberichterstattung) ist ein in regelmäßigen Abständen (i. d. R. im Ein- bis Zweijahresturnus) publizierter Bericht, der integriert über alle Wirkungsdimensionen unternehmerischen Handelns in ausgewogener Weise informiert (vgl. hierzu auch die Abschnitte 15.4 und 15.5). Im Nachhaltigkeitsbericht sollen insbesondere die Wechselwirkungen, also Syner-gien und Zielkonflikte zwischen den Teilbereichen Ökonomie, Umwelt und Gesell-schaft/Soziales beschrieben sowie die entsprechenden Optimierungsvorhaben darge-stellt werden. Durch den Anspruch einer integrativen Darstellung der Unterneh-mensleistung sollte ein Nachhaltigkeitsbericht mehr als die Summe ausgewählter Inhalte aus Geschäfts-, Umwelt- und Sozialberichten sein. Eine andere Form der integrierten Berichterstattung über Nachhaltigkeit ist der um Nachhaltigkeitsaspekte erweiterte Geschäftsbericht, der Anspruchsgruppen wie z. B. Finanzanalysten und Investoren nachhaltigkeitsbezogene Informationen zur Verfügung stellt.

Die Berichterstattung über Nachhaltigkeitsthemen wird immer mehr zu einem zent-ralen Bestandteil der betrieblichen Umwelt- bzw. Nachhaltigkeitskommunikation. Die betriebliche Umwelt- bzw. Nachhaltigkeitskommunikation kann als der dialog-orientierte Prozess der Verständigung und des Austausches von Informationen mit Bezug zur natürlichen und gesellschaftlichen Umwelt innerhalb eines Unternehmens sowie zwischen Unternehmen und seinen Stakeholdern verstanden werden (vgl.

hierzu auch Mast und Fiedler 2007; Michelsen und Godemann 2007). Aufgabe der betrieblichen Nachhaltigkeitskommunikation ist es, durch einen aktiven Dialog mit internen und externen Anspruchsgruppen gesellschaftliche Akzeptanz für das Unter-nehmen herzustellen und Verständigungs- sowie Vertrauenspotenziale aufzubauen, um durch gesellschaftliche Ausgleichsprozesse den unternehmerischen Handlungsspielraum zu sichern bzw. zu erweitern (vgl. Godemann et al. 2007). Für den Dialog mit unternehmensrelevanten Anspruchsgruppen wird insbesondere der internetgestützten Nachhaltigkeitsberichterstattung eine besondere Bedeutung zugewiesen. Sie unterstützt Unternehmen dabei, die kommunikativen Beschränkungen der überwiegend linearen und monologischen Printberichterstattung zu überwinden und eine dialogorientierte „Online-Relation" (Wehmeier 2002) mit den Anspruchsgruppen aufzubauen. Nachhaltigkeitsberichterstattung ist in ein umfassendes Nachhaltigkeitskommunikationskonzept einzubinden, wenn sie die gewünschten Ziele erreichen soll (vgl. Herzig und Schaltegger 2007). Abbildung 15-1 zeigt am Praxisbeispiel der Henkel KGaA das Spektrum eines möglichen Kommunikationsportfolios, das sowohl unterschiedliche Instrumente für unterschiedliche Zielgruppen umfasst als auch die Unterschiede in Bezug auf Detailtiefe und Aktualität der Informationen berücksichtigt. Das Portfolio macht den modularen Charakter der (problem- und empfängerorientierten) Informationsbereitstellung und Kommunikation deutlich, die zweckorientiert durch unterschiedliche Medien und Instrumente erfolgt.

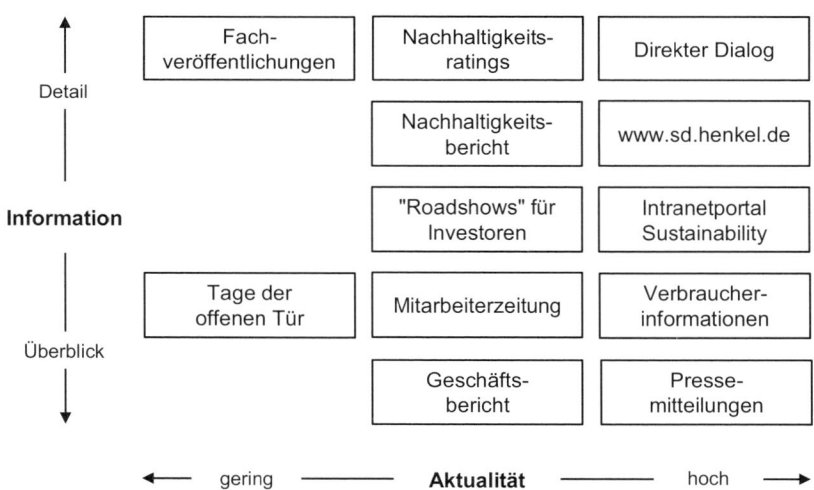

Abb. 15-1: *Nachhaltigkeitskommunikation im Überblick*
(Quelle: Henkel 2005, S. 8)

Um Aussagen über die Fortschritte eines Unternehmens in Bezug auf seine Beiträge zur unternehmerischen Nachhaltigkeit treffen und den aktuellen Stand sowie Ziele des Nachhaltigkeitsmanagements quantitativ beschreiben zu können, benötigen Unternehmen ein Umwelt- bzw. Nachhaltigkeitsrechnungswesen. Es unterstützt die Erstellung von Indikatoren, welche die Nachhaltigkeitsleistung dokumentieren. Entsprechende, eher umweltbezogene Informationen stellen auch Betriebliche Umweltinformationssysteme (BUIS) zur Verfügung (vgl. z. B. Haasis et al. 1995, Schaefer 2002). All diesen Managementansätzen zur Messung der Nachhaltigkeitsperformance ist gemein, dass insbesondere hinsichtlich der Integration der gesellschaftlich/sozialen Dimension noch erheblicher Forschungsbedarf besteht (vgl. z. B. Schaltegger et al. 2006; Schaltegger et al. 2007). Dies wirkt zurück auf die aktuelle Berichterstattung und beeinträchtigt zurzeit die Integration sozialer Aspekte in die Nachhaltigkeitsberichterstattung.

15.2 Ziele der Nachhaltigkeitsberichterstattung

Das übergeordnete Ziel der Nachhaltigkeitsberichterstattung besteht – in Analogie zum Informationsnutzen-Konzept beim Umweltreporting (vgl. Haberer 1996, S. 265f.) – in der Generierung eines positiven Informationswerts für das Unternehmen. Dieser ergibt sich aus der Differenz von Informationsnutzen (etwa durch erhöhtes Kundenvertrauen und korrespondierenden Umsatzsteigerungen) und den Informationskosten (für die Informationsbedarfsermittlung, -beschaffung, -aufbereitung und -übermittlung). Die Quantifizierung des Informationsnutzens (z. B. im Hinblick auf die Steigerung der Reputation) stellt allerdings ein bisher kaum gelöstes Problem dar.

Obwohl die Ziele der Nachhaltigkeitsberichterstattung je nach Unternehmen unterschiedlich sein können, lassen sich einige allgemeingültige und wesentliche Nutzenerwartungen identifizieren, die hier idealtypisch (z. T. nicht überschneidungsfrei) vorgestellt werden:

- **Überwindung von Informationsasymmetrien**

Durch die Trennung von Eigentum und Management (direkte Entscheidungsträger) ist es vorstellbar, dass Entscheidungen in einem Unternehmen nicht immer im Sinne der Eigentümer getroffen werden, da Eigentümer und Management unterschiedliche Informationsstände haben und Manager möglicherweise Eigeninteressen verfolgen. Die *Principal-Agent*-Theorie diskutiert diese Informationsasymmetrien zwischen Eigentümer (*principal*) und Manager (*agent*). Auch interne und externe Anspruchsgruppen können Eigenziele verfolgen, die möglicherweise den Unternehmenszielen entgegenstehen. Die Erkenntnisse der *Principal-Agent*-Theorie können auf Informationsasymmetrien zwischen Eigentümern und externen Stakeholdern übertragen werden (vgl. Staehle und Nork 1992, S. 72-76; Schaltegger 1997). Die Nachhaltigkeitsberichterstattung kann dazu beitragen, diese Informationsasymmetrien abzubauen und damit Stakeholder-Entscheidungen auf die Unternehmensziele auszurichten (vgl. dazu auch den nächsten Punkt). Um die Informationsasymmetrien gezielt und effektiv abbauen zu können, bedarf es profunder Kenntnisse über die Anliegen, Einstellungen und Sichtweisen der relevanten Stakeholdergruppen. Die möglichst frühzeitige Einbindung der Stakeholder in den Berichterstattungsprozess und die Kommunikation mit diesen Gruppen sind daher von großer Bedeutung (vgl. GRI 2006).

- **Entscheidungsunterstützung und -beeinflussung**

Die Nachhaltigkeitsberichterstattung stellt internen Entscheidungsträgern unmittelbar entscheidungsrelevante Informationen zur Unterstützung von Planungs-, Steuerungs- und Kontrollentscheidungen zur Verfügung. Neben dieser direkten Entscheidungsunterstützung kann die Nachhaltigkeitsberichterstattung aber auch indirekt Entscheidungen interner und externer Anspruchsgruppen beeinflussen, bspw. durch die Erhöhung der Motivation von Mitarbeitern bzw. ihrer Identifikation mit dem Unternehmen (vgl. House of Mandag Morgen 1999; IÖW und imug 2001) oder durch die Steigerung des Vertrauens verschiedener externer Anspruchsgruppen in das Unternehmen. So wirkt sich z. B. eine ausgeprägte gesellschaftliche/soziale Orientierung von Unternehmen und die Verbesserung des internen Informationsmanagements positiv auf die Innovationsfähigkeit und Leistungsbereitschaft im Unternehmen aus (vgl. UVM 2002, S. 17). Beispiele für die positive Einflussnahme auf externe Stakeholder betreffen die Rekrutierung von Mitarbeitern und die Kapitalaufnahme bzw. die Erzielung günstiger Finanzierungskonditionen.

- **Sicherstellung der** *„Licence to operate"*

Die Rechenschaftslegung gegenüber Stakeholdern dient der Sicherstellung unternehmensrelevanter Ressourcen und der so genannten *„Licence to operate"*. Durch die Erhöhung der Transparenz der unternehmerischen Aktivitäten kann das Unternehmen Vertrauen aufbauen und seine Zukunftsfähigkeit sicherstellen (Risikomini-mierung und Wettbewerbsfähigkeit). Eine wesentliche Voraussetzung ist hierfür eine möglichst glaubwürdige Berichterstattung sowie eine hohe Konsistenz in der gesamten Nachhaltigkeitskommunikation. Ohne dies und ohne eine Übereinstim-mung zwischen Handeln und Kommunikation können Unternehmen in eine Glaub-würdigkeitsfalle geraten (vgl. für grundlegende Anforderungen an eine vertrauens- bzw. glaubwürdige Nachhaltigkeitsberichterstattung Abschnitt 15.3).

- **Verbesserung des Risiko- und Reputationsmanagements**

Die Nachhaltigkeitsberichterstattung unterstützt den langfristigen Reputationsaufbau und kann dem Risiko von Imageschäden entgegenwirken. In den Anfängen der Nachhaltigkeitsberichterstattung signalisierte bereits allein die Veröffentlichung von Nachhaltigkeitsberichten ein positives Bild über ein engagiertes und fortschrittliches Unternehmen, das sich mit dem gesellschaftlichen Leitbild einer Nachhaltigen Ent-wicklung (s. Kap. 1) auseinandersetzt. Dieser Signalisierungseffekt, d. h. die Wahr-nehmung der Nachhaltigkeitsberichterstattung als einen Indikator für eine gute Un-ternehmensleistung (unabhängig von der tatsächlichen Nachhaltigkeitsperformance), ist zum Teil immer noch dadurch möglich, weil der Vergleich von Nachhaltigkeits-leistungen aufgrund der Vielfalt in der Berichterstattung und eines fehlenden allge-meingültigen Standards schwierig ist (vgl. Herzig und Schaltegger 2006). Eine hohe Reputation in Folge der Wahrnehmung als ein Unternehmen, das sich erfolgreich mit ökologischen und gesellschaftlich/sozialen Themen auseinandersetzt, kann die Beziehungen zu Lieferanten, Kunden, Kapitalgebern, Behörden und weiteren Stake-holdern verbessern. Hierdurch können sich Unternehmen einen Wettbewerbsvorteil gegenüber Konkurrenten verschaffen, die ein solches Engagement vernachlässigen. Rankings und Auszeichnungen von Nachhaltigkeitsberichten verstärken diesen Effekt.

 Kap. 1

15.3 Entwicklung der Nachhaltigkeits-berichterstattung

Im Folgenden wird die Entwicklung der Nachhaltigkeitsberichterstattung als Reakti-on auf die gesellschaftlich relevanten Themen der letzten Jahrzehnte beschrieben (vgl. hierzu ausführlich Herzig und Schaltegger 2006; Schaltegger und Herzig 2007). Dabei wird nicht näher auf die, an rein wirtschaftlichen Grundsätzen ausge-richtete Geschäfts- bzw. Finanzberichterstattung eingegangen, bei der z. B. im obli-gatorischen Teil des Jahresabschlusses und des Lageberichtes und durch zusätzliche freiwillige Angaben vielfältige Informationen primär über die Vermögens-, Finanz- und Ertragslage veröffentlicht werden. Durch die historisch gewachsene handels-rechtliche Pflicht der Rechenschaftslegung ist sie zwar die älteste und am weitesten entwickelte Form innerhalb unternehmerischer Berichterstattungssysteme. Im Mit-telpunkt der folgenden Ausführungen steht jedoch vielmehr die Frage, wie sich die Berichterstattung (insbesondere in Europa) im Laufe der letzten Jahrzehnte aus der Perspektive der zentralen unternehmerischen Nachhaltigkeitsherausforderungen (vgl. Schaltegger et al. 2007) weiter entwickelt hat. Hierzu zählen die Sozial- und Umweltberichterstattung, die Integration von Öko-Effizienz und Sozio-Effizienzbetrachtungen in die Berichterstattung und verschiedene integrative For-men der Nachhaltigkeitsberichterstattung wie z. B. Nachhaltigkeitsberichte und um ökologische und soziale Aspekte erweiterte Geschäftsberichte (vgl. Abb. 15-2).

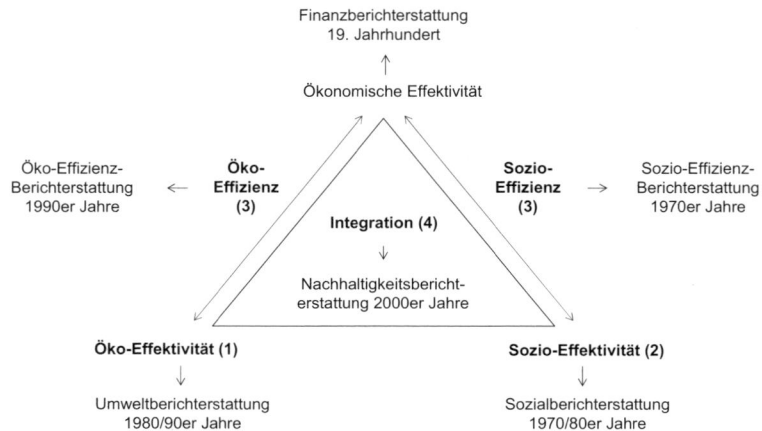

Abb. 15-2: *Entwicklung der Nachhaltigkeitsberichterstattung im Kontext unternehmerischer Nachhaltigkeitsherausforderungen (Quelle: Herzig und Schaltegger 2006, S. 305)*

15.3.1 Sozialberichterstattung

Die Diskussion um die Erfassung sozialer Aspekte in der betrieblichen Rechnungslegung reicht weit in die 1970er Jahre zurück. Die Steag AG legte für das Geschäftsjahr 1971/72 neben der Handelsbilanz und dem Geschäftsbericht eine so genannte Sozialbilanz vor und begegnete somit als erstes deutsches Unternehmen den Konflikten jener Zeit. Ungefähr dreißig größere deutsche Unternehmen folgten bis Anfang der 80er Jahre diesem Beispiel. Der 1976 gegründete Arbeitskreis „Sozialbilanz-Praxis" formulierte 1977 eine Rahmenempfehlung über die inhaltliche und formale Ausgestaltung von Sozialbilanzen, die aus den drei Elementen Sozialbericht, Wertschöpfungsrechnung und Sozialrechnung bestehen sollte (vgl. auch zu Folgendem Wysocki 1981, S. 151-165). Die Sozialbilanz stellt ein Konzept zur systematischen und regelmäßigen Erfassung und Dokumentation der gesellschaftlichen Auswirkungen von Unternehmensaktivitäten dar. Der Sozialbericht ist dabei die mit statistischem Material angereicherte verbale Darstellung der Ziele, Maßnahmen, Leistungen und – soweit darstellbar – der durch die Leistungen erzielten Wirkungen (Output) gesellschaftsbezogener Aktivitäten der Unternehmen. Mit dem Instrument der Wertschöpfungsrechnung wird versucht, den durch das Unternehmen in einer bestimmten Periode geschaffenen, monetär bewerteten Nutzen für die Gesellschaft zu bestimmen. Die Sozialrechnung gibt die zahlenmäßige Darstellung aller quantifizierbaren gesellschaftsbezogenen Aufwendungen eines Unternehmens im Berichtszeitraum sowie der betriebsindividuellen, direkt erfassbaren gesellschaftsbezogenen Erträge wider.

Die Sozialberichterstattung scheiterte aus verschiedenen Gründen (vgl. Hemmer 1996, S. 799f.). Es fehlten einheitliche Standards, was u. a. dazu führte, dass die freiwillige Sozialberichterstattung von einigen Unternehmen überwiegend als PR-Instrument genutzt wurde, um nur über Erfolge, nicht jedoch über Misserfolge zu berichten. Sozialbilanzen wurden von der allgemeinen Öffentlichkeit und den Mitarbeitern kaum zur Kenntnis genommen. Lediglich Vertreter aus Wirtschaft, Verbandspolitik und Wissenschaft zeigten Interesse, was auch zu Enttäuschungen in den Unternehmen führte. Es entwickelte sich eine ‚Gegenbewegung' zur Sozialbilanzierung, die sich beispielsweise in einem Aufruf des Deutschen Gewerkschaftsbundes zur Nichtbeteiligung der Gewerkschaften und der Betriebsräte an der betrieblichen

Sozialbilanz

Sozialbilanzierung manifestierte (vgl. Deutscher Gewerkschaftsbund 1979 in Wysocki 1981). Die gewerkschaftliche Kritik an der Sozialbilanzierung erreichte in der Erstellung einer so genannten Antibilanz (vgl. IG CPK 1976) durch die damalige Industriegewerkschaft Chemie-Papier-Keramik ihren Höhepunkt. In den 80er Jahren änderten sich Werthaltungen in der Bevölkerung und die Rolle und Verdienste von Unternehmen für die Gesellschaft wurden – vor dem Hintergrund des Konjunkturrückgangs – weitgehend unkritisch akzeptiert. Obwohl die Versuche zur gesellschaftsbezogenen Rechnungslegung scheiterten, liegt ihr Verdienst insbesondere darin, dass im Rahmen der Arbeiten zur Wertschöpfungsrechnung und der Sozialbilanz erstmalig Verknüpfungen von Unternehmens- und Gesellschaftsebene diskutiert wurden. Heute gilt es, Fehler der historischen Sozialberichterstattung in der (zukünftigen) gesellschaftsbezogenen Rechnungslegung zu vermeiden. Notwendig erscheinen insbesondere das Aufstellen und Anwenden allgemein akzeptierter Standards und weitere Maßnahmen zur Erhöhung der Vertrauens- und Glaubwürdigkeit.

In der aktuellen unternehmerischen Sozialberichterstattung wird einem weitergehenden Verständnis von gesellschaftlich/sozialer Nachhaltigkeitsherausforderung Rechnung getragen. Verantwortungsvolles Wirtschaften betrifft die Reduzierung negativer gesellschaftlich/sozialer Wirkungen bzw. die Förderung entsprechend positiver Wirkungen. Hierunter fallen, im Unterschied zur Sozialberichterstattung der 1970er Jahre, stärker globale und moralisch-ethische Fragestellungen wie z. B. Kinderarbeit in der Zulieferkette, Menschenrechte oder Genderaspekte und Handelsbeziehungen. Standards wie z. B. der *Social Accountability Standard* (SA) 8000 (vgl. Social Accountability International 2001) oder der *AccountAbility Standard* (AA) 1000 (vgl. AccountAbility 2003) formulieren Mindestanforderungen an die soziale Verantwortung von Unternehmen und machen diese überprüf- und vergleichbar (s. Kap. 3).

Kap. 3

15.3.2 Umweltberichterstattung

Umweltberichterstattung kann definiert werden als die fallweise und/oder regelmäßige Bereitstellung von Informationen über die (vergangenheits- und zukunftsorientierte) umweltbezogene Lage eines Unternehmens an interne und externe Anspruchsgruppen (vgl. Lange et al. 2001, S. 5). Im Rahmen der Umweltberichterstattung legen Unternehmen dar, wie und in welchem Umfang sie die vom Unternehmen und seinen Produkten und Dienstleistungen ausgehenden Umweltauswirkungen reduzieren (ökologische Effektivität). Die Ursprünge der Umweltberichterstattung gehen auf die Umweltkatastrophen und die Zunahme der Umweltverschmutzung Ende der 1980er und Anfang der 1990er Jahre zurück. In Folge dessen stieg die Aufmerksamkeit für Umweltprobleme in der Öffentlichkeit, wobei Unternehmen als einer der Hauptverursacher wahrgenommen wurden.

Die Informationsbereitstellung über die ökologische Lage – neben umweltbezogener Informationsbereitstellungen aufgrund zwingender umweltrechtlicher Vorschriften – erfolgt vor allem mit den beiden Instrumenten „freiwilliger Umweltbericht" und „Umwelterklärung". 1990 gab es weltweit weniger als zehn selbständige, umfassende Umweltberichte. Zu Beginn hatten umweltbezogene Berichte noch vielfach den Charakter von einmalig oder unregelmäßig veröffentlichten Werbebroschüren („*Green Glossies*" bzw. „*One-Offs*"). Ihre Verbreitung und Qualität hat seitdem erheblich zugenommen (vgl. Schaltegger und Herzig 2008). Umweltberichte wurden Ende der 1990er Jahre von rund 250 Unternehmen in Deutschland veröffentlicht (vgl. Clausen et al. 1998) und machen heute den größten Teil der weltweit über 3.600 Extra-Financial Reports aus (vgl. ACCA und CorporateRegister 2004). Außerdem sind über 3.700 nach der EMAS-Verordnung registrierte Organisationen (und die überwiegende Mehrheit davon sind Unternehmen) dazu verpflichtet, eine Umwelterklärung zu veröffentlichen (vgl. EMAS Helpdesk 2007).

Umweltbericht

Umwelterklärung

15.3.3 Öko-Effizienz- und Sozio-Effizienz-Berichterstattung

Parallel zur zunehmenden Operationalisierung und Verbreitung des Öko-Effizienz-Ansatzes wurden seit Mitte der 1990er Jahre auch in der Unternehmensberichterstattung die Zusammenhänge zwischen ökonomischem Output und ökologischem Input verstärkt thematisiert (vgl. Herzig und Schaltegger 2006; Schaltegger und Herzig 2008). Unternehmen informieren dabei die Stakeholder darüber, welchen Beitrag das Umweltmanagement zur Steigerung des Unternehmenswerts leistet bzw. in wie weit es die Rentabilität erhöht oder möglichst kostengünstig sein kann (vgl. Schaltegger et al. 2007). Entsprechend der Empfehlung des *World Business Council for Sustainable Development* (vgl. WBCSD 1999) wird die ökonomisch-ökologische Effizienzbewertung von Unternehmen, Produkten und Dienstleistungen aber nicht in separaten Öko-Effizienzberichten dargestellt, sondern in die Umwelt- bzw. Geschäftsberichte integriert (vgl. Abschnitt 15.4.4): „*The WBCSD does not recommend that companies issue a separate or stand-alone eco-efficiency report, but rather integrate eco-efficiency information into their overall decision-making and communication process. For example, for external audiences, eco-efficiency indicators could be provided and interpretes in environmental or sustainability reports or integrated into financial reports*" (WBCSD 1999, S. 3).

Aus der Perspektive der ökonomischen Nachhaltigkeitsherausforderung wird aber die ökonomische Effizienz, als das Entscheidungskriterium für ein optimales Kosten-Nutzen-Verhältnis, nicht nur um die ökonomisch-ökologische Effizienz (Öko-Effizienz) sondern auch um die ökonomisch-soziale Effizienz (Sozio-Effizienz) erweitert (vgl. Schaltegger et al. 2007). Die zuvor beschriebene Sozialbilanzierung der 1970er Jahre war ein erster Ansatz in diese Richtung (vgl. Wysocki 1981). Die gleichzeitige Betrachtung ökonomisch-sozialer Zusammenhänge im Sinne der Sozio-Effizienz steht jedoch, im Unterschied zu dem sich seit mehreren Jahren immer stärker verbreiteten Öko-Effizienz-Ansatzes, noch am Anfang.

15.3.4 Nachhaltigkeitsberichterstattung

Über die im vorherigen Abschnitt beschriebene Teilintegration (Öko- bzw. Sozio-Effizienz) hinausgehend stehen Unternehmen vor der anspruchsvollen Aufgabe, allen zuvor beschriebenen Herausforderungen simultan zu begegnen und dies in der Unternehmensberichterstattung zu berücksichtigen. Mit einer solchen integrierten Darstellung ist der Anspruch verbunden, Stakeholder in geeigneter Weise darüber zu unterrichten, auf welche Weise Unternehmen die verschiedenen Nachhaltigkeitsherausforderungen miteinander verbinden und bewältigen. Dabei kommt insbesondere den Zielkonflikten und Synergien zwischen den verschiedenen Aspekten unternehmerischer Nachhaltigkeit sowie Interessensabwägungen, Entscheidungsprozessen und Prioritätensetzungen eine besondere Bedeutung zu (vgl. Schaltegger und Herzig 2008). Obwohl in dieser integrierten Darstellung ein Vorteil der Nachhaltigkeitsberichterstattung liegt, wird sie in der Unternehmenspraxis bislang nur unzureichend umgesetzt (vgl. von Ahsen et al. 2006, ECC Kohtes Klewes 2002, Loew et al. 2004, Sustainability und UNEP 2002). Um Zielkonflikte, Problemsituationen und Synergien glaubwürdig und offen in der Berichterstattung anzusprechen, bedarf es der Bereitschaft im Nachhaltigkeitsmanagement, sich offensiv mit den Berührungspunkten der verschiedenen Nachhaltigkeitsaspekte auseinanderzusetzen (vgl. Schaltegger und Herzig 2008).

Eine zentrale Frage der Integrationsherausforderung betrifft die Art und Weise, wie die Nachhaltigkeitsaspekte in den verschiedenen Kommunikationskanäle und -medien miteinander verknüpft werden. Insbesondere der Verknüpfung von Printbericht und Internet kommt dabei eine besondere Rolle zu. Betrachtet man nur die printbezogene Nachhaltigkeitsberichterstattung können drei Integrationsformen unterschieden werden (vgl. Herzig und Schaltegger 2006):

1. Einzelne Unternehmen entscheiden sich bewusst für die Veröffentlichung separater Berichtstypen, die sich an spezifische Stakeholder richten und vorwiegend über einzelne Dimensionen einer Nachhaltigen Entwicklung informieren (z. B. Umweltbericht, Sozialbericht, Personalbericht, Finanzbericht etc.). Eine Verknüpfung kann hier durch die Thematisierung von Zusammenhängen im Bericht und durch Querverweise zwischen den Berichtstypen erfolgen. Zwar ermöglicht diese Form eine stärker themen- und zielgruppenspezifische Berichterstattung, sie bleibt in ihren Integrationsmöglichkeiten jedoch beschränkt.

2. Aufgrund der zunehmenden finanziellen Bedeutung von ökologischen und sozialen Aspekten und der Bilanzrechtsreformgesetzes (Bundestag 2004) werden vermehrt Umwelt- und Sozialaspekte in die Geschäftsberichterstattung integriert. In Deutschland müssen umweltbezogene Informationen, die für die Beurteilung und Erläuterung der „voraussichtlichen Entwicklung mit ihren wesentlichen Chancen und Risiken" (§ 289 Abs. 1 Satz 4 und § 315 Abs. 1 Satz 5 HGB) relevant sind, im Lagebericht offen gelegt werden, sofern diese nach HGB erstellt werden. Allerdings sollten – entsprechend der Informationsfunktion der handelsrechtlichen Rechnungslegung – ausschließlich die Interdependenzen zwischen Umweltschutz und der wirtschaftlichen Lage eines Unternehmens dargestellt werden.

3. Als weitere Form integrativer Berichterstattung findet der Nachhaltigkeitsbericht immer größere Verbreitung. Einer der ersten Nachhaltigkeitsberichte, der bereits im Namen auf die Dreidimensionalität der Berichterstattung hinweist, war der so genannte *„Triple P-Report"* (People, Planet and Profits) von Shell (vgl. Shell 1999).

15.4 Grundsätze ordnungsmäßiger Nachhaltigkeitsberichterstattung

Um langfristig Erfolg zu haben, müssen insbesondere freiwillige Formen der Berichterstattung ihren Adressaten Glaubwürdigkeit vermitteln. Überprüfbare Daten und Fakten, konkret formulierte Nachhaltigkeitsziele sowie die Berichterstattung über Misserfolge und deren Ursachen und Konsequenzen können zur Erhöhung der Glaubwürdigkeit beitragen. Aktuelle Probleme und offene Fragen sollten in einem Nachhaltigkeitsbericht ebenso angesprochen werden, wie noch nicht erreichte Ziele. Kombiniert werden kann dies mit Begründungen und Beschreibungen weiterer Anstrengungen. Stellungnahmen von Betriebsräten, Betroffenen oder Kritikern können den Willen des Unternehmens unterstreichen, sich Herausforderungen ehrlich und im offenen Dialog zu stellen. Der Inhalt von Nachhaltigkeitsberichten kann zudem extern, etwa durch Wirtschaftsprüfer oder Experten von NGOs, geprüft und testiert werden.

Eine Möglichkeit zur Erhöhung der Glaubwürdigkeit ist die Berücksichtigung von „Grundsätzen ordnungsmäßiger Nachhaltigkeitsberichterstattung" (GoN). In der Literatur wurden einige Systeme von Grundsätzen ordnungsmäßiger Umweltberichterstattung (GoU) entwickelt (vgl. für eine Übersicht Lange und Daldrup 2002).

Leitlinien für die Nachhaltigkeitsberichterstattung

Im Folgenden werden die Prinzipien der Global Reporting Initiative (GRI, vgl. auch http://www.globalreporting.org) für die Bestimmung des Berichtsinhaltes und der Berichterstattung zur Qualitätssicherung vorgestellt (vgl. Abb. 15-3), welche als GoN angesehen werden können. Die Prinzipien sind dem Leitfaden der GRI zur Nachhaltigkeitsberichterstattung entnommen (vgl. GRI 2006). Sie können, durch die weltweite Anerkennung und Verbreitung des GRI-Leitfadens, als Schritt in Richtung eines Standards verstanden werden. Die GRI ist eine 1997 von der CERES (COALI-TION FOR ENVIRONMENTALLY RESPONSIBLE ECONOMIES) in Zusammenarbeit mit dem Umweltprogramm der Vereinten Nationen (UNEP) gegründete Organisation. Ihr Ziel ist es, einen weltweit anwendbaren und akzeptierten Leitfaden für die Erstellung und Prüfung von Nachhaltigkeitsberichten zu entwickeln und zu verbreiten, um den globalen Prozess der Nachhaltigen Entwicklung zu unterstützen. In den Entwicklungsprozess des Leitfadens wurden und werden unter anderem Wissenschaft, unternehmerische Praxis, Behörden und (Nichtregierungs-) Organisationen eingebunden.

Prinzipien für die Bestimmung des Berichtsinhalts	Prinzipien der Berichterstattung zur Qualitätssicherung
• Wesentlichkeit • Einbeziehung von Stakeholdern • Nachhaltigkeitskontext • Vollständigkeit	• Ausgewogenheit • Klarheit • Genauigkeit • Aktualität • Vergleichbarkeit • Zuverlässigkeit

Abb. 15-3: *Prinzipien der Nachhaltigkeitsberichterstattung der Global Reporting Initiative (Quelle: GRI 2006; eigene Darstellung)*

Zu den Prinzipien für die Bestimmung des Berichtsinhalts zählen (vgl. GRI 2006, S. 6-18):

• **Wesentlichkeit**

Die Angaben sollen Themen behandeln und Indikatoren enthalten, die bedeutende ökonomische, ökologische und gesellschaftliche/soziale Einflüsse eines Unternehmens abbilden oder maßgeblichen Einfluss auf die Entscheidungen von Stakeholdern haben können. In der Finanzberichterstattung beziehen sich die Informationen ausschließlich (wenn auch z. T. indirekt) auf wirtschaftliche Aspekte des Unternehmens. Die Wesentlichkeit stellt dabei auf wirtschaftliche Entscheidungen von Investoren und Kreditgebern ab. Im Rahmen der Nachhaltigkeitsberichterstattung jedoch ist der Kreis der Stakeholder größer und als wesentlich sind auch Informationen anzusehen, die erhebliche gesellschaftliche und ökologische Auswirkungen haben. Derartige Auswirkungen müssen also nicht zwingend das berichtende Unternehmen betreffen.

• **Einbeziehung von Stakeholdern**

Nachhaltigkeitsberichte sind adressatengerecht auszugestalten, indem sie sich an den Informationsbedürfnissen der Stakeholder orientieren. Das gilt für den Inhalt des Berichtes, die Wahl der Schwerpunkte, aber auch für den Sprachstil, den Umfang des Berichtes und die Verfügbarkeit von weiteren Informationen. Durch die Einbindung von Stakeholdern in den Berichterstellungsprozess – z. B. bei der Identifizierung von Berichtsfeldern und der Auswahl von Indikatoren – kann die Qualität des Berichtes kontinuierlich verbessert werden. Die umfassende Einbindung von Stakeholdern stellt eine Besonderheit gegenüber anderen Instrumenten der Berichterstattung (wie etwa der Finanzberichterstattung) dar. Der Stakeholderdialog kann, wie die Beachtung von GoN und die externe Bewertung, zur Erhöhung der Glaubwürdigkeit beitragen. Das berichtende Unternehmen sollte seine Stakeholder angeben und im Bericht erläutern, inwiefern es auf ihre nachvollziehbaren Erwartungen und Interessen eingegangen ist.

• **Darstellung im Kontext einer Nachhaltigen Entwicklung**

Der Bericht sollte die Leistung der Unternehmen im Kontext einer Nachhaltigen Entwicklung darstellen. Die ökonomischen, ökologischen und gesellschaftlichen/sozialen Leistungen sollen in einem lokalen, regionalen und globalen Kontext gesetzt werden. Hierzu zählen z. B. das Nachhaltigkeitsverständnis von Unternehmen, die Bezugnahme auf aktuelle und wichtige Themen sowie Informationen über Zulieferer.

- **Vollständigkeit**

In einem Nachhaltigkeitsbericht sollten möglichst alle Informationen über die ökonomische, ökologische und gesellschaftliche/soziale Leistung des berichtenden Unternehmens bereitgestellt werden, die zur Beurteilung seiner nachhaltigkeitsbezogenen Leistung notwendig sind. Vollständig im Sinne dieses Prinzips ist ein Bericht, der den Stakeholdern Informationen in hinreichender Weise (*„in sufficient detail"*) – bezogen auf die festgelegten Berichtsgrenzen, den Berichtsumfang und den Berichtszeitraum – zur Verfügung stellt.

Die Prinzipien der Berichterstattung zur Qualitätssicherung beinhalten (vgl. GRI 2006, S. 6-18):

- **Ausgewogenheit**

Damit eine korrekte Beurteilung der nachhaltigkeitsbezogenen Gesamtleistung eines Unternehmens überhaupt möglich ist, sollte die Berichterstattung ausgewogen sein. Eine Ausgewogenheit wird sichergestellt, wenn über sowohl positive als auch negative Aspekte der Leistung eines Unternehmens informiert wird. Insbesondere sollen relevante negative Ergebnisse den Stakeholdern nicht vorenthalten werden.

- **Vergleichbarkeit**

Die Informationen im Bericht sollten so dargestellt werden, dass die Stakeholder in der Lage sind, Veränderungen in der Leistung eines Unternehmens im zeitlichen Verlauf zu analysieren. Hierbei ist darauf zu achten, dass insbesondere die Daten im Zeitablauf vergleichbar sind. Dies wird vor allem durch eine Kontinuität bei den Erhebungs- bzw. Messmethoden ermöglicht. Im Falle von Veränderungen der Berichtsgrenzen, des Berichtsumfangs, der Berichtsperiode oder des Inhaltes (einschließlich des Aufbaus, der Definitionen und der Kennzahlen) sollten die berichtenden Unternehmen die Veränderungen erläutern sowie, sofern möglich und sinnvoll, aktuelle und historische Daten gegenüberstellen. Die Informationen sollen ebenfalls Vergleiche mit anderen Unternehmen ermöglichen. Hierzu gehören z. B. Vergleiche innerhalb einer Branche sowie mit *Good Practice* Beispielen.

- **Genauigkeit**

Die in einem Nachhaltigkeitsbericht dargestellten Informationen können in ihrer Art sehr heterogen sein (z. B. verbale Kommentierungen, monetäre Größen). Informationen sollten hinreichend genau sein, so dass Anspruchsgruppen die Leistung des berichtenden Unternehmens bewerten können. Die Anforderungen an die Genauigkeit sind je nach Art der Informationen sowie dem jeweiligen Nutzer unterschiedlich. So hängt die Genauigkeit der qualitativen Informationen beispielsweise von der Klarheit, der Detailliertheit und der Ausgewogenheit der Darstellung innerhalb geeigneter Berichtsgrenzen ab. Die Genauigkeit von quantitativen Informationen wird etwa von den Methoden der Datenerfassung und von der Datenanalyse bestimmt.

- **Aktualität**

Die Berichterstattung sollte regelmäßig erfolgen, um einen sinnvollen Zeitvergleich zu ermöglichen. Der Berichterstattungszyklus hängt von der Art der Informationen und den Bedürfnissen der Adressaten ab. Zweckentsprechend kann etwa eine jährliche Veröffentlichung des Nachhaltigkeitsberichtes (i. e. S.) sein, welche durch weiterführende Informationen, etwa im Internet, ergänzt und aktualisiert wird.

- **Klarheit**

Informationen sollten für Anspruchsgruppen verständlich, nachvollziehbar und nützlich sein. Bei der Interpretation des Grundsatzes der Klarheit ist von grundlegender Bedeutung, dass Nachhaltigkeitsberichte sich auch an nicht-fachkundige Adressaten, wie z. B. an Kunden und Mitarbeiter richten. Um die Informationsbereitstellung verständlich auszugestalten, können bei der Darstellung komplexer Sachverhalte

z. B. Tabellen, Grafiken sowie Glossare für technische und wissenschaftliche Begriffe verwendet werden.

• **Zuverlässigkeit**

Die Qualität und die Wesentlichkeit von Informationen sollten erläutert werden und überprüfbar sein. Um dies zu gewährleisten, sind insbesondere Erhebungs- und Analyseverfahren zu dokumentieren und offenzulegen. Für Dritte nachvollziehbar sollten auch die Entscheidungen über die Bestimmung des Berichtsinhaltes, der Berichtsgrenzen und die Einbeziehung von Anspruchsgruppen sein.

15.5 Berichtsinhalte

Teil 2 des GRI-Leitfadens enthält Vorgaben für Berichtsinhalte, so genannte Standardangaben (vgl. GRI 2006, S. 20-36). Die vorgeschlagene Gliederung der GRI wird im Folgenden skizziert. Diese Gliederung ist nur ein Beispiel; es gibt allein im deutschsprachigen Wirtschaftsraum zahlreiche weitere Leitfäden, in denen auch Strukturierungshinweise für Umwelt- und Nachhaltigkeitsberichte gegeben werden. (vgl. z. B. Umweltbundesamt 1997; IÖW und imug 2001; UVM 2002; BMLFUW 2004; BMU 2007). Darüber hinaus geben die meisten Leitfäden, wie z. B. der Leitfaden *„Reporting about Sustainability. In 7 Schritten zum Nachhaltigkeitsbericht"* (ÖIN 2003), eine schrittweise Anleitung zur Erstellung von Nachhaltigkeitsberichten.

15.5.1 Strategie und Analyse

Das Leitbild der Nachhaltigen Entwicklung und die Bedeutung der unternehmerischen Verantwortung werden kontrovers diskutiert. Daher ist es wichtig, dass jedes berichtende Unternehmen sein Verständnis von Nachhaltigkeit sowie die strategische Bedeutung im Unternehmen erläutert. Es sollte bei der Berichterstattung z. B. eingegangen werden auf die *Corporate Governance*, strategische Prioritäten und Kernthemen, eingehaltene Standards, übergreifende (volkswirtschaftliche und politische) Entwicklungen, unternehmerische Zielerreichungsgrade, nachhaltigkeitsbezogene Chancen und Risiken sowie wichtige nachhaltigkeitsbezogene Herausforderungen.

15.5.2 Organisationsprofil

Anzugeben sind hier Informationen wie etwa Marken und Produkte, Betriebsstätten und Märkte, in denen das Unternehmen tätig ist, aufgeschlüsselt nach Regionen. Angaben über Vermögen, Umsatzerlöse und Anzahl der Mitarbeiter geben Aufschluss über die Marktmacht. Gefordert sind ebenfalls Informationen über Outsourcing-Aktivitäten. Der Zweck dieser Informationen ist es, den Adressaten Aufschluss darüber zu geben, in welchen Regionen das Unternehmen durch seine unternehmerische Tätigkeit faktisch (nicht nur formal), Einfluss auf nachhaltigkeitsbezogene Aspekte nimmt.

15.5.3 Berichtsparameter

Das zu erläuternde so genannte Berichtsprofil umfasst den Berichtszeitraum (Geschäfts-/ Kalenderjahr), Berichtszyklus und Ansprechpartner. Des Weiteren sind Informationen zum Berichtumfang und -grenzen zu geben. Hierbei sind die Wesentlichkeit von Informationen, Auswahl und Priorisierung von Themen, die Relevanz von Stakeholdern sowie Erhebungs- und Berechnungsmethoden zu erläutern und zu begründen.

15.5.4 Governance, Verpflichtungen und Engagement

Anzugeben sind detaillierte Informationen zur *Corporate Governance* (Führung des Unternehmens), zu Verpflichtungen des Unternehmens gegenüber externen Initiativen sowie zur Einbeziehung von Stakeholdern (Engagement) in den Prozess der Berichterstellung. Bei der Erläuterung der *Corporate Governance* sollte insbesondere auch auf Verantwortlichkeiten bei der Entwicklung der unternehmerischen Strategie sowie auf Kontrollmechanismen eingegangen werden. Bei den eingegangenen Verpflichtungen des Unternehmens wird insbesondere das Vorsorgeprinzip der Rio-Erklärung genannt. Die bei der Erstellung des Berichts einbezogenen Stakeholder sollten genannt und die Auswahl begründet werden.

15.5.5 Managementansatz und Leistungsindikatoren

Indikatoren bzw. Kennzahlen sind wichtige Standardisierungen (s. Kap. 10) und ermöglichen einen besseren Vergleich der Unternehmensleistung, etwa mit anderen Unternehmen oder der Branche. Die Angaben zu den Leistungsindikatoren sollten gemäß den Vorgaben der GRI in die Kategorien Ökonomie, Ökologie und Gesellschaft/Soziales gegliedert werden. Arbeitspraktiken, Menschenrechte, Gesellschaft und Produktverantwortung sollten dabei Gruppen für die gesellschaftlich/Sozialen Indikatoren bilden. Jede Kategorie sollte Angaben zum Managementansatz sowie Kern- und Zusatzindikatoren enthalten. Die Angaben zum Managementansatz schaffen dabei den Kontext für das Verständnis der Leistungsindikatoren. Für einen Überblick über die Kernindikatoren der GRI vgl. Kapitel 17.5.

 Kap. 10

 Kap. 17

Im Folgenden wird die Nachhaltigkeitsberichterstattung der Henkel KGaA als ein *Good-Practice*-Beispiel vorgestellt.

15.6 Fallbeispiel Henkel

In diesem Abschnitt wird die Nachhaltigkeitsberichterstattung der Henkel KGaA skizziert, welche über die Homepage an die Anspruchsgruppen adressiert wird. Es werden der „Nachhaltigkeitsbericht 2006" vorgestellt und im Anschluss daran Besonderheiten der internetgestützten Berichterstattung von Henkel hervorgehoben.

15.6.1 Nachhaltigkeitsbericht 2006 von Henkel

Der aktuelle Nachhaltigkeitsbericht ist direkt unter www.sd.henkel.de zu erreichen. Er kann online gelesen oder im PDF-Format heruntergeladen werden. Bei der nachstehenden Vorstellung der Berichtsinhalte wird der Gliederung im Bericht gefolgt.

• **Vorwort**
Das Vorwort ist unterzeichnet von Prof. Dr. Ulrich Lehner (Vorsitzender der Geschäftsführung) und Dr. Wolfgang Gawrisch (Chief Technology Officer Forschung/Technologie, Vorsitzender Sustainability Council). Dies signalisiert, dass der unternehmerischen Nachhaltigkeit eine große Bedeutung zukommt. Im Vorwort wird bereits ein aktuelles Kernthema, nämlich die weltweite Ressourcenverknappung angesprochen. Eine Verbindung der volkswirtschaftlichen bzw. globalen Betrachtung zu den unternehmerischen Auswirkungen bei der Henkel KGaA wird über die stark gestiegenen Energie- und Rohstoffpreise hergestellt und hervorgehoben.

• **Henkel kurz gefasst**
Die Informationen lehnen sich an das von der GRI geforderte Organisationsprofil an. Es wird ein Überblick über die Marken und Geschäftsfelder der Henkel KGaA gegeben (Wasch-/Reinigungsmittel, Kosmetik/Körperpflege, Klebstoffe sowie diverse industrielle Anwendungen wie Dichtstoffe und Oberflächentechnologien).

Umsatzerlöse werden nach Unternehmensbereichen und Regionen differenziert. Darüber hinaus wird die Bedeutung von Innovationen zur Sicherung des langfristigen Unternehmenserfolges herausgestellt sowie eine Wertschöpfungsrechnung zur Darstellung der volkswirtschaftlichen und gesellschaftlichen Bedeutung der Geschäftstätigkeit in Kurzform angegeben.

• **Werte und Management**

Nachhaltigkeit wird bei Henkel als gesellschaftliche und unternehmerische Zukunftsfähigkeit verstanden. Ziel ist es, „Umsätze und Gewinne gesellschaftlich verantwortlich zu erzielen" (Henkel 2006, S. 4) und dadurch die Wettbewerbsfähigkeit auf globalisierten Märkten zu festigen und auszubauen. Erreicht werden soll dies durch eine systematische Verankerung von Nachhaltigkeit im Unternehmen (z. B. in Managementsysteme) sowie durch die Einhaltung und Kommunikation von Verhaltensregeln und Standards. Von Lieferanten und anderen Geschäftspartnern wird erwartet, dass sie ihre Geschäftstätigkeit ebenfalls gesellschaftlich verantwortungsvoll ausrichten. Zukunftsfähige Lösungen werden im permanenten Dialog mit den Anspruchsgruppen erarbeitet. Henkel nennt als Anspruchsgruppen (in dieser Reihenfolge) explizit Mitarbeiter, Aktionäre, Kunden, Verbraucher, Lieferanten, Nachbarn, Behörden, Politiker, Verbände, Nichtregierungsorganisationen (NGOs), Wissenschaftler und die Öffentlichkeit.

• **Nachhaltige Produkte und Ressourceneffizienz**

 Kap. 11

Henkel sieht eine besondere Relevanz darin, entlang der gesamten Wertschöpfungskette (s. Kap. 11), in Forschung und Entwicklung, Produktion und Logistik verantwortlich zu handeln. Im Nachhaltigkeitsbericht finden sich konkrete Ziele mit Angaben zum aktuellen Stand der Zielerreichung. Nachhaltigkeit soll in den gesamten Produktlebenszyklen sichergestellt werden. Produktsicherheit ist dabei ein spezieller Aspekt, dem besondere Aufmerksamkeit gewidmet wird. Zahlreiche Produkt- und Prozessinnovationen werden konkret vorgestellt. Darüber hinaus werden für Henkel relevante übergreifende Themen genauer erläutert, wie etwa die Bemühungen, Alternativen zu Tierversuchen zu finden. Aktuelle Themen sind darüber hinaus etwa die EU-Chemikalienpolitik (REACH), der Klimaschutz sowie ein verantwortungsvoller Umgang mit Rohstoffen. Es wird deutlich, dass die Themen stark durch die Geschäftsfelder der Henkel KGaA geprägt sind. Chancen für eine Nachhaltige Entwicklung sollen durch unternehmerische Kernkompetenzen wahrgenommen und Risiken minimiert werden.

• **Mitarbeiter und Arbeitsplätze**

 Kap. 3

Henkel setzt auf die Förderung der Mitarbeitenden und des Arbeitsklimas. „Dazu gehören die Verpflichtung, die persönliche Würde, die Privatsphäre und die Persönlichkeitsrechte unserer Mitarbeiter zu respektieren, sowie der Grundsatz der Gleichbehandlung" (Henkel 2006, S. 34). Die Verhaltensregeln sind in einem *Code of Conduct* (s. Kap. 3) verankert. Oberste Priorität wird der Arbeitssicherheit und dem Gesundheitsschutz der Mitarbeitenden zugeschrieben. Auch hier finden sich konkrete Ziele und Statusangaben.

• **Gesellschaftliches Engagement**

Unter gesellschaftlichem Engagement versteht Henkel gesellschaftliche Verantwortung, die über die Geschäftstätigkeit hinausgeht (*Corporate Citizenship*). Die Projekte orientieren sich an den *Millenium Development Goals* der Vereinten Nationen (vgl. auch http://www.un.org/millenniumgoals/). Erläutert werden das Spendenmanagement der Henkel KGaA und konkrete Projekte, etwa zur Vergabe von Förderpreisen an Nachwuchswissenschaftler, sowie verschiedene soziale, kulturelle und Umweltprojekte, z.B. in Indien, Namibia, Brasilien, aber auch in europäischen Ländern wie Italien.

• **Externe Bewertungen**

Die gesellschaftlich verantwortungsvolle Geschäftstätigkeit der Henkel KGaA wurde durch Ratingagenturen und Nachhaltigkeitsanalysten positiv bewertet (vgl. Henkel 2007). Dazu gehören etwa die Aufnahmen in den *Dow Jones Sustainability Index* sowie in den *FTSE4Good*. Die Nachhaltigkeitsberichterstattung selbst wurde von der britischen Beratung SUSTAINABILITY (http://www.sustainability.com) bewertet. Die Ergebnisse sind in dem alle zwei Jahre erscheinenden Bericht „*Tomorrow's value*" publiziert. Henkel ist dort in den „50 Leaders" auf Platz 42 gelistet worden und damit das zweitbeste von drei deutschen Unternehmen unter den besten 50 Nachhaltigkeitsberichterstattern.

- **Kontakte und Impressum**

Im Nachhaltigkeitsbericht werden umfangreiche Kontaktmöglichkeiten (Telefon, Fax, personenbezogene E-Mail-Adressen, Internetadressen) angegeben. Ansprechpersonen sind für die Bereiche „*Sustainability Communications*", „*Sustainability Reporting and Stakeholder Dialogue*", „*Investor Relations*" sowie „*Corporate Citizenship*" zu erreichen.

15.6.2 Internetgestützte Nachhaltigkeitsberichterstattung von Henkel

Die Henkel KGaA hat nicht nur eine lange Tradition in der printbasierten Nachhaltigkeitsberichterstattung. Das Unternehmen war darüber hinaus auch eines der ersten in Deutschland, welches das Internet für seine Nachhaltigkeitsberichterstattung genutzt hat (vgl. http://www.sd.henkel.de). Die langjährige Erfahrung spiegelt sich in einer gelungenen integrativen Nachhaltigkeitsberichterstattung wider, die durch eine sinnvolle Verknüpfung des gedruckten Nachhaltigkeitsberichts mit der Nachhaltigkeitsberichterstattung im Internet gekennzeichnet ist (vgl. Blanke et al. 2007). So wird z. B. im Nachhaltigkeitsbericht an verschiedenen Stellen auf vertiefende Hinweise im Internet verwiesen. Auch der Investor Relations Bereich im Internet ist über einen eigenen FAQ-Bereich zum Thema Nachhaltigkeit mit den Nachhaltigkeitswebseiten verbunden. Diese sehr gute Erreichbarkeit von Nachhaltigkeitsinformationen im Internet zeigt sich auch darin, dass der Bereich „Nachhaltigkeit bei Henkel" von der Startseite des Unternehmens mit einem Klick aus zu erreichen ist. Das Unternehmen signalisiert auf diese Weise, dass es dem Thema Nachhaltigkeit einen hohen Stellenwert zuweist.

Weitere internetspezifische Instrumente, welche die Informationssuche im Nachhaltigkeitsbereich erleichtern, sind eine Suchfunktion, die sich auf den Nachhaltigkeitsbereich einschränken lässt und ein GRI-Index, der auf die Berichtsthemen und die Indikatoren der GRI im aktuellen Nachhaltigkeits- und Geschäftsbericht und im Internet verweist. Durch die Hyperlink-Struktur des Internets ist ein schneller Zugriff auf diese Informationen möglich.

Der Internetauftritt der Henkel KGaA zeichnet sich aber nicht nur durch seine Erreichbarkeit und Zugänglichkeit der Nachhaltigkeitsinformationen aus. Im Vergleich zu anderen DAX30-Unternehmen ist auch die Verfügbarkeit von Nachhaltigkeitsinformationen überdurchschnittlich (vgl. Blanke et al. 2007). Positiv hervorzuheben ist das umfangreiche Archiv, das alle seit 1992 veröffentlichten Berichte (z. B. Umweltreports, Nachhaltigkeitsberichte) als Download zur Verfügung stellt und einen Rückgriff auf unternehmensbezogene Neuigkeiten zum Thema Nachhaltigkeit seit 2001 möglich macht. Im News-Bereich finden sich auch aktuelle Meldungen zu den Nachhaltigkeitsaktivitäten von Henkel. Die internetgestützte Nachhaltigkeitsberichterstattung von Henkel ergänzt auf diese Weise das Informationsangebot des gedruckten Berichts, der aufgrund seiner beschränkten Anzahl von Seiten und seiner Funktion als Momentaufnahme in der Bereitstellung von weiterführenden und aktuellen Informationen limitiert ist.

Schwächen im Internetauftritt der Henkel KGaA zeigen sich in Bezug auf die Adaptierbarkeit der Informationen und der Kommunikation mit den Stakeholdern. Das technische Potenzial des Internets, Informationen individuell und adressatengerecht zusammenzustellen und somit adaptierbar zu machen, wird grundsätzlich bislang nur von wenigen Unternehmen genutzt (vgl. Blanke et al. 2007), obwohl ein solches „Customised Reporting" die Wahrnehmung und Verarbeitung von Informationen unterstützt.

Ein positives Beispiel ist hier die internetgestützte Nachhaltigkeitsberichterstattung der BASF AG, welche die Möglichkeit bietet, Daten und Kennzahlen interaktiv zu generieren und in unterschiedlichen Ausgabeformaten darzustellen (vgl. http://berichte.basf.de/de). Ähnlich selten sind generell auch Dialogangebote, die – zur besseren Verständigung über Nachhaltigkeitsthemen – einen Austausch sowohl zwischen den Stakeholdern und Unternehmen als auch zwischen den Stakeholdern untereinander ermöglichen. Hier bildet die Henkel KGaA keine Ausnahme. Diskus-

sionsforen, Blogs oder Chats spielen (bislang) nahezu keine Rolle in der internetge-stützten Nachhaltigkeitskommunikation mit den Stakeholdern. Allerdings ist die Möglichkeit zur Kontaktaufnahme mit Ansprechpartnern zum Thema Nachhaltigkeit – wie bei der Printberichterstattung – bei der Henkel KGaA vorbildlich: Die An-sprechpartner werden namentlich genannt und mit Foto abgebildet. Auch werden internetspezifische Funktionen zum besseren Verstehen und Verarbeiten von Infor-mationen genutzt. Hierzu zählt der Einsatz, von Multimedia-Elementen, z. B. in Form eines Videos, das in das Thema Umweltschutz und Nachhaltigkeit einführt. Es zeigt, wie Umweltschutz und gesellschaftliche Verantwortung in Einklang mit den wirtschaftlichen Anforderungen bei der Henkel KGaA gebracht werden. Weiterhin erläutert ein Glossar, das von jeder Seite aus direkt zu erreichen ist, relevante Begrif-fe im Kontext einer Nachhaltigen Entwicklung erläutert.

15.7 Übungsfragen

1. Was kann unter dem Begriff der Nachhaltigkeitsberichterstattung verstanden werden und welche Ziele kann ein Unternehmen mit der Nachhaltigkeits-berichterstattung verfolgen?
2. Erläutern Sie grundlegende Anforderungen, die eine zielorientierte Nachhaltigkeitsberichterstattung erfüllen sollte.
3. Erläutern Sie wichtige „Grundsätze ordnungsmäßiger Nachhaltigkeits-berichterstattung" der Global Reporting Initiative. Wozu sollen diese Grundsätze dienen?
4. Nennen Sie mögliche Berichtsfelder und konkrete Inhalte von Nachhaltigkeitsberichten.
5. Diskutieren Sie die historische Entwicklung der Nachhaltigkeits-berichterstattung.
6. Diskutieren Sie mögliche Vor- und Nachteile für Unternehmen und Anspruchsgruppen, welche sich durch eine Nachhaltigkeits-berichterstattung ergeben.

15.8 Weiterführende Literatur

Lange, C. und Pianowski, M. (2007): Nachhaltigkeitsberichterstattung und Integrier-tes Controlling. in: Isenmann, R. und Marx Gómez, J. (Hrsg.): Internetgestützte Nachhaltigkeitsberichterstattung. Stakeholder, Trends, Technologien, neue Medien, Berlin.

Michelsen, G. und Godemann, J. (Hrsg.) (2007): Handbuch Nachhaltigkeitskommunikation. 2. aktualisierte und überarbeitete Neuauflage, München.

Schaltegger, S., Bennett, M. und Burritt, R. (Hrsg.) (2006): Sustainability Accounting and Reporting, Dordrecht.

16 Öko-Labeling

von Martin Kupp

Kapitelausblick

Ein wichtiger Teilbereich des in Kapitel 14 vorgestellten Umwelt-Marketings ist die Kommunikationspolitik, innerhalb derer sowohl die im vorangegangenen Kapitel diskutierten Aspekte zur Nachhaltigkeitsberichterstattung als auch die im Folgenden Kapitel vorgestellten Öko- bzw. Umwelt-Label, die von externer Stelle vergeben werden, eine zentrale Rolle zukommt. Die Möglichkeiten und Grenzen des Einsatzes von Öko-Labeln im Rahmen der Kommunikationspolitik werden im folgenden Kapitel ausführlich dargestellt.

Nach einer kurzen Einführung in die grundsätzliche Wirkungsweise von Güte- oder Qualitätssiegeln sollen die konkreten Ziele und Wirkungsweisen von Öko-Labeln näher erörtert werden. Bei der inzwischen fast unübersichtlichen Anzahl von Öko-Labeln scheint es im Anschluss daran angebracht, den Versuch einer Systematisierung der verschiedenen Öko-Label vorzunehmen. Den Schwerpunkt des Kapitels bildet die Entwicklung und Beschreibung einer sehr pragmatischen Herangehensweise an die Auswahl und Entwicklung einer Öko-Label-Konzeption. Abgeschlossen wird das Kapitel durch das Fallbeispiel „Blauer Engel".

Lernziele

1. Das Labeling als Möglichkeit der Leistungsbegründung verstehen.
2. Einen Einblick in die grundsätzlichen Ziele und Wirkungsweisen von Öko-Labeln erhalten.
3. Ein Verständnis für die Probleme von Öko-Labeln und vor allem einer Inflation verschiedener Label und Label-Konzepte entwickeln.
4. Systematisierungsmöglichkeiten von Öko-Label-Konzeptionen kennen lernen und kritisch hinterfragen können.

16.1 Einführung

Die Markierung einer Leistung (Produkt, Dienstleistung) stellt eine ganz wesentliche Entscheidung im Rahmen des Marketings, insbesondere der Produkt- und Kommunikationspolitik, eines Unternehmens dar. Vor allem im Rahmen des Umwelt-Marketings ist die Markierung und glaubwürdige Kommunikation der eigenen Umweltkompetenz und Umweltleistung von entscheidender Bedeutung. Die Wahl eines zum Unternehmen bzw. zur Strategie passenden Öko-Labels zur Unterstützung der glaubwürdigen Kommunikation und der erfolgreichen Markierung des eigenen Leistungsangebots ist daher eine zentrale Aufgabe des Umwelt-Marketings.

Grundsätzlich werden als „Gütesiegel", „Gütezeichen" oder „Qualitätssiegel" grafische oder schriftliche Markierungen an Produkten bezeichnet, die eine qualitative Aussage vermitteln sollen und oft einen besonderen Bekanntheitsgrad haben. Häufig werden sie auch als „Prüfzeichen", „Prüfsiegel" oder „Label" bezeichnet.

Zweck dieser meist privatwirtschaftlich getragenen „Siegel" oder „Zeichen" ist es, dem Verbraucher positive Hinweise über die Qualität oder Beschaffenheitsmerkmale eines Produktes zu liefern sowie den Hersteller dieses Produktes als besonders vertrauenswürdig herauszustellen. Das Label selbst enthält in der Regel keine qualitative Aussage. Eine Ausnahme bilden z.B. die Energieeffizienzlabel der EU, die konkrete und vergleichbare Aussagen über die Energieeffizienz von Produkten treffen.

Inwieweit und mit welcher Spezifizierung ein Prüf- oder Gütesiegel tatsächlich eine besondere Produktqualität repräsentiert, ergibt sich meist nur aus den zugrunde liegenden Bestimmungen, Regeln oder sonstigen zeichenbezogenen Darlegungen. Gütesiegel haben manchmal einen ähnlichen Stellenwert wie Normen oder Richtlinien, können dabei aber stärker an den Werbe- und Imageinteressen der Produktanbieter orientiert sein. Dennoch können sich besonders vertrauenswürdige Zeichensysteme zu einem Standard mit hoher Wertschätzung entwickeln. Tabelle 16-1 erläutert die wesentlichen Kriterien und Wirkungsweisen der verschiedenen Formen von Produktmarkierungen:

Eigenmarken	Firmeneigene Label (auch Markenzeichen oder Handelsmarken), die eine oder mehrere Produktlinien kennzeichnen. Ein Beispiel ist die Eigenmarke Füllhorn der Handelsgruppe Rewe für Produkte aus kontrolliert ökologischer Landwirtschaft.
Gütezeichen	Wettbewerbsrechtlich geschützte Zeichen, die ein Prüfverfahren vom RAL, dem Deutschen Institut für Kennzeichnung und Gütesicherung e.V., durchlaufen haben und somit den „Grundsätzen für Gütezeichen" entsprechen. Gütezeichen werden als branchenmäßig orientierte Gemeinschaftszeichen für Warengruppen geschaffen. Bei den RAL-Gütezeichen steht die Sicherung der Qualität bzw. Güte von Produkten im Vordergrund. Dabei orientieren sich die Qualitätsstandards vor allem an gesetzlichen Grundlagen und Normen. Beispiele sind die RAL-Gütezeichen Kompost für Frischkompost, Fertigkompost und Mulchkompost, Substratkompost.
Prüfzeichen	Label, die von wissenschaftlich-technischen Instituten vergeben werden. Es wird hierbei geprüft, ob das Produkt die sicherheitstechnischen Anforderungen erfüllt und gebrauchstauglich ist (z.B. VDE-Zeichen, GS-Zeichen, TÜV-Prüfzeichen). So kennzeichnet das QS-Prüfzeichen Fleisch und Fleischwaren aus konventioneller Landwirtschaft, die auf ihre Qualität geprüft worden sind. Es umfasst Anforderungen an die Produktqualität, die Landwirtschaft, den Futtermittelsektor, die Schlachtung und Zerlegung, die Verarbeitung und den Lebensmittelhandel.
Regionalzeichen / Herkunftszeichen	Label, die für Produkte (insbesondere Lebensmittel) werben, die in einer bestimmten Region hergestellt werden. Zum Beispiel kennzeichnet das „Altmühltaler Lamm" Lammfleischprodukte aus dem Naturpark Altmühltal und der nahen Umgebung. Der Kennzeichnung liegen Kriterien in Bezug auf Naturschutz, regionale Produktion und Produktqualität sowie Vermarktungsregeln zugrunde.
Umweltzeichen oder Öko-Label	Produktbezogene Kennzeichen, die sich auf die Umwelteigenschaften eines Produktes beziehen. Sie finden sich auf Produkten, die umweltschonend hergestellt werden (z.B. Bio-Lebensmittel), sich durch geringe Schadstoffbelastungen auszeichnen oder besonders umweltfreundlich entsorgt werden können. Dabei gibt es sowohl Umweltzeichen, die sich nur auf Einzelaspekte konzentrieren (z.B. chlorfrei gebleicht, FCKW-frei) als auch solche, die sich auf den gesamten Lebenszyklus beziehen. Sie zielen darauf ab, Angebot und Nachfrage umweltfreundlicher Produkte zu fördern.

Tab. 16-1: Übersicht über verschiedene Formen der Produktmarkierung (Quelle: http://www.label-online.de)

16.2 Ziele und Wirkungsweise von Öko-Labeln

Das Ziel von Öko-Labeln ist es immer, Produkt- oder Unternehmensinformationen Glaubwürdigkeit zu verleihen und so Informationsdefizite potenzieller Käufer zu beheben. Dies ist gerade für umweltfreundliche Produkte und umweltorientierte Unternehmen wichtig. Denn bei der Umweltfreundlichkeit eines Produktes handelt es sich häufig um eine **Vertrauenseigenschaft**, also eine Zusicherung, die der Käufer weder ex ante noch ex post überprüfen kann. Solch asymmetrisch verteilte Qualitätsinformationen zwischen Anbietern und Nachfragern können zu einem Prozess der Qualitätsverschlechterung führen. Eine solche Gefahr des Marktversagens ist bei ökologischen Produkten, deren z.B. umweltfreundliche Erzeugung oder Herstellung häufig weder vor noch nach dem Kauf durch den Käufer überprüft werden kann, besonders groß (vgl. Kaas 1992, S. 480). Daher spielt die Beseitigung der Qualitätsunsicherheit eine große Rolle. Eine wichtige Möglichkeit dabei sind Öko-Label, die dem Käufer Eigenkontrolle und Informationssuche ersparen sollen und so die ökologische Vertrauenseigenschaft in eine **Quasi-Sucheigenschaft**, also eine vom Käufer schon vor dem Kauf gut überprüfbare Eigenschaft, überführen sollen (vgl. Hüser 1993, S. 277).

Vertrauens-eigenschaft

Quasi-Sucheigenschaft

Die Bedeutung von Öko-Labeln spiegelt sich auch in der mittlerweile großen Vielzahl von existierenden Öko-Labeln wider. Diese reichen von staatlich vergebenen Labeln wie dem Blauen Engel oder der Umwelt-Blume der Europäischen Union über Label von unabhängigen Institutionen, von Verbänden, von einer Gruppe von Unternehmen bis zu unternehmenseigenen Labeln. Abbildung 16-12 zeigt eine Auswahl verschiedener Öko-Label, die ausschließlich im Bereich der Nahrungsmittel Anwendung finden.

Abb. 16-1: Beispiele für Öko-Label aus dem Bereich der Nahrungsmittel (Quelle: eigene Darstellung)

Das von der VERBRAUCHER INITIATIVE E.V., dem Bundesverband kritischer Verbraucherinnen und Verbraucher, betriebene, Internet gestützte Informationssystem http://www.label-online.de listet inzwischen (Stand: Juli 2009) über 300 verschiedene Öko-Label. Diese (Über-)Fülle des Angebots konterkariert jedoch die eigentlichen Ziele von Öko-Labeln, also den Abbau von Informationsasymmetrien und lässt heute keine schnelle Orientierung mehr zu. Die Vielzahl der Label wirkt sich indirekt auf den Informationswert der einzelnen Zeichen aus. Hintergründe der Kennzeichnung bleiben dem Betrachtenden unklar und der Verbraucher ist darüber hinaus häufig auch gar nicht gewillt, sich mit Einzelheiten zu dieser Vielzahl von Öko-Labeln auseinander zu setzen. Dies hat zur Folge, dass auch seriöse Zeichen nicht mehr ausreichend wahrgenommen werden. Ihre Bedeutung als Informations- und Orientierungshilfe für eine bewusste Kaufentscheidung geht dadurch verloren.

Damit Label eine Wirkung auf dem Markt entfalten können, sollten sie daher nicht nur bestimmte Bedingungen erfüllen. Eine wesentliche Voraussetzung für ihre Wirkung ist das Wissen über ihre Eigenschaften und Qualitätsmerkmale. Außerdem spielen die Bekanntheit und die Unverwechselbarkeit der Kennzeichnung eine ganz wesentliche Rolle. Dieser Aufgabe können sich einerseits Unternehmen stellen, die durch umfassende Information die Kundschaft aufklären. Andererseits setzen hier Verbraucherschutzinitiativen an, wie z.B. das Internet-Portal http://www.label-online.de der VERBRAUCHER INITIATIVE E.V.

16.3 Systematisierung von Öko-Labeln

Betrachtet man die große Anzahl von Öko-Labeln, so stellt sich die Frage, was diese verschiedenen Label unterscheidet und vor allem, welche Art von Label für welche Art von umweltfreundlichem Produkt Sinn macht. Nach HANSEN und KULL können Öko-Label zunächst einmal anhand des zu kennzeichnenden Gegenstandes sowie nach der kennzeichnenden Institution unterschieden werden (vgl. Hansen und Kull 1994, S. 266). Gegenstand eines Öko-Labels können Produkte bzw. Dienstleistungen sowie Unternehmen selbst sein. Kennzeichnende Institution des Öko-Labels können einzelne Untenehmen, Unternehmensgruppen, Wirtschaftverbände, unabhängige Institutionen in Gemeinschaft mit Wirtschaftsinstitutionen oder alleine sowie staatliche Einrichtungen sein. Aus dieser Unterteilung ergibt sich eine erste Systematisierung von Öko-Labeln, wie sie in Tabelle 16-2 dargestellt ist:

Gegenstand eines Öko-Labels

Träger des Öko-Labels	Gegenstand des Öko-Labels	
	Produkt/Dienstleistung	Unternehmen/Institution
Einzelne Unternehmen	Produktname mit Zusatz „Öko"	Ökologisch orientierte Vertriebslinie eines Handelskonzerns, z.B. Vitakauf
Unternehmensgruppen	Stiftung Leberecht	Demeter, Bioland
Verbände		DEHOGA „umweltfreundlicher Betrieb"
Unabhängige Institutionen unter Mitwirkung privatwirtschaftlicher Vertreter	Blauer Engel	Umweltlogo Einzelhandel
Unabhängige Institutionen	TransFair-Siegel	Initiative Mini-Müll
Staatliche Institutionen	EU-Umweltblume	EMAS

Tab. 16-2: Beispiele für Konzepte des Öko-Labeling (Quelle: Hansen und Kull 1994, S. 266)

Eine sinnvolle Erweiterung dieser Systematisierung ist die Unterscheidung von Öko-Labeln anhand der zu kommunizierenden Information. Grundsätzlich stellt das Öko-Label spezifische Informationen über Produkte und/oder Unternehmen zur Verfügung. Allerdings werden in der Regel eine Vielzahl von Informationen verdichtet, weshalb zu fragen ist, welche Botschaft letztlich vom Kaufenden wahrgenommen wird. Eine Möglichkeit verschiedene Öko-Label-Konzeptionen zu unterscheiden, stellt die Trennung in Öko-Label, die einen **Standard** und solche, die einen **Fortschritt** bzw. eine **Innovation** kommunizieren, dar.

Öko-Label für Standard, Fortschritt, Innovation

16.4 Auswahl und Umsetzung einer Öko-Label-Konzeption

Bei der Auswahl einer Öko-Label-Konzeption muss sich ein Unternehmen in einem ersten Schritt Gedanken über die Art der zu kommunizierenden Information (Standard bzw. Innovation) machen. Denn letztlich hängen alle weiteren Entscheidungen davon ab, was genau beim potenziellen Käufer verankert werden soll.

In einem zweiten Schritt ist zu entscheiden, wer Träger des Labels werden soll. Grundsätzlich kann davon ausgegangen werden, dass die Glaubwürdigkeit eines Öko-Labels ganz wesentlich von der Reputation der vergebenden Institution abhängt. Dabei ist zu berücksichtigen, dass neutrale (unabhängige oder staatliche) Institutionen aufgrund ihrer Unabhängigkeit eine stärkere Glaubwürdigkeit besitzen. Verbände und Unternehmensgruppen haben zwar gegenüber Einzelunternehmen den Vorteil durch in der Regel größere Finanzkraft und mediale Sichtbarkeit häufiger Signale zu senden und damit Bekanntheit und Vertrauen aufzubauen. Allerdings werden es Gruppen oder Verbände schwer haben, mit einem gemeinsam entwickelten und getragenen Label Fortschritt und Innovation beim Kaufenden zu verankern, da solche Gruppen bzw. Verbände durch die Vielzahl der vertretenen Interessen in der Regel zu Kompromisse neigen, weshalb sie eher dazu dienen sollten, einen (Mindest-)Standard zu kommunizieren. Einzelunternehmen wiederum haben durchaus die Chance, ein mit einem innovativen Image versehenes Öko-Label für die eigenen Produkte am Markt zu etablieren. Dazu sollte aber das Unternehmen schon eine gewisse Bekanntheit sowie das Image einer ökologisch-fachlichen Kompetenz besitzen. Darüber hinaus ist zu berücksichtigen, dass grundsätzlich eine weitere Öko-Label-Inflation als kontraproduktiv einzuschätzen ist. In diesem Fall ist also die Forderung nach Informationsentlastung der Kundschaft gegen die Möglichkeit der Etablierung eines Labels mit stark innovativem Charakter abzuwägen.

Nachdem man sich Gedanken über die zu kommunizierende Information und den oder die potenziellen Träger des Öko-Labels gemacht hat, muss geklärt werden, welche Gegenstände oder Sachverhalte unter dem Dach eines Labels hinsichtlich ihrer ökologischen Eigenschaften gekennzeichnet werden sollen. Dabei ist zu beachten, dass die Aussagefähigkeit, die Glaubwürdigkeit und Kompetenz eines Labels abnimmt, je heterogener die Eigenschaften der Produkte und/oder Dienstleistungen sind, die unter dem Dach des Öko-Labels zusammengefasst werden.

Im vierten Schritt müssen in einem möglichst transparenten und objektiven Verfahren Vergabekriterien festgelegt werden sowie Verfahrensanweisungen für den Beurteilungs- und Vergabeprozess der Produkte und/oder Dienstleistungen formuliert werden, wenn diese nicht bereits – wie bei einem unabhängigen und von dritter Seite vergebenen Label – bestehen.

Sind diese Voraussetzungen geschaffen, muss als nächstes durch angemessene Kommunikation für eine gesicherte Akzeptanz des Labels in den jeweiligen Zielgruppen gesorgt werden. Denn letztlich soll ein Öko-Label verkaufsfördernd wirken. Dazu muss es nicht nur den Kunden bekannt sein, sie müssen es auch verstehen: wofür steht das Label, was genau bedeutet es, wer vergibt es und welche Vorteile habe ich als Käufer von Produkten mit dem entsprechenden Label? Besonders zu beachten ist dabei, dass allen Interessierten Informationen über den Labeling-Prozess (Vergabekriterien, Beurteilungs- und Vergabeprozess) zur Verfügung gestellt werden. Dies erhöht die Akzeptanz erheblich.

Abschließend ist im Rahmen einer Kontrolle darauf zu achten, dass, wiederum in Abhängigkeit von der zu kommunizierenden Information, dieser Prozess in regelmäßigen Abständen überprüft, überarbeitet und somit verbessert wird. Insbesondere bei einem innovativ ausgelegten Öko-Label ist auf einen möglichst kurzen Abstand zwischen den einzelnen Feedback-Schleifen zu achten. Ferner muss die Wahrnehmung des Öko-Labels kontrolliert werden, denn das Öko-Label erfüllt nur dann seine Funktion, wenn es von der Zielgruppe auch im geplanten Sinne verstanden wird. Abbildung 16-3 zeigt einen solchen Prozess idealtypisch.

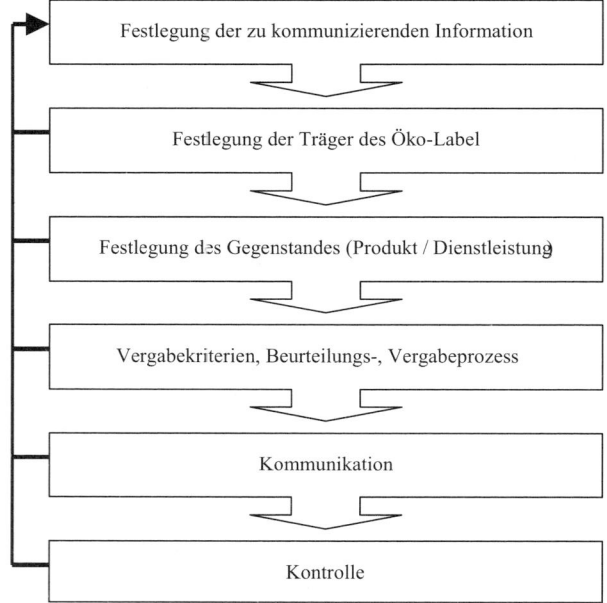

Abb. 16-2: *Auswahl und Umsetzung einer Öko-Label-Konzeption (Quelle: eigene Darstellung)*

16.5 Fallbeispiel „Blauer Engel"

Abschließend soll am Beispiel des Öko-Labels **„Blauer Engel"** ein typisches Vergabeverfahren dargestellt werden. Das Logo des „Blauen Engels" wurde 1972 vom Zeichen der UNEP durch Beschluss von Bund und Ländern übernommen. Es zeigt eine weibliche Gestalt, die von einem Kranz aus Lorbeerblättern umgeben ist. Der Name „Blauer Engel" ist keine offizielle, sondern eine vom Volksmund geprägte Bezeichnung, die dem Umweltzeichen ganz offensichtlich unter Bezug auf die im Kern des Zeichens befindliche blaue Figur mit ausgebreiteten Armen gegeben wurde. Der Name hat sich jedoch soweit durchgesetzt, dass er auch für die Internet-Seite zum Zeichen verwendet wird (http://www.blauer-engel.de). Zeicheninhaber ist das Bundesministerium für Umwelt, Naturschutz und Reaktorsicherheit. Sämtliche technische Anforderungen an Produkte für die Vergabe des Umweltzeichens beschließt die unabhängige Jury Umweltzeichen. Mit der Vergabe des „Blauen Engels" selbst ist das RAL Deutsches Institut für Gütesicherung und Kennzeichnung e.V. unter Beteiligung des Umweltbundesamtes und des Bundeslandes, in dem der Hersteller oder Anbieter des auszuzeichnenden umweltfreundlichen Produkts oder der Dienstleistung seinen Sitz hat, betraut. Das Umweltbundesamt ist u.a. für die Entwicklung von Anforderungen für die Vergabe des Umweltzeichens „Blauer Engel" verantwortlich. Die Geschäftsstelle der Jury Umweltzeichen hat ihren Sitz ebenfalls im Umweltbundesamt.

Die Entscheidung über die Vergabe des „Blauen Engels" folgt dabei folgendem Verfahren: In einem ersten Schritt werden die von Unternehmen eingereichten Einzelanträge für die Auszeichnung von Produkten oder Dienstleistungen geprüft. Existiert bereits eine Umweltzeichen-Vergabegrundlage für die betreffende Produktgruppe des Antragstellers können interessierte Anbieter (wie Hersteller, Handelsbetriebe oder Dienstleistungsunternehmen) einen Antrag auf die Benutzung des Umweltzeichens „Blauer Engel" bei der Zeichenvergabestelle RAL Deutsches Institut für Gütesicherung und Kennzeichnung e.V. stellen. In einer Einzelfallprüfung prüft die Zeichenvergabestelle RAL dann unter Beteiligung des Umweltbundesamtes und des Bundeslandes, in dem der Antragsteller seinen Sitz hat, die Einhaltung der in der jeweiligen Umweltzeichen-Vergabegrundlage festgelegten Anforderungen. Bei Einhaltung der entsprechenden Anforderungen schließt die Zeichenvergabestelle RAL mit dem Anbieter einen zeitlich befristeten Zeichenbenutzungsvertrag. Dieser Vertrag ermöglicht dem Anbieter mit dem Umweltzeichen „Blauer Engel" für sein Produkt zu werben. Ein Sonderfall liegt vor, wenn noch keine Umweltzeichen-Vergabegrundlage für die beantragte Produktgruppe vorliegt und daher erst geschaffen werden muss.

Im August 2007 nutzten mehr als 990 Unternehmen das Umweltzeichen „Blauer Engel" für mehr als 10 000 Produkte. Der Blaue Engel ist auch außerhalb Deutschlands bekannt. Etwa 15 % der Zeichennehmer sind ausländische Unternehmen. Es werden kontinuierlich neue Produktgruppen aufgenommen, so in 2007 Mobiltelefone und Babyphones (http://www.blauer-engel.de).

Entschließt sich ein Unternehmen dazu, ein Öko-Label für ein bestimmtes Produkt zu beantragen, so muss es sich auch über die Kosten, die mit einem solchen Antrag verbunden sind, Gedanken machen. Im Falle des „Blauen Engels" werden Neuvorschläge vom Umweltbundesamt grundsätzlich kostenlos bearbeitet. Bei der Beantragung des Umweltzeichens erhebt die Zeichenvergabestelle RAL eine einmalige Bearbeitungsgebühr von 250 Euro (Stand: Juli 2009). Nach Abschluss eines Zeichenbenutzungsvertrages ist an das RAL ein gestaffelter Jahresbeitrag zu leisten. Dessen Höhe richtet sich nach dem jährlichen Gesamtumsatz aller mit dem jeweiligen Umweltzeichen gekennzeichneten Produkte (vgl. Tab. 16-3).

Jahresumsatz in Mio EURO	Jahresentgelt in EURO	Entgeltklasse
bis 0,25	270,00	1
über 0,25 bis 1,0	540,00	2
über 1,00 bis 2,5	1 080,00	3
über 2,5 bis 5,0	2 110,00	4
über 5,0 bis 15,0	3 050,00	5
über 15,0 bis 25,0	4 500,00	6
über 25,0	6 000,00	7

Tab. 16-3: Umsatzabhängiges Jahresentgelt für die Benutzung des „Blauen Engels" (Quelle: http://www.blauer-engel.de)

16.6 Übungsfragen

1. Warum ist die Entscheidung über die Etablierung eines Öko-Labels für ein Unternehmen so wichtig?
2. Welche Ziele verfolgt ein Unternehmen mit dem Einsatz eines Öko-Labels für seine Produkte/Dienstleistungen?
3. Nach welchen Kriterien können verschiedene Öko-Label systematisiert werden?
4. Welche zentralen Entscheidungen müssen bei der Auswahl und Umsetzung einer Öko-Label-Konzeption beachtet werden?

16.7 Weiterführende Literatur

Bänsch, A. (1990): Marketingfolgerungen aus Gründen für den Nichtkauf umweltfreundlicher Konsumgüter, in: Jahrbuch der Absatz- und Verbrauchsforschung, 36. Jg., S. 360-379.

Belz, F.-M. (2001): Integratives Öko-Marketing, Wiesbaden.

Kaas, K.P. (1990): Marketing als Bewältigung von Informations- und Unsicherheitsproblemen im Markt, in: Die Betriebswirtschaft, 50. Jg., S. 539-548.

Letmathe, P. (1998): Der Einfluß von Informationsasymmetrien auf die Nachfrage umweltorientierter Kundensegmente, in: Zeitschrift für Betriebswirtschaft, Ergänzungsheft 1, S. 47-66.

17 Corporate Social Responsibility

von Frank Czymmek, Ines Freier, Charlotte Hesselbarth und Alexandro Kleine

Kapitelausblick

Lange Zeit schien die unternehmerische Verantwortung in der Produktion von Gütern und Dienstleistungen, der Bewältigung der damit unmittelbar verbundenen ökonomischen Aspekte sowie der Einhaltung gesetzlicher Regelungen zu liegen. Diese Betrachtungsweise hat sich jedoch in den letzten Jahren grundlegend gewandelt. Unternehmen wird zunehmend Verantwortung für eine Vielzahl von ökonomischen, aber auch ökologischen und gesellschaftlichen Aufgaben zugeschrieben, die über das herkömmliche Rollenverständnis als rein wirtschaftliche Akteure hinausreichen. Gleichzeitig fühlen sich auch die Unternehmen selbst für bestimmte gesellschaftliche Problembereiche zuständig und engagieren sich auf neuartige Weise, z.B. in Form freiwilliger Selbstbindungen (Verhaltenskodizes und Selbstverpflichtungserklärungen), durch sektorübergreifende Partnerschaften für die Bereitstellung öffentlicher Güter oder die Mitwirkung an Prozessen der Politikfindung und Regelsetzung. Dieses erweiterte (Selbst-)Verständnis und die gesellschaftliche Rolle von Unternehmen werden sowohl in der Praxis als auch der wissenschaftlichen Debatte unter dem Begriff *Corporate Social Responsibility* (CSR) intensiv diskutiert. Dabei lässt sich ein sehr weitgehender und sowohl länder- als auch bereichsübergreifender Konsens beobachten, der die verstärkte Übernahme gesellschaftlicher Verantwortung durch Unternehmen als wünschenswert begrüßt und in zunehmendem Maße einfordert.

Um der Relevanz der Thematik gerecht zu werden, wird die Konzeption des CSR im Folgenden aus verschiedenen Facetten betrachtet. Nach der Diskussion der Ursprünge und der Auseinadersetzung mit verwandten Termini werden spezielle Aspekte der theoretischen CSR-Diskussion sowie aktuelle Standardisierungsbemühungen dargestellt. Schließlich werden anhand zahlreicher Beispiele die Umsetzungsmöglichkeiten von CSR in der Praxis aufgezeigt.

Lernziele

1. Einen Überblick über die Ursprünge und Hintergründe von CSR sowie Unterschiede zu verwandten Konzeptionen gewinnen.
2. Den freiwilligen Charakter von CSR unter der Vorgabe von konkreten Prinzipien erkennen.
3. Wesentliche Aspekte der aktuellen theoretischen Diskussion kennen lernen.
4. Überblick über die Vielzahl an CSR-Maßnahmen in Unternehmen anhand von Umfragen und Fallbeispielen gewinnen.

17.1 Historische Entwicklung des CSR-Konzeptes

Gesellschaftliche Verantwortung von Unternehmen ist kein neues Phänomen: Bereits im frühen 18. Jahrhundert – lange vor der Diskussion um Wohlfahrtsstaat und ein humanes Antlitz des Kapitalismus – übernahmen einige paternalistisch (d.h.

väterlich-autoritäre) orientierte Unternehmen soziale Verantwortung für ihre Mitarbeitenden.

Der Begriff CSR hat seine **Wurzeln in den USA**, wo bereits seit Ende der 1950er Jahre eine wissenschaftliche Diskussion über die Inhalte und die Reichweite unternehmerischer Verantwortung stattfindet. Sozial orientierte Gruppierungen, vielfach aus der Protestbewegung, trieben die Diskussion in den 1950er und 1960er Jahren voran. Dies mündete dann ab den 1970er Jahren in verschiedene Ansätze und Verfahrensweisen zur Einbindung von Anspruchsgruppen bzw. den durch Unternehmensaktivitäten Betroffenen (die sogenannten **Stakeholder**, s. Kap. 3). Bedeutende Erkenntnisse waren, dass Stakeholder einerseits eine unverzichtbare Rolle für die Existenz von Unternehmen spielen und dass andererseits zwischen Stakeholdern und Unternehmen Nutzenbeziehungen existieren (vgl. Cyert und March 1963). Mit der Aufnahme des **Stakeholder-Ansatzes** in das Konzept des **Strategischen Managements** (vgl. Freeman 1984) wurde schließlich ein wesentlicher Grundstein für heutige CSR-Konzeptionen gelegt (einen ausführlichen Überblick über die historische Entwicklung des CSR-Gedankens bieten Carroll 1999 sowie Loew et al. 2004).

 Kap. 3

Die CSR-Diskussion blieb bis Ende der 1990er Jahre nahezu ausschließlich auf den US-amerikanischen Raum beschränkt. Dies lag auch an den unterschiedlichen Diskussionslinien zur gesellschaftlichen Verantwortung von Unternehmen: Während die amerikanisch geprägte *Business Ethics* die Konformität zu Regelungen und Normen verfolgte, stellte die unternehmensethische Diskussion im deutschen Sprachraum vielmehr normative Begründungen und Reflexionen des Handelns in den Vordergrund.

Erst seit der Jahrtausendwende erfährt der Begriff der CSR auch in Europa sprunghafte Verbreitung (vgl. Beckmann 2007, S. 32ff.). Dabei wurde das Leitbild einer **Nachhaltigen Entwicklung** im europäischen Kontext nicht zuletzt durch die Europäische Kommission bzw. dem von der EU unterstützten Nachhaltigkeitsnetzwerk CSR-EUROPE zu einem bedeutenden Bestimmungsmerkmal neuerer CSR-Ansätze (vgl. Kakabadse et al. 2005, S. 280f.; van Marrewijk 2006, S. 78f.). Infolgedessen werden *Sustainability* und *CSR* auf Unternehmensebene bisweilen fälschlicherweise synonym verwendet (vgl. Kakabadse et al. 2005, S. 297) und CSR-Konzeptionen knüpfen häufig an dem in der Wirtschaft verwendeten Konzept der ***Triple-Bottom-Line*** an. Der Begriff wurde 1994 von ELKINGTON geprägt (vgl. Elkington 1994) und hebt *People–Planet–Profit* als neues unternehmerisches Zielbündel hervor. Dies entspricht weitgehend den drei Nachhaltigkeits-Dimensionen Gesellschaft, Umwelt und Wirtschaft.

 Kap. 1

Sowohl die Unternehmenspraxis, als auch staatliche Institutionen, Nichtregierungsorganisationen (NGOs) sowie die wissenschaftliche Forschungsgemeinschaft wenden sich dem Thema der gesellschaftlichen Verantwortung zu, wobei die Initiativen im Bereich CSR typischerweise eine Vielzahl von **Stakeholdern** integrieren (Multistakeholder-Charakter). Die Triebkräfte dieser Entwicklung sind vielfältig (vgl. Suchanek und Lin-Hi 2006; Habisch 2003; Schrader 2003; Wieland 2003; Crane und Matten 2004):

1. Bedeutungszuwachs ökologischer und sozialer Aspekte im Rahmen des gesellschaftlichen Nachhaltigkeitsdiskurses und Wertewandel,
2. eine zunehmend informierte und kritische Öffentlichkeit,
3. hohe Exponiertheit von Unternehmen durch Medien und Nichtregierungsorganisationen,
4. schnelle Informationsverbreitung und neue Möglichkeiten der Vernetzung der Akteure aufgrund moderner Informations- und Kommunikationstechnologien,
5. Globalisierung und staatliche Steuerungsdefizite mit Blick auf ökologische und soziale Belange,
6. wahrgenommene Macht- und Ressourcenkonzentration sowie verfügbare Problemlösekapazität bei Unternehmen,
7. Relevanz des Themas für Kapitalmarkt und Finanzanalyse.

Die folgende Tabelle gibt einen Überblick über ausgewählte CSR-Initiativen unterschiedlicher Akteursgruppen auf globaler, europäischer und nationaler Ebene.

Globale Ebene	• World Business Council for Sustainable Development (WBCSD), http://www.wbcsd.ch • Global Corporate Citizenship Initiative des World Economic Forum, http://www.weforum.org • United Nations Global Compact (UN GC), http://www.unglobalcompact.org • OECD Guidelines for multinational enterprises, http://www.oecd.org
Europäische Ebene	• CSR-Europe, http://www.csreurope.org • Grünbuch der EU-Kommission zu CSR, http://www.ec.europa.eu • European Alliance for Corporate Social Responsibility (Europäisches Bündnis für soziale Verantwortung von Unternehmen), http://wwwec.europa.eu/enterprise/csr/policy.htm
Nationale Ebene (Deutschland)	• econsense, http://www.econsense.de • csrgermany, http://www.csrgermany.de • Unternehmen: Partner der Jugend (UPJ) , http://www.upj-online.de • CSR Initiative des Rates für Nachhaltige Entwicklung, http://www.nachhaltigkeitsrat.de • Corporate Accountability-Netzwerk für Unternehmensverantwortung (CorA) , http://www.cora-netz.de • Deutsches Netzwerk Wirtschaftsethik (DNWE), http://www.dnwe.de • Studentisches Netzwerk für Wirtschafts- und Unternehmensethik (SNEEP), http://www.sneep.info • Doktoranden-Netzwerk Nachhaltiges Wirtschaften (DNW), http://www.doktoranden-netzwerk.de

Tab. 17-1: Übersicht ausgewählter CSR-Initiativen (Quelle: eigene Zusammenstellung)

17.2 Definition und wesentliche Inhalte von CSR

17.2.1 Begriffsbestimmung

Auch wenn der Begriff *Corporate Social Responsibility* (CSR) in Praxis und Wissenschaft häufig verwendet wird, existiert für ein modernes Verständnis des Begriffs bisher keine allgemein anerkannte Definition. Aus der Vielfalt der Begriffsauffassungen ist insbesondere die Definition der EU-Kommission hervorzuheben, die das CSR-Verständnis im europäischen Raum entscheidend beeinflusst hat. Die EU definiert CSR als „ein Konzept, das den Unternehmen als Grundlage dient, auf freiwilliger Basis soziale Belange und Umweltbelange in ihre Unternehmenstätigkeit und in ihre Wechselbeziehungen mit den Stakeholdern zu integrieren" (Europäische Kommission 2001, S. 5).

17.2.2 CSR als umfassendes Konzept

Weitgehende Einigkeit herrscht darüber, dass CSR deutlich über die Beachtung gesetzlicher Anforderungen und rein ökonomischer Aspekte hinausgeht und weitere Verantwortungsobjekte (wie z.B. die Lebensqualität im lokalen Umfeld oder die Bedürfnisse künftiger Generationen) umfasst. Diese Betrachtungsweise findet sich in der verbreiteten und bereits 1979 von CARROLL entwickelten **Verantwortungspyramide**, welche die gesamtunternehmerische Verantwortung wiedergeben soll (vgl. Carroll 1979, Carroll und Buchholz 2003). Auch wenn diese Darstellung aufgrund ihrer fehlenden Beachtung der Interaktionsbeziehungen zwischen Unternehmen und Gesellschaft kritisiert werden muss, verdeutlicht sie dennoch den umfassenden Charakter des CSR-Konzeptes und einen möglichen Entwicklungspfad.

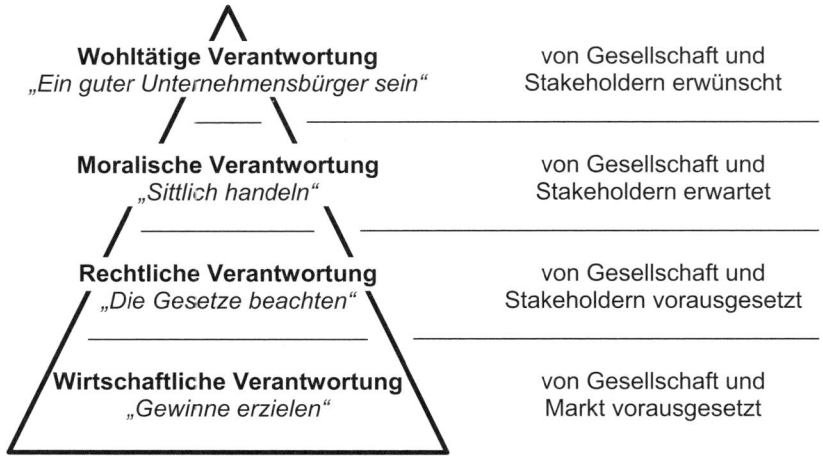

Abb. 17-1: *CSR-Verantwortungspyramide (Quelle: eigene Übersetzung und Darstellung nach Carroll 1979; Carroll und Buchholz 2003)*

Die oben genannte von der EU-Kommission formulierte Definition betont explizit die Bezüge von CSR und nachhaltiger Entwicklung. Zusammenfassend lassen sich demnach als wesentliche Elemente von CSR festhalten (vgl. Loew et al. 2004, S. 48; Kuhlen 2005, S. 7ff.):

1. CSR umfasst sowohl die ökonomische als auch die soziale und ökologische Dimension der Nachhaltigkeit (Basis ist die **Triple-Bottom-Line-Konzeption**).
2. Der **freiwillige** Charakter von CSR wird betont.
3. CSR soll einen **Beitrag zu einer nachhaltigen Entwicklung** leisten.
4. CSR beinhaltet Regelungen zur verantwortungsvollen Unternehmensführung (**Corporate Governance**) und die Einhaltung von Rechtsvorschriften (**Compliance**), fokussiert jedoch darüber hinaus auf unternehmerisches Engagement im ökologischen und sozialen Bereich. Je nach Leistungsfähigkeit und Unternehmensgröße sind damit Beiträge auf lokaler, regionaler oder globaler Ebene angesprochen.

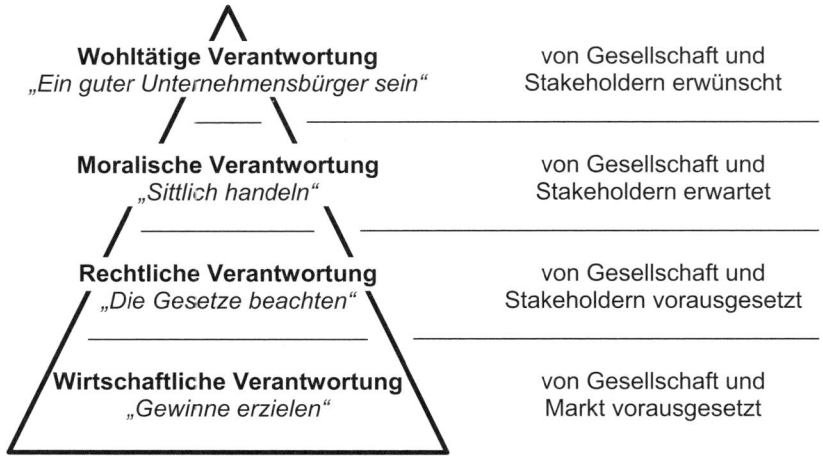 Kap. 1

17.2.3 Interne und externe Perspektive von CSR

CSR wird in eine interne und eine externe Dimension der gesellschaftlichen Verantwortung unterteilt (vgl. Kuhlen 2005, S. 31ff.).

Die interne Dimension richtet sich auf die unternehmensinternen Beziehungen, Prozesse und Strukturen, wobei Arbeitnehmer als **interne Stakeholder** im Mittelpunkt stehen.

Kap. 3

Da CSR weit über das Unternehmen selbst hinaus reicht, bezieht sich die externe Dimension auf eine Vielzahl weiterer Stakeholder im marktlichen und gesellschaftlichen Umfeld sowie die natürliche Umwelt. Moderne Auffassungen von CSR gehen dabei über eine reine Einhaltung existierender gesetzlicher Standards hinaus und fordern eine Beteiligung von Unternehmen an der Weiterentwicklung und Schaffung anspruchsvoller und nachhaltigkeitsgerechter Umwelt- und Sozialstandards.

Neben der internen und externen Dimension von CSR lässt sich zudem ein übergreifender Charakter ausmachen, der in einer Integration von CSR in das Kerngeschäft, die gesamten Managementprozesse sowie die Informations- und Kommunikationsaktivitäten des Unternehmens besteht. Folgende Abbildung verdeutlicht die genannten Bezugspunkte von CSR:

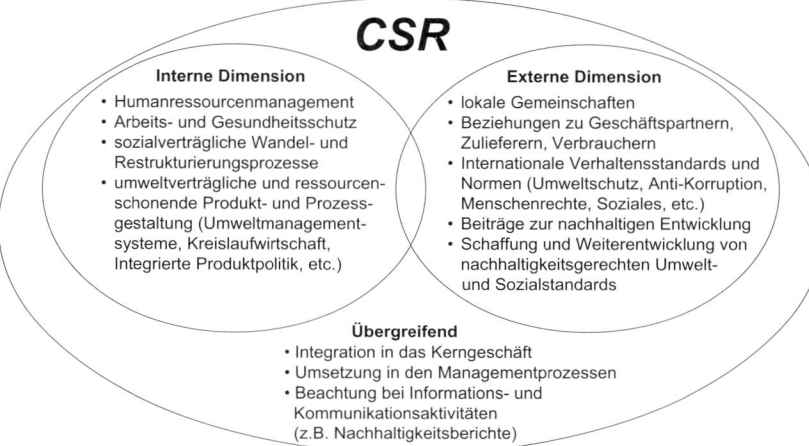

Abb. 17-2: *Interne und Externe Dimension von CSR (Quelle: eigene Darstellung)*

17.3 Abgrenzung von CSR und weiteren Begriffen im Kontext der gesellschaftlichen Verantwortung von Unternehmen

Im Zusammenhang mit der Diskussion um die gesellschaftliche Verantwortung von Unternehmen werden neben CSR oftmals auch die Begriffe *Corporate Governance*, *Corporate Citzenship*, **Nachhaltigkeitsmanagement** oder *Corporate Sustainability* verwendet.

Corporate Governance bezeichnet den rechtlichen und institutionellen Rahmen für unternehmerische Entscheidungen (vgl. Hochweis 2006, S. 24; Promberger et al. 2006, S. 207ff.). *Corporate Governance* beinhaltet Regelungen bezüglich der Machtverteilung und Kontrollfunktionen innerhalb eines Unternehmens. Dabei werden das Verhältnis von Vorstand zum Aufsichtsrat, die Rechte und Information der Aktionäre sowie Kompetenzen und Verantwortlichkeiten der Organe geregelt. Da *Corporate Governance* fast ausschließlich auf die Shareholderbeziehungen abstellt, ist sie lediglich als Mindestvoraussetzung für die gesellschaftliche Verantwortung des Unternehmens zu sehen. § 161 des deutschen Aktiengesetzes verpflichtet alle börsennotierten Unternehmen, den von einer Regierungskommission entwickelten **Deutschen Corporate Governance Kodex** anzuwenden. Der Kodex gibt Normen einer guten und verantwortungsvollen Unternehmensleitung und -überwachung vor (z.B. hinsichtlich des Zusammenwirkens von Vorstand und Aufsichtsrat oder der Rechnungslegungsvorschriften) und will somit zur Regeltransparenz auf dem Kapitalmarkt beitragen.

Corporate Governance

Hinsichtlich der Begriffe *Corporate Citizenship* (CC), CSR und Nachhaltiger Unternehmensführung bzw. *Corporate Sustainability* herrscht erhebliche Unsicherheit über die Inhalte der jeweiligen Konzeptionen und deren Verhältnis zueinander. So haben Loew et al. 2004 eine Begriffssystematik vorgeschlagen, die eine Orientierung erlaubt. Deren Akzeptanz ist jedoch wesentlich von den zugrunde liegenden

*Corporate
Citizenship*

CSR

*Corporate
Sustainability*

 Kap. 1

*Corporate
Responsibility*

Normierungs-
verantwortung

Definitionen für die jeweiligen Konzepte gesellschaftlicher Verantwortung abhängig.

Der Begriff **Corporate Citzenship** (CC) wird oftmals lediglich im engen Sinne gebraucht und auf unternehmerisches Engagement beschränkt, das über die eigentliche Geschäftstätigkeit hinausgeht. In dieser Perspektive umfasst CC gesellschaftliches Engagement im lokalen Umfeld des Unternehmens und seiner Standorte und somit die Schnittstelle von Wirtschaft und Zivilgesellschaft (vgl. Westebbe und Logan 1995; Mutz und Korfmacher 2003). Wesentliche Inhalte von CC sind *Corporate Giving* (Spenden und Sponsoring), *Corporate Foundations* (gemeinnützige Unternehmensstiftungen) sowie *Corporate Volunteering* (gesellschaftliches Engagement von Mitarbeitenden). CC ist strategisch orientiert, zielt auf *Win-Win-Situationen* ab und betont den partnerschaftlichen und mitbürgerlichen Charakter unternehmerischen Engagements. CC weist keine ausdrücklichen Bezüge zum Konzept der Nachhaltigen Entwicklung auf. Zu der skizzierten engen Auffassung von CC existieren jedoch gegensätzliche Ansichten, so entwirft z.B. SCHRADER (2003) ein umfassendes Modell für *Corporate Citzenship*, das sowohl bürgerschaftliches Engagement an den Schnittstellen zu Staat und Zivilgesellschaft als auch im Kerngeschäft umfasst (weiterführend auch Habisch 2003 sowie Wieland 2003).

Corporate Social Responsibility (CSR) wurde zuvor bereits als freiwilliges Konzept charakterisiert, mit dem Unternehmen soziale und ökologische Belange in ihre Tätigkeit und die Beziehungen zu den Stakeholdern integrieren (vgl. Europäische Kommission 2001, S. 5). Während sich frühere CSR-Konzeptionen auf die sozialen Aspekte konzentrierten, orientiert sich das moderne CSR-Verständnis zunehmend an dem **Leitbild der Nachhaltigen Entwicklung.** In diesem Verständnis basiert CSR auf Regelungen zur Unternehmensverfassung (*Corporate Governance*) und der Einhaltung von Rechtsvorschriften, beinhaltet jedoch darüber hinaus Engagement im ökologischen und sozialen Bereich auf lokaler, regionaler und globaler Ebene. CSR-Aktivitäten betreffen sowohl die unternehmensinterne als auch externe Dimension. Meist wird auch ein übergreifender Charakter von CSR betont, wonach alle Managementprozesse und Aktivitäten des Kerngeschäftes eingeschlossen sind. Die nachfolgend erläuterten Konzeptionen gehen noch dezidierter und umfassender als CSR auf die umfassende Umsetzung einer Nachhaltigen Entwicklung ein.

Nachhaltige Unternehmensführung bzw. *Corporate Sustainability* schließlich beschreibt eine unternehmerische Gesamtkonzeption, welche die Sicherung der Nachhaltigkeit aller betrieblichen Produkte, Prozesse sowie der im Zusammenhang mit dem Unternehmen stehenden Verhaltensweisen zum Ziel hat (vgl. Zabel 2004, S. 76). In Anlehnung an die Definition der Brundtland-Kommission bedeutet dies, dass „Corporate Sustainability demnach als die Anspruchsbefriedigung der direkten und indirekten Stakeholder (so wie Shareholder, Mitarbeitende, Kundschaft, Interessenverbände, Gemeinden etc.), ohne dabei die eigene Fähigkeit zu beeinträchtigen, die Ansprüche zukünftiger Stakholder ebenfalls zu berücksichtigen, definiert werden kann. Gemäß dieser Zielsetzung müssen Unternehmen ihr ökonomisches, soziales und ökologisches Kapital aufrechterhalten und ausweiten und gleichzeitig einen aktiven Beitrag zur Nachhaltigkeit im politischen Bereich leisten" (übersetzt nach Dyllick und Hockerts 2002, S. 131f.).

Die Verantwortung von Unternehmen im Rahmen einer nachhaltigen Unternehmensführung bzw. der *Corporate Sustainability* bezieht sich auf soziale, ökologische und ökonomische Herausforderungen sowie deren Integration, d.h. die gleichzeitige Berücksichtigung der verschiedenen Zieldimensionen. Dabei erfolgt eine ausdrückliche Orientierung am Leitbild der Nachhaltigen Entwicklung. Für diese sehr weitreichende und umfassende Verantwortung wird ebenfalls der Begriff ***Corporate Responsibility*** gebraucht. Neben der Ausschöpfung ökonomisch vorteilhafter Nachhaltigkeitsaktivitäten (Schnittmengenmanagement) werden die Normierungsverantwortung (Stakeholderdialoge und die Beteiligung an der Weiterentwicklung und Schaffung nachhaltigkeitsorientierter Rahmenbedingungen) sowie die Nachhaltigkeitsverantwortung (Vorsorge, Risikovermeidung, ethische Orientierung an den Nachhaltigkeitspostulaten) als Aufgaben der Nachhaltigen Unternehmensführung angesehen.

Nachhaltigkeits
verantwortung

Nachhaltige Unternehmensführung bzw. *Corporate Sustainability* beinhaltet notwendigerweise sowohl die interne als auch die externe Dimension und hat darüber hinaus unternehmensübergreifenden Charakter. Sie umfasst sowohl freiwillige Maßnahmen (so der Fokus des CSR) als auch alle sonstigen Aufgaben des Unternehmens.

Legt man diese aufgeführten Begriffsauffassungen zugrunde, ergibt sich das in der nachfolgenden Abbildung grafisch veranschaulichte Verhältnis von CC, CSR und Nachhaltiger Unternehmensführung bzw. Corporate Sustainability.

Abb. 17-3: *Verhältnis von CC, CSR und Nachhaltiger Unternehmensführung bzw. Corporate Sustainability (Quelle: in Anlehnung an Loew et al. 2004, S. 73)*

17.4 CSR – Charakter der gesellschaftlichen Verantwortung

Die beobachtbare Vielfalt an Begriffsbestimmungen für CSR ist nicht zuletzt der Tatsache geschuldet, dass sich zwei unterschiedliche Positionen über den Charakter von CSR ausmachen lassen.

1. **CSR als *Win-Win*-Ansatz (strategisch-instrumentelle Sicht)**: In diesem Verständnis wird CSR als ein Instrument aufgefasst, das im aufgeklärten Eigeninteresse des Unternehmens liegt und zu einer langfristigen **Steigerung des Unternehmenserfolges** (*business case*) beiträgt (vgl. z.B. Hansen 2004). Die mittels der Berücksichtigung sozialer und ökologischer Anliegen erzielbaren Image- und Reputationsgewinne, Absatz- und Motivationssteigerungen sowie die Sicherung der gesellschaftlichen Legitimation (*licence to operate*) tragen längerfristig zum Erhalt des Unternehmens und der Erzielung möglichst dauerhafter Gewinne bei. Bei Verfolgung dieses Ansatzes können Zielkonflikte jedoch nicht ausgeschlossen werden, zudem ist die durch CSR erzielbare Steigerung der Unternehmensgewinne begrenzt, da vorwiegend „niedrig hängende Früchte" geerntet werden.

2. **CSR als ethisches Korrektiv und Postulat**: Diese Perspektive betrachtet CSR als Ansatzpunkt, um ein angestrebtes Gleichgewicht zwischen unternehmerischen Eigeninteressen und den berechtigten Anliegen Dritter (der Stakeholder und der Natur) herzustellen. Da sich im Wirtschaftsgeschehen und in der modernen Gesellschaft ein ausgewogenes Interessenverhältnis keineswegs von selbst einstellt, dient CSR als ethisches Korrektiv, um eine verstärkte Berücksichtigung gesellschaftlicher Anliegen sicherzustellen. Im Nachhaltigkeitskontext bedeutet dies eine konsequente Orientierung an den Postulaten der Nachhaltigkeit, wobei Unternehmen neben den legitimen **Interessen interner und externer Stakeholder** ebenfalls die Anliegen nachfolgender Generationen so-

wie den Schutz der natürlichen Lebensgrundlagen als Basis einer künftigen nachhaltigen Entwicklung beachten sollten (vgl. zu den Grundlagen einer *Sustainable Ethics* Zabel 2001, S. 183ff.; vgl. kritisch zum *Win-Win*-Ansatz Dyllick und Hockerts 2002, S. 135f.).

Auch wenn sich diese Positionen theoretisch unterscheiden lassen, sind in der betrieblichen Praxis oftmals beide Denkweisen eng miteinander verknüpft. Dabei ist jedoch zu beachten, dass aufgrund der paradigmatischen Widersprüche eine gleichzeitige Orientierung an beiden Denkmustern nur sehr begrenzt möglich ist. Es erscheint demnach für eine Operationalisierung von CSR unumgänglich, Verfahrensweisen für den Umgang mit Zielkonflikten zu entwickeln und Kriterien zu definieren, wann das unternehmerische Gewinninteresse hinter gegenläufigen ökologischen und sozialen Zielen zurückzustehen hat.

Ein pragmatisches Vorgehen könnte den Win-Win-Ansatz, der innerhalb gegebener Rahmenbedingungen zunächst die wahrscheinlichste Lösung ist, als Einstieg in einen umfassenderen CSR-Ansatz mit ethischen Ansprüchen überführen. Dann können Unternehmen als Teil der Gesellschaft auch Rahmenbedingungen selbst mit gestalten. Progressive Unternehmen antizipieren den Wandel der Rahmenordnung (vgl. WBCSD 2000, S. 24f.). Entscheidend ist hierbei, eine mittel- und langfristige Perspektive einzunehmen, was auf den ersten Blick im Widerspruch zu kurzfristigen Erfolgszielen stehen mag. Doch ist der längere Zeithorizont essenziell, da CSR sich durch ein Bündel an ad-hoc Maßnahmen nicht wirksam umsetzen lässt (vgl. Jasch 2007, S. 195).

17.5 Internationale Standardisierungs-bemühungen für CSR

17.5.1 ISO 26000

Bereits seit mehren Jahren existieren Standards und Managementansätze, die insbesondere bei großen Unternehmen und ihren Zulieferfirmen etabliert worden sind. Im Vordergrund standen zunächst Qualitäts- **(ISO 9000)** sowie Umweltmanagementsysteme **(ISO 14000, EMAS)** und in jüngerer Zeit auch Sozialstandards **(SA 8000, AA 1000)**. Im Rahmen der CSR bzw. der Nachhaltigkeitsaktivitäten von Unternehmen geht es nun vermehrt um übergreifende Standards, die sowohl ökonomische als auch ökologische und soziale Aspekte zusammenführen. Zum einen werden Weiterführungen existierender Konzeptionen (EMASplus) vorgeschlagen, zum anderen gänzlich neue Standards diskutiert.

Kap. 3

Parallel zu den intensiven CSR-Prozessen auf EU-Ebene (u.a. das EU-Grünbuch zu CSR 2001, „Europäisches Multistakeholder-Forum zu CSR" 2002-2004, „Europäisches Bündnis für soziale Verantwortung der Unternehmen" 2006) und in Deutschland (Dialoge des Nachhaltigkeitsrates 2005 und 2007) gibt es Bestrebungen, auf Ebene der INTERNATIONAL STANDARDIZATION ORGANIZATION (ISO), eine international gültige Norm für *Social Responsibility* zu entwickeln. Die ISO spricht zur Sicherung der Allgemeingültigkeit für verschiedene Organisationen nicht von CSR, sondern nur von *Social Responsibility* (SR).

Begleitet durch eine kritische Haltung der deutschen und europäischen Wirtschaft zu den Standardisierungsbemühungen hat die ISO im März 2005 die Entwicklung internationaler Leitlinien für CSR **(„Social Responsibility Guidance Standard")** aufgenommen, die mit der Vorlage der **ISO 26000** im Dezember 2008 abgeschlossen sein soll (vgl. Loew et al. 2004, S. 45; Tertschnig 2007, S. 80). Nach anfänglicher Zurückhaltung arbeitet auch das DEUTSCHE INSTITUT FÜR NORMUNG (DIN) an dem internationalen Standardisierungsprozess mit, an dem insgesamt 72 Länder beteiligt sind.

Die neue **ISO 26000** soll das weltweite Bewusstsein für gesellschaftliche Verantwortung schärfen, eine einheitliche Terminologie schaffen und bereits existierende Ansätze zur ökologischen und sozialen Verantwortung einbinden. Sie wird ein reines Richtliniendokument sein und keine Verpflichtungen enthalten. Unternehmen, die sich der CSR verpflichten wollen, sind jedoch aufgefordert, sich an bestimmte Prinzipien zu halten. Die Zertifizierbarkeit der Norm ist ausdrücklich ausgeschlossen (vgl. Margot 2006, S. 16).

17.5.2 Indikatorenset der GLOBAL REPORTING INITIATIVE (GRI)

Im Rahmen von Standardisierungen nehmen **Kennzahlen oder Indikatoren** eine zentrale Rolle ein (s. Kap. 10). Dabei stellt die Messung des Unternehmenszustandes und seiner Umgebung, der Maßnahmen und ihrer Effekte eine zentrale Herausforderung bei der Implementierung von CSR-Konzepten dar.

Kap. 10

Die Problematik besteht grundsätzlich darin, dass CSR bisher zu einem großen Teil über „weiche Faktoren" auf die Unternehmensleistung einwirkt und das immaterielle Kapital (Reputation, Mitarbeiterzufriedenheit) eines Unternehmens hebt. In diesem Zusammenhang bestätigen Unternehmen übereinstimmend, dass „es sich rechne", ohne dies jedoch mit Kennzahlen belegen zu können (Jasch 2007, S. 193).

Bestehende Kennzahlenkataloge können den Ausgangspunkt für Überwachung, Bewertung und Steuerung oder auch Berichterstattung im Rahmen der CSR-Aktivitäten bilden. Die Arbeiten der **GLOBAL REPORTING INITIATIVE (GRI)** avancierten im Bereich der Nachhaltigkeitsberichterstattung, wie in Kapitel 15 diskutiert, zu einem Quasi-Standard, was sich auf die Operationalisierung einer nachhaltigkeitsorientierten CSR übertragen lässt: die UN-Initiative ,Global Compact' empfiehlt die GRI-Vorschläge nachdrücklich, der Entwurf für die ISO 26000 verweist auf die GRI, diverse CSR-Ansätze (u.a. die CSR-Indikatoren des brasilianischen Instituts ,Ethos') basieren auf dem GRI-Katalog (http://www.global-reporting.org).

Kap. 15

Die GRI wurde 1997 von der US-amerikanischen Organisation COALITION FOR ENVIRONMENTALLY RESPONSIBLE ECONOMICS (CERES) und dem UNITED NATIONS ENVIRONMENTAL PROGRAMME (UNEP) mit dem Ziel gegründet, die anwendungsorientierte Nachhaltigkeitsberichterstattung methodisch zu verbessern. Die Initiative stellt in enger Zusammenarbeit mit Unternehmen den nunmehr dritten Leitfaden einschließlich Kennzahlensammlung zur Verfügung (GRI 2006). Ergänzend dazu werden unter dem Dach der GRI auch branchenbezogene Kennzahlen erarbeitet; ebenfalls sind nationale Anhänge für die Zukunft geplant. Die GRI unterscheidet die vorgeschlagenen Kennzahlen nach Kern- und Zusatzindikatoren. Während Kernindikatoren sowohl für die meisten berichterstattenden Organisationen als auch deren Stakeholder bedeutend und in der Regel messbar sind, gilt dies für Zusatzindikatoren nur teilweise. Die GRI gruppiert die Kennzahlen primär nach ökonomischer, ökologischer und sozialer Dimension (*Triple-Bottom-Line*) und ordnet sie zusätzlich nach verschiedenen Aspekten. Die nachfolgende Auflistung aller Kernindikatoren spiegelt das mögliche inhaltliche Spektrum eines CSR-Ansatzes wider:

Ökonomische Leistung	Ökologische Leistung	Gesellschaftliche Leistung
Wirtschaftliche Leistung • Wertschöpfung (Einnahmen, Betriebskosten, Gehälter, Steuern) • Finanzielle Folgen des Klimawandels • Betriebliche soziale Zuwendungen • Öffentliche Finanzzuflüsse (Subventionen) **Marktpräsenz** • Zulieferer vor Ort • Lokales Personal Mittelbare Wirtschaftliche Auswirkungen • Investitionen in Infrastruktur und Dienstleistungen	**Materialien** • Materialeinsatz • Recyclinganteil Energie • Direkte Primärenergieverbräuche • Indirekte Primärenergieverbräuche **Wasser** • Wasserentnahmen **Biodiversität** • Grundstücke in oder nahe Schutzgebieten oder mit hohem Biodiversitätswert • Auswirkung auf die Biodiversität auf diesen Grundstücken **Emissionen, Abwasser, Abfall** • Direkte und indirekte Treibhausgase • Andere relevante Treibhausgase • Ozon abbauende Stoffe • Stick-, Schwefeloxide und andere Luftschadstoffe • Abwassermengen • Abfallmengen • Wesentliche Freisetzungen **Produkte und Dienstleistungen** • Initiativen zur Minimierung von Umweltauswirkungen • Zurückgenommene Verpackungsmaterialien **Einhaltung von Rechtsvorschriften** • Bußgelder und Strafen	**Arbeitspraktiken und menschenwürdige Beschäftigung** • Gesamtbelegschaft • Mitarbeiterfluktuation • Mitarbeiter unter Kollektivvereinbarung • Mitteilungsfristen zu betrieblichen Veränderungen • Verletzungen, Berufskrankheiten, Abwesenheiten etc. • Ernste Krankheiten in Belegschaft und Umfeld • Aus- oder Weiterbildung • Entlohnung von Männern gegenüber Frauen **Menschenrechte** • Entsprechende Investitionsvereinbarungen • Geprüfte Zulieferer und Auftragnehmer • Diskriminierungsvorfälle • Gefährdungen von Vereinigungsfreiheit oder Kollektiv-verhandlungen • Risiko auf Kinderarbeit • Risiko auf Zwangs- oder Pflichtarbeit **Gesellschaft** • Auswirkungen auf das Gemeinwesen • Korruptionsrisiken • Schulungen gegen Korruption • Maßnahmen gegen Korruption • Einflussnahmen auf Politik • Bußgelder wegen Verstöße gegen Rechtsvorschriften **Produktverantwortung** • Untersuchungen zur Verbesserung von Gesundheit und Sicherheit • Informationspflichten • Werbung • Bußgelder

Tab. 17-2: *Alle Kernindikatoren nach GRI (Quelle: Eigene Zusammenstellung nach GRI 2006, S. 25-36)*

17.6 CSR in der Praxis

17.6.1 Umsetzung von CSR in deutschen und europäischen Unternehmen

CSR ist ein Konzept, das weitgehend mit Großunternehmen assoziiert wird. Großunternehmen können sich zum einen eher mit strategischen Fragen oder zusätzlichen Aufgaben beschäftigen, die das CSR-Konzept beinhaltet, da sie über mehr Ressourcen als kleine und mittlere Unternehmen verfügen. Zum anderen wird ihr Engagement durch die Berichterstattung und Rankings von der Öffentlichkeit wahrgenommen. Ein großer Teil der Initiativen, wie der *Global Compact,* einem „Pakt" zwischen Unternehmen und der UNO für eine nachhaltige Entwicklung, oder die OECD-Leitsätze für multinationale Unternehmen, richten sich explizit an große Unternehmen, die global tätig sind.

Bei **Großunternehmen** wird das CSR-Engagement in der Öffentlichkeit dank **CSR-Berichterstattung** deutlich sichtbar. Der Anstieg des CSR-Reporting ist ein Indikator dafür, dass Großunternehmen dem Thema CSR eine größere Bedeutung beimessen (s. Kap. 15). Das Risiko- und Reputationsmanagement spielt bei ihnen eine Kap. 15 größere Rolle, weil sie stärker im Mittelpunkt der öffentlichen Aufmerksamkeit und des Kapitalmarktes stehen. So wird beispielsweise die Aufnahme in einen Nachhaltigkeitsindex wie den ***Dow Jones Sustainability Index*** mit einem großen Imagegewinn verbunden. Auch orientieren sich die Anlageentscheidungen privater und institutioneller Anleger zunehmend an ethischen Fragestellungen wie die Nachfrage nach grünen oder nachhaltigen Geldanlagen beweist. Daneben gehen Produkttests (u.a. Stiftung Warentest) vermehrt auf die CSR-Leistung von Unternehmen ein.

Bei Großunternehmen stehen die globalen Aspekte ihrer Tätigkeit im Mittelpunkt. Dazu gehören vor allem die Aktivitäten in Schwellen- und Entwicklungsländern im Rahmen ihrer globalen Standortpolitik und ihre umfangreichen Zuliefererbeziehungen. Hier geht es um Transparenz über Umwelt- und Sozialstandards bei den Zulieferern oder auch mit Blick auf die politische Einflussnahme in diesen Ländern.

Neun von 10 *Fortune 500*-Unternehmen haben Prinzipien oder Managementpraktiken zum Schutz der Menschenrechte im Unternehmen verankert. Dazu gehören die Nicht-Diskriminierung am Arbeitsplatz, Gesundheits- und Arbeitsschutz und weniger häufig die Kernarbeitsnormen der Internationalen Arbeitsorganisation (INTERNATIONAL LABOUR ORGANISATION) Vereinigungsfreiheit sowie das Verbot von Zwangs- und Kinderarbeit. Mehr als 80 % dieser Unternehmen arbeiten mit externen Stakeholdern zusammen (vgl. Ruggi 2006). Viele Schwellen- und Entwicklungsländer haben Defizite in der Umsetzung von Gesetzen, z.B. gegen Kinderarbeit. Wenn multinationale Unternehmen ihre Unternehmensverantwortung ernst nehmen, werden sie bei ihren Zulieferern aus solchen Ländern aktiv. NGOs wie die *Clean Clothes Campaign*, die sich für die Rechte der Arbeitnehmenden und eine Verbesserung der Arbeitsbedingungen in der internationalen Bekleidungs- und Sportartikelindustrie einsetzt, sowie auch Konsumentinnen und Konsumenten achten zunehmend auf die Arbeitsbedingungen bei den Zulieferern großer Unternehmen.

Weiterhin operieren multinationale Unternehmen in Staaten mit nur eingeschränkt handlungsfähigen staatlichen Strukturen, wie in einigen Teilen Afrikas. Ein Beispiel hierfür ist die Coltan-Produktion im zentralen Afrika. Coltan wird für die Produktion von Kondensatoren in Handys und anderen elektronischen Geräten verwendet. Die Nachfrage nach diesem Rohstoff verschärft bestehende Konflikte in den betreffenden Ländern. Hier stellt sich für verantwortungsbewusst handelnde Unternehmen die Frage, ob sie diesen Rohstoff aus dieser Quelle beziehen müssen. Kritisch ist jedoch anzumerken, dass Unternehmen aus Industrieländern bei der Umsetzung von Standards sensibel auf die lokalen Gegebenheiten und Befindlichkeiten eingehen müssen, um etwa den Vorwurf eines „Kulturimperialismus" zu vermeiden.

Zur proaktiven Rolle von CSR in Unternehmen gehört, dass Unternehmen ihre gesellschaftliche Verantwortung aktiv wahrnehmen und eine Führungsrolle in gesellschaftlichen Diskussionen übernehmen, wie dies beispielsweise das britische Erdölunternehmen BP beim Klimawandel getan hat.

Kleine und mittlere Unternehmen (KMU) spielen eine bedeutende Rolle in der Wirtschaft, denn ca. 99 % aller Beschäftigten in Europa arbeiten in KMU. Es ist jedoch davon auszugehen, dass das Konzept *Corporate Social Responsibility* bei kleinen und mittleren Unternehmen in Europa noch kaum bekannt ist. Diese Unternehmen erkennen jedoch ihre gesellschaftliche Verantwortung und führen bereits jetzt eine Reihe von Aktivitäten im sozialen und ökologischen Bereich durch, die sich unter dem Schlagwort CSR subsumieren lassen. Sie umfassen in der Mehrheit Aktivitäten, die sich an die Beschäftigten richten. Weiterhin werden auch Aktivitäten durchgeführt, die an externe Stakeholder adressiert sind, wie Kunden, Zulieferer und andere Akteure im lokalen Umfeld. Teilweise werden auch umweltbezogene Aktivitäten durchgeführt wie beispielsweise die Implementierung eines Umweltmanagements (vgl. Hillary 2000). Der in einem KMU tätige Unternehmer trägt oftmals durch persönliche Motivation, ein besonderes Produktsortiment **(ökologische Nischen)**, eine enge Beziehung zu den Mitarbeitenden und Einbindung in das lokale Umfeld zur progressiven Ausrichtung des Unternehmens bei. Der Nutzen von CSR umfasst vor allem eine höhere Zufriedenheit der Arbeitnehmenden, die verbesserte Wahrnehmung in der Öffentlichkeit und die Kundenbindung (vgl. Mandl und Dorr 2007). Da kleine und mittlere Unternehmen jedoch kaum CSR-Berichte veröffentlichen, sind diese Aktivitäten wenig bekannt. Die VDI-Richtlinie 4070 (VDI 2006) versucht, den besonderen Anforderungen von KMU an ein Nachhaltigkeitsmanagement und an Indikatoren gemäß der *Triple-Bottom-Line* entgegenzukommen.

⇨ Kap. 10

17.6.2 Sonderfall Deutschland?

Für deutsche Unternehmen ist das Stichwort gesellschaftliche Verantwortung nichts Neues. Die im angelsächsischen Wirtschaftssystem entstandene CSR-Diskussion ist nur bedingt auf Deutschland übertragbar, weil hier der Ordnungsrahmen und die Rolle der Unternehmen anders definiert sind. Im Rahmen der **sozialen Marktwirtschaft** wurde die gesellschaftliche Verantwortung von Unternehmen stets betont. Daraus resultierte eine enge Verflechtung von Staat und Privatwirtschaft. Im deutschen Wirtschaftssystem gibt es eine Reihe von Besonderheiten, die nur dadurch möglich sind, dass Unternehmen ihre gesellschaftliche Rolle erkennen und wahrnehmen. Hierzu zählt z.B. das System der **dualen Berufsausbildung**, in dem Unternehmen in ihren Nachwuchs investieren und auch über Bedarf ausbilden. Weiterhin ist das System der Selbstverwaltung der Wirtschaft in Form des Kammersystems zu nennen, das auch staatliche Aufgaben wahrnimmt und gesellschaftliche Interessen beachtet. Das System der Tarifautonomie mit Tarifverträgen, die zwischen Gewerkschaften und Unternehmen ausgehandelt werden, zählt ebenfalls dazu (vgl. Rat für Nachhaltige Entwicklung 2006).

Gleichzeitig sind in Deutschland viele Bereiche traditionsgemäß stark gesetzlich geregelt, wie im Umweltrecht, oder werden als Aufgabe des Staates angesehen, wie Kultur und Wohlfahrtspflege. Aus diesem Grund ergibt sich für Unternehmen vermutlich weniger Handlungsbedarf für freiwillige Initiativen im Bereich CSR, weil für vieles, was im angloamerikanischen Raum unter die Initiative von Zivilgesellschaft und Unternehmen fällt, bereits gesellschaftliche Institutionen und unternehmerische Aktivitäten bestehen (vgl. BMU 2006).

Andererseits stehen auch deutsche Unternehmen vor denselben Herausforderungen, die CSR notwendig machen. Hierzu zählen beispielsweise die Beachtung von Sozial- und Umweltstandards in Zuliefererbeziehungen, die Kooperation von Unternehmen mit Umweltverbänden oder sozialen Initiativen oder die Vereinbarkeit von

⇨ Kap. 11

Beruf und Familie (vgl. Bertelsmann-Stiftung 2006). Deutschland ist gerade mit mittelständischen Unternehmen auf dem Weltmarkt präsent, so dass sich der Bedarf an einem klaren Konzept für die Selbstbindung und Selbstverpflichtung der Wirtschaft ergibt. Es geht nicht darum, zusätzliche CSR-Standards zu entwickeln, sondern den bestehenden Ordnungsrahmen der sozialen Marktwirtschaft in Richtung unternehmerischer Verantwortung zu erweitern. Diese Verantwortung reicht über die gewohnten Grenzen hinaus. Beispielsweise wird zunehmend deutlich, dass Klimaschutz nur zusammen mit den aufstrebenden Ländern (z.B. China und Indien) wirksam und effizient umgesetzt werden kann.

Eine Befragung des BDI unter seinen Mitgliedsunternehmen (Mittelstandspanel) kommt zu dem Ergebnis, dass drei von vier Industrieunternehmen ein zusätzliches freiwilliges gesellschaftliches und/oder ökologisches Engagement von Unternehmen befürworten. Für beinahe 90 % der in der Studie definierten „Erfolgsunternehmen" gehört CSR zu den Unternehmensaufgaben, unter den weniger erfolgreichen sind es 55 %. Besonders stark engagieren sich die deutschen Unternehmen im Rahmen ihrer CSR-Aktivitäten im Personalbereich. So praktizieren z.B. 72 % derzeit flexible Arbeitszeitregelungen. Jedoch zählt die Förderung bestimmter Personengruppen (z.B. Ältere, Migranten) nur in gut jedem vierten Betrieb zum personalspezifischen CSR-Konzept. Zwei Drittel der Industrieunternehmen schließen ihr CSR-Engagement die Umweltthemen mit ein. Über 48 % der befragten Firmen richten ihre Beschaffungspolitik und ca. 27 % ihre Absatzpolitik an einer Gesamtkonzeption aus, in der die Qualität, aber auch ethische Werte im Mittelpunkt stehen. Für 13 % der Unternehmen ist der gesellschaftlich gestiftete Nutzen „sehr wichtig". Etwas weniger als die Hälfte (43 %) der Unternehmen gab an, dass ihnen zusätzliche wirtschaftliche Vorteile durch ihr CSR-Engagement sehr wichtig oder wichtig sind. Hier wird das „Dilemma" des CSR-Engagements deutscher Unternehmen noch einmal deutlich: Die Unternehmen haben zwar zahlreiche Aktivitäten, die unter CSR fallen, diese sind aber wenig in öffentlichkeitswirksame CSR-Strategien eingebunden (vgl. BDI-Mittelstandspanel 2007).

17.7 Fallbeispiel Betapharm

Das Unternehmen Betapharm wurde vom EUROPEAN ROUND TABLE FOR CSR als ein positives Beispiel für das gesellschaftliche Engagement von Unternehmen in Deutschland herausgestellt. Das Unternehmen mit Sitz in Bayern und derzeit 370 Mitarbeitenden vertreibt patentfreie Arzneimittel, sogenannte Generika. Es wurde 1993 gegründet und erlebte 1997 einen Einbruch des Umsatzwachstums. Betapharm erkannte, dass es sich auf dem Markt für Generika weder über den Preis noch über die Qualität von Wettbewerbern differenzieren konnte. Aus diesem Grund engagiert sich das Untenehmen mit einer langfristigen CSR-Strategie, die sich mit psychosozialen Fragen im Gesundheitswesen beschäftigt und auf die Förderung von sozialmedizinischen Zukunftprojekten setzt. So wurde 1999 das gemeinnützige beta Institut für sozialmedizinische Forschung und Entwicklung geschaffen.

Auf seiner Webseite stellt Betapharm die Entwicklung seiner CSR-Strategie von einem Ansatz als Sponsor sozialer Projekte hin zu einem Corporate-Citizenship-Ansatz dar. Im Rahmen des Corporate-Citizenship-Ansatzes nimmt das Unternehmen eine Lobbyfunktion gegenüber der Gesundheitspolitik ein. Betapharm ist der Meinung, dass es den Stakeholdern des Unternehmens leicht fällt, sich mit der CSR-Strategie des Unternehmens zu identifizieren und dass diese Strategie der Grund für das Umsatzwachstum (2006: 184 Millionen €) gewesen ist. Besonders die Angestellten identifizieren sich besser mit dem Unternehmen. Das Unternehmen erhielt u.a. 2006 den Bürgerkulturpreis des Bayerischen Landtags und 2005 das Siegel *„Ethics in Business"*. Darüber hinaus vertreibt Betapharm Produkte der indischen Dr. Reddy Gruppe, die der zweitgrößte indische Pharmakonzern ist. In Indien ist CSR seit langem ein fester Bestandteil der Unternehmenskultur vieler Großunternehmen, so auch bei Dr. Reddy, die 1996 eigens eine Stiftung für den Aufbau eines hochwertigen Bildungssystems und eine langfristige Existenzsicherung junger Menschen gegründet hat.

17.8 Übungsfragen

1. Wo liegen die Ursprünge des CSR-Konzeptes?
2. Welches sind die zentralen Elemente des CSR-Konzeptes?
3. Was versteht man unter der internen und der externen Dimension von CSR?
4. Worin liegen die wesentlichen Unterschiede zu verwandten Termini?
5. Inwieweit ergeben sich unterschiedliche Dimensionen im Bezug auf die unternehmerische Verantwortung?
6. Welche Standardisierungsbemühungen für CSR sind Ihnen bekannt?
7. Welches sind die zentralen Bestandteile der GRI-Indikatoren?
8. Welche Bedeutung hat die CSR-Konzeption in der Praxis?

17.9 Weiterführende Literatur

BMU und Econsense (Hrsg.) (2007): Nachhaltigkeitsmanagement in Unternehmen – Von der Idee zur Praxis – Managementansätze zur Umsetzung von Corporate Social Responsibility und Corporate Sustainability, Wolfsburg.

Carroll, A. B. und Buchholtz, A. (2003): Business and Society: Ethics and Stakeholder Management, Ohio.

Crane, A. und Matten, D. (2004): Business Ethics: A European Perspective, New York.

Habisch, A. (2003): Corporate Citizenship. Gesellschaftliches Engagement von Unternehmen in Deutschland, Berlin u.a.

Kuhlen, B. (2005): Corporate Social Responsibility – Die ethische Verantwortung von Unternehmen für Ökologie, Ökonomie und Soziales, Baden-Baden.

Loew, T., Ankele, A., Braun, S. und Clausen, J. (2004): Bedeutung der internationalen CSR-Diskussion für Nachhaltigkeit und die sich daraus ergebenden Anforderungen an Unternehmen mit Fokus Berichterstattung, Münster und Berlin.

Schrader, U. (2003): Corporate Citizenship. Die Unternehmung als guter Bürger? Berlin.

18 Perspektive Nachhaltigkeit – Unternehmen auf dem Weg zu einer Nachhaltigen Entwicklung

von Annett Baumast

Kapitelausblick

Die vorangehenden Kapitel haben gezeigt: Betriebliches Umweltmanagement lässt sich heute nicht mehr isoliert betrachten – weder in der Forschung noch in der Praxis. Nicht nur in der Öffentlichkeit wird das Thema Nachhaltigkeit verstärkt diskutiert, auch in Unternehmen kommt man um die drei Dimensionen der Nachhaltigkeit nicht mehr herum. Das abschliessende Kapitel dieses Buches soll daher aufzeigen, wie sich bereits heute das Thema Umweltmanagement in die Richtung eines Nachhaltigkeitsmanagements bewegt und welche betrieblich anwendbaren Instrumente hier Hilfestellung leisten können. Zwei Fallstudien von Unternehmen, die sich selber der Nachhaltigkeit verschrieben haben und auch öffentlich dafür einstehen, demonstrieren, wohin sich die Grenzen der Machbarkeit bereits heute verschoben haben.

Ein Ausblick in die Zukunft des betrieblichen Umweltmanagements, das es ohne eine Integration mit wirtschaftlichen und sozialen Aspekten in Zukunft nicht mehr geben wird, rundet dieses Kapitel und gleichzeitig auch das vorliegende Lehrbuch ab.

Lernziele

1. Die Herausforderung einer Nachhaltigen Entwicklung auch auf Unternehmensebene verstehen.
2. Ein Konzept für Nachhaltiges Management kennen lernen.
3. Durch zwei Unternehmensbeispiele die heutigen Grenzen der Machbarkeit erfahren.

18.1 Nachhaltigkeit – ein nachhaltiges Thema

Innerhalb weniger Jahre hat die Verbreitung des Begriffs „Nachhaltigkeit" explosionsartig zugenommen. Fand man im Februar 2001 bei einer Internetsuche unter http://www.google.de lediglich 40 000 Einträge zu diesem Schlagwort, waren es knapp zwei Jahre später im Dezember 2002 bereits 170 000 Treffer (vgl. Baumast 2001, S. 250 und 2003, S. 264). Heute, im September 2007, findet man bei http://www.google.de bereits über 6.6 Millionen Treffer zu „Nachhaltigkeit". Zwar kann der Begriff mit „Fussball" (41.2 Millionen Einträge) noch nicht mithalten, hat „Formel 1" mit lediglich 2.2 Millionen Treffern jedoch bereits deutlich geschlagen. Im englischen Sprachraum lässt sich eine ähnliche Entwicklung beobachten. Von immerhin einer halben Million Treffer zu *„sustainability"* im Februar 2001 über bereits anderthalb Millionen Einträgen im Dezember 2002 (vgl. Baumast 2001, S. 250 und 2003, S. 264) hat sich der Stand auf über 43 Millionen Einträge bei http://www.google.de erhöht. Auch hier bleibt *„Formula 1"* mit lediglich 13.2 Millionen weit abgeschlagen, während „*football*" mit 238 Millionen Treffern noch über fünfmal so oft im Internet zu finden ist.

Natürlich sagen diese Ergebnisse weder etwas über das Verständnis der Begriffe „Nachhaltigkeit" und „*sustainability*" aus, noch ist transparent, welche Art von Internetseiten und dort hinterlegte Informationen tatsächlich hinter diesen Einträgen stehen. Es wird aber mehr als deutlich, dass beide Begriffe als solche wesentlich weiter verbreitet sind als dies noch zu Beginn des neuen Jahrtausends der Fall war.

Die UNO hat für den Zeitraum von 2005 bis 2014 die Weltdekade Bildung für nachhaltige Entwicklung ausgerufen, im Oktober 2006 wurden das bangladeschische Mikrofinanzinstitut GRAMEEN BANK und ihr Gründer MUHAMMAD YUNUS „für ihre Bemühungen, eine wirtschaftliche und soziale Entwicklung von unten herbeizuführen" mit dem schwedischen Nobelpreis ausgezeichnet (http://nobelprize.org) und 2007 haben die Berichte des INTERGOVERNMENTAL PANEL ON CLIMATE CHANGE (http://www.ipcc.ch/) das Thema Klimawandel in den Mittelpunkt der gesellschaftlichen Diskussion gerückt. Diese Ereignisse, die Nachhaltigkeit als Ganzes, eher soziale oder eher umweltbezogene Aspekte thematisieren, sind eng verknüpft mit dem Leitbild einer Nachhaltigen Entwicklung.

Nachhaltigkeit mit all ihren Facetten lässt sich nicht mehr „wegdiskutieren" und wird nicht zuletzt auch für Unternehmen ein Thema, zu dem sie sich positionieren und für das sie aktiv werden müssen. Doch wie lässt sich diese Herausforderung tatsächlich angehen?

 Kap. 6

Bislang stehen die Aktivitäten von Unternehmen vor allem nebeneinander oder sind maximal auf der Systemebene miteinander verknüpft. Es gibt Umweltverantwortliche und CSR-Verantwortliche, die häufig genug nebeneinander her arbeiten, das Thema Nachhaltigkeit jedoch nicht integriert betrachten. Um jedoch zukunftsfähig zu werden, reicht es für Unternehmen nicht aus, punktuell Aktivitäten zu starten. Das Thema Nachhaltigkeit muss zum Kern der Geschäftätigkeit gemacht und umfassende Maßnahmen müssen getroffen werden, wenn auch die Industrie den Pfad einer Nachhaltigen Entwicklung mit beschreiten will.

 Kap. 3

Im Normenbereich gibt es analog zur weit verbreiteten ISO 14001 für Umweltmanagementsysteme noch keine Ansätze zum Thema Nachhaltigkeitsmanagementsysteme. Mit der ISO 26000 wird jedoch eine Norm zur sozialen Verantwortung von Unternehmen entwickelt. Ähnlich wie bei der Verknüpfung von Umwelt- und Qualitätsmanagement mit Hilfe der Normen ISO 14001 und ISO 9001 kann auch für die neue Norm ISO 26000 angenommen werden, dass hier von den Unternehmen ein Anschluss zu bestehenden Managementsystemen gesucht werden wird. Ist aber ISO 14001 + ISO 26000 = Nachhaltigkeit?

Im Folgenden sollen ein bereits bestehendes Konzept für das Management von Nachhaltigkeit im Unternehmen sowie zwei Pionierunternehmen in diesem Bereich vorgestellt und damit aufgezeit werden, wie breit bereits heute der Gestaltungsspielraum für Unternehmen ist, die sich für eine Nachhaltige Entwicklung engagieren wollen.

18.2 Betriebliches Nachhaltigkeitsmanagement mit System

Bereits Mitte der 90er Jahre wurde postuliert, dass reine Umweltmanagementsysteme nicht ausreichen, um Unternehmen in Richtung Nachhaltigkeit zu führen und das Leitbild *sustainable development* in das Unternehmenshandeln zu integrieren (vgl. z.B. Welford 1995). In der Folge (und teilweise auch schon vorher) entwickelten sich einige Initiativen, die aufbauend auf bestehenden Managementsystemen, Nachhaltigkeit in diese Systeme zu integrieren suchen. Als herausragendes Beispiel für die Weiterentwicklung des betrieblichen Umweltmanagement soll im Folgende eine dieser Aktivitäten vorgestellt werden: *The Natural Step.*

The Natural Step

Im deutschen Sprachraum wenig bekannt, wurde bereits 1989 in Schweden *Det Naturliga Steget* (*The Natural Step* –TNS) gegründet. Als gemeinnützige Organisation hat sich TNS das Ziel gesetzt, auf eine ökologisch, ökonomisch und sozial nachhaltige Gesellschaft hinzuwirken. Zu diesem Zweck bietet TNS ein Konzept an, das als Orientierung für Unternehmen, aber auch für Gemeinden, Forschungseinrichtungen, Regierungen und Individuen gedacht ist, die ihr Handeln in größerem Maße nachhaltig gestalten wollen.

The Natural Step

TNS bildet in einem metaphorischen Sinn die derzeitige Situation der Menschen auf der Erde als eine Art Trichter ab (s. Abb. 18-1)

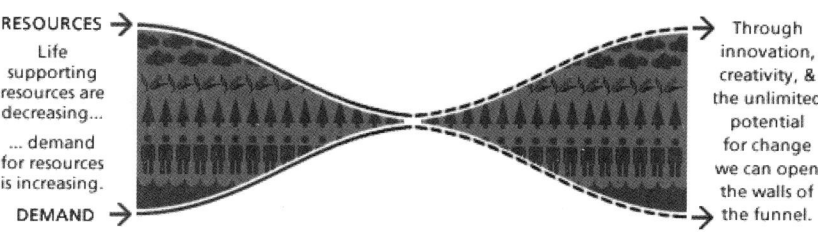

RESOURCES →
Life supporting resources are decreasing...

... demand for resources is increasing.

DEMAND →

→ Through innovation, creativity, & the unlimited potential for change we can open the walls of the funnel.

Abb. 18-1: *Der Trichter als Metapher (Quelle: http://www.naturalstep.org/)*

Die Wände des Trichters verjüngen sich kontinuierlich und es verbleibt immer weniger Platz für Bewegung. Die Ursache für diese Situation bildet die Tatsache, dass für das Überleben der heutigen Gesellschaft essenzielle Ressourcen – wie beispielsweise sauberes Wasser und saubere Luft – immer weiter abnehmen. Gleichzeitig steigt aber der Bedarf an diesen Ressourcen. Diese Bedingungen gilt es bei allen Entscheidungen zu berücksichtigen, sowohl als Individuum als auch als Unternehmen.

Um dafür eine Hilfestellung zu geben, wurde von TNS zunächst ein **Konsens-Dokument** erarbeitet, welches Grundwissen in Bezug auf die Biosphäre, den Einfluss der Gesellschaft auf natürliche Systeme, die Tatsache, dass Menschen einen Teil natürlicher Systeme darstellen und sich durch die Zerstörung natürlicher Funktionen selbst gefährden, enthält. Abschließend illustriert es, dass große Chancen existieren, die herrschende Situation in eine attraktive nachhaltige Gesellschaft zu verwandeln.

Nach eingehender Revision wurde das Dokument in den frühen 90er Jahren an alle schwedischen Haushalte und Schulen verteilt, so dass *Det Naturliga Steget* heute allen Schweden ein Begriff ist. Als Ergänzung zu diesem Dokument wurden von TNS vier **Systembedingungen** für Nachhaltigkeit entwickelt, die sich u.a. auf die Gesetze der Thermodynamik stützen (s. Abb. 18-2).

Abb. 18-2: *Die vier Systembedingungen von TNS*
(Quelle: http://www.naturalstep.ca/system-conditions.html)

Die vier Systembedingungen werden von TNS wie folgt definiert (http://
www.naturalstep.ca/system-conditions.html):

Damit eine Gesellschaft nachhaltig ist, wird die Natur NICHT systematisch...

1. ... einer sich erhöhenden Konzentration von Substanzen ausgesetzt, die aus
der Erdkruste extrahiert werden.
2. ... einer sich erhöhenden Konzentration von Produkten ausgesetzt, die durch
die Gesellschaft hergestellt werden.
3. ... einer physischen Degradierung ausgesetzt.

Und in dieser Gesellschaft werden

4. ... Menschen nicht systematisch Bedingungen ausgesetzt, die es ihnen nicht
erlauben, ihre Bedürfnisse zu erfüllen.

Konsens-Dokument und Systembedingungen bilden gemeinsam das Rahmenkonzept
von TNS, das deutlich naturwissenschaftlich und durch die Sorge um den Erhalt des
Gesamt-Ökosystems Erde geprägt ist. Dieses Konzept versteht sich selbst als eine
Methode für die Umweltplanung in Organisationen, die Umweltmanagementsysteme, Umweltindikatoren und Lebenszyklusanalysen integriert, um die Aktivitäten
von Organisationen stärker in eine nachhaltige Richtung zu steuern. Durch Schulung
und Beratung versucht TNS die Implementierung und den Gebrauch dieses Konzeptes zu unterstützen.

TNS kann einerseits als Strategieinstrument verstanden werden, das Organisationen
innerhalb eines auf Nachhaltigkeit ausgerichteten Rahmenkonzeptes Entscheidungsunterstützung bietet. Andererseits ist es aber vor allem auch ein Ausbildungswerk-
zeug zur Förderung von Nachhaltigkeitsbewusstsein in Organisationen. Durch die
Einrichtung von Diskussionsplattformen (wie bspw. *The Natural Step Business
Network*) bietet TNS beteiligten Unternehmen Austauschmöglichkeiten und Unterstützung bei der Umsetzung des Nachhaltigkeitskonzepts.

Zahlreiche Gemeinden und Unternehmen (u.a. Nissan, BP, Sainsbury's, Nike und
McDonald's) haben heute das TNS Konzept auf ihre Organisationen angewandt.
Neben Schweden ist TNS zudem in Australien, Brasilien, Frankreich, Grossbritan-
nien, Italien, Japan, Kanada, Neuseeland, Südafrika und den USA vertreten.

18.3 Nachhaltigkeitsmanagement in der Praxis

Wurde in der ersten und zweiten Auflage des vorliegenden Buches an dieser Stelle noch das fiktive Fallbeispiel der Schweizerischen SusTex AG vorgestellt, sollen dieses Mal zwei reale Unternehmen beschrieben werden, die sich das Thema Nachhaltigkeit auf die Fahnen geschrieben haben.

18.3.1 Fallstudie Interface – cooler Teppich

Der U.S.-amerikanische Teppichhersteller Interface Inc. wurde 1973 von RAY ANDERSON gegründet, der heute noch Vorsitzender des Aufsichtsrates ist (*Chairman of the Board*). Das Unternehmen ist der weltgrösste Hersteller von modularem Teppich für Wohn- und Geschäftshäuser. Ausserdem produziert Interface nahtlosen Teppich für die gleichen Anwendungsbereiche sowie Stoffe für den kommerziellen Bereich. Im Unternehmen sind über 4 800 Mitarbeitende beschäftigt. Es produziert an neun Standorten in den USA, Kanada, Thailand, Australien, England, Irland und den Niederlanden. 2006 erzielte Interface einen Umsatz von 1 Milliarde US-Dollar (vgl. http://www.interfaceinc.com).

Nachhaltigkeitsmanagement im Unternehmen

Interface hat sich ein aus Nachhaltigkeitssicht anspruchsvolles Ziel gesetzt und will

> „das erste Unternehmen werden, das durch seine Taten der gesamten industriellen Welt zeigt, was Nachhaltigkeit in allen ihren Dimensionen bedeutet: *People, process, product, place and profits* – bis 2020 – und indem wir dies umsetzen, werden wir durch die Kraft des Einflusses gestärkt." (vgl. http://www. interfaceinc.com/goals/vision.html)

Diese Vision nennt Interface „*Mission Zero*" und verspricht damit, alle negativen Auswirkungen des Unternehmens auf die Umwelt bis zum Jahr 2020 zu eliminieren. Dieses hochgesteckte Ziel soll durch Maßnahmen in der Produktion, aber auch im Bereich der Mitarbeitenden erreicht werden. Über den Grad der Zielerreichung wird im Internet auf der Basis der Richtlinien der GLOBAL REPORTING INITIATIVE berichtet (vgl. http://www.interfacesustainability.com/). Die Internet-Seiten werden regelmässig aktualisiert.

 Kap. 15

Auslöser und wichtiger Treiber hinter dem Nachhaltigkeitsengagement von Interface ist der Gründer und vormalige CEO RAY ANDERSON. Sein Einsatz für die Ausrichtung seines Unternehmens am Leitbild einer Nachhaltigen Entwicklung hat seinen Anfang in den 1990er Jahren, wie er selber berichtet. Zwei Bücher (*The Ecology of Commerce* von PAUL HAWKEN, 1994 und *Ishmael* von DANIEL QUINN, 1995) haben ihm nach eigener Aussage die Augen für die Notwendigkeit einer Nachhaltigen Entwicklung geöffnet und er hat daraufhin sein Unternehmen konsequent auf Nachhaltigkeit ausgerichtet.

Die Schwerpunkte der Aktivitäten bei Interface liegen auf sieben Bereichen:

- Eliminierung von Abfall in allen Bereichen der Geschäftstätigkeit,
- Eliminierung von allen giftigen Substanzen aus Produkten, Fahrzeugen und Einrichtungen,
- Einrichtungen sollen mit Hilfe von erneuerbarer Energien – Solar, Wind, Deponiegas, Biomasse, Geothermie, Gezeiten- und Wasserkraft, nichterdölbasiertem Wasserstoff – betrieben werden,
- Schließung der Kreisläufe durch das Re-Design bestehender Prozess und Produkte und die Verwendung bereits benutzter sowie bio-basierter Materialien,
- Ressourceneffizienter Transport von Personen und Produkte, um Abfall und Emissionen zu reduzieren,

- Sensibilisierung von Stakeholdern, um eine Kultur zu kreieren, die Nachhaltig-keitsprinzipien in das Leben und die Existenz der Menschen integriert

- Neuentwicklung eines Geschäftsmodells, das nachhaltigkeits-basierte Geschäftstätigkeit unterstützt und ihren Wert beweist.

Die aktuelle Berichterstattung zeigt, dass Interface bereits einige Fortschritte im Umweltbereich machen konnte und auch viele erfolgreiche Initiativen im Sozialbereich gestartet hat. So konnte beispielsweise der relative Energieverbrauch in der Teppichproduktion seit 1996 um 45 % gesenkt werden. Ein Anteil von 16 % der verbrauchten Energie stammte aus erneuerbaren Quellen. Ein neuer Ausstellungsraum in Shanghai war der erste Geschäftsraum in China, der nach dem LEED-Standard, einem U.S.-amerikanischen Bewertungssystem für „grüne Gebäude", ausgezeichnet wurde (LEED = *Leadership in Energy and Environmental Design*, vgl. http://www.usgbc.org/). Im sozialen Bereich hat Interface die Weiterbildung für die eigenen Mitarbeitenden innerhalb von fünf Jahren mehr als verdoppelt und hält im gleichen Zeitraum eine konstant hohe Rate von über 30 % Frauen in Managementpositionen, was die Bemühungen im Bereich Vielfalt bei den Mitarbeitenden widerspiegelt. In einer von der Research-Organisation GLOBE SCAN durchgeführten Befragung unter Nachhaltigkeitsexperten hat Interface ausserdem im Jahr 2006 BP als weltweiten Nachhaltigkeitsleader überholt.

Nachhaltigkeitsorientierung der Produkte

Interface setzt sich aus Nachhaltigkeitssicht intensiv mit den eigenen Produkten auseinander und hat bereits den ersten „klimaneutralen" Teppich auf den Markt gebracht, als die Neutralisierung von CO_2-Emissionen noch nicht als Thema in der breiten Öffentlichkeit diskutiert wurde, für die heute sogar Fluglinien „klimaneutrale" Flüge anbieten. Um den Teppich, der unter dem Namen Cool Carpet™ verkauft wird, klimaneutral zu gestalten, werden alle CO_2-Emissionen, die entlang des gesamten Lebenszyklus von Cool Carpet™ auftreten, an anderer Stelle eingespart, also neutralisiert. Das Produkt Cool Blue™ zeichnet sich dadurch aus, dass die Rückseite der Teppichfliesen zu 100 % aus recyceltem Material besteht. Ein Teil der Produktionslinien für Cool Blue™ wird zudem mit Energie aus einem Projekt gespeist, das Deponieabgase in Strom umwandelt.

2004 brachte Interface die ersten biologisch abbaubaren Stoffe auf den Markt, die auf Basis von bio-basierten Polymeren hergestellt werden. Ausser diesen Stoffen, die unter dem Namen Terratex® verkauft werden, bietet Interface Stoffe an, die zu 100 % aus recyceltem Material bestehen und/oder zu 100 % kompostierbar sind. Insgesamt hat der Anteil an recycelten und bio-basierten Inhalten in Produkten von Interface von 0.5 % im Jahr 1996 auf 20 % im Jahr 2006 zugenommen.

Seit 2006 bietet Interface ausserdem ein Teppichfliesenprodukt an, das Klebstoff überflüssig macht und somit einen deutlichen Beitrag zu mehr Umweltfreundlichkeit bei der Verlegung von Teppichen leistet.

Hinter diesen Neuentwicklungen steht eine rigorose Überprüfung des Lebenszyklus aller Produkte sowie eine Offenheit gegenüber ungewöhnlichen Inspirationen wie beispielsweise dem Thema Biomimikry. Dabei geht es darum, von bereits vorhandenen „Erfindungen" der Natur zu lernen und diese in Produkten innovativ umzusetzen. Ein klassisches Beispiel für Biomimikry ist der so genannte Lotus-Effekt, der zur Entwicklung selbstreinigender Oberflächen geführt hat.

18.3.2 Fallstudie Herman Miller – ein nachhaltiger (Design-)Klassiker

Das Unternehmen Herman Miller ist ein U.S.-amerikanischer, weltweit operierender Büromöbelhersteller mit Hauptsitz im Bundesstaat Michigan. Das Anfang des 20.

Jahrhunderts gegründete Unternehmen verfügt über Niederlassungen bzw. Repräsentanten in mehr als 40 Ländern und produziert vor allem in den USA, aber auch in China, Italien und dem Vereinigten Königreich. Im Finanzjahr 2007 erzielte Herman Miller einen Umsatz von 1,9 Milliarden US-Dollar (über 85 % davon in den USA) und beschäftigte über 6 300 Mitarbeitende (vgl. http://www.herman miller.com).

Nachhaltigkeitsmanagement im Unternehmen

Bereits seit den 1950er Jahren ist Verantwortung für die Umwelt ein Thema für Herman Miller. Schon der Gründer des Unternehmen – D.J. DE PREE – war überzeugt, dass Zweck und Sinn von Unternehmen – genau wie bei Individuen – aus mehr bestehen als aus der reinen Gewinnmaximierung. Formelle Umweltprogramme und so genannte *Environmental Quality Action Teams* wurden bei Herman Miller in den 1980er Jahren ins Leben gerufen. Eingebettet sind diese Aktivitäten jeweils immer in die beiden weiteren Dimensionen der Nachhaltigkeit: Ökonomie und Soziales.

Herman Miller hat sich das Ziel gesetzt, bis zum Jahr 2020 ein „nachhaltiges Unternehmen" zu werden und dafür die Initiative *Perfect Vision* ins Leben gerufen. Mit dieser Vision setzt sich Herman Miller folgende Nachhaltigkeitsziele:

- kein Abfall, der deponiert werden muss
- keine Generierung von Sonderabfällen
- keine Emissionen aus dem Produktionsbetrieb in Luft und Wasser
- alle Unternehmensgebäude werden nach dem U.S.-amerikanischen *LEED-Silver*-Zertifikat erstellt
- Deckung des Energiebedarfs zu 100 % aus grünen Energiequellen
- Generierung des gesamten Umsatzes mit Produkten, die nach Umweltdesignrichtlinien entwickelt und produziert werden (DfE = *Design for Environment*)

Auch auf der sozialen Seite hat sich Herman Miller Ziele gesteckt und fördert die Vielfalt der eigenen Mitarbeitenden (*Diversity & Inclusion*) mit verschiedenen Programmen und ist stark in den Gemeinden vor Ort engagiert. So hat sich das Unternehmen beispielsweise zum Ziel gesetzt bis 2010 insgesamt 50 000 Stunden mit den Mitarbeitenden wohltätige Arbeit zu leisten.

Im Nachhaltigkeitsbericht 2006, der auf den Richtlinien der Global Reporting Initiative basiert, sowie auch im Jahresbericht 2007 informiert Herman Miller über die Fortschritte, die bezüglich der gesetzten Ziel gemacht wurden. Dort ist nachzulesen, dass das Ziel der Freiwilligenarbeit bereits 2007 mit 58 260 Stunden übertroffen wurde. Auch über die Erreichung der anderen Ziele wird im Detail berichtet. Kap. 15

Von externen Stakeholder wird die Aktivitäten von Herman Miller entsprechend gewürdigt. So zeichnete die Internetplattform für nachhaltiges Wirtschaften SUSTAINABLE BUSINESS.COM (http://www.sustainablebusiness.com/) das Unternehmen 2007 zum fünften Mal als eine der nachhaltigsten 20 Unternehmen der Welt aus. Ebenfalls 2007 erhielt Herman Miller die Höchstbewertung von 100 % im jährlichen *Corporate Equality Index* der HUMAN RIGHTS CAMPAIGN FOUNDATION, einer U.S.-amerikanischen Organisation für die Gleichberechtigung von Lesben, Schwulen, Bisexuellen und Transidenten (*lesbian, gay, bisexual, and transgender* – LGBT). Ausserdem ist die Aktie von Herman Miller seit 1990 im KLD's Domini 400 Social Index (DSI) vertreten.

Nachhaltigkeitsorientierung der Produkte

Das wahrscheinlich bekannteste Möbelstück, das seit den 1950er Jahren von Herman Miller produziert wird, ist der *Eames Lounge Chair* und *Ottoman* der, neben vielen anderen Möbeln aus der Produktion von Herman Miller, mittlerweile zu einem Design-Klassiker avanciert ist. Originale des 1956 erstmals produzierten Mö-

⇨ Kap. 8

belstücks des amerikanischen Designerehepaars RAY und CHARLES EAMES sind noch heute funktionsfähig und im Einsatz, was auf eine lange Lebensdauer des Produktes hinweist – ein wichtiges Kriterium bei der Entwicklung nachhaltiger Produkte. Herman Millers *Design for Environment* (DfE) basiert auf einer Lebenszyklusanalyse, die neue Produkte von der Wiege bis zur Wiege analysiert. Das *cradle to cradle* Design geht dabei von der vollständigen Schliessung der Kreisläufe aus. Die Schwerpunkte der Analyse dabei sind die Stoffchemie und die Sicherheit von Inputs, eine einfache Demontage von Produkten sowie Recyclingfähigkeit am Ende ihrer Nutzungsdauer. Umweltinformationsblätter zu den Produkten enthalten detaillierte Angaben über die Materialen, die verarbeitet wurden.

Abb. 18-3: *Eames Lounge Chair und Ottoman (Quelle; http://www.hermanmiller.com)*

Beim *Eames Lounge Chair* und *Ottoman* sind dies z.B. 40 % Holz, 22 % Aluminium, 16 % Schaumstoff, 13 % Leder, 7 % Stahl und 1 % Gummi. Ausserdem wird über den recyclingfähigen Anteil des Produkts informiert (*Eames Lounge Chair* und *Ottoman* 29 %) sowie über den Anteil verarbeiteter recycelter Materialen (*Eames Lounge Chair* und *Ottoman* 24 %).

Im Finanzjahr 2007 erzielte Herman Miller 17.4 % des Umsatzes mit Produkten, die nach den Umweltdesignrichtlinien hergestellt wurden. Mit dem Fernziel von 100 % im Jahr 2020 vor Augen, besteht hier noch ein deutliches Aufholpotenzial.

18.3.3 Fazit

Beide Fallstudien haben gezeigt, dass bereits heute Unternehmen existieren, die das Thema Nachhaltigkeit als existenziell erkannt haben und versuchen, ihre eigene Geschäftstätigkeit danach auszurichten. Dass dies nur auf lange Sicht möglich ist, zeigen die Ziele, die sich sowohl Interface als auch Herman Miller für das Jahr 2020 gesetzt haben. Beide Unternehmen haben schon viel erreicht, aber gleichzeitig auch noch einen langen Weg vor sich, da es auch für sie noch viel zu tun gibt, bis sie sich zu wirklich „nachhaltigen Unternehmen" weiterentwickelt haben.

Eine Gemeinsamkeit sticht ins Auge: in beiden Fällen war es jeweils eine zentrale Figur im Unternehmen – R. ANDERSON und D.J. DU PREE – die das Thema Nachhaltigkeit als relevant erkannt und konsequent in ihrem Unternehmen umgesetzt haben. War es bei dem einen ein externer Anstoss in Form von Literatur, nahm der verantwortungsvolle Umgang mit Ressourcen und Menschen bereits einen wichtigen Platz im Geschäftsleben ein. Beide haben Nachhaltigkeit zu einem Kernanliegen im Unternehmen gemacht und bislang auch geschäftlich Recht behalten, denn sowohl Interface als auch Herman Miller haben sich erfolgreich behaupten können.

18.4 Ausblick

Wenngleich für viele Unternehmen der Schritt vom betrieblichen Umweltmanagement zum betrieblichen Nachhaltigkeitsmanagement noch (lange) nicht vollzogen ist, haben die vorliegenden Ausführungen deutlich gemacht, dass diese Weiterentwicklung nicht nur notwendig, sondern auch möglich ist und in Teilen bereits umgesetzt wird. Aus den unterschiedlichsten Motiven heraus haben Unternehmen – häufig gemeinsam mit ihren Anspruchsgruppen – innovative Ansätze entwickelt, die geeignet sind, eine nachhaltige Entwicklung weiter voranzutreiben. Aus dieser Befähigung erwächst gleichzeitig auch die Verpflichtung, nicht nur das bereits erreichte zu würdigen, sondern sich immer wieder neue Ziele zu setzen, um sich dem Leitbild einer Nachhaltigen Entwicklung kontinuierlich anzunähern. Maßnahmen zum Schutz der natürlichen und sozialen Umwelt sowie die Schliessung von Kreisläufen und somit der geringst mögliche Einsatz von nicht-erneuerbaren Ressourcen müssen für die Wirtschaft insgesamt selbstverständlich werden, um eine nachhaltige und damit lebensfähige Wirtschaftsweise zu erreichen. Gleichzeitig ist jedoch ein Umdenken aller notwendig, denn nur wenn das Konzept der Nachhaltigkeit verstanden wird und weitreichende Unterstützung aller Seiten erhält, ist es umsetzbar und das Ziel einer nachhaltigen Entwicklung zu erreichen.

Es bleibt abzuwarten, ob das Jahr 2020 wirklich die ersten „nachhaltigen Unternehmen" hervorbringt oder ob der Weg zur Nachhaltigkeit auch für Pionierunternehmen noch längere Zeit in Anspruch nehmen wird.

18.5 Übungsfragen

1. Wie lässt sich die Entwicklung in Richtung Nachhaltigkeit bis heute beschreiben?
2. Welche Ansätze existieren bereits, um Nachhaltigkeit in Organisationen voranzutreiben?
3. Welchen Kriterien muss ein „nachhaltiges Unternehmen" genügen? Entwickeln Sie ein fiktives Fallbeispiel.
4. Entwerfen Sie ein Nachhaltigkeits-Szenario für die Lebensmittelbranche im Jahr 2030. Welche Chance bestehen aus heutiger Sicht für eine nachhaltige Entwicklung? Welche Entwicklungen halten Sie persönlich für möglich, wenn Sie sich über wahrgenommene Einschränkungen hinwegsetzen?

18.6 Weiterführende Literatur

BUND und Misereor (Hrsg., 1996): Zukunftsfähiges Deutschland. Ein Beitrag zu einer global nachhaltigen Entwicklung, Basel.

Fuller, B. (1981): Critical Path, New York.

Hawken, P., Lovins, A. und Lovins H. (2000): Öko- Kapitalismus. Die industrielle Revolution des 21. Jahrhunderts, München.

Meadows, D.H., Meadows, D.L. und Randers, J. (1992): Die neuen Grenzen des Wachstums. Die Lage der Menschheit: Bedrohung und Zukunftschancen, Stuttgart.

Welford, R. (1999): Corporate Environmental Management 3. Towards Sustainable Development, London.

Das Doktoranden-Netzwerk Nachhaltiges Wirtschaften (DNW) e.V. stellt sich vor

von Heiko Falk, Ulrich Nissen und Nick Lin-Hi

Das Netzwerk im Überblick

Das Doktoranden-Netzwerk Nachhaltiges Wirtschaften (DNW) e.V. ist ein Zusammenschluss von jungen Wissenschaftlerinnen und Wissenschaftlern unterschiedlicher Disziplinen, die sich aus ganz verschiedenen Perspektiven dem Themenfeld „Nachhaltiges Wirtschaften" widmen. Mittlerweile sind etwa 80 Doktorierende und Habilitierende aus Deutschland, Österreich, Belgien, der Schweiz und Großbritannien im Netzwerk aktiv. Ihre akademische Ausbildungen umfassen Fachdisziplinen wie Wirtschaftswissenschaften, Rechtswissenschaften, Maschinenbau, Agrarwissenschaften, Wirtschaftsingenieurwesen, Geographie, Bauingenieurwesen, Chemie, Gartenbau, Landschafts- und Freiraumplanung, Biologie und viele andere mehr. Insgesamt sind mehr als 20 Disziplinen im Doktoranden-Netzwerk vertreten.

Das DNW versteht sich explizit als ein interdisziplinäres Netzwerk und steht für einen Austausch über Fachdisziplinen hinweg. Anliegen des Netzwerkes ist es, Nachwuchsforschenden eine selbstorganisierte Plattform für den interdisziplinären Austausch mit anderen Promovierenden sowie Praktikerinnen und Praktikern auf dem Gebiet des nachhaltigen Wirtschaftens zur Verfügung zu stellen. Ebenso ist es ein Anliegen des DNW, Nachwuchswissenschaftlerinnen und -wissenschaftler zu unterstützen, beispielsweise bei der Vorbereitung von Fachvorträgen oder durch die Erstellung erster gemeinsamer Publikationen.

Durch die Veranstaltung von Tagungen, Konferenzen und Workshops ist das Netzwerk in der (Fach-)Öffentlichkeit präsent. Die aktuellen Forschungsergebnisse und -erkenntnisse werden regelmäßig sowohl über Einzelpublikationen der Mitglieder als auch in Form von DNW-Veröffentlichungen in die öffentliche und wissenschaftliche Diskussion gebracht; ein Sonderheft der Zeitschrift „Umweltwirtschaftsforum" oder die 3. Auflage des vorliegenden Lehrbuches sind Beispiele hierfür.

Das DNW versteht sich als Kompetenznetzwerk in der Nachhaltigkeitsforschung sowie als Ansprechpartner für Fragen rund um eine nachhaltige Entwicklung. Wenn Sie Interesse am Doktoranden-Netzwerk Nachhaltiges Wirtschaften und seiner Arbeit haben, so finden Sie weitere Informationen im Internet unter http://www.doktoranden-netzwerk.de oder schreiben Sie an info@doktoranden-netzwerk.de.

Ziele und Selbstverständnis des Netzwerkes

Der Verein „Doktoranden-Netzwerk Nachhaltiges Wirtschaften (DNW)" zielt gemäß seiner Satzung darauf ab, durch interdisziplinäre wissenschaftliche Reflexion und Diskussion zum Nachhaltigen Wirtschaften in allen betroffenen Fachgebieten beizutragen. Hiermit soll auf eine Nachhaltige Entwicklung hingewirkt sowie Wissenschaft und Forschung gefördert werden. Zu den konkreten Zielen des Vereins zählen:

- Förderung des Informationsaustausches;
- interdisziplinäre Arbeit und Erfahrungsaustausch;
- kritische Auseinandersetzung mit wissenschaftlichen Veröffentlichungen zum Thema Nachhaltiges Wirtschaften;
- gemeinsame Publikationen;
- Diskussionsbeiträge in Form von Veröffentlichungen in Fachzeitschriften und Tageszeitungen, Positionspapieren und Büchern;
- Durchführung von Veranstaltungen wie Symposien, Fachtagungen und Workshops;
- Anregungen für anstehende Revisionen der relevanten Regelwerke;
- Kooperationen mit interessierten Kreisen.

Seit den ersten Anfängen verfolgt und fördert das Doktoranden-Netzwerk wissenschaftliche Zwecke; dies entspricht der ursprünglichen Gründungsabsicht des Netzwerks. Nach wie vor werden die Mitglieder durch ihre jeweiligen Dissertations- bzw. Habilitationsvorhaben zum Bereich Umweltmanagement oder Öko-Audit, bzw. durch ihre wissenschaftlichen Arbeiten im Bereich des Nachhaltigen Wirtschaftens zusammengeführt.

Zur Realisierung der der Ziele verfügt das DNW über entsprechende Strukturen, die im Nachfolgenden kurz skizziert werden.

Aufbau, Organisation und Arbeitsweise des Netzwerks

Das „Doktoranden-Netzwerk Nachhaltiges Wirtschaften (DNW) e.V." ist organisatorisch aufgeteilt in einen aus vier Personen bestehenden Vorstand und die Mitgliederversammlung. Die Mitgliederversammlung findet einmal jährlich im Rahmen der Herbsttagung statt und wählt den Vorstand für die nächste Amtsperiode.

Der Vorstand

Die Vorstandspolitik war und ist darauf ausgerichtet, den Bekanntheitsgrad des Netzwerkes stetig zu erhöhen, eine effektive Organisations- und Arbeitsstruktur aufzubauen, den internen Kontaktaufbau der Mitglieder zu fördern, sich selbst organisierende Netzwerk-Aktivitäten (z.B. in Form von Arbeitsgruppen) zu forcieren und die interessierte Öffentlichkeit zu informieren. Sämtliche Aufgaben werden von den Vorstandsmitgliedern auf ehrenamtlicher Basis weitestgehend gemeinschaftlich ausgeführt. Die Aktivitäten werden durch „Vorstandsrichtlinien", „Resolutionen" der Mitgliederversammlung und Programme (hierbei handelt es sich um Auszüge des Beschlussbuches) geregelt. Der Vorstand ist gemäß der Satzung von der Mitgliederversammlung für die Dauer von einem Jahr gewählt.

Frühjahrs- und Herbsttagungen

Regulär finden jährlich zwei vom Netzwerk ausgerichtete Tagungen – Frühjahrs- und Herbsttagung – statt. Hieran teilnehmen können neben den Mitgliedern auch interessierte und im Vorfeld angemeldete Gäste. Die Tagungen bestehen jeweils aus einem wissenschaftlichen sowie aus einem gesellschaftlichen Teil. Beim wissenschaftlichen Teil geht es um den Austausch zum Themenfeld Nachhaltiges Wirtschaften, i.d.R. im Kontext eines übergeordneten Tagungsthemas. Hierbei stehen der generelle Informations- und Meinungsaustausch, die Erörterung und Diskussion von aktuellen Entwicklungen sowie die Arbeit an spezifischen Problemstellungen im Mittelpunkt. Eine zusätzliche Bereicherung erfahren die Tagungen durch eingeladene Gastreferenten. In Doktoranden-Workshops besteht für Mitglieder die Möglichkeit, ihr Dissertationsvorhaben zu präsentieren und zur Diskussion zu stellen. Die Interdisziplinarität der Mitglieder bietet dabei einen Raum für neue, bereichernde und auch kritische Auseinandersetzungen.

Der gesellschaftliche Teil gibt insbesondere den neuen Mitgliedern die Gelegenheit zum gegenseitigen Kennenlernen und zum Knüpfen von netzwerksinternen Kontakten in geselliger Atmosphäre. Neben gemeinsamen Essen stehen auch immer kulturelle Veranstaltungen, beispielsweise Führungen oder Besichtigungen, in der jeweiligen Stadt auf der Tagesordnung.

Im Rahmen der Herbsttagung findet jeweils die jährliche Mitgliederversammlung statt; stimm- und teilnahmeberechtigt sind alle Mitglieder des Netzwerks. In der Mitgliederversammlung wird über die Aktivitäten des Vorstandes und der Mitglieder berichtet, es werden organisatorische Fragen erörtert und Anträge an den Vorstand gestellt.

Kommunikation und Förderung des Kontaktaufbaus unter den Netzwerkmitgliedern

Der Informations- und Meinungsaustausch der Mitglieder des Doktoranden-Netzwerkes erfolgt sowohl im Rahmen der beiden jährlichen Tagungen und durch sich selbst organisierende ad-hoc-Arbeitsgruppensitzungen als auch ganzjährig hindurch online. Über E-Mail und eine interne Mailingliste werden die Mitglieder auf aktuelle (wissenschaftliche) Veranstaltungen im Bereich Nachhaltigkeit aufmerksam gemacht; auch entsprechende Stellenausschreibungen oder Lehraufträge werden so bekannt gegeben. Weiterhin können auf diese Weise auch spezifische Fragen oder Anliegen erörtert werden – insgesamt ermöglichen diverse Onlinemedien die Kommunikation zu unterschiedlichen Aspekten, die für das Themenfeld Nachhaltiges Wirtschaften von Relevanz sind.

Auf der Homepage (http://www.doktoranden-netzwerk.de) haben die Mitglieder die Möglichkeit, sich eine persönliche Seite einrichten zu lassen, auf der Kontaktdaten, Lebenslauf sowie Veröffentlichungen eingestellt sind.

Arbeitsgruppen

Im Doktoranden-Netzwerk Nachhaltiges Wirtschaften (DNW) e.V. bilden sich nach Bedarf und wissenschaftlichem Interesse regelmäßig verschiedene Arbeitsgruppen (AGs), die sich mit wichtigen Einzelaspekten des Themenfeldes Nachhaltiges Wirtschaften beschäftigen und i.d.R. ihre Ergebnisse publizieren (etwa über die Schriftenreihe des Netzwerkes oder in Form von Zeitschriften- oder Buchaufsätzen). Arbeitsgruppensitzungen, die zum einen im Rahmen der Mitgliederversammlungen und zum anderen auf selbstorganisierter Basis zwischen den Tagungen stattfinden, bieten eine Gelegenheit, über konkrete Problemstellungen mit Mitgliedern aus anderen Fachdisziplinen zu diskutieren. Ferner sind sie eine Plattform, um Informationen über neueste Entwicklungen aus Wissenschaft und Praxis auszutauschen, aktuelle Publikationen vorzustellen und einen Meinungsaustausch zu ermöglichen.

Kompetenzfelder

Die wissenschaftliche Arbeit der Mitglieder des Doktoranden-Netzwerks Nachhaltiges Wirtschaften umfasst ein breites Spektrum an Themen aus dem Bereich eines ökonomisch, ökologisch und sozial verträglichen Wirtschaftens. Die Handhabung der Themenvielfalt sowie der damit verbundenen Komplexität wird durch das Clustern in so genannte Kompetenzfelder erleichtert, die auf der Homepage zu finden sind.

Die Mitglieder des Netzwerks haben die Möglichkeit, sich selbst den Kompetenzfeldern zuzuordnen sowie spezifische Schwerpunkte ihrer Arbeit anzugeben. Hierdurch wird es Mitgliedern und externen Interessierten ermöglicht, zu verschiedenen Anliegen – angefangen von spezifischen Fragen bis hin zur Expertensuche – schnell einen möglichen Ansprechpartner zu identifizieren.

Die Kompetenzfelder sowie deren Konkretisierung im Einzelnen sind dabei:

- **Kompetenzfeld A: Nachhaltigkeit auf Unternehmensebene**
  - Rolle der Unternehmen im Kontext einer nachhaltigen Entwicklung im Allgemeinen
  - Betriebliche Instrumente nachhaltigen Wirtschaftens
  - Marketing & Kommunikation
  - Corporate Social Responsibility & Corporate Citizenship
- **Kompetenzfeld B: Politische und Institutionelle Ebene**
- **Kompetenzfeld C: Organisationslernen & Managementsysteme**
- **Kompetenzfeld D: Umweltökonomie & ökologische Ökonomie**

Öffentlichkeitsarbeit und Homepage

Die Öffentlichkeitsarbeit des Doktoranden-Netzwerks verfolgt zwei Ziele. Zum einen sollen Ergebnisse der Arbeiten aus dem Netzwerk öffentlich gemacht und damit der Bekanntheitsgrad des Netzwerkes ausgebaut werden. Zum anderen sollen potenzielle Mitglieder – also Promovierende und Habilitierende – die ein relevantes Thema aus dem Themenfeld des Nachhaltigen Wirtschaftens bearbeiten, auf das Netzwerk aufmerksam gemacht werden.

Die Öffentlichkeitsarbeit konzentrierte sich in der Anfangsphase des Netzwerkes darauf, die Idee einer solchen geplanten Vereinigung durch Presseaufrufe bekannt zu machen. Nachdem die Reaktionen erstaunlich positiv ausfielen und der Mitgliederstamm rasch wuchs, wurde die Mitgliederakquisition allmählich durch Pressemitteilungen ersetzt, die über die internen Aktivitäten berichteten. An dem Thema Nachhaltigkeit interessierte Personen haben auch die Möglichkeit, sich auf der Homepage für einen Newsletter anzumelden, der etwa zwei Mal jährlich aktuell über das DNW sowie entsprechende Veranstaltungen informiert.

Weiterhin sind diverse Veröffentlichungen von Netzwerkmitgliedern erschienen, die mit einem Hinweis auf das Doktoranden-Netzwerk versehen worden sind. Ferner wurde das Netzwerk verschiedentlich auf Konferenzen und Tagungen vorgestellt.

Folgende Informationen können der Homepage entnommen werden:
- allgemeine Informationen über das Netzwerk (z.B. Vereinssatzung);
- Berichte und Impressionen von Veranstaltungen des Doktoranden-Netzwerks;
- Kontaktadressen der Vorstandsmitglieder;
- persönliche Seiten der Mitglieder (in Abhängigkeit der individuellen Angaben mit Kontaktadresse, Lebenslauf, Veröffentlichungen sowie Schwerpunktthemen);
- Kompetenzfelder;
- News und Pressemitteilungen;
- Jahresberichte;
- die Schriftenreihe des Netzwerkes;
- Informationen zur Mitgliedschaft im Doktoranden-Netzwerk Nachhaltiges Wirtschaften (DNW) e.V.

Zur Entstehung des Doktoranden-Netzwerks

Im Herbst 1990 erschienen die ersten Konsultationsdokumente für eine Rechtsnorm der Europäischen Gemeinschaft, durch die – mit Blick auf ein Nachhaltiges Wirtschaften – Umweltmanagementsysteme und Öko-Audits normiert werden sollten. Abzusehen war damals schon, dass hierdurch eine Umweltmanagementregelung auf die Unternehmen zukommen wird, die sich insbesondere in Deutschland in vielerlei Hinsicht gravierend vom traditionellen umweltpolitischen Instrumentarium unterscheiden würde. Es war daher nicht erstaunlich, dass bereits lange Zeit vor der Verabschiedung des Rechtstextes in großer Anzahl Veröffentlichungen über diese geplante Regelung erschienen, die eine intensive wissenschaftliche, multidisziplinäre (Vorfeld-)Diskussion belegen und darüber hinaus auch Aufmerksamkeit in Nicht-Fachkreisen erzeugten.

Auch nach ihrer Verabschiedung im Juni 1993 legte sich das wissenschaftliche Interesse an der dann verabschiedeten EG-Öko-Audit-Verordnung (später EMAS-Verordnung) nicht. Aufgrund ihres neuartigen Regelungscharakters wurden insbesondere Nachwuchswissenschaftler herausgefordert, das Gemeinschaftssystem wissenschaftlich zu durchleuchten und auszulegen, die Wirkungen des Vollzugs zu untersuchen, Unterstützungsinstrumentarien für die Einführung von Umweltmanagementsystemen zu entwickeln, Übertragungsmöglichkeiten zu klären oder länderübergreifende Rechtsvergleichungen anzustellen. Im Thema Öko-Audit fokussieren sich verschiedenste umweltwissenschaftliche Interessen. Von besonders großer Faszination war und ist, dass dieses Instrument eine Plattform für die Begegnung und den Austausch einer großen Anzahl an Fachdisziplinen bietet. Dies legte die Institutionalisierung von fachübergreifenden Diskussionen nahe.

Es war daher fast eine logische Folge, dass ein Bedürfnis entstand, die wissenschaftliche Motivation zu bündeln, Synergieeffekte zu nutzen sowie Erfahrungen und Meinungen auszutauschen. So kam im Mai 1995 die Idee auf, ein multidisziplinäres Doktoranden-Netzwerk zu gründen. Ihm sollten Promovierende und Habilitierende aus möglichst vielen unterschiedlichen Fachdisziplinen angehören, die unmittelbar oder mittelbar das Thema Öko-Audit bzw. Umweltmanagement bearbeiteten.

Mit dem Ziel, ein solches Vorhaben in die Wege zu leiten, wurden von Mai bis September 1995 in zahlreichen Fachzeitschriften Mitteilungen veröffentlicht, die auf die Gründung eines solchen Netzwerks hinwiesen. Die Resonanz war überaus erfreulich. Nicht nur von über 40 potenziellen Mitgliedern wurde großes Interesse signalisiert - auch zahlreiche andere Fachvertreter reagierten auf den Aufruf.

Im Oktober 1995 fand das erste Treffen in Heidelberg statt. Die 18 Promovierenden und Habilitierenden aus Deutschland und Österreich, die an dieser ersten Sitzung teilnahmen, begeisterten sich für die Idee und hielten es für sinnvoll, dem Netzwerk eine geordnete Struktur zu verleihen – also eine Organisation mit klaren Zielen und geplanten Abläufen zu schaffen. Neben dem intensiven fachlichen Austausch wurde in Heidelberg bereits damit begonnen, Aufgaben zu definieren, die von einzelnen Teilnehmern des Gründungstreffens übernommen wurden.

Aufgrund intensiv betriebener Öffentlichkeitsarbeit erhöhte sich der Bekanntheitsgrad des Netzwerkes rasch. In zunehmendem Maße gingen Anfragen ein – nicht nur von potenziellen Mitgliedern, sondern in nicht unbeträchtlichem Umfang auch von Personen, die sich mit dem Thema Umweltmanagement beruflich auseinander setzten und daher im Netzwerk eine interessante Informationsquelle und einen kompetenten Gesprächspartner sahen. Um diesen Bedürfnissen gerecht zu werden, wurde eine eigene Arbeitsgruppe „Öffentlichkeitsarbeit" eingerichtet.

Das folgende Treffen, das zugleich die erste konstituierende Mitgliederversammlung war, fand im Januar 1996 in Erlangen statt. Nach intensiver Diskussion wurde dort die in Entwurfsform vorliegende Vereinssatzung durch die anwesenden 27 Promovierenden und Habilitierenden verabschiedet und der erste Vorstand gewählt. Durch die Verabschiedung der Satzung und die Wahl des Vorstandes wurde der organisatorische Rahmen des Netzwerkes geschaffen, auf dessen Basis in der Folgezeit seit nunmehr über ein Jahrzehnt effektiv den beschlossenen Aktivitäten des Netzwerkes nachgegangen werden konnte.

Im Rahmen der zweiten Mitgliederversammlung im Mai 1996 in Innsbruck standen ähnlich wie in Erlangen noch zu lösende organisatorische Fragestellungen im Vordergrund. Nach deren Klärung verlagerte sich der Fokus der Aufmerksamkeit auf die inhaltliche Arbeit an spezifischen Problemstellungen des Öko-Audit. Ein Jahr nach der ersten Sitzung, am 10.10.1996 erfolgte schließlich die Registrierung als gemeinnützig anerkannter Verein. Die Etablierung des „Doktoranden-Netzwerk Öko-Audit e.V." war damit abgeschlossen.

Im Laufe der dann folgenden Zeit nahmen Mitgliederzahl und Umfang der Netzwerk-Aktivitäten kontinuierlich zu. Neben den regelmäßigen Treffen, die dem Informations- und Meinungsaustausch dienten, engagierten sich die Netzwerkmitglieder sowie auch das Netzwerk insgesamt in unterschiedlichsten Bereichen mit großem Enthusiasmus. So wurden zahlreiche Aufsätze veröffentlicht, die meist interdisziplinärer Art und von mehreren Mitgliedern gemeinsam verfasst wurden. Eine damals eingerichtete Internet-Plattform dient nach wie vor dem Austausch von Informationen, der Präsentation des Netzwerks nach außen und der Kommunikation mit interessierten Kreisen. In nahem Zusammenhang mit den Mitgliederversammlungen wurden verschiedene Tagungen veranstaltet, zu denen interne und externe Referierende und interessierte Kreise eingeladen wurden. In Berlin wurde 1999 ein wissenschaftliches Symposium organisiert, auf dem vor einem großen Teilnehmerkreis Kernfragen des Umweltmanagement präsentiert und diskutiert wurden. Das Doktoranden-Netzwerk gründete eine eigene Schriftenreihe, in der wissenschaftliche Studien von Mitgliedern veröffentlicht werden und gab im Juli 1998 sein erstes Buch mit dem Titel „Umweltmanagementsysteme zwischen Anspruch und Wirklichkeit" (Springer-Verlag) heraus. Ferner wurden Dozenturen an Hochschulen übernommen und in nicht unbeträchtlichem Umfang Gremienarbeit (etwa im DIN-NAGUS, UGA, VDI, IdU) geleistet, verschiedene Gutachten verfasst, Untersuchungen des Verordnungsvollzugs vorgelegt, ein Normungsantrag angefertigt und beim DIN eingereicht. Das vorliegende Lehrbuch, das seit 5 Jahren kontinuierlich nachgefragt wird und nun in der 3. Auflage im Ulmer-Verlag erscheint, zeugt ebenfalls vom Engagement der Mitglieder und von der Vielfalt ihrer fachlichen Schwerpunkte.

Im Rahmen des Engagements wurde zunehmend deutlich, dass eine explizite Ausrichtung der Netzwerkarbeit auf den Themenkomplex Öko-Audit und Umweltmanagement zu eng war. Die starke Verflechtung zu weiteren umweltpolitischen Problemstellungen verlangte eine Integration auch dieser Themen, um die aktuellen wissenschaftlichen Schwerpunkte der Mitglieder abzubilden und dem gesellschaftspolitischen Anspruch des Netzwerks gerecht zu werden. Nicht zuletzt um die in diesem Bereich tätigen Nachwuchswissenschaftlerinnen und -wissenschaftlern weiterhin für das Doktoranden-Netzwerk zu interessieren, wurde die Ausrichtung der Netzwerkarbeit weiter gefasst und im März 2001 der Vereinsname geändert. Das Netzwerk firmiert seitdem als „Doktoranden-Netzwerk Nachhaltiges Wirtschaften (DNW) e.V."

Ausblick

Das Doktoranden-Netzwerk Nachhaltiges Wirtschaften (DNW) e.V. hat sich seit seinem Bestehen sehr positiv entwickelt. Erwartungen sind sowohl hinsichtlich des Interesses seitens der Promovierenden und Habilitierenden an eine Mitgliedschaft, der aktiven Mitarbeit einzelner Mitglieder, als auch der Reaktionen aus der Öffentlichkeit weit übertroffen worden. Die durch den rasanten Mitgliederzuwachs hervorgerufenen anfänglichen organisatorischen Schwierigkeiten konnten bewältigt werden, so dass seit nunmehr dreizehn Jahren eine geeignete Organisationsstruktur des

Netzwerks vorliegt, die noch mehr als bisher eine effiziente „Arbeit an der Sache" gewährleistet.

Promovierende und Habilitierende im Bereich des Nachhaltigen Wirtschaftens sind herzlich eingeladen, sich über das Doktoranden-Netzwerk Nachhaltiges Wirtschaften (DNW) e.V. zu informieren und diesem beizutreten. Das Netzwerk bietet die Möglichkeit, sich in verschiedenster Weise einzubringen, gemeinsame Aktivitäten, wie beispielsweise Publikationen oder die Ausrichtung von Veranstaltungen, zu unternehmen und damit auch einen Beitrag zu einer nachhaltigen Entwicklung zu leisten.

Autorinnen und Autoren

Dr. Annett Baumast
Jahrgang 1971. Studium der Wirtschaftswissenschaften an der Universität Hannover sowie ESC Rouen, Frankreich (Abschluss: Diplom-Ökonomin). Doktorstudium an der Universität St. Gallen, Schweiz und Forschungsaufenthalt an der London School of Economics, Großbritannien. Promotion zur Dr. oec. an der Universität St. Gallen (HSG) mit einer Arbeit über Umweltmanagementsysteme und kulturelle Unterschiede in Deutschland, Großbritannien und Schweden. Ehemalige Projektmitarbeiterin und Assistentin an den Universitäten Hannover und St. Gallen. Heute als Nachhaltigkeitsanalystin einer Schweizer Bank tätig.

Dr. Timo Busch
Jahrgang 1975. Von 1996 bis 2001 Studium der Wirtschaftswissenschaften mit Schwerpunkt Finanzen und Revision an der Universität Wuppertal. Von 1999 bis 2005 am Wuppertal Institut für Klima, Umwelt und Energie, zuletzt als Projektleiter in der Abteilung Nachhaltiges Produzieren und Konsumieren. Von 2005 bis 2008 wissenschaftlicher Mitarbeiter und Doktorand an der ETH Zürich, Gruppe für Nachhaltigkeit und Technologie. Seit 2008 Senior Researcher und Post-Doc an der ETH. Arbeitsschwerpunkte: Nachhaltiger Finanzmarkt, Ökoeffizienz, Klimawandel und strategisches Management.

Dr. Frank Czymmek
Jahrgang 1974. Studium der BWL an der Universität zu Köln von 1995-2000. Abschluss: Dipl.-Kfm. 2000-2004 wissenschaftlicher Mitarbeiter an der Universität zu Köln, 2003 Promotion zum Dr. rer. pol., Dissertationsthema: „Ökoeffizienz und unternehmerische Stakeholder". Weitere Interessen: Sustainability Balanced Scorecard, Ökoeffizienz, CSR. Seit 2000 Mitglied des Doktoranden-Netzwerk Nachhaltiges Wirtschaften (DNW) e.V., 2. Vorsitzender von 2001-2003. Nach China-Aufenthalt (2004) seit 2005 selbständiger Berater und Dozent, u.a. für die Volkswagen AutoUni und FH Wolfsburg.

Dr. Heiko Falk
Jahrgang 1969. 1989 bis 1994 Jurastudium in Heidelberg. 1994-1999 wissenschaftliche Mitarbeit und Assistenz am Institut für deutsches und europäisches Technologie- und Umweltrecht der Uni Heidelberg. Stipendiat im DFG-Graduiertenkolleg. Mitinitiator des Doktoranden-Netzwerk Nachhaltiges Wirtschaften (DNW) e.V.; 1996 Forschungsaufenthalt in London am „IEEP". 1997 Promotion zum Dr. iur. 1996-1998 Rechtsreferendar in Heidelberg und Köln. Seit 1999 Rechtsanwalt in Heidelberg und dort vorwiegend im privaten Bau- und Umweltrecht tätig. Verschiedene Veröffentlichungen zum Umwelt- und Baurecht.

Dr. Ellen Faßbender-Wynands

Jahrgang 1968. Von 1987-1990 Ausbildung zur Fremdsprachlichen Direktions-Assistentin an der Akademie für Wirtschaft und Verwaltung, Lippstadt. Nach Auslandspraktikum und Berufstätigkeit Studium der BWL und VWL an der Universität zu Köln von 1992-1997. Wissenschaftliche Mitarbeiterin am Seminar von Prof. Dr. Dr. h. c. Günter Beuermann, Uni Köln, von 1996-2001. Dissertation zum Thema „Umweltorientierte Lebenszyklusrechnung". Seit Juli 2001 bei der Arcor AG & Co. KG im Bereich „Business Development" tätig. Seit 1998 Mitglied des Doktoranden-Netzwerk Nachhaltiges Wirtschaften (DNW) e.V., 1999/2000 als Vorstandsmitglied.

Dr. Dirk Funck

Jahrgang 1966. 1986 bis 1991 Studium der Betriebswirtschaftslehre in Göttingen. 1996 Promotion zum Dr. rer. pol. zum Thema "Ökologische Sortimentspolitik im Handel". 1996 bis 2003 Wissenschaftlicher Mitarbeiter und Projektleiter "Integrierte Managementsysteme" am Institut für Marketing & Handel der Universität Göttingen. Seit 2003 EK/servicegroup (Verbundgruppe des Handels), Bielefeld. Aktuelle Position: Geschäftsführer der sale & service GmbH – Vertriebsgesellschaft für Kauf- und Warenhäuser sowie großflächige Handelsunternehmen.

Dr. Ines Freier

Jahrgang 1970. Studium der Lateinamerikawissenschaften/Ökonomie an der Universität Rostock (1990-1995), postgraduale Ausbildung in Entwicklungspolitik am DIE in Berlin (1996/1997) mit Studie zum Ressourcenmanagement in Nepal, Promotion an der Hochschule Vechta (Abschluss 08/2005) mit Auslandsaufenthalten in Frankreich und Dänemark. Seit 1995 Beraterin in der internationalen und europäischen Umweltpolitik und Entwicklungspolitik, seit 2001 Dozentin an Hochschulen, Durchführung und Leitung von Evaluationen sowie Forschungs- und Politikberatungsprojekten, 2003-2005 Vorstandsmitglied des Doktoranden-Netzwerk Nachhaltiges Wirtschaften (DNW) e.V.

Dr. Christian Herzig

Jahrgang 1974. Studium der Betriebswirtschaftslehre und Umweltwissenschaften an der Universität Lüneburg. Praxissemester in der Umweltmanagementabteilung eines Automobilherstellers in Italien. Promotion in den Wirtschafts- und Sozialwissenschaften. Visiting Research Fellow am Centre for Accounting, Governance and Sustainability, University of South Australia. Wissenschaftliche Assistenz von Prof. Dr. Stefan Schaltegger am Lehrstuhl für BWL, insbes. Nachhaltigkeitsmanagement. Seit 2009 Research Fellow am International Centre for Corporate Social Responsibility, Nottingham University Business School, UK. Forschung und Lehre: Nachhaltigkeitsmanagement und CSR; Sustainability Accounting, Reporting & Communication; CSR in Asia.

Dr. Charlotte Hesselbarth

Jahrgang 1978. BWL-Studium an der Martin-Luther-Universität Halle-Wittenberg, Schwerpunkte: Personalwirtschaft, Marketing und Handel sowie Betriebliches Umweltmanagement. Seit 2003 wissenschaftliche Mitarbeiterin am Lehrstuhl für Betriebliches Umweltmanagement an der Universität Halle. 2009 Promotion zum Thema „Wirkungen des EU-Emissionshandels als ökonomisches Instrument der Umweltpolitik auf das Betriebliche Nachhaltigkeitsmanagement". Arbeitsschwerpunkte: Nachhaltigkeitsmanagement, strukturpolitisches Engagement von Unternehmen, ökonomische Instrumente der Umweltpolitik, Emissionsrechtehandel, unternehmerische Verantwortung. Mitglied im Doktoranden-Netzwerk Nachhaltiges Wirtschaften (DNW) e.V. seit 2005.

Dr. Beate Holze

Jahrgang 1968. Studium der Wirtschaftswissenschaften an der Universität Hannover. Danach von 1994 bis 05/2005 bei der WIBERA AG/Price Waterhouse Coopers Deutsche Revision AG in Hannover/ Düsseldorf, von 06/2005 bis 12/2007 hauptamtliche Dozentin an der Leibniz-Akademie in Hannover. Seit 01/2008 freiberufliche Live-Online-Trainerin und Dozentin. 2003 externe Promotion mit dem Schwerpunkt „Integration der Anforderungen der EG-Öko-Audit-Verordnung in ein ganzheitliches Umweltcontrolling" am Lehrstuhl für Produktionswirtschaft der Universität Hannover. Seit 1999 Mitglied des Doktoranden-Netzwerks Nachhaltiges Wirtschaften (DNW) e.V.

Prof. Dr. Helga Kanning

Jahrgang 1959. 1991 Diplom Landschafts- und Freiraumplanung an der Universität Hannover, 1992 Dipl.-Ing. in Planungsbüro, 1992-2004 wiss. Mitarbeiterin, Assistentin am Institut für Landesplanung und Raumforschung, 2004-2006 wiss. Oberassistentin am Institut für Umweltplanung der Universität Hannover, 2000 Promotion, 2004 Habilitation, seit 2006 Geschäftsführerin der AGiP beim niedersächsischen MWK an der FH Hannover. Gründungs- und 1997/1998 Vorstandsmitglied des Doktoranden-Netzwerk Nachhaltiges Wirtschaften (DNW) e.V. Schwerpunkte u.a.: Nachhaltige (Raum-)Entwicklung, erneuerbare Energien, Planungsinstrumente, Umweltpolitik, Ökologische Ökonomie, Projekte u.a. bei der DFG, DBU.

Dr. Alexandro Kleine

Jahrgang 1977. 2003 Diplomabschluss im Wirtschaftsingenieurwesen (Maschinenbau) an der TU Kaiserslautern; Schwerpunkte in Energietechnik, Umwelt- und Nachhaltigkeitsmanagement; Diplomarbeit zur „Ökoeffizienz als unternehmenspolitisches Ziel". Seit 2003 Projektmitarbeiter an der TU Kaiserslautern; Arbeitsschwerpunkte: Ökoeffizienz, Nachhaltigkeitsstrategien und -management. 2008 Promotion zum Dr. rer. pol.; Thema: Operationalisierung einer Nachhaltigkeitsstrategie". Seit 2004 Mitglied im Doktoranden-Netzwerk Nachhaltiges Wirtschaften (DNW) e.V., seit 2007 im Vorstand.

Dr. Julia Koplin

Jahrgang 1978. 1997-2002 Studium der Wirtschaftswissenschaften an der Universität Oldenburg sowie der University of Northern Colorado, USA (Abschluss: Diplom-Ökonomin). 2002 bis 2004 wissenschaftliche Mitarbeiterin bei Prof. Dr. Uwe Schneidewind, Lehrstuhl für Produktion und Umwelt der Universität Oldenburg. Seit 2004 bei der Volkswagen AG. 2004-2006 tätig in der Konzernforschung – Bereich Umweltschutz. 2005 Promotion zum Dr. rer. pol.; Thema: „Nachhaltigkeit im Beschaffungsmanagement". Seit 2006 zuständig für Umweltschutz und Nachhaltigkeit in der Konzernbeschaffung. Arbeitsschwerpunkte: Nachhaltige Entwicklung, Beschaffungs- und Lieferantenmanagement, Supply Chain Management.

Dr. Martin Kupp

Jahrgang 1970. BWL-Studium an der Universität zu Köln von 1991 bis 1997. Promotion am Lehrstuhl von Prof. Dr. Dr. h.c. G. Beuermann über das Thema "Marktstrukturveränderungen durch Kooperationen zwischen Umweltschutzorganisationen und Unternehmen". Von November 2001 bis Juli 2003 als Dozent und Seminarmanager am Universitätsseminar der Wirtschaft (USW). Seit Juli 2003 Programm Direktor und seit 2007 Mitglied der Fakultät der European School of Management and Technology (ESMT), Berlin. Lehraufträge an der Duquesne University Pittsburgh, sowie der EGP, University of Porto Business School, Portugal. Gründungsmitglied der Studierendeninitiative oikos Köln, von 2000 bis 2001 Vorstandsmitglied des Doktoranden-Netzwerkes Nachhaltiges Wirtschaften (DNW) e.V.

Dr. Nick Lin-Hi

Jahrgang 1980. Studium der Betriebswirtschaftslehre an der Katholischen Universität Eichstätt-Ingolstadt. 2008 Promotion an der Handelshochschule Leipzig (HHL) zum Thema „Eine Theorie der Unternehmensverantwortung" bei Prof. Dr. Andreas Suchanek. Seit 2006 wissenschaftlicher Mitarbeiter bzw. Assistent an der Forschungsprofessur „Nachhaltigkeit und Globale Ethik" an der HHL. Ab Herbst-/Wintersemester 2009/10 Inhaber der Juniorprofessur für Corporate Social Responsibility an der Universität Mannheim. Forschungsschwerpunkte: Wirtschafts- und Unternehmensethik, Corporate Social Responsibility, moralische Qualität der Marktwirtschaft. Von 2005 bis 2007 Vorstandsmitglied des Doktoranden-Netzwerks Nachhaltiges Wirtschaften (DNW) e.V.

Dr. Mahammad Mahammadzadeh

Jahrgang 1957. Studium der Landmaschinentechnik im Iran; Studium der Betriebswirtschaftslehre und Promotion an der Universität zu Köln; von 1997 bis 2002 wissenschaftlicher Mitarbeiter am Seminar für ABWL und OR; von 2000 bis 2002 Propädeutikbeauftragter der WISO-Fakultät an der Universität zu Köln; seit 2002 im Institut der deutschen Wirtschaft Köln, Forschungsstelle Ökonomie/Ökologie innerhalb des Wissenschaftsbereichs Wirtschaftspolitik und Sozialpolitik; von 2002 bis 2004 Lehrbeauftragter an der Universität zu Köln und seit September 2004 Lehrbeauftragter an der Rheinischen Fachhochschule Köln.

Prof. Dr. Alexander Moutchnik

Jahrgang 1976. Studium der Volkswirtschaftslehre (Diplom-Volkswirt) sowie Mittlerer, Neuerer und Osteuropäischer Geschichte (Magister Artium) an der Universität Heidelberg. Promotion in Geschichte (2005). Promotion in Volkswirtschaftslehre (2007) zum Thema „Standardization of Corporate Environmental Management. Business case: Multinational Cement Corporation". Anschließend Assistent am Lehrstuhl für Betriebswirtschaftslehre im Alfred Weber Institut in Heidelberg. Seit 2008 an der Mediadesign Hochschule für Design und Informatik, München.

Prof. Dr. Martin Müller

Jahrgang 1969. Studium der Betriebswirtschaftslehre an der Universität Frankfurt am Main bis 1995. Von 1995 bis 2000 Promotion am Lehrstuhl für Betriebliches Umweltmanagement der Martin-Luther-Universität Halle-Wittenberg. Anschließend von 2000 bis 2005 Habilitation bei Prof. Dr. Schneidewind an der Universität Oldenburg. Vertretung des Lehrstuhls: Produktionswirtschaft und Umwelt von 2005 bis 2008. Seit 2008 Inhaber des Stiftungslehrstuhls Nachhaltiges Wirtschaften an der Universität Ulm. Arbeitsschwerpunkte: Sustainable Supply Chain Management, Umwelt- und Sozialstandards, CSR. Von 1998-2000 Vorstandsmitglied des Doktoranden-Netzwerkes Nachhaltiges Wirtschaften (DNW) e.V.

Prof. Dr. Ulrich Nissen

Jahrgang 1963. Gelernter Kfz-Elektriker, Dipl.-Wirtschaftsing., Dipl. (FH) für Umweltschutz, Dr. rer. pol. (promoviert mit einer Arbeit über die Wirksamkeitsvoraussetzungen von EMAS und ISO 14001). Berufliche Tätigkeiten im Marketing (Denver, USA), in der Umweltberatung (Berlin), bei der Fraunhofer-Gesellschaft (Stuttgart), als freischaffender Unternehmensberater (Stuttgart), als Abteilungsleiter Controlling eines großen Schul- und Büromöbelproduzenten (Tauberbischofsheim) und seit Januar 2007 als Professor für BWL/Controlling an der FH Giessen-Friedberg. Mitarbeiter im DIN-NAGUS, ehemaliger Mitarbeiter im Umweltgutachterausschuss (UGA). Mitinitiator und 1996 Vorstandsvorsitzender des Doktoranden-Netzwerk Nachhaltiges Wirtschaften (DNW) e.V.

Prof. Dr. Jens Pape

Jahrgang 1968. Von 1989 bis 95 Studium der Agrarwissenschaften an der Justus-Liebig-Universität Gießen und der Universität Hohenheim, Stuttgart. Dort 2002 Promotion mit einer Arbeit zur Umweltleistungsbewertung. Seit 2008 Professor für Unternehmensführung in der Agrarwirtschaft an der FH Eberswalde. Gründungsmitglied des Doktoranden-Netzwerk Nachhaltiges Wirtschaften (DNW) e.V., von 1996 bis 1998 Vorstandsmitglied. Seit 1999 Mitglied im Umweltgutachterausschuss beim Bundesumweltministerium sowie Mitarbeiter im Normenausschuss Grundlagen des Umweltschutzes beim DIN.

Mathias Pianowski

Jahrgang 1976. Studium der BWL von 1997 bis 2002 an der Universität Essen mit den Schwerpunkten Betriebliche Steuerlehre, Finanzwirtschaft und Banken, Umweltwirtschaft und Controlling, Wirtschaftsprüfung (Diplom-Kaufmann). Seit 2002 Mitarbeiter am Lehrstuhl für BWL, insb. Umweltwirtschaft und Controlling, Universität Duisburg-Essen. Seit 2002 Mitglied im Doktoranden-Netzwerk Nachhaltiges Wirtschaften (DNW) e.V. Forschungsschwerpunkte: CSR und Nachhaltigkeitsberichterstattung, Bewertung öffentlicher Güter (insb. Contingent Valuation), Nachhaltige Entwicklung in der Abwasserwirtschaft, Verhaltensökonomische Aspekte in der Umweltökonomie.

Erich Pick

Studium der Energietechnik in Essen und València, Spanien 1992-1998. Daneben Studium der Philosophie (ohne Abschluss). 1998-2003 (freier) wissenschaftlicher Mitarbeiter an der Universität Essen und an der Ruhr-Universität Bochum mit Beteiligung an Forschungsprojekten zur Technikfolgenabschätzung und Ökobilanzierung. 2001-2007 Studium der freien Kunst an der HFBK Hamburg. Seit 2002 in der Projektentwicklung und -finanzierung erneuerbare Energien. Seit 2005 Referent der Geschäftsführung bei Planet energy. Seit 2008 künstlerisch-wissenschaftliche Forschungsarbeiten zu Produktionsbedingungen von Räumlichkeiten. 1999/2000 Vorstandsmitglied des Doktoranden-Netzwerkes Nachhaltiges Wirtschaften (DNW) e.V.

Prof. Dr. Britta Rathje

Jahrgang 1971. Von 03/1993 bis 10/1997 Studium der Wirtschaftswissenschaften an der FH Mainz und South Bank University, London. 10/1997 bis 07/1999: Mitarbeit im Projektmanagement der Firma Bahlsen GmbH & Co. KG. 11/1998 bis 12/2001: Doktorandin bei Prof. Dr. Jürgen Freimann, Universität Kassel. Von 08/1999 bis 11/2002: Assistentin an der FH Mainz. Von 02/2002 bis 11/2002: Freie Mitarbeiterin im Institut für Umweltökonomie, Mainz. Von 11/2002 bis 07/2004: Referentin im Hessischen Umweltministerium. Von 08/2004 bis 08/2005: Beraterin bei der Mittelrheinischen Treuhand GmbH. Seit 09/2005: Professorin für Rechnungswesen und Controlling an der FH Mainz.

Dr. Isabell Schmidt

Jahrgang 1974. Diplomstudium der Geoökologie an der Universität Karlsruhe (TH). 1999 Implementierung von Umweltmanagementsystemen (EMAS) bei Arqum GmbH, München. Von 2000 bis 2004 Erstellung von Ökoeffizienz-Analysen bei BASF AG, Ludwigshafen, u. a. im Rahmen des BMBF-Forschungsprojekts „Nachhaltige Aromatenchemie". Dissertation zum Thema „Bewertung der Sozioeffizienz von Produkten und Produktionsverfahren". 2004 bis 2008 Assistent Manager bei KPMG, Sustainability Services. Seit 2008 auf Secondment bei KPMG in Johannesburg, Südafrika. Arbeitsschwerpunkte: Sustainability Reporting und Assurance, Umweltrückstellungsprüfung und Climate Change. Mitglied im Doktoranden-Netzwerk Nachhaltiges Wirtschaften (DNW) e.V. seit 2002.

Prof. Dr. Stefan A. Seuring

Jahrgang 1967. Studium der BWL und Chemie sowie des Umweltmanagements in Deutschland und England, Promotion (2001) und Habilitation (2004) in Betriebswirtschaftslehre an der Carl von Ossietzky-Universität Oldenburg. 2004 Visiting Professor im Department of Operations Management der Copenhagen Business School, Dänemark. 2006-2007 Associate Professor an der Waikato Management School, The University of Waikato, Hamilton, Neuseeland. Seit 2007 Professor für Internationales Management an den Fachbereichen Ökologische Agrarwissenschaften und Wirtschaftswissenschaften der Universität Kassel. Forschung zu Nachhaltigkeit und Supply Chain Management. Gründungsmitglied des Doktoranden-Netzwerk Nachhaltiges Wirtschaften (DNW) e.V.

Alle Autorinnen und Autoren sind Mitglied des
Doktoranden-Netzwerks Nachhaltiges Wirtschaften e.V.
http://www.doktoranden-netzwerk.de

Ein Lehrbuch „lebt" – genauso wie betriebliches Umweltmanagement – von der Anwenderfreundlichkeit und Praxistauglichkeit, von interner und externer Kommunikation, vom Austausch der beteiligten Akteure, vom Feedback der angesprochenen Zielgruppen.

Haben Sie Anregungen und Kritik, ist Ihnen ein Fehler aufgefallen oder haben Sie Hinweise die zur „kontinuierlichen Verbesserung" des Lehrbuches beitragen oder möchten Sie Kontakt zu einer der Autorinnen oder einem der Autoren aufnehmen, dann schreiben Sie uns:

Lehrbuch@doktoranden-netzwerk.de

Wir freuen uns auf Ihre Nachricht!

Annett Baumast und Jens Pape
Zürich und Berlin, im Juli 2009

Literaturverzeichnis

ACCA – Association of Chartered Certified Accountants und CorporateRegister (2004): Towards transparency: progress on global sustainability reporting, London.

AccountAbility (2003): AA1000 Assurance Standard, London.

Achleitner, P. (1985): Sozio-politische Strategien multinationaler Unternehmungen, Bern.

Adams, H. (1995): Integriertes Management-System für Sicherheit und Umweltschutz: Generic-Management-System, Wien.

Ahsen, A. v. und Funck, D. (2001): Integrated Management Systems - Opportunities and Risks for Corporate Environmental Protection. In: Corporate Environmental Strategy, No. 2, 2001, S. 165-176.

Ahsen, A.v., Herzig, C. und Pianowski, M. (2006): Nachhaltigkeitsberichterstattung der DAX 30 Unternehmen im Internet. In: UWF-Umweltwirtschaftsforum, 14. Jg., H. 1, S. 30-35.

Altvater, E. und Mahnkopf, B. (1996): Grenzen der Globalisierung – Ökonomie, Ökologie und Politik in der Weltgesellschaft, Münster.

Antes, R. (1996): Präventiver Umweltschutz und seine Organisation in Unternehmen, Wiesbaden.

Arnold, W., Freimann, J. und Kurz, R. (2004): Nachhaltigkeit strategisch verankern. Erfahrungen mit der „Sustainable Balanced Scorecard in mittelständischen Unternehmen". In: UWF – Umweltwirtschaftsforum, 12. Jg., H. 2, S. 54-60.

Arnold, W., Freimann, J. und Kurz, R. (2003): Exemplarische Umsetzung der Sustainable Balanced Scorecard in mittelständischen Unternehmen, Kassel.

Arnold, W., Freimann, J. und Kurz, R. (2002): Grundlagen und Bausteine einer Sustainable Balanced Scorecard. RKW-Forschungsprojekt, „Sustainable Balanced Scorecard (SBS)".

Arnold, W., Freimann, J. und Kurz, R. (2001): Vorüberlegungen zur Entwicklung einer Sustainable Balanced Scorecard für KMU. In: UWF – Umweltwirtschaftsforum, 9. Jg., H. 4, S. 74-79.

Artischewski, R. (1999): Das betriebliche Beauftragtenwesen, in: Umweltwirtschaftsforum, 7. Jg., Heft 1, S. 5-8.

Atmatzidis, E., Behrendt, S., Helm, C., Knoll, M., Kreibich, R. und Nolte, R. (1995): Das Leitbild der nachhaltigen Entwicklung in der wissenschaftlichen und politischen Diskussion, Berlin.

BASF (2007): Ökoeffizienz-Analyse nach BASF: Mineralwasserverpackungen, http://corporate.basf.com/de/sustainability/oekoeffizienz/projekte/ mineralwasser.htm, vom 12.08.2007.

Bauer, J. (1999): Berufliche Praxis des Umweltschutzbeauftragten, in: Umweltwirtschaftsforum, 7. Jg., Heft 1, S. 10-13.

Baumast, A. (2003): Betriebliches Umweltmanagement im Jahr 2022 – ein Ausblick, in: Baumast, A. und Pape, J. (Hrsg.): Betriebliches Umweltmanagement, 2. Aufl., Stuttgart, S. 255-267.

Baumast, A. (2001): Betriebliches Umweltmanagement im Jahr 2022 – ein Ausblick, in: Baumast, A. und Pape, J. (Hrsg.): Betriebliches Umweltmanagement, Stuttgart, S. 240-253.

BDI Mittelstandspanel (2007), Berlin.

Bea, F. X. und Göbel, E. (2006): Organisation: Theorie und Gestaltung, 3. Aufl., Stuttgart.

Becker, E. (1997): Entwicklung eines Managementsystem-Modells, Aachen.

Becker, J. (1998): Marketing-Konzeption – Grundlagen des strategischen und operativen Marketing-Managements, 6. Aufl., München.

Beckmann, M. (2007): Corporate Social Responsibility und Corporate Citizenship – Eine empirische Bestandsaufnahme der aktuellen Diskussion über die gesellschaftliche Verantwortung von Unternehmen, Wirtschafsethik-Studie 2007-1, Halle an der Saale.

Berninger, B. (1992): Methodik der betrieblichen Stoffflußanalyse am Beispiel der Lackherstellung, Berlin.

Bertelsmann-Stiftung (2006): Partner Staat? CSR-Politik in Europa, Gütersloh.

Beuermann, G., Halfmann, M. und Böhm, M. (1995): Ökologieorientiertes Controlling (I). In: Das Wirtschaftsstudium, H. 4, S. 335-343.

Bieker, T., Friese, A. und Hahn, T. (2002): Axel Springer Verlag: Nachhaltigkeitsmanagement am Druckstandort. In: Schaltegger, S. und Dyllick, T. (Hrsg.): Nachhaltig managen mit der Balanced Scorecard - Konzept und Fallstudien, Wiesbaden 2002, S. 167-197.

Bieker, T., Wyss, H.-R. und Hollenstein, M. (2002a): Erfahrungen und Schlussfolgerungen. In: Schaltegger, S. und Dyllick, T. (Hrsg.): Nachhaltig managen mit der Balanced Scorecard - Konzept und Fallstudien, Wiesbaden 2002, S. 346-371.

Bieker, T., Wyss, H.-R. und Hollenstein, M. (2002b): Divisions- und Standort-SBSC bei der Unaxis Balzers AG. In: Schaltegger, S. und Dyllick, T. (Hrsg.): Nachhaltig managen mit der Balanced Scorecard - Konzept und Fallstudien, Wiesbaden, S. 284-314.

Blanke, M., Godemann, J. und Herzig, C. (2007): Internetgestützte Nachhaltigkeitsberichterstattung. Eine empirische Untersuchung der Unternehmen des DAX30, Lüneburg.

Bleicher, K. (1999): Das Konzept integriertes Management, Visionen – Missionen – Programme, 5. Aufl., Frankfurt.

BMLFUW - Bundesministerium für Land- und Forstwirtschaft, Umwelt und Wasserwirtschaft (2004): Leitfaden zur EMAS-Umwelterklärung, Wien.

BMU – Bundesministerium für Umwelt, Naturschutz und Reaktorsicherheit (2007): EMAS. Von der Umwelterklärung zum Nachhaltigkeitsbericht, Berlin.

BMU – Bundesministerium für Umwelt, Naturschutz und Reaktorsicherheit (2006): Corporate Social Resposibility. Eine Orientierung aus Umweltsicht, Bonn.

BMU – Bundesministerium für Umwelt, Naturschutz und Reaktorsicherheit (1998): Nachhaltige Entwicklung in Deutschland - Entwurf eines umweltpolitischen Schwerpunktprogramms, Bonn.

BMU – Bundesministerium für Umwelt, Naturschutz und Reaktorsicherheit (Hrsg., o.J.): Konferenz der Vereinten Nationen für Umwelt und Entwicklung im Juni 1992 in Rio de Janeiro. -Dokumente-. Agenda 21, Bonn.

BMU und UBA – Bundesministerium für Umwelt, Naturschutz und Reaktorsicherheit und Umweltbundesamt (2001): Handbuch Umweltcontrolling, 2., völlig überarbeitete und erweiterte Auflage, München.

BMU und UBA – Bundesministerium für Umwelt, Naturschutz und Reaktorsicherheit und Umweltbundesamt (1999): Lokale Agenda 21 im europäischen Vergleich, Berlin.

BMU und UBA – Bundesministerium für Umwelt, Naturschutz und Reaktorsicherheit und Umweltbundesamt (1997): Leitfaden Betriebliche Umweltkennzahlen, Berlin.

BMU und UBA – Bundesministerium für Umwelt, Naturschutz und Reaktorsicherheit und Umweltbundesamt (1996): Handbuch Umweltkostenrechnung, München.

BUND, Misereor (Hrsg., 1996): Zukunftsfähiges Deutschland. Ein Beitrag zu einer global nachhaltigen Entwicklung, Basel.

Bundesregierung (2002a): Perspektiven für Deutschland. Unsere Strategie für eine nachhaltige Entwicklung, Berlin.

Bundesregierung (2002b): Perspektiven für Deutschland. Unsere Strategie für eine nachhaltige Entwicklung, Kurzfassung, Berlin.

Bundesregierung (1997): Auf dem Weg zu einer nachhaltigen Entwicklung in Deutschland. Bericht der Bundesregierung anlässlich der VN-Sondergeneralversammlung über Umwelt und Entwicklung 1997 in New York, Bonn.

Bundestag (2004): Gesetz zur Einführung internationaler Rechnungslegungsstandards und zur Sicherung der Qualität der Abschlussprüfung (Bilanzrechtsreformgesetz-BilReG) vom 4. Dezember 2004. In: Bundesgesetzblatt 2004, Teil 1, Nr. 65.

Busch, T. (2005): Umweltorientierte Investitionskostenrechnung. In: Lutz, U. und Nehls-Sahabandu, M. (Hrsg.): Fachbibliothek Nachhaltiges Management – Grundlagen, Methoden, Praxisbeispiele, Gonimos, Neidlingen, Sektion 02.11.

Busch, T., Liedtke, C. and Beucker, S. (2006): The Concept of Corporate Resource Efficiency Accounting and Case Study in the Electronic Industry. In: Schaltegger, S., Bennett, M. and Burritt, R. (Hrsg.): Sustainability Accounting and Reporting, Springer, Dordrecht, S. 109-128

Busch, T. und Orbach, T. (2003): Umweltkostenrechnung – Arten von Umweltkosten, praktische Verfahren und Entwicklungsperspektiven. In: Lutz, U. und Nehls-Sahabandu, M. (Hrsg.): Betriebliches Umweltmanagement: Grundlagen, Methoden, Praxisbeispiele, Neidlingen, Sektion 01.03.

Caduff, G. (2000): Neue Norm zur Umweltleistungsbewertung, in: Forum Umweltmanagement, Vol. 1, H. 2, S. 35 - 38.

Carroll, A. B. (1999): Corporate Social Responsibility. Evolution of a Definitional Construct. In: Business & Society, No. 3, 1999, S. 268-295.

Carroll, A. B. (1979): A Three-Dimensional Conceptual Model of Corporate Performance. In: Academy of Management Review, No. 4, S. 497-505.

Carroll, A. B. und Buchholtz, A. (2003): Business and Society: Ethics and Stakeholder Management, Ohio.

Clausen, J., Fichter, K. und Alpers, A. (1998): Umweltberichte und Umwelterklärungen. Ranking 1998. Zusammenfassung der Ergebnisse und Trends. Berlin.

Clausen, J., Loew T. und Klaffke, K. (2002): Nachhaltigkeitsberichterstattung. Praxis glaubwürdiger Kommunikation zukunftsfähiger Unternehmen, Berlin.

Costanza, R., Daly, H.E. and Bartholomew, J.A. (1991): Goals, Agenda, and Policy Recommendations for Ecological Economics. In: Costanza, R.: Ecological economics: the science and management of sustainability, New York.

Coughlan, P. and Coghlan, D. (2002): Action research for operations management. In: International Journal of Operations & Productions Management, Vol. 22, No. 2, S. 220-240.

Crane, A. und Matten, D. (2004): Business Ethics: A European Perspective, New York.

Curran, M. A. and Young, S. (1996): Report from the EPA conference on streamlining LCA. In: International Journal of LCA, Vol. 1, No. 1 (1996), S. 57-60.

Cyert, R. M. und March, J.G. (1963): A behavioral theory of the firm, Englewood Cliffs.

Czymmek, F. (2003): Ökoeffizienz und unternehmerische Stakeholder, Lohmar.

Daum, A. und Lawa, D. (1999): Kosten   und Leistungsrechnung   Zielsetzungen, Aufgaben und Aufbau. In: Steinle, C. und Bruch, H., (Hrsg.): Controlling: Kompendium für Controller/-innen und ihre Ausbildung, 2. Aufl., Stuttgart, S. 391-409.

Diffenhardt, V., Pape, J. und Scheide, W. (1999): Umweltbilanz und Umweltleistungsbewertung bei der Brauerei Clemens Härle, unveröffentlichter Projektbericht, Konstanz.

DIN EN ISO14001 (2005): Umweltmanagementsysteme - Anforderungen mit Anleitung zur Anwendung (ISO14001:2004), Berlin.

Doluschitz, R. (1997): Unternehmensführung in der Landwirtschaft, Stuttgart.

Donaldson, T. and Preston, L. E. (1995): The Stakeholder Theory of the Corporation: Concepts, Evidence And Implications, Academy of Management Review, 20 (1), S. 65–91.

Donges, J. B. (1998): Was heißt Globalisierung? In: Donges, J. B. und Freitag, A. (Hrsg.): Die Rolle des Staates in einer globalisierten Wirtschaft, Stuttgart, S. 1-8.

Donges, J. B. (1995): Deutschland in der Weltwirtschaft – Dynamik sichern, Herausforderungen bewältigen, Mannheim.

Dyckhoff, H. (2000): Zehn Lektionen in umweltorientierter Unternehmensführung, Berlin.

Dyllick, T. (1989): Management der Umweltbeziehungen: öffentliche Auseinandersetzung als Herausforderung, Wiesbaden.

Dyllick, T. und Hamschmidt, J. (2000): Wirksamkeit und Leistung von Umweltmanagementsystemen: eine Untersuchung von ISO 14001-zertifizierten Unternehmen in der Schweiz, Zürich.

Dyllick, T. und Hockerts, K. (2002): Beyond the Business Case for Corporate Sustainability. Business Strategy and the Environment 11, S. 130-141.

Ebenshade, J. (2004): Codes of Conduct: Challenges and Opportunities for Workers´ Rights, New York.

ECC Kohtes Klewes (2002): Was ihr wollt! Nachhaltigkeitsberichte im Spannungsfeld zwischen gesellschaftlichen Ansprüchen und kommunikativen Möglichkeiten. Sustainability Reporting Research 2002, Bonn.

EFQM - European Foundation for Quality Management (Hrsg., 1999): Das EFQM-Modell für Excellence, Brüssel.

Ehrenfeld, J und Gertler, N. (1997): Industrial Ecology in Practice: The evolution of interdependence at Kalundborg, in: Journal of Industrial Ecology, Vol. 1, No. 1, S. 67-79.

Elkington, J. (1994): Towards the Sustainable Corporation: Win-Win-Win Business Strategies for Sustainable Development. In: California Management Review, Jg. 36, H. 2, S. 90-100.

EMAS Helpdesk (2007): EMAS Statistics. Evolution of Organisations and Sites. Quaterly Data 23.08.2007, abzurufen unter: http://ec.europa.eu/environment/emas/index_en.htm, zuletzt abgerufen am 31.8.2007.

Emmelhainz, M and Adams, R. J. (1999): The Apparel Industry Response to „Sweatshop" Concerns: A Review and Analysis of Codes of Conduct, in: Journal of Supply Chain Management, Vol. 35, No. 3, S. 51-57.

Enquête-Kommission – Enquête-Kommission „Schutz des Menschen und der Umwelt" – Ziele und Rahmenbedingungen einer nachhaltig zukunftsverträglichen Entwicklung" des 13. Deutschen Bundestages (1998): Konzept Nachhaltigkeit: Vom Leitbild zur Umsetzung - Abschlußbericht der Enquête-Kommission des 13. Bundestages, Bonn.

Enquête-Kommission – Enquête-Kommission „Schutz des Menschen und der Umwelt" des 13. Deutschen Bundestages (1997): Konzept Nachhaltigkeit: Fundamente für die Gesellschaft von morgen - Zwischenbericht, Bonn.

Enquête-Kommission – Enquête-Kommission „Schutz des Menschen und der Umwelt" des 12. Deutschen Bundestages (1994): die Industriegesellschaft gestalten, Bonn.

Enquête-Kommission – Enquête-Kommission „Zukunftsfähiges Berlin" (1999): Zukunftsfähiges Berlin: Bericht der Enquetekommission „Zukunftsfähiges Berlin" des Abgeordnetenhauses von Berlin – 13. Wahlperiode, Berlin.

Enzler, S. (2000): Integriertes prozessorientiertes Management. Die Verbindung von Umwelt, Qualität und Arbeitssicherheit in einem Managementsystem anhand der betrieblichen Prozesse, Berlin.

Epstein, M. und Roy, M.-J. (1998): Managing Corporate Environmental Performance – A Multinational Perspective. In: European Management Journal, Vol. 16, No. 3, S. 284-296.

Europäische Kommission (2001): Europäische Rahmenbedingungen für die soziale Verantwortung der Unternehmen, Brüssel.

Fank, M. und Gay, W. (1997): Prozeßkostenrechnung als Grundlage für die Kostenrechnung. In: Der Betriebswirt, 38. Jg. (1997), H. 2, S. 9-13.

Felix, R., Pischon, A., Riemenschneider, F. und Schwerdtle, H. (1997): Integrierte Managementsysteme, Ansätze zur Integration von Qualitäts-, Umwelt- und Arbeitssicherheitsmanagementsystemen, St. Gallen.

Fichter, K. (1998): Schritte zum nachhaltigen Unternehmen – Anforderungen und strategische Ansatzpunkte. In: Fichter, K. und Clausen, J. (Hrsg.): Schritte zum nachhaltigen Unternehmen – Zukunftsweisende Praxiskonzepte des Umweltmanagements, Berlin, S. 3-26.

Fichter, K. und Loew, T. (2001): Systeme der Umweltkostenrechnung. In: Bundesministerium für Umwelt, Naturschutz und Reaktorsicherheit und Umweltbundesamt (Hrsg.): Handbuch Umweltcontrolling, 2. Aufl., München, S. 505-522.

Figge, F. (2001): Environmental Value Added - ein neues Maß zur Messung der Ökoeffizienz. In: Zeitschrift für angewandte Umweltforschung, Jg. 14 (2001) H. 1-4, S. 184-197.

Figge, F. und Schaltegger, S. (2000): Was ist Stakeholder Value? Vom Schlagwort zur Messung, Lüneburg.

Fischer, T. M. (1999): Prozesskostencontrolling – Gestaltungsoptionen in der öffentlichen Verwaltung. In: krp, 43. Jg., H. 2, S. 115-125.

Fischer-Kowalski, M. (1997): Society's Metabolism. On Childhood and Adolescence of a Rising Conceptional Star, Wien.

Forrester, J. W. (1978): Industrial Dynamics – A Major Breakthrough. In: Roberts, E. B. (Hrsg.): Managerial Applications of System Dynamics, Cambrigde, MA, S. 37-65.

Freeman, R. E. (1984): Strategic Management: A Stakeholder Approach, Marshfield.

Frei, M. (1998): Die ökoeffektive Produktentwicklung, Zürich.

Frei, M., Caduff, G. und Züst, R. (1996): Eco-Effectiveness. In: NordDesign ´96, Helsinki, S. 133-140.

Freimann, J. (1996): Betriebliche Umweltpolitik: Praxis – Theorie – Instrumente, Bern Stuttgart Wien.

Friends of the Earth Netherland (Milieu Defensie) (1994): Sustainable Netherlands - Aktionsplan für eine nachhaltige Entwicklung der Niederlande. Institut für Sozialökologische Forschung, Frankfurt.

FSC – Forest Stewardship Council (2006): FSC Arbeitsgruppe Deutschland, Bonn.

Funck, D. und Schinnenburg, H. (2000): Umweltmanagement im Handel – Konzeption, Umsetzung und Vermarktung, Frankfurt.

Funck, D., Mayer, M. und Schwendt, S. (2001): Integrierte Managementsysteme im Spiegel einer internationalen Expertenbefragung - Stand und Entwicklung im Handels- und Dienstleistungssektor. In: IMS-Forschungsberichte Nr. 3 am Institut für Marketing und Handel, Universität Göttingen.

Funck, D., Alvermann, A., Mayer, M. und Schwendt, S. (2000): Die Zertifizierung Integrierter Managementsysteme in kleinen und mittleren Dienstleistungs- und Handelsunternehmen - Ergebnisse eines Expertenworkshops, in: IMS-Forschungsbericht Nr. 1 am Institut für Marketing und Handel, Universität Göttingen.

Funtowicz, S.O. und Ravetz, J.R. (1993): Science for the post-normal age. In: Futures 27, 9, S. 739-755.

Fussler, C. (1999): Die Öko-Innovation, Stuttgart.

Gawel, E. (1996): Neoklassische Umweltökonomie in der Krise? Kritik und Gegenkritik. In: Köhn, J. und Welfens, M.J. (Hrsg.): Neue Ansätze in der Umweltökonomie, Marburg, S. 45-88.

Gege, M. (1997): Kosten senken durch Umweltmanagement, 1000 Erfolgsbeispiele aus 100 Unternehmen, München.

Gereffi, G., Humphrey, J. und Sturgeon, T. (2005): The governance of global value chains. In: Review of International Political Economy, Vol. 12, No. 1, S. 78-104.

Gleich, A. von, Hofmeister, S., Huber und J. (1999): Wege nach Ökotopia - Kann nachhaltiges Wirtschaften ohne Sparsamkeit erreicht werden? in: Politische Ökologie, Heft 62, S. 8-12.

Godemann, J., Herzig, C. und Blanke, M. (2007, in Druck): Dialogorientierte Nachhaltigkeitsberichterstattung im Internet. Untersuchung der DAX 30 Unternehmen. In: Isenmann, R. und Marx Gómez, J. (Hrsg.): Internetgestützte Nachhaltigkeitsberichterstattung. Stakeholder, Trends, Technologien, neue Medien, Berlin.

Goedkoop, M. (1995): The Eco-Indicator '95, Utrecht.

Goldbach, M. (2003): Koordination von Wertschöpfungsketten durch Target Costing und Öko-Target Costing, Wiesbaden.

Goldbach, M., Seuring, S. und Back, S. (2003): Coordinating Sustainable Cotton Chains for the Mass Market – The Case of the German Mail Order Business Otto. In: Greener Management International, Issue 43, S. 65-78.

GRI – Global Reporting Initiative (Hrsg., 2006): Leitfaden zur Nachhaltigkeitsberichterstattung, abzurufen unter: http://www.globalreporting.org/Reporting Framework/G3Guidelines/, zuletzt abgerufen am 31.08.2007.

Gudet, C. (2002): Risiko- und Reputationsmanagement als neue Aufgabe einer nachhaltigen Unternehmensstrategie. In: UWF-Umweltwirtschaftsforum, 10. Jg., H. 1, S 30-33.

Günther, E. (2000): Ökologiekosten. In: Fischer, T.M. (Hrsg.): Kosten-Controlling, Stuttgart, S. 507-538.

Günther, E. (1994): Ökologieorientiertes Controlling – Konzeption eines Systems zur ökologieorientierten Steuerung und empirische Validierung, München.

Günther, K. (1998): Öko-Management leicht gemacht: konkrete Lösungen für selbständige Unternehmen, Neuwied.

Gutwinski, T. (1995): Umweltmanagement, in: Brunner, P., Gutwinski, T., Kroiß, H., List, W. und Stiegler, J. (Hrsg.): Umwelt und Unternehmen: erfolgreiches Umweltmanagement - Strategien, Lösungen, Wien, S. 11-94.

Haasis H.-D., Hilty, L., Kürzl, H. und Rautenstrauch, C. (Hrsg., 1995): Betriebliche Umweltinformationssysteme (BUIS). Marburg.

Haberer, A. F. (1996): Umweltbezogene Informationsasymmetrien und transparenzschaffende Institutionen, Marburg.

Habisch, A. (2003): Corporate Citizenship. Gesellschaftliches Engagement von Unternehmen in Deutschland, Berlin.

Hahn, T. und Wagner, M. (2001): Sustainability Balanced Scorecard. Von der Theorie zur Umsetzung, Lüneburg.

Hahn, T., Wagner, M., Figge, F. und Schaltegger, S. (2002): Wertorientiertes Nachhaltigkeitsmanagement mit einer Sustainability Balanced Scorecard. In: Schaltegger, T. und Dyllick, S. (Hrsg.): Nachhaltigkeit managen mit der Balanced Scorecard. Konzept und Fallstudien, Wiesbaden, S. 45-94.

Handfield, R.B. and Nichols, E.L (1999): Introduction to Supply Chain Management, New Jersey.

Hansen, U. (2004): Gesellschaftliche Verantwortung als Business Case – Ansätze, Defizite und Perspektiven der deutschsprachigen Betriebswirtschaftslehre. In: Schneider, U. und Steiner, P. (Hrsg.): Betriebswirtschaftslehre und gesellschaftliche Verantwortung – Mit Corporate Social Responsibility zu mehr Engagement, Wiesbaden, S. 59-83.

Hansen, U. und Kull, S. (1994): Öko-Label als umweltbezogenes Informationsinstrument: Begründungszusammenhänge und Interessen. In: Marketing Zeitschrift für Froschung und Praxis, 16. Jg., H. 4, S. 265-274.

Hardt, R. (1998): Von der flexiblen Plankostenrechnung zur Prozeßkostenrechnung: Theoretisches Konzept und empirische Umsetzung am Beispiel des Werkes Hamburg der Mercedes-Benz AG. In: Steinle, C., Eggers, B. und Lawa, D., (Hrsg.): Zukunftsgerichtetes Controlling, 3. Aufl., Wiesbaden, S. 323-343.

Härle (2000): Nachhaltigkeit aus Prinzip - Umweltbericht mit Ökobilanz 1998. Brauerei Clemens Härle, Leutkirch im Allgäu.

Härle (1995): Umweltbericht mit Ökobilanz 1994. Brauerei Clemens Härle, Leutkirch im Allgäu.

Hauff, V. (Hrsg., 1987): Unsere gemeinsame Zukunft, Bericht der Weltkommission für Umwelt und Entwicklung, deutsche Fassung, Greven.

Heinen, E. (1966): Das Zielsystem der Unternehmung, Wiesbaden.

Hemmer, E. (1996): Sozialbilanzen. Das Scheitern einer gescheiterten Idee. In: Arbeitgeber, Jg. 23, Nr. 48, S. 796-800.

Henkel (2007): Externe Bewertungen, abzurufen unter: http://www.henkel.de/cps/ rde/xchg/henkel_de/hs.xsl/2836_DED_HTML.htm, zuletzt abgerufen am 31.08.2007.

Henkel (2006): Nachhaltigkeitsbericht 2006. Düsseldorf.

Henkel (2005): Nachhaltigkeitsbericht 2005. Düsseldorf.

Herbst, S. (2001): Umweltorientiertes Kostenmanagement durch Target Costing und Prozesskostenrechnung in der Automobilindustrie, Köln.

Hertin, J., Frans B., Daniel T. and Walter W. (2003): Are 'soft' policy instruments effective? Establishing the link between environmental management systems and the environmental performance of companies, http://www.fuberlin.de/ffu/ akumwelt/ bc2003/download/hertin_et_al_paper.pdf.

Herzig, C. und Schaltegger, S. (2006): Corporate Sustainability Reporting. An overview. In: Schaltegger, S., Bennett, M. and Burritt, R. (Hrsg.): Sustainability Accounting and Reporting. Dordrecht. S. 301-324.

Herzig, C. und Schaltegger, S. (2007): Nachhaltigkeitsberichterstattung von Unternehmen. In: Michelsen, G. und Godemann, J. (Hrsg.): Handbuch Nachhaltigkeitskommunikation. 2. aktualisierte und überarbeitete Neuauflage, München, S. 579-593.

Hillary, R. (2000): Small and Medium Sized Enterprises and Environmental Management Systems: Experience from Europe, Sheffield.

Hinterhuber, H. (2000): Das Neue Strategische Management: Perspektiven und Elemente einer zeitgemäßen Unternehmensführung, 2. Aufl., Wiesbaden.

Hinterhuber, H. (1989): Strategische Unternehmensführung I - Strategisches Denken: Vision, Unternehmenspolitik, Strategie, 4. Aufl., Berlin.

Hinterhuber, H. und Winter, L.G. (1990): Visionsfähigkeit für die strategische Führung: Individuum und Gruppe als Träger der Vision. In: Gabler's Magazin - Betriebswirtschaft für Manager, H. 1, S. 27ff.

Hochweis, C. (2006): CSR und Nachhaltigkeit: Zwei Konzepte ein Ziel? München.

Holze, B. (2005): Umweltcontrolling und Umweltkostenrechnung als Basis eines Nachhaltigkeitsinformationssystems. In: UWF-Umweltwirtschaftsforum, 12. Jg., H. 4, 2005, S. 38-42.

Holze, B. (2003): Integration der Anforderungen der EMAS-Verordnung 761/2001 in ein ganzheitliches Umweltcontrolling, München.

Homburg, C. und Krohmer, H. (2003): Marketingmanagement, Wiesbaden.

Hopfenbeck, W. (1994): Öko-Kommunikation. Wege zu einer neuen Kommunikationskultur, Landsberg.

Hopfenbeck, W., Jasch, C. und Jasch, A (1996): Lexikon des Umweltmanagements, Landsberg.

Horváth, P. (2006): Controlling, 10. vollständig überarbeitete Aufl., München.

Horváth, P. und Kaufmann, L. (1998): Balanced Scorecard – ein Werkzeug zur Umsetzung von Strategien. In: Harvard Business Manager, 20. Jg. 1998, Nr.5, S. 39-48.

Horváth, P. und Partner (Hrsg., 2004): Balanced Scorecard umsetzen, 3. Aufl., Stuttgart.

House of Mandag Morgen (1999): The Copenhagen Charter. A Management Guide to Stakeholder Reporting, Copenhagen.

Huber, J. (1996): Nachhaltigkeit: Ein Entwicklungskonzept entwickelt sich. In: GAiA, Ecological Perspektives in Science, Humanities and Economics, Heft 5, S. 63-65.

Hummel, J. (2000): Strategisches Öko-Controlling - Konzeption und Umsetzung in der textilen Kette. 2. Auflage, Wiesbaden.

Hummel, J. und Schmidt, J. (1997): Shareholder Value, Stakeholder Value und Ökologie. In: Hummel, J. und Schmidt, J. (Hrsg.): Shareholder Value und Ökologie, IWÖ-Diskussionsbeitrag Nr. 44, S. 3-30.

Hunkeler, D., Saur, K., Stranddorf, H., Rebitzer, G., Schmidt, W.P., Jensen, A.A. und Christiansen, K. (2003): Life Cycle Management, SETAC, Brüssel.

Hüser, A. (1993): Institutionelle Regelungen und Marketinginstrumente zur Überwindung von Kaufbarrieren auf ökologischen Märkten. In: Zeitschrift für Betriebswirtschaft, 63. Jg. H. 3, S. 267-287.

IDW RS HFA 1/98 (1998): IDW Rechnungslegungsstandard: Aufstellung des Lageberichts (IDW RS HFA 1; Stand: 26. 6. 1998). In: Die Wirtschaftsprüfung, 51. Jg., S. 653-662.

IG CPK – Industriegewerkschaft Chemie-Papier-Keramik (1976): Die Antibilanz der IG Chemie-Papier-Keramik, Hannover.

IÖW und imug – Institut für Ökologisches Wirtschaften und Institut für Markt, Umwelt und Gesellschaft (2001): Der Nachhaltigkeitsbericht. Ein Leitfaden zur Praxis glaubwürdiger Kommunikation für zukunftsfähige Unternehmen. Berlin.

ISO 14040 (2006): Ökobilanz – Grundsätze und Rahmenbedingungen, Berlin.

Janzen, H. (1996): Ökologisches Controlling im Dienste von Umwelt- und Risikomanagement, Stuttgart.

Jasch, C. (2007): TRIGOS – CSR rechnet sich. In: Bundesministerium für Verkehr, Innovation und Technologie (Hrsg.): Berichte aus der Energie und Umweltforschung, Nr. 10/2007, Wien.

Jenkins, R., Pearson, R. and Seyfang, G. (2002): Corporate Responsibility, London.

Jüdes, U. (1997): Nachhaltige Sprachverwirrung. Auf der Suche nach einer Theorie des Sustainable Development. In: Politische Ökologie, Heft 52, S. 26-29.

Jung, W., Loske, R., Rapf, O. und Hinzen, A. (1997): Zukunftsfähiges Wirtschaften im Raum Aachen. Bausteine für eine nachhaltige Regionalwirtschaft, Aachen.

Jürgens, G. (2001): Das „House of Ecology" als Leitbild. In: Lutz, U. und Nehls-Sahabandu, M. (Hrsg).: Praxishandbuch Integriertes Produktmanagement, Prozesse und Produkte optimieren, Potentiale nutzen, Umweltverträglichkeit verbessern, Düsseldorf.

Kaas, K.P. (1992): Marketing für umweltfreundliche Produkte. In: Die Betriebswirtschaft, 52. Jg., H. 4, S. 473-487.

Kahlenborn, W. und Freier, I. (2005). Hintergrundpapier zur Studie „Umweltmanagementansätze in Deutschland", Berlin.

Kakabadse, N. K., Rozuel, C. und Lee-Davis, L. (2005): Corporate social responsibility and stakeholder approach – a conceptual review. In: International Journal of Business Governance and Ethics, Jg., H. 4, S. 277-302.

Kanning, H. (2005): Brücken zwischen Ökologie und Ökonomie, München.

Kanning, H. (2001a): Umweltbilanzen als Instrumente einer zukunftsfähigen regionalen Planung? Die potentielle Bedeutung der regionenbezogenen Bilanzierung, von EMAS und der Ökobilanz-Methodik, Dortmund.

Kanning, H. (2001b): Die Bewertung von Umweltleistungen und Umweltauswirkungen – ein komplexes Problem, das kooperative Lösungen verlangt. In: Döttinger, K., Lutz, U. und Roth, K. (Hrsg.): Betriebliches Umweltmanagement, Springer Loseblatt-System, Kap. 02.08.

Kanning, H. (2001c): Potenzielle Beiträge der Landschaftsplanung für EMAS. In: Döttinger, K., Lutz, U. und Roth, K. (Hrsg.): Betriebliches Umweltmanagement, Springer Loseblatt-System, Kap. 04.06, Teil 6.

Kanning, H. (1998): "Sustainable Development" als Leitbild der EG-Öko-Audit-Verordnung. In: Doktoranden-Netzwerk Öko-Audit e.V. (Hrsg.): Umweltmanagementsysteme - zwischen Anspruch und Wirklichkeit. Eine interdisziplinäre Auseinandersetzung mit der EG-Öko-Audit-Verordnung und der DIN EN ISO 14001, 11-32, Heidelberg.

Kaplan, R. S. und Norton, D. P. (1997): Balanced Scorecard, Stuttgart.

Kaufmann, L. (1997): ZP-Stichwort: Balanced Scorecard. In: Zeitschrift für Planung, o.Jg. 1997, H. 8, S. 421-428.

Kearney, N. (1999): Corporate Codes of Conduct – The Privatized Application of Labour Standards. In: Picciotto, S. and Mayne, R. (Hrsg.): Regulating International Business – Beyond Liberalization, Houndsmill, S. 205-220.

Kicherer, A., Saling, P. und Schmidt, I. (2002): Grundlagen der Ökoeffizienzanalyse nach BASF. In: Birkhofer, H., Spath, D., Winzer und P. und Müller, D. (Hrsg.): Umweltgerechte Produktentwicklung. Ein Leitfaden für Entwicklung und Konstruktion, 3. Ergänzungslieferung, Januar 2002, Kap. 3.4.2.4, Berlin.

Kirsch, W. und Maaßen, H. (1990): Einleitung: Managementsysteme. In: Kirsch W. und Maaßen, H. (Hrsg.): Managementsysteme – Planung und Kontrolle, 2. Aufl., München, S. 1-20.

Klöpfer, W. und Renner, I. (1995): Methodik der Wirkungsbilanzierung im Rahmen von Produkt-Ökobilanzen unter Berücksichtigung nicht oder nur schwer quantifizierbarer Umwelt-Kategorien, in: UBA-Texte 23/95, Methodik der produktbezogenen Ökobilanzen, Umweltbundesamt, Berlin.

Kohtes Kleves (2001): Meinungsbarometer 15, Düsseldorf 2001; online unter: http://www.agenturcafe.de/downloads/Meinungsbarometer15end.pdf, zuletzt angerufen am 13.03.03.

Koitka, H., Kreft, H. und Szerenyi, T. (Hrsg., 2001): Nordrhein-Westfalen im Dickicht der Nachhaltigkeitsindikatoren - Tagungsdokumentation, Forschungsberichte aus dem SFB 419, Köln, 04-01.

Köpke, R. (2003): Codes of conduct: Verhaltensnormen für Unternehmen und ihre Überwachung, Köln.

Koplin, J. (2006a): Nachhaltigkeit im Beschaffungsmanagement – Ein Konzept zur Integration von Umwelt- und Sozialstandards, Wiesbaden.

Koplin, J. (2006b): Nachhaltigkeit im Beschaffungsmanagement – Integration von Umwelt- und Sozialstandards in Lieferantenbeziehungen. In: UWF - Umweltwirtschaftsforum, 14. Jg., H. 3.

KPMG – Klynveld Peat Marwick Goerdeler (Hrsg., 1998): Qualitäts- und Umweltmanagementsysteme bei Dienstleistern und in der Industrie, Berlin.

Kraemer (1995): Was heißt Ressourcenproduktivität. In: Jahrbuch Ökologie 1994, München, S. 29-34.

Kreeb, M. und Schulz, W. (2000): Umweltleistungsbewertung nach ISO 14031. In: BJU Umweltschutz-Berater (Hrsg.): Handbuch für wirtschaftliches Umweltmanagement im Unternehmen, 62. Ergänzungslieferung – April 2000, Abschnitt 4.3.1.1, S. 1-28.

Kreutzer, R., Jugel, S. und Wiedmann, K.P. (1986): Unternehmensphilosophie und Corporate Identity, Empirische Bestandaufnahme und Leitfaden zur Implementierung einer Corporate-Identity-Strategie, Arbeitspapier Nr. 40, Institut für Marketing, Universität Mannheim.

Kroppmann, A. und Schreiber, S. (1996): Kopplung von Qualitäts- und Umweltmanagement. Auswertung einer Befragung von 3000 Unternehmen in Nordrhein-Westfalen. Gemeinsames Arbeitspapier der Umweltakademie Fresenius und der IHK, Dortmund.

Kuckartz, U. und Grunenberg, H. (2002): Aktuell zu Johannesburg: Was die Deutschen von der Nachhaltigen Entwicklung halten. www.empirische-paedagogik.de/ub2...ergebnisse/spezialjohannesburg/text.htm, Stand 08.11.02.

Kuckartz, U., Rädiker, S. und Rheingans-Heintze, A. (2006): Umweltbewusstsein in Deutschland 2006, Berlin.

Kuhlen, B. (2005): Corporate Social Responsibility – Die ethische Verantwortung von Unternehmen für Ökologie, Ökonomie und Soziales, Baden-Baden.

Kumar, B. N. und Graf, I. (2000): Multinationale Unternehmen und die Herausforderung einer neuen Weltwirtschaft – Einige Thesen zu Bedeutung, Aufgabe und Strategien für eine nachhaltige Entwicklung mit be-sonderer Berücksichtigung der chemischen Industrie. In: Knyphausen-Aufseß, D. (Hrsg.): Globalisierung als Herausforderung, Wiesbaden, S. 19-47.

Kurz, R. (1997): Unternehmen und Nachhaltigkeit. In: Ökonomie und Gesellschaft, Jahrbuch 14: Nachhaltigkeit in der ökonomischen Theorie, Frankfurt am Main, S. 78-99.

Lange, C. und Daldrup, H. (2002): Grundsätze ordnungsmäßiger Umweltschutz-Publizität – Vertrauenswürdige Berichterstattung über die ökologische Lage in Umwelterklärungen und Umweltberichten. In: Die Wirtschaftsprüfung, 55. Jg., S. 657-668.

Lange, C., Ahsen, A. v. und Daldrup, H. (2001): Umweltschutz-Reporting. Umwelterklärungen und -berichte als Module eines Reportingsystems, München.

Lawrence, A.T. (2002): The Drivers of Stakeholder Engagement. Reflections on the case of Royal Dutch/Shell. In: Andriof, J., Waddock, S., Husted, B. and Sutherland Rahman, S. (Hrsg.): Unfolding Stakeholder Thinking. Theory, Responsibility and Engagement, Sheffield, S. 185-199.

Leipziger, D. (2003): The Corporate Responsibility Code Book, London.

Letmathe, P. (2001): Umweltorientierte Investitionsrechnung, In: BMU/UBA (Hrsg.): Handbuch Umweltcontrolling, 2. Auflage, München, S. 537-555.

Lewin, K. (1953): Die Lösung sozialer Konflikte, Bad Nauheim.

Loew, T. (2001): Systeme der Umweltkostenrechnung. In: BMU/UBA (Hrsg.): Handbuch Umweltcontrolling, 2. Aufl., München, S. 505-522.

Loew, T., Ankele, A., Braun, S. und Clausen, J. (2004): Bedeutung der internationalen CSR-Diskussion für Nachhaltigkeit und die sich daraus ergebenden Anforderungen an Unternehmen mit Fokus Berichterstattung, Münster und Berlin.

Loew, T. und Hjálmarsdóttir, H. (1996): Umweltkennzahlen für das betriebliche Umweltmanagement. In: Schriftenreihe des IÖW 99/96, Berlin.

Loew, T., Ankele, K., Braun, S. und Clausen, J. (2004): Bedeutung der CSR-Diskussion für Nachhaltigkeit und die Anforderungen an Unternehmen. Münster, Berlin.

Luks, F. (2007): Den Brundtland-Bericht überwinden. Jenseits des Ökonomischen das Nachhaltige suchen. In: Ökologisches Wirtschaften 1 (Schwerpunkt: 20 Jahre Brundlandbericht), S. 27-29.

Mahammadzadeh, M. (2006): Forschungs- und praxisrelevante Themen und Herausforderungen im Kontext des betrieblichen Umweltmanagements. In: Lin-Hi, N. und Mahammadzadeh, M. (Hrsg.): Dimensionen und Herausforderungen der Nachhaltigkeit. Meeting the Future – Nachwuchsforschung zum Nachhaltigen Wirtschaften. Zum 10jährigen Jubiläum des Doktoranden Netzwerks Nachhaltigen Wirtschaftens e.V. (DNW), Leipzig, S. 3-13.

Mahammadzadeh, M. (2003): Nachhaltige Balanced Scorecard. Konzeptionen und Erfahrungen. In: IW-Umweltservice - Themen, 2003, 1, Institut der deutschen Wirtschaft Köln.

Mandl, I. und Dorr. A. (2007): CSR and Competitiveness. European's SMEs good practice. Consolidated European Report, Wien.

Margot, C. (2006): Wo steht ISO 26000? In: Umwelt Perspektiven, Dezember 2006, S. 16-17.

Mast, C. und Fiedler, K. (2007): Nachhaltige Unternehmenskommunikation. In: Michelsen, G. und Godemann, J. (Hrsg.): Handbuch Nachhaltigkeitskommunikation. 2. aktualisierte und überarbeitete Neuauflage. München, S. 567-578.

Matten, D. und Wagner, G. R. (1998): Konzeptionelle Fundierung und Perspektive des Sustainable Development-Leitbildes. In: Wagner, G. R. und Steinmann, H. (Hrsg.): Umwelt- und Wirtschaftsethik, Stuttgart, S. 51-79.

McIntosh, M. (1998): Corporate Citizenship, London.

McIntosh, M., Thomas, R., Leipziger, D. und Coleman, G. (2003): International Standards for Corporate Responsibility. In: Ethical Corporation Magazine, No. 13, S. 22-29.

McVeigh (2007): The sweatshop high street – more brands under fire. In: The Gurdian, International edition, 03.09.2007, S. 1-2.

Meadows, D. H., Meadows, D. L. and Randers, J. (1992): Die neuen Grenzen des Wachstums. Die Lage der Menschheit: Bedrohung und Zukunftschancen, Stuttgart.

Meffert, H. und Kirchgeorg, M. (1998): Marktorientiertes Umweltmanagement – Konzeption, Strategie, Implementierung mit Praxisfällen, 3. Aufl., Stuttgart.

Meffert, H. und Kirchgeorg, M. (1993): Das neue Leitbild Sustainable Development – der Weg ist das Ziel. In: Harvard Business Manager, No. 2, S. 34-45.

Mentzer, J.T., DeWitt, W., Keebler, J.S., Min, S., Nix, N.W., Smith, C.D. and Zacharia, Z. (2001): Defining Supply Chain Management. In: Journal of Business Logistics, 22(2), S. 1-26.

Merkle, W. (1992): Corporate Identity für Handelsbetriebe – Theoretische Grundlagen und Realisierungsansätze eines umfassenden Profilierungskonzeptes, GHS Verlag, Göttingen.

Meyer, C. (1994): Betriebswirtschaftliche Kennzahlen und Kennzahlen-Systeme, 2. Aufl., Stuttgart.

Mayer, R. (1998): Prozesskostenrechnung – State of the Art. In: Horváth, P. und Partner, (Hrsg.): Prozessorientiertes Umweltkostenmanagement, 2. Aufl., München, S. 3-27.

Michaelis, P. (1999): Betriebliches Umweltmanagement, Berlin.

Michelsen, G. und Godemann, J. (Hrsg., 2007): Handbuch Nachhaltigkeitskommunikation, 2. Aufl., München.

Moutchnik, A. (2007): Standardization of Corporate Environmental Management. Business Case: Multinational Cement Corporation, Marburg.

Müller, A. (1995): Umweltorientiertes betriebliches Rechnungswesen, 2. Aufl., München.

Müller, M. (2006): Die Glaubwürdigkeit der Zertifizierung von Qualitäts-, Umwelt- und Sozialstandards. In: Die Betriebswirtschaft (DBW), 66. Jg., H. 5, S. 583-599.

Müller, M. (2005): Informationstransfer im Supply Chain Management – Analyse aus Sicht der Neuen Institutionenökonomie, Wiesbaden.

Müller, M. (2001): Normierte Umweltmanagementsysteme und deren Weiterentwicklung im Rahmen einer Nachhaltigen Entwicklung unter besonderer Berücksichtigung der Öko-Audit-Verordnung und der ISO14001, Berlin.

Müller, M. und Seuring, S. (2007): Legitimität durch Umwelt- und Sozialstandards gegenüber Stakeholdern – eine vergleichende Analyse. In: ZfU, H. 3, S. 257-285.

Müller-Christ G. (2001): Umweltmanagement, München.

Mutz, G. und Korfmacher, S. (2003): Sozialwissenschaftliche Dimensionen von Corporate Citizenship in Deutschland. In: Backhaus-Maul, H. und Brühl, H. (Hrsg.): Bürgergesellschaft und Wirtschaft – zur neuen Rolle von Unternehmen, Berlin, S. 45-62.

MUV - Ministerium für Umwelt und Verkehr Baden-Württemberg (Hrsg., o.J.): Umweltplan Baden-Württemberg, Stuttgart.

Nagel, C. und Schwan, A. (1998): Betriebliche Umweltkennzahlen – Effektives Werkzeug zur Unterstützung des KVP-Prozesses im Kontext von Umweltmanagementsystemen. In: Doktoranden-Netzwerk Öko-Audit e.V. (Hrsg.): Umweltmanagementsysteme zwischen Anspruch und Wirklichkeit – Eine interdisziplinäre Auseinandersetzung mit der EG-Öko-Audit-Verordnung und der DIN EN ISO 14001, Berlin, S. 179-197.

Nissen, U. (1999): Die EG-Öko-Audit-Verordnung – Determination ihrer Wirksamkeit, Berlin.

Nutzinger, H. G. und Radke, V. (1995): Wege zur Nachhaltigkeit. In: Nutzinger, H. G. (Hrsg.): Nachhaltige Wirtschaftsweise und Energieversorgung, Marburg, S. 225-256.

o.V. (2007): Ein Fruchtkonzern gerät unter Druck, in: FAZ, Dienstag, 2. Januar 2007, Nr.1, S. 17.

o.V. (1994): Grundsätze produktbezogener Ökobilanzen. In: DIN-Mitteilungen, Nr. 3, S. 208-212.

O'Rouke, T. (2000): Monitoring the Monitors. A critique of Price Waterhouse Coopers. MIT 28.9.2000.

Öko-Institut (1999): HoechstNachhaltig. Sustainable Development.

Orlitzky, M., Schmidt, F.L. und Rynes, S.L. (2003): Corporate Social and Financial Performance: A Meta-analysis. In: Organisation Studies, Vol. 24, No. 3, S. 403-441.

ÖIN – Österreichisches Institut für Nachhaltige Entwicklung (2003): Reporting about Sustainability. In 7 Schritten zum Nachhaltigkeitsbericht, Wien.

Pape, J. (2001): Umweltkennzahlen und ökologische Benchmarks als Erfolgsindikatoren für das Umweltmanagement in Unternehmen der Milchwirtschaft. Teil 1: Konzeptionelle Grundlagen der Umweltleistungsbewertung. In: Hohenheimer Beiträge zur Agrarinformatik und Unternehmensführung, Bd. 4, Universität Hohenheim, Stuttgart.

Pattberg, P. (2003): Private Environmental Governance and the Sustainability Transition: Functions and Impacts of NGO-Business Partnerships. Paper presented at the 2003 Berlin Conference on the Human Dimension of Global Environmental Change, 5.-6. Dezember 2003.

Peemöller, V., Keller, B. und Schöpf, C. (1996): Ansätze zur Entwicklung von Umweltkennzahlensystemen. In: UWF - Umweltwirtschaftsforum, H. 4, S. 4-12.

Petschow, U. (2007): Harmonische Konflikte un die Zukunft des Wirtschaftens. In: Ökologisches Wirtschaften 1 (Schwerpunkt: 20 Jahre Brundlandbericht), S. 25-26.

Pick, E. und Wagner, H.-J. (1998): Beitrag zum kumulierten Energieaufwand ausgewählter Windenergiekonverter, Arbeitsbericht des Fachgebietes Ökologisch verträgliche Energiewirtschaft, Universität Essen.

Pick, E., Pape, J. und Goebels, T. (2000): Der Hermeneutische Umweltleistungszirkel zur Identifizierung und Bewertung relevanter Umweltaspekte im Rahmen der Umweltleistungsbewertung. In: UWF - Umweltwirtschaftsforum, 8. Jg., H. 4, S. 50-56.

Pischon, A. (1999): Integrierte Managementsysteme für Qualität, Umweltschutz und Arbeitssicherheit, Heidelberg.

Probst, G.J.B. (1983): Variationen zum Thema Management-Philosophie. In: Die Unternehmung, Nr. 4, S. 322-332.

Promberger, K., Spiess, H. und Kössler, W. (2006): Unternehmen und Nachhaltigkeit – eine managementorientierte Einführung in die Grundlagen nachhaltigen Wirtschaftens, Wien.

Rat für Nachhaltige Entwicklung (2006): Unternehmerische Verantwortung in einer globalisierten Welt – Ein deutsches Profil der Corporate Social Responsibility. Empfehlungen des Rates für Nachhaltige Entwicklung, Berlin.

Rau, J. (1999): Umweltaspekte eines umfassenden Qualitätsmanagements, Frankfurt.

Rauberger, R. und Wagner, B. (1997): Sachstandsanalyse Betriebliche Umweltkennzahlen, UBA-Texte 56/97, Berlin.

Reding, K. (1989): Effizienz. In: Eichhorn, P. (Hrsg.): Handwörterbuch der öffentlichen Betriebswirtschaft, Stuttgart, Sp. 276-282.

Rees, W.E. and Wackernagel, M. (1992): Ecological footprints and appropriated carrying capacity: Measuring the natural capital requirements of the human economy (revised draft). Contribution to the Second Meeting, Stockholm.

Renn, O. und Kastenholz, H.G. (1996): Ein regionales Konzept nachhaltiger Entwicklung. In: GAiA, Ecological Perspektives in Science, Humanities and Economics, Heft 5, S. 86-102.

Rüegg-Stürm, J. (2003): Das neue St. Galler Management-Modell, Bern.

Ruggie, J. G. (2006): Human rights policies and management practices of Fortune Global 500 firms: Results of a survey, Cambridge.

Sautter, H. (2003): Sozialstandards im Globalisierungsprozess – Inhalt und Durchsetzungsmöglichkeiten, Gutachten für Enquete-Kommission „Globalisierung der Weltwirtschaft", AU Stud 14/10; online unter: http://www.bundestag.de/gremien/welt/gutachten/vg18.pdf, zuletzt aufgerufen am 26.02.2003.

Schaefer, S. (2002): Umweltinformationssysteme in Theorie und Praxis - Ausgestaltungsmöglichkeiten auf dem Wege zur Nachhaltigkeitskommunikation. In: Péter Horváth und Reichmann, T. (Hrsg.): Vahlens Großes Controlling Lexikon, 2. Aufl., München.

Schaltegger, S. (1997): Information Costs, Quality of Information and Stakeholder Involvement. In: Eco-Management and Auditing, Vol. 4, No. 3, S. 87-97.

Schaltegger, S. und Dyllick, T. (2002): Einführung. In: Schaltegger, S. und Dyllick, T. (Hrsg.): Nachhaltigkeit managen mit der Balanced Scorecard. Konzept und Fallstudien, Wiesbaden, S. 19-39.

Schaltegger, S. und Herzig, C. (2008): Berichterstattung im Lichte zentraler Herausforderungen unternehmerischer Nachhaltigkeit. In: Isenmann, R. und Marx Gómez, J. (Hrsg.): Internetgestützte Nachhaltigkeitsberichterstattung. Stakeholder, Trends, Technologien, neue Medien. Berlin.

Schaltegger, S. und Sturm, A. (1995): Öko-Effizienz durch Öko-Controlling: zur praktischen Umsetzung von EMAS und ISO 14001, Stuttgart.

Schaltegger, S. und Sturm, A. (1992): Ökologieorientierte Entscheidungen in Unternehmen, Bern.

Schaltegger, S. und Sturm, A. (1990): Ökologische Rationalität. In: Die Unternehmung, 44. Jg., H. 4, S. 274-290.

Schaltegger, S. und Wagner, M. (2006): Management unternehmerischer Nachhaltigkeitsleistungen. Die Sustainability Balanced Scorecard zur Integration wirtschaftlicher, ökologischer und sozialer Verantwortung. In: Göllinger, T. (Hrsg.): Bausteine einer nachhaltigkeitsorientierten Betriebswirtschaftslehre, Marburg, S. 157-176.

Schaltegger, S., Bennett, M. and Burritt, R. (Hrsg., 2006): Sustainability Accounting and Reporting. Dordrecht.

Schaltegger, S., Kleiber, O. und Müller, J. (2002): Nachhaltigkeitsmanagement in Unternehmen – Konzepte und Instrumente zur nachhaltigen Unternehmensentwicklung, Berlin.

Schaltegger, S., Herzig, C., Kleiber, O., Klinke, T. und Müller, J. (2007): Nachhaltigkeitsmanagement in Unternehmen. Von der Idee zur Praxis: Managementansätze zur Umsetzung von Corporate Social Responsibility und Corporate Sustainability. 3. vollst. überarb. Aufl., Berlin.

Scherer, A. G. (2000): Zur Verantwortung der multinationalen Unternehmung im Prozeß der Globalisierung. In: Knyphausen-Aufseß, D. zu (Hrsg.): Globalisierung als Herausforderung der Betriebswirtschaftslehre, Wiesbaden, S. 1-17.

Schlatter, A., Hamschmidt, J. und Hildesheimer, G. (1999): Der betriebswirtschaftliche Nutzen von Umweltaktivitäten im Dienstleistungssektor – Leitfaden zur Nutzenbeurteilung von Umweltmanagementmaßnahmen, Zürich.

Schmidheiny, S. (1996): Finanzmärkte und Ökoeffizienz. In: Gerling, R. und S. Schmidheiny, S. (Hrsg.): Sustainable Development, München.

Schmidheiny, S. (1992): Kurswechsel, München.

Schmidt, I. (2007): Bewertung der Sozioeffizienz von Produkten und Produktionsverfahren – Erweiterung der BASF-Ökoeffizienz-Analyse zur Sozio-Ökoeffizienz-Analyse, Karlsruhe.

Schmidt, M. und Schorb, A. (1996): Ökobilanzen – Zahlenbasen für den betrieblichen Umweltschutz. In: Spektrum der Wissenschaft, H. 5, S. 94-101.

Schmidt-Bleek, F. (1994): Wieviel Umwelt braucht der Mensch? MIPS – Das Maß für ökologisches Wirtschaften, Berlin.

Schmidt-Bleek, F. (1993): Wieviel Umwelt braucht der Mensch, Berlin.

Schmitt, K. (2005): Corporate Social Responsibility in der strategischen Unternehmensführung – Eine Fallstudienanalyse deutscher und britischer Unternehmen der Ernährungsindustrie, Berlin.

Schneidewind, U. (2000): Nachhaltige Informationsgesellschaft – Eine institutionelle Annäherung. In: Schneidewind, U., Truscheit, A. und Steingräber, G. (Hrsg.): Nachhaltige Informationsgesellschaft. Analyse und Gestaltungsempfehlungen aus Management- und institutioneller Sicht, Marburg, S. 15-35.

Schneidewind, U., Feindt, P. H., Meister, H.-P., Minsch, J., Schulze, T. und Tscheulin, J. (1997): Institutionelle Reformen für eine Politik der Nachhaltigkeit – Vom Was zum Wie in der Nachhaltigkeitsdebatte. In: GAIA, Vol. 6, No. 3, S. 182-196.

Schneidewind, U., Goldbach, M., Fischer, D. und Seuring, S. (Hrsg., 2003): Symbole und Substanzen – Perspektiven eines interpretativen Stoffstrommanagements, Marburg.

Schrader, U. (2003): Corporate Citizenship. Die Unternehmung als guter Bürger? Berlin.

Schreyögg, G. (2003): Organisation: Grundlagen moderner Organisationsgestaltung, mit Fallstudien, 4. Aufl., Wiesbaden.

Suchanek, A. und Lin-Hi, N. (2006): Eine Konzeption unternehmerischer Verantwortung, Diskussionspapier Nr. 2006-7 des Wittenberg-Zentrums für globale Ethik, Wittenberg.

Schütz, F. (1998): Managementsysteme und Strategien, Wiesbaden.

Schwaderlapp, R. (1999): Umweltmanagementsysteme in der betrieblichen Praxis: qualitative empirische Untersuchung über die organisatorischen Implikationen des Öko-Audits (Diss., Kassel), München.

Schwaninger, M. (1994): Managementsysteme, Frankfurt.

Schweitzer, M. und Küpper, H.-U. (1998): Systeme der Kostenrechnung, 7. Aufl., München.

Schwerdtle, H. (1999): Prozeßintegriertes Management – PIM, Berlin.

SETAC (1993): Guidelines for Life-Cycle Assessment: A „Code of Practice", Brüssel.

Seuring, S. (2004a): Integrated Chain Management and Supply Chain Management – Comparative Analysis and Illustrative Cases. In: Journal of Cleaner Production, Vol. 12, No. 8-10, S. 1059-1071.

Seuring, S. (2004b): Industrial Ecology, Life Cycles, Supply Chains – Differences and Interrelations. In: Business Strategy and the Environment, Vol. 13, No. 5, S. 306-319.

Seuring, S. (2001): Supply Chain Costing – Kostenmanagement in Wertschöpfungsketten mit Target Costing und Prozesskostenrechnung, München.

Seuring, S. and Goldbach, M. (2006): Managing Sustainability Performance in the Textile Chain. In: Schaltegger, S. and Wagner, M. (Hrsg.): Sustainable Performance and Business Competitiveness, Sheffield, S. 466-477.

Seuring, S. and Müller, M. (2007): Integrated Chain Management in Germany – Identifying Schools of Thought Based on a Literature Review. In: Journal of Cleaner Production, Vol. 15, No. 7, S. 699-710.

Shell (1999): The Shell Report 1999: People, planet & profits: An act of commitment, London.

Siemer, S. (2006): Nachhaltigkeit unterscheiden: eine systemtheoretische Gegenposition zur liberalen Fundierung der Nachhaltigkeit. In: Ekardt, F. (Hrsg.): Generationengerechtigkeit und Zukunftsfähigkeit, Münster, 129-153.

Simpson, D.F. (2005): Greening the Automotive SupplyChain. In: Demeter, K. (ed.): Operations and Global Competitiveness, proceedings of the 12th International European Operations Management Association, June 19-22, 2005, Budapest, Ungarn, S. 313-326.

Social Accountability International (2002): Social Accountability 8000, http:/www.cepaa.org/sa8000.htm.

Social Accountability International (Hrsg., 2001): Social Accountability Standard (SA) 8000, abzurufen unter http://www.cepaa.org/SA8000%20Standard.htm, zuletzt abgerufen am 10.09.2007.

Spangenberg, J.H. (1996): Welche Indikatoren braucht eine nachhaltige Entwicklung? In: Köhn, J. und Welfens, M.J. (Hrsg.): Neue Ansätze in der Umweltökonomie, Marburg, S. 203-226.

Spengler, T. (1998): Industrielles Stoffstrommanagement – Betriebswirtschaftliche Planung und Steuerung von Stoff- und Energieströmen in Produktionsunternehmen, Berlin.

SRU – Der Rat von Sachverständigen für Umweltfragen (2002): Umweltgutachten 2002. Für eine Vorreiterrolle, Berlin.

SRU – Der Rat von Sachverständigen für Umweltfragen (2000): Umweltgutachten 2000: Schritte ins nächste Jahrtausend, BT-Drs. 14/3363, Bonn.

SRU – Der Rat von Sachverständigen für Umweltfragen (1998): Umweltgutachten 1998. Umweltschutz: Erreichtes sichern - neue Wege gehen, Stuttgart.

SRU – Der Rat von Sachverständigen für Umweltfragen (1996): Umweltgutachten 1996. Zur Umsetzung einer dauerhaft-umweltgerechten Entwicklung, Stuttgart.

SRU – Der Rat von Sachverständigen für Umweltfragen (1994): Umweltgutachten 1994. Für eine dauerhaft-umweltgerechte Entwicklung, Stuttgart.

Stadt Graz-Umweltamt (1999): Ökostadt 2000 – Evaluierung. Bericht (Gutachten) des Grazer Öko-Teams. http://www.graz.at/umwelt/uamt/start/deutsch/seiten/-sustainable-1.htm, Stand 09.11.02.

Staehle, W. H. und Nork, M. E. (1992): Umweltschutz und Theorie der Unternehmung. In: Steger, U. (Hrsg.), Handbuch des Umweltmanagements. Anforderungen und Leistungsprofile von Unternehmen und Gesellschaft, München, S. 67-82.

Stahlmann, V. (1996): Ökoeffizienz und Ökoeffektivität. In: UWF-Umweltwirtschaftsforum, 4. Jg, H. 4, 1996, S. 70-76.

Strebel, H. und Schwarz, E.J. (Hrsg., 1998): Kreislauforientierte Unternehmenskooperationen – Stoffstrommanagement durch innovative Verwertungsnetze, München.

Strobel, M. (2003): Flusskostenrechnung – Kostensenkung und Umweltbelastung durch eine ERP-basierte Methode. In: Spath, D. und Lang, C. (Hrsg.): Stoffstrommanagement – Entscheidungsunterstützung durch Umweltinformationen in der betrieblichen IT, Stuttgart, S. 41-60.

SustainAbility und UNEP (2002): Trust Us. The Global Reporters. 2002 Survey of Corporate Sustainability Reporting. Executive Summary. London: Beacon.

Tertschnig, W. (2007): CSR und der laufende ISO-Prozess. In: Baumgartner, R., Biedermann, H. und Ebner, D. (Hrsg.): Unternehmenspraxis und Nachhaltigkeit – Herausforderungen, Konzepte und Erfahrungen, München und Mering, S. 79-84.

Thiem, H. (2000): Umweltmanagement und Unternehmenserfolg, Wiesbaden.

Trebesch, K. (2004): Organisationsentwicklung. In: Schreyögg, G. und Werder, A. v. (Hrsg.): Handwörterbuch Unternehmensführung und Organisation, 4. Aufl., Stuttgart, Sp. 988-997.

UBA – Umweltbundesamt (2003): Leitfaden „Die Lokale Agenda 21 zeigt Profil – Projektbausteine an der Schnittstelle Lokale Agenda 21/Betriebliche Umweltmanagementsysteme", Berlin.

UBA – Umweltbundesamt (1997): Nachhaltiges Deutschland. Wege zu einer dauerhaft umweltgerechten Entwicklung - Bericht der Arbeitsgruppe "Agenda 21/Nachhaltige Entwicklung" im Umweltbundesamt, Berlin.

UBA – Umweltbundesamt (1999): Betriebliche Umweltauwirkungen – Ihre Erfassung und Bewertung im Rahmen des Umweltmanagements, Berlin.

Ulrich, P. und Fluri, E. (1993): Management, 6. Aufl., Bern.

Umweltbundesamt Österreich (1997): Umwelterklärung – Leitfaden. Das Gemeinschaftssystem für das Umweltmanagement und die Umweltbetriebsprüfung nach der Öko-Audit (EMAS)-Verordnung der EG. Einführung und Anleitung zur Erstellung einer Umwelterklärung, Wien.

UVM – Ministerium für Umwelt und Verkehr Baden-Württemberg (2002): Zukunftsfähiges Wirtschaften. Ein Leitfaden zur Nachhaltigkeitsberichterstattung von Unternehmen, Stuttgart.

Vahs, D. (2003): Organisation: Einführung in die Organisationstheorie und -praxis, 4. Aufl., Stuttgart.

van Marrewijk, M. (2006): Corporate sustainability and sustainable development. In: J. Allouche (Hrsg.): Concepts, accountability and reporting, Basingstoke, S. 73-98.

VDI (2006): Nachhaltiges Wirtschaften in kleinen und mittelständischen Unternehmen - Anleitung zum Nachhaltigen Wirtschaften, VDI-Richtlinie 4070 (VDI-Handbuch Umwelttechnik/VDI-Handbuch-Betriebstechnik), Blatt 1, Berlin.

VDI 4600 (1997): VDI-Richtlinie "Kumulierter Energieaufwand - Begriffe, Definitionen, Berechnungsmethoden", Berlin.

Voeth, M., Herbst, U. und Kupp, M. (2007): Marketing. In: Busse von Colbe, W., Coenenberg, A., Kajüter, P., Linnhoff, U. und Pellens, B. (Hrsg.): Betriebswirtschaft für Führungskräfte, 3. Aufl., Stuttgart.

Volkswagen AG (2007): Konzern-Umweltgrundsätze. Wolfsburg.

Vollmuth, H. (1998): Kennzahlen, Planegg.

von Gleich, A., Hofmeister, S. und Huber, J. (1999): Wege nach Ökotopia - Kann nachhaltiges Wirtschaften ohne Sparsamkeit erreicht werden? In: Politische Ökologie, H. 62, S. 8-12.

von Weizsäcker, E.-U., Lovins A.B. und Lovins, L.H. (1995): Faktor 4, München.

Wagner, B. und Enzler, S. (2006): Material Flow Management – Improving Cost Efficiency and Environmental Performance, Physica Verlag, Heidelberg.

Wagner, H.-J. und Wenzel, P. (1997): Energiebilanzen. Vorgehen und Material-Anhaltswerte, in: Energiewirtschaftliche Tagesfragen 11/97, S. 685-688.

Wagner, M., Schaltegger, S. and Wehrmeyer, W. (2001): The Relationship between the Environmental and Economic Performance of Firms: What does theory propose and what does empirical evidence tell us? In: Greener Management International, Issue 34, S. 95-108.

Waxenberger, B. (2000): Bewertung der Unternehmensintegrität II – Schritte zu einem prinzipiengeleiteten Management, Bericht des Instituts der Wirtschaftsethik, No. 87, Universität St. Gallen.

WBCSD – World Business Council for Sustainable Development (2000): Eco-efficiency. Creating more value with less impact, http://www.wbcsd.org, zuletzt abgerufen am 18.11.2002.

WBCSD – World Business Council for Sustainable Development (1999): Eco-Efficiency Indicators. A Tool for Better Decision-Making. Executive Brief (August).

WCED – World Commission on Environment Development (Hrsg., 1987): Our Common Future, Oxford.

Weber, J. und Schäfer, U. (2006): Einführung in das Controlling, 11., vollständig überarbeitete Auflage, Stuttgart.

Weber, J. und Schäfer, U. (2000): Balanced Scorecard & Controlling. Implementierung – Nutzen für Manager und Controller – Erfahrungen in deutschen Unternehmen, 3. Aufl., Wiesbaden.

Wehmeier, S. (2002): Online Relations - Ein neues Verfahren der Öffentlichkeitsarbeit und seine Problemfelder (Loseblattwerk). In: Bentele, G., Piwinger, M. und Schönborn, G. (Hrsg.): Kommunikationsmanagement. Wissen, Strategien und Lösungen für eine erfolgreiche Kommunikation, Band 2, 5.15, Neuwied, S. 1-32.

Weitz, K. A., Todd, J. A., Curran, M. A. and Malkin, M. J. (1996): Streamlining Life Cycle Assessment: considerations and a report on the state of practice. In: International Journal of Life Cycle Assessment, Vol. 1, No. 2, S. 79-85.

Welford, R. (1995): Environmental Strategy and Sustainable Development, London.

Westebbe, A. und Logan, D. (1995): Corporate Citizenship. Unternehmen im gesellschaftlichen Dialog, Wiesbaden.

Westhaus, M. (2007): Supply Chain Controlling – Definition, Forschungsststand, Konzeption, Wiesbaden.

Wick, I. (2003): Worker's tool or PR ploy, Berlin.

Wicke, U. (1993): Umweltökonomie, München.

Wieland, A. (1995): Das betriebliche Umweltmanagement-Handbuch, in: BMU und UBA – Bundesministerium für Umwelt, Naturschutz und Reaktorsicherheit und Umweltbundesamt (Hrsg.): Handbuch Umweltcontrolling, München, S. 505-20.

Wieland, J. (2003): Corporate Citizenship. In: Behrendt, M. und Wieland, J. (Hrsg.): Corporate Citizenship und strategische Unternehmenskommunikation in der Praxis, München, S. 13-19.

Wirth, M. (1999): Entwicklung strategischer Wettbewerbsvorteile durch Business-Innovation, ohne Ort.

Wynands, E. (2000): Ökologische Bilanzierung, in: Wirtschaftsstudium, Nr. 2, S. 177-182.

Wysocki, K. v. (1981): Sozialbilanzen. Inhalt und Form gesellschaftsgezogener Berichterstattung, Stuttgart.

Zabel, H.-U. (2004): Aufgaben des Nachhaltigkeitsmanagements. In: Umweltwirtschaftsforum (UWF), Nr. 4, 2004, S. 70-77.

Zabel, H.-U. (2001): Ökologische Unternehmenspolitik im Verhaltenskontext – Verhaltensmodellierung für Sustainability, Berlin.

Zabel, H.-U. (1999a): Sustainability als Herausforderung für das betriebliche Umweltmanagement. In: Seidel, E. (Hrsg.): Umweltmanagement im 21. Jahrhundert – Aspekte, Aufgaben, Perspektiven, Heidelberg, S. 51-68.

Zabel, H.-U. (1999b): Ethik im Sustainability-Kontext. In: Wagner, G. R. (Hrsg.): Unternehmensführung, Ethik und Umwelt, Festschrift zum 65. Geburtstag von Hartmut Kreikebaum, Wiesbaden, S. 151-182.

Zabel, H.-U. (1998): Industriesymbiosen im Verhaltenskontext. In: Strebel, H. und Schwarz, E. (Hrsg.): Kreislauforientierte Unternehmenskooperationen – Stoffstrommanagement durch innovative Vernetzungsnetze, Wien, S. 123-164.

Zadek, S. (1998): Making Value Count: Contemporary Experience in Social and Ethical Accounting, Auditing and Reporting, Research Report 57, Association of Chartered and Certified Accountants, Institute of Social and Ethics Account Ability, London.

Zürn, M. (1998): Regieren jenseits des Nationalstaates – Globalisierung und Denationalisierung als Chance, Frankfurt.

Sachregister